LEONHARDI EULERI

OPERA OMNIA

LEONHARDI EULERI

OPERA OMNIA

SUB AUSPICIIS
ACADEMIAE SCIENTIARUM NATURALIUM
HELVETICAE

EDENDA CURAVERUNT

HANS-CHRISTOPH IM HOF
THOMAS STEINER

SERIES SECUNDA
OPERA MECHANICA ET ASTRONOMICA
VOLUMEN VICESIMUM SEXTUM

AUCTORITATE ET IMPENSIS
ACADEMIAE SCIENTIARUM NATURALIUM HELVETICAE

BASILEAE MMXIX

VENDITIONI EXPONUNT
BIRKHAUSER BASILEAE

LEONHARDI EULERI

COMMENTATIONES ASTRONOMICAE AD THEORIAM PERTURBATIONUM PERTINENTES

VOLUMEN SECUNDUM

EDIDIT
ANDREAS VERDUN

AUCTORITATE ET IMPENSIS
ACADEMIAE SCIENTIARUM NATURALIUM HELVETICAE

BASILEAE MMXIX

VENDITIONI EXPONUNT
BIRKHAUSER BASILEAE

Herausgeber

Andreas Verdun
Astronomisches Institut
Universität Bern
Bern, Switzerland

ISBN 978-3-7643-1472-9

Die Deutsche Nationalbibliothek verzeichnet diese Publikation in der Deutschen Nationalbibliografie; detaillierte bibliografische Daten sind im Internet über

http://dnb.d-nb.de

abrufbar.

© Springer Nature Switzerland AG 2019

Das Werk einschließlich aller seiner Teile ist urheberrechtlich geschützt. Jede Verwertung, die nicht ausdrücklich vom Urheberrechtsgesetz zugelassen ist, bedarf der vorherigen Zustimmung des Verlags. Das gilt insbesondere für Vervielfältigungen, Bearbeitungen, Übersetzungen, Mikroverfilmungen und die Einspeicherung und Verarbeitung in elektronischen Systemen. Die Wiedergabe von Gebrauchsnamen, Handelsnamen, Warenbezeichnungen usw. in diesem Werk berechtigt auch ohne besondere Kennzeichnung nicht zu der Annahme, dass solche Namen im Sinne der Warenzeichen- und Markenschutz-Gesetzgebung als frei zu betrachten wären und daher von jedermann benutzt werden dürften. Der Verlag, die Autoren und die Herausgeber gehen davon aus, dass die Angaben und Informationen in diesem Werk zum Zeitpunkt der Veröffentlichung vollständig und korrekt sind. Weder der Verlag noch die Autoren oder die Herausgeber übernehmen, ausdrücklich oder implizit, Gewähr für den Inhalt des Werkes, etwaige Fehler oder Äußerungen. Der Verlag bleibt im Hinblick auf geografische Zuordnungen und Gebietsbezeichnungen in veröffentlichten Karten und Institutionsadressen neutral.

Publiziert mit Unterstützung des Schweizerischen Nationalfonds zur Förderung der wissenschaftlichen Forschung und der Schweizerischen Akademie der Naturwissenschaften (SCNAT)

Gedruckt auf säurefreiem und chlorfrei gebleichtem Papier

Birkhäuser, www.birkhauser-science.com, ist ein Imprint der eingetragenen Gesellschaft Springer Nature Switzerland AG
Die Anschrift der Gesellschaft ist: Gewerbestrasse 11, 6330 Cham, Switzerland

INHALTSVERZEICHNIS

Vorwort	IX
Editionstechnische Hinweise	X
Kommentare zu den Abhandlungen	XI
Index	XXXIII
Abhandlungen Eulers	1
Abkürzungen	331
In diesem Band zitierte Abhandlungen Eulers	332
Bibliographie	334
Index nominum	339

VORWORT

Der vorliegende Band 26 der *Series secunda* von EULERs *Opera omnia* enthält Abhandlungen zur Störungstheorie und bildet daher die inhaltliche Fortsetzung des von MAX SCHÜRER im Jahr 1960 herausgegebenen Bandes 25 derselben Reihe. Band 27 wird die verbleibenden Abhandlungen EULERs zu diesem Thema enthalten und diese inhaltlich verbundene Trilogie mit einer umfassenderen Einleitung abschliessen. In dieser werden EULERs Arbeiten zur Störungstheorie sowohl im wissenschaftlichen Kontext seiner Zeit als auch bezüglich seines umfangreichen Gesamtwerkes zur Himmelsmechanik umrissen und gewürdigt.

In den in diesem Band enthaltenen Abhandlungen behandelt EULER folgende Teilgebiete der Himmelsmechanik:

      Mondtheorie als Dreikörperproblem (E372)

      Theorie der Erdrotation (E373)

      Grosse Ungleichheit (E384)

      Spezielle Störungstheorie (E398)

      Eingeschränktes Dreikörperproblem (E400)

      Mondtheorie, angewandt auf die Jupitermonde (E402)

      Störungstheorie der Planetenbewegung (E414)

      Sonnentheorie bzw. Erdbewegung (E425)

Die Kommentare zu den einzelnen Abhandlungen sollen einen raschen Überblick über die hier präsentierten Abhandlungen EULERs ermöglichen. Darin werden diese jeweils kurz zusammengefasst und in ihren historischen Kontext sowohl bezüglich der hierfür relevanten Werke EULERs als auch bezüglich der damaligen wissenschaftlichen Fragestellungen gestellt. Für eine genaue inhaltliche und chronologische Verortung der behandelten Themen und den Entstehungsprozess der einzelnen Abhandlungen sei auf [Verdun 2015] verwiesen. Dort finden sich auch deutsche Paraphrasierungen der hier in den Originalsprachen Latein und Französisch herausgegebenen Abhandlungen.

EDITIONSTECHNISCHE HINWEISE

Die Edition folgt inhaltlich der Originalpublikation, die in der jeweiligen bibliographischen Notiz nach dem Titel angegeben wird. Allfällig vorhandene Summarien werden zu Beginn einer Abhandlung wiedergegeben. In den folgenden Fällen wird vom Original abgewichen: Offensichtliche Druckfehler wurden stillschweigend korrigiert. Weniger offensichtliche Fehler, die leicht korrigiert werden konnten, wurden korrigiert, und es wird die fehlerhafte Stelle in einer Fussnote kenntlich gemacht. Fehler, deren Korrektur umfangreichere Änderungen erfordern würden, werden in einer Fussnote ausgewiesen, bleiben aber zusammen mit ihren Auswirkungen unkorrigiert. Ergänzungen des Herausgebers werden durch eckige Klammern gekennzeichnet. Abkürzungen und Ligaturen werden aufgelöst. Die Minuskeln "v" und "j" werden in lateinischen Texten durch "u" und "i" ersetzt. Die Interpunktion wurde gelegentlich zur besseren Verständlichkeit modifiziert. Winkelfunktionen wurden einheitlich ohne Abkürzungspunkt geschrieben, Arcusfunktionen einheitlich als solche gekennzeichnet. Die Anordnung des Formelsatzes erfolgte nach modernen Grundsätzen.

Die von EULER berechneten numerischen Werte sind öfters durch die Verwendung fehlerhafter Logarithmentafeln oder trigonometrischer Tafeln sowie durch akkumulierte Rundungsfehler verfälscht. Deshalb wurden sämtliche numerischen Resultate mit Fortran-Programmen bis zum Schlussergebnis nachgerechnet und die von EULER angegebenen Werte entsprechend korrigiert. Einzige Ausnahme bildet die Preisschrift E 384, wo die Korrektur eines folgenschweren algebraischen Fehlers umfangreiche Änderungen erfordert hätte. (Siehe den Kommentar zu E 384.)

Bibliographische Hinweise werden in der Form [Autor Druckjahr] gegeben. Zitierte Werke EULERs werden mittels ihrer ENESTRÖM-Nummer angezeigt und in einem eigenen Verzeichnis aufgelistet.

KOMMENTARE ZU DEN ABHANDLUNGEN

E 372
Annotatio quarundam cautelarum in investigatione inaequalitatum quibus corpora coelestia in motu perturbantur observandarum

Diese am 21. Dezember 1763 (1. Januar 1764) der Petersburger Akademie vorgelegte Abhandlung steht in einer Folge von mehreren Arbeiten, in der EULER das Dreikörperproblem behandelt. Er streicht zu Beginn die Bedeutung dieses Problems und dessen gesuchter Lösung für die gesamte Astronomie hervor. Die Abweichungen der Beobachtungen von den theoretisch vorausberechneten Positionen der Planeten weisen für ihn deutlich darauf hin, dass sich diese durch die Gravitationswirkung gegenseitig in ihren Bewegungen stören und dass diese Störungen nicht vernachlässigt werden dürfen. Beobachtungen alleine genügen nach EULER nicht, um diese Störungen vorhersagen zu können. Er betont, dass es deshalb unbedingt notwendig ist, die Theorie voranzutreiben und Methoden zu entwickeln, mit denen das Dreikörperproblem gelöst werden kann. Dies erachtet er aber als derart schwierig, dass es nützlich ist, zuerst die Gründe dieser Schwierigkeiten sorgfältig zu untersuchen. Insbesondere muss laut EULER das Problem auf die Mechanik oder die Wissenschaft von der Bewegung zurückgeführt werden, deren Grundlagen bekannt sind. Die bei der Lösung auftretenden Schwierigkeiten sieht er nicht in der Mechanik, sondern in der Unvollkommenheit der Analysis, mit der es – nach Meinung EULERs – noch nicht möglich ist, die auftretenden gekoppelten Differentialgleichungssysteme vollständig zu lösen. EULER versucht deshalb, die Aufgabe schrittweise zu lösen, in dem er sie auf Spezialfälle reduziert, die er in sieben Problemen formuliert und am Beispiel des Systems Sonne–Erde–Mond illustriert. Daraus ergeben sich Extremfälle, in denen die Bewegungen leicht bestimmt werden können und aus denen eine allgemeine Lösung herbeizuführen ist. Diese "sorgfältig zu prüfenden" Fälle oder Probleme stellen zugleich die im Titel seiner Abhandlung erwähnten "Vorsichtsmassregeln" dar, die zu beachten sind, wenn man sich an die (vermeintliche) Lösung des Dreikörperproblems heranwagt.

EULER stellt zuerst ein allgemein gültiges gekoppeltes Differentialgleichungssystem zweiter Ordnung für zwei Körper mit Massen B und C auf, die sich um einen in Ruhe betrachteten Zentralkörper mit Masse A bewegen (Problem 1). Er betrachtet drei Spezialfälle, die es erlauben, diese Gleichungen zu lösen, und wendet diese auf das System Sonne–Erde–Mond an. Dabei sei A die Masse der Erde, B die Masse der Sonne und C die Masse des Mondes. Ein Spezialfall liegt vor, wenn $C = 0$ angenommen wird. Daraus ergeben sich zwei Extremfälle: (1) Die Distanz x zwischen Sonne und Erde werde im Vergleich zur Distanz y zwischen Mond und Erde als (beinahe) unendlich betrachtet, so dass $y \ll v$ und

$y \ll x$ gilt, was äquivalent zur Annahme $B = 0$ ist, wobei v die Entfernung des Mondes von der Sonne bedeutet. Es gelte also $B = 0$ und $C = 0$. (2) Die Masse A der Erde verschwinde, so dass sich der Mond wie ein Hauptplanet um die Sonne bewegt. Es gelte also $A = 0$ und $C = 0$. In den folgenden Problemen 2 und 3 leitet EULER aus dem gefundenen Differentialgleichungssystem zweiter Ordnung Gleichungen erster Ordnung für beide Extremfälle her. Sodann betrachtet er die allgemeineren Fälle, in denen die Bewegungen von B und C bezüglich des raumfesten Körpers A beschrieben werden, wenn A und C in beliebigen Entfernungen zu B von diesem angezogen werden (Problem 4) oder alle drei Körper in beliebigen Abstandverhältnissen zueinander stehend sich gegenseitig anziehen (Problem 5) und sich in einer Ebene bewegen. Hierbei findet er die "Erhaltung der lebendigen Kräfte" (Energieintegral)

$$\frac{dx^2 + xx\, dp^2}{C} + \frac{dy^2 + yy\, dq^2}{B} + \frac{dv^2 + vv\, du^2}{A} + (A + B + C)\, dt^2 \left(\frac{\int X\, dx}{C} + \frac{\int Y\, dy}{B} + \frac{\int V\, dv}{A} \right) = 0,$$

wobei p und q die geozentrischen Längen von B und C, u die heliozentrische Länge von C und $X = \frac{1}{x^2}$, $Y = \frac{1}{y^2}$ und $V = \frac{1}{v^2}$ die (normierten) Anziehungskräfte bedeuten. Schliesslich bestimmt er die Bewegung des Körpers C bezüglich eines Punktes O, der sich einerseits bezüglich des Körpers A beliebig bewegen kann (Problem 6), andererseits auf der Geraden AB angenommen wird, wobei die drei Körper A, B und C in beliebigen Abstandsverhältnissen zueinander stehend sich gegenseitig anziehen und sich in einer Ebene bewegen (Problem 7). Das resultierende gekoppelte Differentialgleichungssystem führt für den Spezialfall, in dem der Punkt O in C angenommen wird, auf eine charakteristische Gleichung fünften Grades, die EULER nur für gewisse Massenverhältnisse lösen kann. Er verweist in § 55 aber auf einen bedeutenden Fall, den er schon wo anders, nämlich in E 548 und E 549, behandelt hat, was darauf hindeutet, dass diese beiden Abhandlungen schon lange vor ihrer Präsentation im Jahre 1777 verfasst worden sind. Er findet Lösungen für den Spezialfall, wie sie beim System Sonne–Erde–Mond gegeben sind.

E 373

Investigatio accuratior phaenomenorum, quae in motu terrae diurno a viribus coelestibus produci possunt

In dieser am 24. März 1763 in der Berliner Akademie gelesenen und am 21. Dezember 1763 (1. Januar 1764) der Petersburger Akademie vorgelegten Abhandlung führt EULER seine um 1749 begonnenen Untersuchungen zur Erdrotation weiter und knüpft an den in der Abhandlung E 308 erzielten Ergebnissen an. Die dort[1] erzielten ersten Resultate veranlassten ihn, die "kräftefreie" und die "erzwungene" Lösung der Bewegungsgleichungen der Starrkörperrotation[2] sowie der kinematischen Gleichungen[3] noch genauer zu untersuchen. Bei verschwindenden äusseren Kräften hat er bereits festgestellt[4], dass sich der Rotationspol der Erde gleichförmig auf einem Kleinkreis um einen raumfesten Punkt bewegt (sog. EULERsche freie Nutation), wenn die Rotationsachse nicht mit der Figurenachse (als Hauptträgheitsachse) übereinstimmt.

Ausgangspunkt von EULERs Untersuchungen bilden seine in E 292 hergeleiteten Bewegungsgleichungen der Starrkörperrotation,

$$dx + \frac{cc-bb}{aa} \, dt \, (yz - 3V \cos \eta \cos \vartheta) = 0$$
$$dy + \frac{aa-cc}{bb} \, dt \, (xz - 3V \cos \zeta \cos \vartheta) = 0$$
$$dz + \frac{bb-aa}{cc} \, dt \, (xy - 3V \cos \zeta \cos \eta) = 0 \, ,$$

sowie seine in E 336 hergeleiteten kinematischen Gleichungen

$$dl = -\, dt \, (y \sin \Phi + z \cos \Phi)$$
$$d\Phi = x \, dt - \frac{dt \, (y \cos \Phi - z \sin \Phi)}{\tan l}$$
$$d\Psi = \frac{dt \, (y \cos \Phi - z \sin \Phi)}{\sin l} \, ,$$

wobei x, y, z die Komponenten des Winkelgeschwindigkeitsvektors der Erdrotation, Maa, Mbb, Mcc die Hauptträgheitsmomente des Erdkörpers, ζ, η, ϑ die Winkeldistanzen der Pole der Hauptträgheitsachsen zum Störkörper (Sonne oder Mond), V dessen Störkraft, l, Φ, Ψ die EULERschen Winkel, welche die Orientierung der Hauptträgheitsachsen im Ekliptiksystem festlegen, und dt das Zeitelement bezeichnen.

EULER betrachtet den Erdkörper als rotationssymmetrisch mit $cc = bb$ und setzt daher $x = f =$ const. und $\alpha = \frac{aa-bb}{bb}$, wobei f die konstante Winkelgeschwindigkeit der Erdrotation und α die Abplattung der Erde bezeichnen. Für die Winkelgeschwindigkeit der freien Nutation des Figurenpols A bezüglich des im Ekliptiksystem mit Pol E gegebenen raumfesten Punktes L findet er

$$\frac{d\lambda}{dt} = \frac{h}{\sin n} = \frac{(1+\alpha)f}{\cos n} \, ,$$

---

1 Cf. [E 308], §§ 51–54.
2 Cf. [E 292], § 28; [E 308], § 22.
3 Cf. [E 336], § 30; [E 308], § 25.
4 Cf. [E 308], § 51.

wobei $\lambda = \angle ELA$ und $n = LA$ den Winkel zwischen raumfestem (Drehimpulsachse) und erdfestem Pol (Rotationsachse) bedeutet. Während dieser Bewegung rotiert die Erde um ihre Achse A mit der Winkelgeschwindigkeit

$$\frac{d\sigma}{dt} = -\alpha f,$$

wobei σ den Positionswinkel von L bezüglich dem durch die Pole A und B der Hauptträgheitsachsen definierten Quadranten AB bezeichnet. Die Lösung der durch Sonne und Mond erzeugten erzwungenen Bewegung erlaubt es EULER, die Präzession der Äquinoktien bzw. die Nutation in Länge und Schiefe genauer zu bestimmen. Er erhält für die Änderung der Ekliptikschiefe l und der Länge x des ersten Widdersterns aufgrund der gemeinsamen Wirkung von Sonne und Mond

$$l = \mathfrak{l} + 0{,}57'' \cos 2p + 0{,}095'' \cos 2q + 8{,}87'' \cos \omega + 0{,}019'' \cos(2q - \omega)$$
$$x = \mathfrak{x} - 1{,}30'' \sin 2p - 0{,}22'' \sin 2q - 16{,}56'' \sin \omega,$$

wobei $\mathfrak{l}$ die mittlere Ekliptikschiefe, $\mathfrak{x}$ die mittlere ekliptikale Länge, p, q die ekliptikalen Längen von Sonne und Mond und ω die ekliptikale Länge des aufsteigenden Mondknotens bedeuten.

E 384
Recherches sur les inégalités de Jupiter et de Saturne[5]

EULER hat insgesamt drei Abhandlungen zur Bestimmung der Ungleichheiten in den Bewegungen von Jupiter und Saturn und dem Problem der sog. Grossen Ungleichheit in deren Bewegungen verfasst, mit denen er sich um die Preise der Pariser Akademie für die Jahre 1748, 1750 und 1752 bewarb, wobei nur die erste und die dritte gedruckt wurden. Die hier vorliegende Preisschrift hat er 1751 eingereicht, sie wurde aber erst 1769 publiziert. Mit ihr gewann EULER den doppelten Preis der Pariser Akademie für 1750 bzw. 1752. Diese Preisschrift besteht aus zehn Kapiteln. Es existiert ein Manuskriptfragment[6], das aus dem Schluss des zweiten sowie aus dem dritten bis fünften Kapitel besteht. Es handelt sich dabei um einen Entwurf EULERs zu dieser Preisschrift.

---

[5] Auf dem Titelblatt dieser Preisschrift, das auch die (einzige!) Figur zu dieser Abhandlung als Vignette enthält, steht im Titel "inégalités" für die von EULER untersuchten "Ungleichheiten" in den Bewegungen von Jupiter und Saturn. Sowohl im Reihentitel als auch im Kolumnentitel steht aber das Wort "irrégularités" (Irregularitäten oder Unregelmässigkeiten). Da es sich hierbei nicht um einen Fachbegriff handelt (obwohl auch EULER ihn vereinzelt verwendete), wird vermutet, dass dieses Wort auf die Herausgeber der Reihe *Recueil des pièces* zurückgeht. Diese Vermutung wird dadurch gestützt, dass EULER im Manuskript-Fragment zu dieser Abhandlung (siehe folgende Fussnote) ebenfalls den Begriff "inégalités" verwendete.
[6] Cf. [Kopelevič et al. 1962], p. 82, Nr. 256.

Die vorliegende Abhandlung[7] enthält gegenüber seiner ersten Preisschrift zum Thema (E 120) einige Neuerungen[8]. In den Kapiteln IV und V sind EULER sowohl in den Bewegungsgleichungen als auch in deren Lösung mittels der Methode der unbestimmten Koeffizienten schwerwiegende Fehler unterlaufen, die sich nur mit einem extrem hohen Aufwand hätten bereinigen lassen. Das Resultat käme einer neuen Abhandlung gleich, die von der ursprünglichen Arbeit stark abweichen würde. Eine solche "Rekonstruktion" wäre aber für die wissenschaftshistorische Forschung sowie für eine fachliche Beurteilung kaum mehr nützlich. Es ist daher sinnvoll, EULERs Abhandlung hier in der originalen Fassung wiederzugeben und lediglich auf die folgenschweren Fehler an den entscheidenden Stellen hinzuweisen.

Nachdem EULER im ersten Kapitel die Gültigkeit des Gravitationsgesetzes voraussetzt, leitet er im zweiten die Bewegungsgleichungen für Jupiter und Saturn im Ruhesystem der Sonne unter der Annahme her, dass sich beide Planeten in derselben Ebene bewegen:

$$2\,dx\,d\eta + x\,dd\eta = -\nu a^3\,dp^2\,\sin\omega\left(-\frac{1}{yy} + \frac{y}{z^3}\right)$$

$$ddx - x\,d\eta^2 = -a^3\,dp^2\left(\frac{1+\mu}{xx} + \frac{\nu\cos\omega}{yy} + \frac{\nu(x - y\cos\omega)}{z^3}\right)$$

$$2\,dy\,d\vartheta + y\,dd\vartheta = -\mu b^3\,dq^2\,\sin\omega\left(\frac{1}{xx} - \frac{x}{z^3}\right)$$

$$ddy - y\,d\vartheta^2 = -b^3\,dq^2\left(\frac{1+\nu}{yy} + \frac{\mu\cos\omega}{xx} + \frac{\mu(y - x\cos\omega)}{z^3}\right),$$

wobei x, y und a, b die wahren und mittleren Entfernungen von Jupiter und Saturn von der Sonne, z ihr gegenseitiger Abstand, η, ϑ und p, q ihre wahren und mittleren heliozentrischen Längen, ω ihr heliozentrischer Zwischenwinkel, μ und ν ihre Massen (ausgedrückt in Sonnenmassen) bedeuten. Im dritten Kapitel skizziert EULER, wie er im Folgenden vorgehen wird, um dieses gekoppelte Differentialgleichungssystem zweiter Ordnung zu lösen, das er in folgende Form bringt:

$$\frac{x}{d\omega}d\frac{dx}{t\,d\omega} + \frac{1+\mu}{u} - \frac{1}{tuu}(f + \nu(X - Z))^2 + \frac{\nu u\cos\omega}{vv} + \frac{\nu(uu - uv\cos\omega)}{w^3} = 0$$

$$\frac{y}{d\omega}d\frac{dy}{t\,d\omega} + \frac{1+\nu}{v} - \frac{1}{tvv}(g - \mu(Y - Z))^2 + \frac{\mu v\cos\omega}{uu} + \frac{\mu(vv - uv\cos\omega)}{w^3} = 0,$$

wobei $x = tu$, $y = tv$, $z = tw$ mit t als zeitabhängiger Variablen, f und g Integrationskonstanten und

$$X = \int\frac{u\,d\omega\,\sin\omega}{vv}, \quad Y = \int\frac{v\,d\omega\,\sin\omega}{uu}, \quad Z = \int\frac{uv\,d\omega\,\sin\omega}{w^3}$$

bedeuten.

---

7 Die Preisschrift wird eingehend diskutiert in [Gautier 1817], pp. 135–139; [Wilson 1985], pp. 78–80, 110–114, 131–136; [Wilson 1995b], p. 102.
8 Cf. [Wilson 1985], p. 136.

Zuerst vernachlässigt EULER im vierten Kapitel die Exzentrizitäten der Bahnen von Jupiter und Saturn und bestimmt die Ungleichheiten, die einzig aus ihrem heliozentrischen Zwischenwinkel hervorgehen. Das entsprechende Differentialgleichungssystem löst er nach den üblichen Reihenentwicklungen und Näherungen mit der Methode der unbestimmten Koeffizienten sowie mit dem Ansatz

$$x = \frac{c}{m} + A\cos\omega + B\cos 2\omega + C\cos 3\omega + D\cos 4\omega + \text{etc.}$$
$$y = \frac{e}{m} + A'\cos\omega + B'\cos 2\omega + C'\cos 3\omega + D'\cos 4\omega + \text{etc.},$$

wobei $\frac{c}{m} = 1$ und $\frac{e}{m} = 1,834172$ die mittleren Entfernungen von Jupiter und Saturn bedeuten.

Im fünften Kapitel betrachtet EULER beide Bahnen als elliptisch und setzt

$$x = c(1+u), \quad y = e(1+v),$$

wobei u, v sehr kleine Distanzänderungen bedeuten, in das Differentialgleichungssystem ein, das er mit der Methode der unbestimmten Koeffizienten löst mit dem Ansatz

$$\begin{aligned}
u = \; & + k\cos r && + A\cos\omega && + B\cos 2\omega && + Fk\cos(\omega - r) \\
& + Akk\cos 2r + ak^2\cos\omega && + C\cos 3\omega && + Gk\cos(\omega + r) \\
& && && + D\cos 4\omega && + Hk\cos(2\omega - r) \\
& && && && + Ik\cos(2\omega + r) \\
& && && && + Kkk\cos(\omega - 2r)
\end{aligned}$$

$$\begin{aligned}
v = \; & \alpha k\cos(\omega - r) && + A'\cos\omega && + B'\cos 2\omega && + G'k\cos(\omega + r) \\
& + f'kk\cos(2\omega - 2r) + a'k^2\cos\omega && + C'\cos 3\omega && + H'k\cos(2\omega - r) \\
& + E'k\cos r && && + D'\cos 4\omega && + I'k\cos(2\omega + r) \\
& && && && + K'kk\cos(\omega - 2r)
\end{aligned}$$

wobei k die Exzentrizität der Jupiterbahn und r seine "Anomalie" bezeichnen[9]. Damit erhält EULER die Ungleichheiten in den heliozentrischen Längen von Jupiter und Saturn, die von der Exzentrizität der Jupiterbahn herrühren. Es ist

---

9 EULER ist auf die Idee gekommen, eine neue Art von Anomalie einzuführen, deren Differential ein konstantes Verhältnis zum Differential $d\omega$ hat, weil damit alle Differentiationen und Integrationen ohne irgendwelche Schwierigkeiten ausgeführt werden können. Diese Idee schien ihm von höchster Wichtigkeit zu sein. Er bezeichnete diese Anomalie von Jupiter und Saturn mit den Buchstaben r und s und setzte ihre Differentiale $dr = \kappa\,d\omega$ und $ds = \lambda\,d\omega$, wobei die Grössen κ und λ Konstanten werden. Es gilt also: $r = \kappa\omega + \text{const.}$ bzw. $s = \lambda\omega + \text{const.}$, so dass r und s näherungsweise die Winkeldistanzen von Jupiter bzw. Saturn von ihren Aphelien darstellen, cf. [Wilson 1985], p. 132.

bemerkenswert, dass er für den Koeffizientenvergleich über 10000 Terme berechnen musste, um die numerischen Werte der gesuchten Koeffizienten bestimmen zu können. Dieselbe gewaltige Arbeit unternimmt er im sechsten Kapitel, in dem er das Differentialgleichungssystem mit folgendem Ansatz löst:

$$\begin{aligned} u &= bl\cos(\omega + s) + A\cos\omega + C\cos 3\omega + El\cos s \\ &\quad + B\cos 2\omega + D\cos 4\omega + Ll\cos(\omega - s) \\ &\quad + Nl\cos(2\omega - s) + Ol\cos(2\omega + s) \\ v &= l\cos s + A'\cos\omega + C'\cos 3\omega + L'l\cos(\omega - s) \\ &\quad + B'\cos 2\omega + D'\cos 4\omega + M'l\cos(\omega + s) \\ &\quad + N'l\cos(2\omega - s) + O'l\cos(2\omega + s) \end{aligned}$$

wobei l die Exzentrizität der Bahn von Saturn und s dessen "Anomalie" bezeichnen. Als Lösung erhält EULER die Ungleichheiten in den heliozentrischen Längen von Jupiter und Saturn, die von der Exzentrizität der Saturnbahn verursacht werden. Im siebten Kapitel bestimmt er mit dem Ansatz

$$\begin{aligned} u &= \text{Hauptterme} + k\cos r + bl\cos(\omega + s) + Pkl\cos(\omega - r + s) \\ v &= \text{Hauptterme} + l\cos s + \alpha k\cos(\omega - r) + P'kl\cos(\omega - r + s) \end{aligned}$$

weitere Ungleichheiten in den heliozentrischen Längen von Jupiter und Saturn, die sowohl von ihren Bahn-Exzentrizitäten k und l als auch von ihren "Anomalien" r und s abhängen.

In den verbleibenden drei Kapiteln diskutiert EULER die gefundenen Resultate. Da ihm in dieser Preisschrift – wie eingangs erwähnt – zahlreiche (numerische und analytische) Fehler unterlaufen sind, stimmen seine Resultate nur zufällig oder überhaupt nicht. Gegenüber E 120 enthält sie aber sehr bedeutende Neuerungen: EULER zeigt darin, wie die Exzentrizität der Bahn des störenden Planeten eine "sekundäre" Exzentrizität in der Bahn des gestörten Planeten induziert, die sich mit seiner "primären" oder "Eigen"-Exzentrizität überlagert. Zudem zeigt er, wie die Änderung in den Bewegungen der "Eigen"-Aphelia der beiden Planeten (verursacht durch die gegenseitigen Störkräfte) eine Änderung der Exzentrizitäten und der mittleren Bewegungen zur Folge hat. In der Ungleichheit der mittleren Bewegung gibt er als erster ein Beispiel für eine Ungleichheit von grosser (säkularer) Periode, die durch einen sehr kleinen Koeffizienten im Argument einer periodischen Funktion auftritt, der durch Integration zu einem sehr kleinen Nenner wird. Solche Terme haben später zur Lösung des Problems der grossen Ungleichheit geführt[10].

---

10 Cf. [Wilson 1985], pp. 132–136.

E 398
Nouvelle méthode de déterminer les dérangemens dans le mouvement des corps célestes, causés par leur action mutuelle

Spätestens Mitte der 1750er Jahre erkannte EULER, dass die Methode der unbestimmten Koeffizienten zur Integration gewöhnlicher linearer Differentialgleichungssysteme zweiter Ordnung zu umständlich ist, sobald trigonometrische Reihen höherer Ordnung und Komplexität (Linearkombination der Winkelargumente) anzusetzen sind. Obwohl sich diese Methode bei ihm zu einem Standard-Verfahren etablierte und er sie noch in seiner zweiten Mondtheorie anwandte, entwickelte er alternative Methoden, denn er musste bald einmal feststellen, dass sogar für einfachere Fälle keine analytisch geschlossenen Lösungen der Bewegungsgleichungen für das Dreikörperproblem (mit den damals zur Verfügung stehenden Mitteln der Analysis, wie er meinte) gefunden werden können. Selbst wenn das allgemeine Problem eines Tages gelöst werden könnte, so mutmasste er, würde dessen Lösung sicher äusserst kompliziert ausfallen und daher für den Gebrauch kaum anwendbar sein. Es lag daher nahe, dass er auch nach einem ganz anderen Weg suchte, wie aus seinem Brief vom 18. August 1761 an LAMBERT hervorgeht[11]. Neben semi-analytischen Verfahren, bei denen die homogene Gleichung analytisch, die inhomogene Gleichung aber numerisch gelöst wird, sah er in den rein numerischen Verfahren die einzige Möglichkeit, wie Drei- und Mehrkörperprobleme wenigstens ansatzweise gelöst werden können. Er befasste sich zwar schon vor 1730 mit den grundlegenden Prinzipien der numerischen Integration, wie aus seinem ersten Notizbuch ersichtlich ist[12]. Die soliden Grundlagen dazu erarbeitete er aber erst im Zusammenhang mit seinem monumentalen Werk über die Integralrechnung. Im Kapitel *De integratione aequationum differentialium per approximationem* des ersten Bandes[13] formulierte er jenen Algorithmus, der den Ausgangspunkt – "the mother of all integration methods" – aller heutigen numerischen Integrationsmethoden darstellt[14].

Obwohl EULER semianalytische Methoden bereits in der Abhandlung E 414, später auch in den Abhandlungen E 511 und E 512 anwandte, entwickelte er erst in dieser vorliegenden, am 8. Juli 1762 der Berliner Akademie vorgestellten, zweiteiligen Abhandlung rein numerische Methoden zur Bestimmung der gestörten Bewegungen der Himmelskörper[15]. Er betrachtet in dieser für die spezielle Störungstheorie äusserst bedeutenden Abhandlung folgende Aufgabe: Sämtliche Kräfte, durch welche ein Himmelskörper angetrieben wird, seien bekannt; man bestimme seine Bewegung derart, dass man in der Lage ist, jedem Zeitpunkt den wahren

---
11 R 1413, cf. [Bopp 1924], pp. 26–27.
12 Cf. [Kopelevič et al. 1962], p. 114, Nr. 397, fol. 171r.
13 Cf. [E 342], Sectio secunda, Caput VII; *Opera omnia* I 11, pp. 424–434.
14 Cf. [Beutler 2005a], p. 254 sowie pp. 259–264.
15 Eine kurze Zusammenfassung dieser Abhandlung findet man in [Wilson 1980], pp. 192–193.

Ort, den er im Raum einnimmt, zuzuweisen. Er entwirft in der Folge eine Methode zur numerischen Integration der allgemeinen Bewegungsgleichungen sowie der Bewegungsgleichungen des allgemeinen Dreikörperproblems, wodurch er die Theorie der *speziellen Störungsrechnung* im eigentlichen Sinne begründete. Im ersten Teil entwickelt er die drei rechtwinkligen Komponenten des Ortes und der Geschwindigkeit für beliebig gegebene Kraftkomponenten unter Berücksichtigung der allgemeinen Bewegungsgleichungen in Taylor-Reihen n-ter Ordnung. Er beschreibt, wie diese numerisch zu integrieren wären, insbesondere wie die Integration als Funktion der Intervalllänge durchzuführen und wie die Ordnung der Reihenentwicklung zu wählen ist, damit die nach jedem Integrationsschritt gemachten Fehler minimal werden. EULER unterstreicht den Vorteil dieser Methode gegenüber der herkömmlichen, analytischen Störungsrechnung, der darin besteht, dass sie sich problemlos auf beliebig viele Körper anwenden lässt. Nach Einführung der momentanen (oskulierenden) Bahnlageparameter leitet er sodann Differentialgleichungen für diese sowie für weitere Bahnelemente her und entwickelt diese ebenfalls in Taylor-Reihen n-ter Ordnung. Im zweiten Teil werden die vorhin als beliebig angenommenen Kraftkomponenten nun für den Fall des Dreikörperproblems bestimmt und in die Reihenentwicklungen für die Orts- und Geschwindigkeitskomponenten der Körper eingesetzt. Schliesslich leitet er die Differentialgleichungen für die gewählten Bahnelemente für den Fall her, in dem die Störungen äusserst klein werden. Der hier von EULER beschriebene Algorithmus zur numerischen Integration zusammen mit seiner vorgeschlagenen Bestimmung der jeweils passenden Länge des Intergrationsintervalles, der sog. Schrittweitenkontrolle, gilt als Prototyp aller heute in der speziellen Störungsrechnung verwendeten numerischen Methoden[16]:

Bezeichnen x, y und z die zu einer gegebenen Epoche t bekannten rechtwinkligen Koordinaten eines Himmelskörpers und sind

$$\frac{dx}{dt} = p \qquad \frac{dy}{dt} = q \qquad \frac{dz}{dt} = r$$

dessen Geschwindigkeitskomponenten, dann folgen aus diesem *Zustandsvektor*[17] (x, y, z, p, q, r), den heute sog. *Anfangsbedingungen*, sowie den beschleunigenden Kraftkomponenten

$$\alpha \, dp = P \, dt \qquad \alpha \, dq = Q \, dt \qquad \alpha \, dr = R \, dt$$

die Komponenten von Position x', y', z' und Geschwindigkeit p', q', r' des betrachteten Himmelskörpers aufgrund der auf ihn wirkenden resultierenden Kraftkomponenten P, Q und R zur Epoche $t + \tau$, wobei τ ein beliebiges Zeitintervall

---

16 Cf. [Beutler 2005a], pp. 253–354.
17 EULER verwendet die Bezeichnung "l'état du corps".

bezeichnet, als Taylorreihen

$$x' = x + \tau p + \frac{\tau\tau P}{2\alpha} + \frac{\tau^3 \, dP}{6\alpha \, dt} + \frac{\tau^4 \, ddP}{24\alpha \, dt^2} + \frac{\tau^5 \, d^3P}{120\alpha \, dt^3} + \text{etc.}$$

$$y' = y + \tau q + \frac{\tau\tau Q}{2\alpha} + \frac{\tau^3 \, dQ}{6\alpha \, dt} + \frac{\tau^4 \, ddQ}{24\alpha \, dt^2} + \frac{\tau^5 \, d^3Q}{120\alpha \, dt^3} + \text{etc.}$$

$$z' = z + \tau r + \frac{\tau\tau R}{2\alpha} + \frac{\tau^3 \, dR}{6\alpha \, dt} + \frac{\tau^4 \, ddR}{24\alpha \, dt^2} + \frac{\tau^5 \, d^3R}{120\alpha \, dt^3} + \text{etc.}$$

und

$$p' = p + \frac{\tau P}{\alpha} + \frac{\tau^2 \, dP}{2\alpha \, dt} + \frac{\tau^3 \, ddP}{6\alpha \, dt^2} + \frac{\tau^4 \, d^3P}{24\alpha \, dt^3} + \text{etc.}$$

$$q' = q + \frac{\tau Q}{\alpha} + \frac{\tau^2 \, dQ}{2\alpha \, dt} + \frac{\tau^3 \, ddQ}{6\alpha \, dt^2} + \frac{\tau^4 \, d^3Q}{24\alpha \, dt^3} + \text{etc.}$$

$$r' = r + \frac{\tau R}{\alpha} + \frac{\tau^2 \, dR}{2\alpha \, dt} + \frac{\tau^3 \, ddR}{6\alpha \, dt^2} + \frac{\tau^4 \, d^3R}{24\alpha \, dt^3} + \text{etc.}$$

EULER stellt in dieser Abhandlung sogar Überlegungen zur Fehlerfortpflanzung sowie zur optimalen Integrationsschrittweite an. Je grösser das Zeitintervall τ ist, um so langsamer konvergiert die Reihe und um so mehr Terme müssen für die gleiche Genauigkeit berücksichtigt werden. Ist der Zustandsvektor (x', y', z', p', q', r') zum Zeitpunkt $t+\tau$ bekannt, können daraus der Zustandsvektor sowie (falls nötig) die Kräfte für den Zeitpunkt $t+2\tau$ auf analoge Weise bestimmt werden. Je kleiner τ gewählt wird, um so öfter müssen dieselben Operationen durchgeführt werden. Der Integrationsfehler f bei einer Entwicklung bis Ordnung 2 beträgt $f = \lambda \tau^3$, wobei λ eine Proportionalitätskonstante bezeichnet. Für den Zeitpunkt $t+T$ wird man mit $\tau = T/n$ dieselben Operationen n Mal wiederholen müssen. Für $T = n\tau$ wird der resultierende Fehler $f = n\lambda\tau^3 = \lambda\tau\tau T$ sein, woraus man sieht: je kleiner τ gewählt wird, umso kleiner wird der resultierende totale Fehler, trotz der grösseren Anzahl auszuführender Operationen. Schliesslich entwickelt er die Taylorreihe direkt in den Bahnelementen v (Entfernung vom Zentralkörper), φ (der in der kurzen Zeit τ um das Kraftzentrum beschriebene Elementarwinkel), ψ (Knotenlänge), ω (Bahnneigung) und σ (Argument der Breite).

E 400

Considérations sur le problème des trois corps

Im ersten Teil dieser am 4. Dezember 1765 der Berliner Akademie präsentierten Arbeit[18] behandelt EULER den *kollinearen Fall* des eingeschränkten Dreikörperproblems. Aus den Bewegungsgleichungen leitet er zuerst – wie schon in E 372

---

18 Das Originalmanuskript befindet sich im Archiv der Petersburger Akademie der Wissenschaften und ist in [Kopelevič et al. 1962], p. 84, unter Nr. 267 registriert.

– die charakteristische Gleichung fünften Grades, sodann das Energieintegral für den betrachteten Fall her. Weiter stellt er den heute so bezeichneten *Energiesatz des Zweikörperproblems* auf. Die Schwierigkeiten, die sich EULER in diesem Teil offensichtlich bieten, stammen von seinem bis anhin sich zu bewähren scheinenden Zugang, die Bewegungsgleichungen nicht auf den Schwerpunkt des Systems, sondern derart zu formulieren, dass einer der Körper sich in Ruhe befindet. Deshalb kann er die daraus resultierenden Bewegungsgleichungen nur für den Spezialfall lösen, in dem einer der Körper unendlich grosse Masse besitzt oder die beiden sich bewegenden Körper zum ruhenden ein festes Abstandsverhältnis beibehalten. Dabei benutzt er die von ihm entwickelte *Methode des integrierenden Faktors* oder des EULER*schen Multiplikators*, mit dem eine Differentialgleichung integrierbar gemacht werden kann. Im allgemeinen Fall jedoch, wo alle drei Massen gleichwertig zu behandeln sind, muss EULER einsehen, dass seine gewählte integrierende Funktion die Differentialgleichung nicht integrierbar macht und seine Methode in diesem Fall versagt. Aus einer nicht zu übersehenden Ratlosigkeit heraus versucht er, allgemeine Eigenschaften der Bewegung von beliebig vielen sich gegenseitig anziehenden Körpern herzuleiten. Einen wesentlichen Grund für das "Scheitern" sieht EULER in der ihm zur Verfügung stehenden Analysis, mit der man noch nicht in der Lage sei, solche Probleme bewältigen zu können. Es scheint für ihn deshalb nur eine Frage der Zeit zu sein, bis die Methoden der Analysis derart weit fortgeschritten sein werden, dass wenigstens das eingeschränkte Dreikörperproblem eines Tages wird gelöst werden können.

Im zweiten Teil dieser Abhandlung stellt EULER Bewegungsgleichungen für vier sich im Raum gegenseitig anziehende Körper bezüglich eines beliebig gewählten, orthogonalen Koordinatensystems auf. Diese Gleichungen lassen sich für beliebig viele Körper erweitern. Er erhält ein System von zwölf gekoppelten Differentialgleichungen zweiter Ordnung (drei Komponentengleichungen für jeden der vier Körper). Da keine dieser Gleichungen integrierbar ist, versucht er, durch geeignete Kombinationen neue Gleichungen zu finden, die eine Integration erlauben. Er findet zunächst die Gleichungen für die Bewegung des gemeinsamen Schwerpunktes des Systems. Sodann findet er ein für beliebig viele Körper und für ein beliebiges (konservatives) Kraftgesetz geltendes Theorem, das einem verallgemeinerten Flächensatz entspricht bzw. den Drehimpulserhaltungssatz (in einer originellen Interpretation) darstellt:

> *Wie gross die Anzahl der sich gegenseitig anziehenden Körper auch sei, und welche Bewegung sie auch ausführen, wenn man die orthogonale Projektion der Kurven, welche die Körper beschreiben, auf eine beliebige Ebene zeichnet und man für einen beliebigen Zeitpunkt die um einen beliebig gewählten Punkt in dieser Ebene beschriebenen Flächen nimmt und jede dieser Flächen mit der Masse des Körpers, dem sie angehört, multipliziert, wird die Summe all dieser Produkte proportional der Zeit sein.*

Schliesslich leitet er das Integral für die gesamte lebendige Kraft, das Energieintegral des Systems der betrachteten Körper, her.

E 402
Du mouvement des absides des satellites de Jupiter

Diese Abhandlung legte EULER am 20. September 1759 der Berliner Akademie vor[19]. Sie entstand vermutlich im Zuge seiner Arbeiten zur Starrkörperrotation, insbesondere im Zusammenhang mit der am 23. November 1758 der Berliner Akademie vorgelegten Untersuchung seines Sohnes JOHANN ALBRECHT über die Anziehungskräfte ausgedehnter Himmelskörper von sphäroidischer Gestalt[20]. Bereits in der am 5. Mai 1738 (16. Mai 1783) der Petersburger Akademie vorgelegten Abhandlung[21] bestimmte EULER die Anziehungskraft, die auf einen Massenpunkt wirkt, der sich auf der Oberfläche eines Rotationsellipsoides befindet. In seiner Preisschrift von 1748 über die Bewegungen von Jupiter und Saturn bemerkte er, dass die resultierende Anziehungskraft eines ausgedehnten Körpers, z.B. von Jupiter, wegen seiner Abplattung im Allgemeinen weder eine Zentralkraft ist noch im umgekehrten Verhältnis des Abstandsquadrates wirkt[22]. Die Folgerungen daraus, nämlich dass die Abplattung des Zentralkörpers, insbesondere bei Jupiter, Störungen in den Umlaufbewegungen seiner Satelliten hervorrufen kann, hatte EULER damals noch nicht gezogen. Es war CHARLES WALMESLEY, der als erster die Störungen in der Bewegung eines Satelliten aufgrund der sphäroidischen Figur des Zentralkörpers untersuchte und seine Resultate am 14. Dezember 1758 präsentierte[23]. Damit versuchte er, die Ungleichheiten in den Bewegungen der vier GALILEIschen Jupitermonde, die schon über mehrere Jahrzehnte durch die Astronomen, insbesondere durch GIOVANNI DOMENICO MARALDI[24], beobachtet wurden, theoretisch zu erklären. Die Beobachtung der Bewegungen der Jupitermonde und die Prädiktion von Bedeckungen und Verfinsterungen während ihres Umlaufes um Jupiter hatte damals eine grosse praktische Bedeutung: Mit Hilfe der Zeitpunkte von teleskopisch beobachteten Bedeckungen oder Verfinsterungen der Jupitermonde konnte die geographische Länge auf See bestimmt werden. Dazu mussten aber genaue Tabellen dieser Ereignisse und somit der Positionen der Jupitermonde vorausberechnet werden, wozu die Kenntnis der Störungen notwendig war. Noch bevor EULERs Abhandlung im Jahr 1770 publiziert wurde,

---

19 Das Originalmanuskript zu dieser Abhandlung befindet sich im Archiv der Petersburger Akademie der Wissenschaften, cf. [Kopelevič et al. 1962], p. 83, Nr. 260.
20 [A 18].
21 [E 97].
22 Cf. [E 120], §8.
23 Cf. [Walmesley 1759], pp. 809–810. Das Vorwort zu dieser Abhandlung wurde am 21. Oktober 1758 verfasst.
24 Man vergleiche seine zahlreichen Beiträge in den Pariser Memoiren, verzeichnet in [Halleux et al. 2001].

veröffentlichte JEAN-SYLVAIN BAILLY eine Trilogie von Abhandlungen zur Theorie der Bewegung der Jupitersatelliten in den Pariser Memoiren[25], in der er sich im Wesentlichen auf die Anwendung der Theorien von CLAIRAUT[26] stützt und dabei ebenfalls die Abplattung von Jupiter berücksichtigt[27]. In der Einleitung zu seinen Mémoires betont BAILLY die Nützlichkeit solcher Tabellen für die Geographie und die Navigation, die für die Bestimmung der geographischen Länge leider immer noch zu ungenau seien[28]. Die Verbesserung der theoretischen Grundlagen zur Berechnung der Positionen der Jupitersatelliten war deshalb dringend erforderlich. EULER lieferte mit seiner Abhandlung einen wesentlichen Beitrag zu dieser Theorie.

Im Gegensatz zu anderen Abhandlungen EULERs zur Störungstheorie werden in der vorliegenden nicht die gegenseitigen Störungen von Himmelskörpern behandelt, sondern ausschliesslich die durch die Abplattung des Zentralkörpers auf seine Trabanten ausgeübten Störkräfte berücksichtigt. Dieser Fall spielt bei Jupiter und seinen vier damals bekannten GALILEIschen Monden, insbesondere für den innersten, dem Jupiter am nächsten stehenden Satelliten, eine grosse Rolle. Im Verhältnis zum System Erde – Mond sind beim Jupitersystem die durch die grosse Abplattung von Jupiter sowie die durch die im Verhältnis zu dessen Grösse geringen Abstände der Satelliten zum sehr massereichen Zentralkörper erzeugten Störkräfte viel grösser, was sich vor allem stark auf die Lage ihrer Umlaufbahnen auswirkt. Für die Bestimmung der Positionen der einzelnen Jupitermonde, z.B. für die Herstellung entsprechender Tabellen zur Zeit- und Längenbestimmung, sind diese Störungen deshalb von zentraler Bedeutung. Unter der Annahme der Rotationssymmetrie der Figur von Jupiter löst EULER näherungsweise das gekoppelte Differentialgleichungssystem zweiter Ordnung

$$ddx = -\frac{ne^3 x\, d\zeta^2}{v^3}\left(1 + \frac{3(cc-aa)}{2vv}\left(1 - \frac{5zz}{vv}\right)\right)$$

$$ddy = -\frac{ne^3 y\, d\zeta^2}{v^3}\left(1 + \frac{3(cc-aa)}{2vv}\left(1 - \frac{5zz}{vv}\right)\right)$$

$$ddz = -\frac{ne^3 z\, d\zeta^2}{v^3}\left(1 + \frac{3(cc-aa)}{2vv}\left(3 - \frac{5zz}{vv}\right)\right)$$

zuerst für den Fall $z = 0$ (Bewegung in der Äquatorebene), sodann für den Fall $z \neq 0$, wobei x, y, z die rechtwinkligen Koordinaten eines Satelliten bezüglich des Zentrums von Jupiter, $v = \sqrt{(xx+yy+zz)}$ dessen Entfernung von diesem Zentrum, Maa und Mcc die Hauptträgheitsmomente des Zentralkörpers, n das Verhältnis zwischen Jupiter- und Sonnenmasse, e die mittlere Entfernung der Erde von der Sonne und $d\zeta$ das während des Zeitelementes dt durch die mittlere

---

25 [Bailly 1766].
26 [Clairaut 1743], [Clairaut 1752a], [Clairaut 1752b], [Clairaut 1752c].
27 Cf. [Bailly 1766], "Deuxième Mémoire, Seconde Partie", pp. 180–189.
28 Cf. [Bailly 1766], "Premier Mémoire", p. 121.

Bewegung der Erde um die Sonne überstrichene Winkelelement bezeichnen. Im ersten Fall erhält er für die Bewegung der Apsidenlinie, deren Länge durch $\varphi - s$ gegeben ist (wobei φ die Länge des Satelliten bezüglich einer raumfesten Richtung und s seine wahre Anomalie bezeichnen),

$$\varphi - s = \text{Const.} + \frac{3(cc - aa)}{2pp + 3(cc - aa)}\varphi\,,$$

im zweiten Fall

$$\varphi - s = \frac{3mhh}{2pp}\left(1 - \frac{3}{2}\sin\omega^2\right)\varphi\,,$$

wobei EULER $cc - aa = mhh$ setzt, h den Äquatorradius von Jupiter und ω die Bahnneigung eines Satelliten bezüglich dessen Äquatorebene bedeuten. In diesem Fall bewegt sich zudem die Knotenlinie rückwärts, was durch die Formel

$$d\psi = -\frac{3mhh}{2pp}\,d\varphi\,\cos\omega$$

zum Ausdruck kommt.

E 414

Investigatio perturbationum quibus planetarum motus ob actionem eorum mutuam afficiuntur

In einem Brief[29] an EULER vom 9. Oktober 1751, in dem die Bedeutung der genauen Kenntnis der Erdbahn sowie deren Störungen herausgestrichen wird, schreibt PIERRE BOUGUER, er versichere EULER, dass, falls seine (BOUGUERs) Stimme ihre Wirkung habe, die Akademie zum ersten Mal diese Frage zum Thema für den Preis vorschlagen werde. EULER werde gegenüber anderen einen grossen Vorteil haben, denn diese Preisfrage werde vermutlich nur eine Erweiterung von oder ein Zusatz zu EULERs umfassenden Theorie über Saturn und Jupiter werden[30]. Es gehe darum, mit Hilfe der grossen Zahl von Beobachtungen zu zeigen, dass all jene, die nicht völlig mangelhaft seien, auf Grund ihrer Unterschiedlichkeit die zu bestimmenden Irregularitäten aufdecken würden. Am 2. April 1752 teilte BOUGUER den Entscheid der Akademie betreffend das Thema des Preises für 1754 an EULER mit: es gehe um eine Theorie der Irregularitäten, welche die Planeten in der Bewegung der Erde verursachen können[31]. Als CLAIRAUT am 4. April 1752 EULER offiziell bekannt gab, dass EULER den von der Pariser

---

29 R 316, cf. [Lamontagne 1966], pp. 228–229.
30 [E 120] und [E 384].
31 R 317, cf. [Lamontagne 1966], pp. 229–230.

Akademie ausgestellten Preis für die Theorie der Bewegungen von Jupiter und Saturn[32] gewonnen habe, erwähnt auch er am Schluss seines Schreibens, dass man eine sehr ähnliche Frage (für 1754) vorschlage, für deren Beantwortung EULER gegenüber anderen (Mitkonkurrenten) einen grossen Vorteil habe; man verlange eine Theorie der Ungleichheiten, welche die Planeten in der Bewegung der Erde erzeugen könnten[33]. Das Thema der Preisfrage liess EULER am 22. April 1752 SCHUMACHER wissen[34]. Am 28. September 1753 schrieb BOUGUER an EULER, dass die Akademie auf Grund der geringen Zahl eingereichter Arbeiten den Preis um zwei Jahre verschieben werde[35]. Da für diese Preisfrage tatsächlich nur eine einzige Schrift eingereicht wurde[36], entschied die Akademie am 24. April 1754, dieselbe Frage nochmals für 1756 zu stellen[37]. BOUGUER informierte EULER in einem Brief vom 8. April 1754 im voraus über diesen Entscheid und ermunterte ihn, an diesem Preis teilzunehmen. Zugleich erläuterte er die Anforderungen, welche die Pariser Akademie an diese Arbeit stellt[38]. Die offizielle Einladung zur Teilnahme am Wettbewerb für 1756 legte BOUGUER einem weiteren Brief vom 2. Mai 1754 an EULER bei[39]. Am 27. Mai 1755 gab EULER in einem Brief an TOBIAS MAYER bereits einige Resultate seiner Preisschrift bekannt[40]. Am 7. Juni 1755 teilte EULER seine Resultate auch BOUGUER mit und betonte, dass seine Resultate für die Astronomie sehr wichtig seien[41].

EULERs Preisschrift erreichte den Sekretär der Pariser Akademie am 21. Juni 1755[42]. Die Preisrichter, welche die eingesandten Arbeiten beurteilten, waren BOUGUER, CLAIRAUT, CAMUS, LE MONNIER und D'ALEMBERT[43]. BOUGUER teilte EULER am 27. September in Eile mit, dass er die eingereichten Abhandlungen für den Preis von 1756 in den nächsten drei Wochen lesen werde[44]. Die Pariser Akademie gab ihren Entscheid in ihrer öffentlichen Sitzung vom 28. April 1756 bekannt und sprach den Preis der Abhandlung mit der Devise *Sidera quod tantis cieant se viribus aequis / In motu terrae plurima signa docent*, mit der

---

32 [E 384].
33 R 440, cf. *Opera omnia* IVA 5, p. 220.
34 R 2265, cf. [Juškevič et al. 1961], p. 273.
35 R 322, cf. [Lamontagne 1966], p. 237.
36 Cf. [Lamontagne 1966], p. 230, Fussnote 26. Es handelt sich höchstwahrscheinlich um eine Abhandlung von EULER, von der ein Fragment noch erhalten ist, cf. [Kopelevič et al. 1962], p. 84, Nr. 266.
37 Cf. *PV* 1754, p. 144.
38 R 323, cf. [Lamontagne 1966], p. 238.
39 R 324, cf. [Lamontagne 1966], p. 239.
40 R 1659, cf. [Kopelevič 1959], pp. 424–426; [Mayer 2004], p. 403.
41 R 328, cf. [Oeschger 1960], Brief Nr. 11.
42 Cf. [Lamontagne 1966], p. 230, Fussnote 26; [Wilson 1980], p. 74. Ein Fragment einer Abschrift der Originalabhandlung ist als Manuskript im Archiv der Petersburger Akademie erhalten, cf. [Kopelevič et al. 1962], pp. 82–83, Nr. 258.
43 Cf. [Matheu 1966], p. 214.
44 R 329, cf. [Lamontagne 1966], p. 244.

EULERs Abhandlung kodiert war, zu[45]. Sie enthält die erste sorgfältige und systematische Herleitung der planetaren Störungen der Erdbahn[46]. Bereits am 27. April 1756 konnte EULER seine Freude über den Gewinn des Preises GERHARD FRIEDRICH MÜLLER[47] und am 22. Mai 1756 JOHANN CASPAR WETTSTEIN[48] mitteilen, und von BOUGUER erhielt EULER am 18. Mai 1756 die Glückwünsche für den gewonnenen Preis[49].

Eine erste, aber unkritische Zusammenfassung der EULERschen Preisschrift gab ALFRED GAUTIER in seinem *Essai historique sur le problème des trois corps*[50], wobei der Autor das Schwergewicht eher auf den historischen Kontext denn auf eine detaillierte Analyse der Abhandlungen legte[51]. EULERs Preisschrift fasste auch PIERRE SIMON LAPLACE kurz zusammen und wies auf die Bedeutung dieser Abhandlung, insbesondere für die darauffolgenden Arbeiten von JOSEPH-LOUIS LAGRANGE[52], und auf die darin enthaltenen Innovationen, aber auch auf die zahlreichen Rechenfehler hin[53]. Eine ausführlichere Zusammenfassung dieser Abhandlung findet man in [Wilson 1980], pp. 146–157. CURTIS WILSON vergleicht darin auch die Resultate EULERs mit den entsprechenden Werten von SIMON NEWCOMB[54], wobei er für diesen Vergleich die unkorrigierten Originalwerte EULERs verwendet.

Im ersten, theoretischen Teil werden die Störungsgleichungen für die Bahnelemente hergeleitet. Den in diesen Gleichungen auftretenden und von der Distanz z zwischen störendem und gestörtem Planeten abhängigen Term

$$\frac{1}{z^3} = \frac{1}{r^3}(1 - s\cos\eta)^{-\frac{3}{2}}$$

entwickelt EULER in die zu integrierende Reihe:

$$\frac{1}{z^3} = \frac{1}{r^3}\left(P + Qs\cos\eta + Rss\cos 2\eta + Ss^3\cos 3\eta + Ts^4\cos 4\eta + \text{etc.}\right),$$

wobei $r = \sqrt{(xx + yy)}$ sowie $s = \dfrac{2xy}{xx + yy}$ mit x als die auf die Bahnebene des störenden Planeten projizierte "verkürzte" Distanz des gestörten Planeten

---

45 Cf. *PV* 1756, p. 221.
46 Cf. [Wilson 1980], p. 74.
47 R 1751, cf. [Juškevič et al. 1959], p. 110.
48 R 2792, cf. [Juškevič et al. 1976], p. 341.
49 R 330, cf. [Lamontagne 1966], p. 245.
50 [Gautier 1817].
51 Cf. [Gautier 1817], Seconde partie, insbesondere pp. 144–147.
52 EULERs Preisschrift bildete die Grundlage für die Entwicklung und den Ausbau der Methode der Variation der Bahnelemente durch LAGRANGE, cf. [Gautier 1817], p. 156, [Houzeau 1882], pp. 258–259, sowie für die Bestimmung der säkularen Änderungen der Bahnelemente der Erde durch LAPLACE, cf. [Gautier 1817], p. 165.
53 Cf. [Laplace 1825], pp. 346–348.
54 Cf. [Wilson 1980], pp. 154–157.

zur Sonne, v die Entfernung des störenden Planeten von der Sonne und η der in der Bahnebene des störenden Planeten gemessene Winkel zwischen den heliozentrischen Radiusvektoren des störenden und gestörten Planeten bezeichnen. Die Koeffizienten P, Q, R, S, etc. stellen geometrische Reihen in s dar. EULER multipliziert diese Reihen mit $1 - ss$, wodurch er diese Koeffzienten durch rasch konvergierende Reihen bestimmen kann.

Im zweiten Teil seiner Abhandlung wendet er die im ersten Teil entwickelte Theorie auf die Bewegung der Erde an und bestimmt damit die Störungen, die durch die Wirkung der Planeten Saturn, Jupiter, Mars und Venus entstehen. Er findet, dass die wesentlichen Störungen in der jährlichen Vorwärtsbewegung des Erdaphels von Jupiter und Venus ausgehen. Jupiter ändert die heliozentrische Länge der Erde gemäss

$$-7'' \sin \eta + 2\frac{2''}{3} \sin 2\eta$$

und Venus gemäss

$$-5\frac{3''}{5} \sin \eta + 6'' \sin 2\eta \ .$$

EULER erhält schliesslich für die säkulare Änderung der ekliptikalen Breite eines Fixsterns der nördlichen Hemisphäre die Formel

$$49{,}1'' \sin l + 6{,}5'' \cos l \ ,$$

wobei l die heliozentrische Länge eines Fixsternes für das Äquinoktium 1750 bezeichnet. Dieses Resultat stellt EULER in Form einer Tabelle dar.

CLAIRAUT präsentierte am 9. Juli 1757 eine Abhandlung[55], in der er unter der Annahme eines Massenverhältnisses der Venus zur Erde von 1 zu 1,17552 die Störungen der Venus auf die Erdbewegung herleitete und folgende Ungleichheiten bestimmte[56]:

$$+10'' \sin t - 11{,}5'' \sin 2t - 1{,}4'' \sin 3t - 0{,}4'' \sin 4t \ ,$$

wobei t die heliozentrische Länge der Erde bedeutet. Um 1758 präsentierte auch NICOLAS LOUIS DE LACAILLE eine Abhandlung zur Sonnentheorie[57], worin er die Koeffizienten von CLAIRAUT aufgrund des von diesem verwendeten Wertes für die grösste Gleichung reduzierte zu[58]

$$+8{,}24'' \sin A - 9{,}5'' \sin 2A - 1{,}16'' \sin 3A - 0{,}34'' \sin 4A \ ,$$

---

55 [Clairaut 1759a].
56 Cf. [Clairaut 1759a], p. 556. Die Koeffizienten dieser Störterme stimmen ungefähr (bis auf einen Faktor 2, der auf das von CLAIRAUT angenommene Massenverhältnis zurückzuführen ist) mit jenen in [Newcomb 1898], Table B "Perturbations produced by Venus", überein.
57 [Lacaille 1762].
58 Cf. [Lacaille 1762], p. 130.

wobei jetzt A die heliozentrische Länge der Erde bedeutet. Abgesehen von den unterschiedlichen Amplituden, die auf die verschieden angenommenen Massenverhältnisse zurückzuführen sind, weicht EULERS Resultat im Vergleich zu jenen von CLAIRAUT und LACAILLE zwar nur wenig, aber dennoch systematisch ab.

E 425
De perturbatione motus terrae ab actione Veneris oriunda

In dieser am 14. Mai 1772 (25. Mai 1772) der Petersburger Akademie vorgelegten Abhandlung bestimmt EULER die Störungen der Venus auf die orbitale Bewegung der Erde. Die homogenen Gleichungen des resultierenden gekoppelten Differentialgleichungssystems zweiter Ordnung löst er analytisch mit Hilfe von Reihenentwicklungen, die inhomogenen Gleichungen teils analytisch, teils durch numerische Integration. Die folgenden Integrale löst EULER numerisch:

$$\int U\,dt,\quad \int V\,dt,\quad \int dt \int V\,dt,\quad \int dt\,(2V\cos t + U\sin t),\quad \int dt\,(2V\sin t - U\cos t),$$

wobei

$$w = \sqrt{(aa - 2ab\cos p + bb)}$$
$$U = \frac{a^2(a - b\cos p)}{(aa - 2ab\cdot\cos p + bb)^{3/2}}$$
$$V = -\frac{aa}{w^3}b\cdot\sin p$$

bedeuten. Dabei sind a, b Konstanten, t ist die mittlere Bewegung der Erde und $p = \phi - t$ mit ϕ als Länge der Venus. Für die Schrittweite wählt EULER $\Delta p = 5°$ entsprechend $\Delta t = 7° 59' 37''$ und führt die Integration bis $p = 180°$ aus. Das sehr einfache Integrationsverfahren beruht darauf, den integrierten Wert einer der obigen Stammfunktionen f durch

$$f = \sum_{i=1}^{n} \frac{1}{2}\Delta p\bigl(f(p_i) + f(p_{i+1})\bigr)$$

zu approximieren, wobei jeweils ohne Einschränkung der Allgemeinheit $f(p_1) = 0$ und dadurch die Integrationskonstante gleich Null gesetzt wird. Die resultierende Bewegung der Erde ergibt sich aus der Summe der Lösung der homogenen Gleichungen (welche die Keplerbewegung repräsentieren) und einer partikulären Lösung der inhomogenen Gleichungen (welche die Gesamtstörungen der Venus beinhalten).

Die besondere Schwierigkeit an diesem Problem besteht im Verhältnis der mittleren Entfernungen a und a' der Erde und der Venus von der Sonne. Bezeichnet w die Distanz zwischen Erde und Venus sowie ω ihre heliozentrische

Elongation, gilt $w = \sqrt{(a^2 + a'^2 - 2aa'\cos\omega)}$. Damit der irrationale Faktor w^{-3} in den Bewegungsgleichungen integriert werden kann, muss er entwickelt werden, woraus das elliptische Integral $\int d\omega (1 - g\cos\omega)^\mu$ resultiert, wobei $g = \dfrac{2\,a'/a}{1 + (a'/a)^2}$ und $\mu = 3/2$ bedeuten. Im Falle des Dreikörperproblems Sonne–Erde–Mond beträgt $a'/a = 389$ und somit $g = 0{,}005$, im Falle der grossen Ungleichheit (Sonne–Jupiter–Saturn) beträgt $a'/a = 0{,}545$ und somit $g = 0{,}840$. Im vorliegenden Fall ist aber $a'/a = 0{,}723$ und somit $g = 0{,}950$, so dass die Reihenentwicklung extrem langsam konvergiert. EULER beschreibt daher die Bewegungsgleichungen der Erde in einem mit der mittleren Bewegung der Erde um die Sonne mitrotierenden Koordinatensystem, wobei er die Störkomponente senkrecht zur Ekliptik vernachlässigt. In diesem System besitze die Erde die Koordinaten X und Y. Er transformiert die Bewegungsgleichungen sodann mit $X = a(1 + x)$ und $Y = ay$ in die sehr kleinen Abweichungen x und y von der Kreisbahn aufgrund der elliptischen Keplerbewegung. Die homogenen Gleichungen des resultierenden gekoppelten Differentialgleichungssystems zweiter Ordnung, welche die Keplersche Bewegung der Erde darstellen, löst er mit Hilfe der Methode der unbestimmten Koeffizienten sowie des Ansatzes

$$x = K\mathfrak{P} + K^2\mathfrak{Q} + K^3\mathfrak{R} + K^4\mathfrak{S}$$
$$y = KP + K^2Q + K^3R + K^4S\,,$$

wobei K die Exzentrizität der oskulierenden Bahnellipse der Erde und $\mathfrak{P}$, $\mathfrak{Q}$, $\mathfrak{R}$, $\mathfrak{S}$ sowie P, Q, R, S die zu bestimmenden Koeffizienten bedeuten. Die Lösung lautet:

$$x = -\frac{1}{2}K^2 + K\cos t + \frac{1}{2}K^2\cos 2t - \frac{3}{8}\cos 3t$$
$$y = -\left(2K - \frac{9}{8}K^3\right)\sin 2t + \frac{1}{4}K^2\sin t - \frac{7}{24}\sin 3t\,,$$

wobei t die heliozentrische Länge der mit der mittleren Bewegung der Erde mitrotierenden Achse bezeichnet. Sodann sucht er eine partikuläre Lösung der inhomogenen Gleichungen, welche die Störungen der Venus repräsentieren. Dazu macht er den Ansatz

$$a(1 + x) = a(1 + X + \lambda X')$$
$$ay = aY + a\lambda Y'\,,$$

wobei X, Y die "Störungen" durch die Sonne, also die Abweichungen von der Kreisbahn durch die Keplerbewegung und X', Y' die Störungen durch die Venus und λ das Verhältnis der Massen von Erde und Venus bezeichnen. Für X und Y verwendet EULER die oben gefundene Lösung, welche nichts anderes als die Mittelpunktsgleichung darstellt. Das inhomogene Differentialgleichungssystem zweiter Ordnung in X' und Y' lautet

$$\frac{ddX'}{dt^2} - \frac{2\,dY'}{dt} - 3X' + \frac{aa}{vv}\cos(\phi - t) + \frac{aa}{w^3}\bigl(a(1+X) - v\cos(\phi - t)\bigr) = 0$$

$$\frac{ddY'}{dt^2} + \frac{2\,dX'}{dt} + \frac{aa}{vv}\sin(\phi - t) + \frac{aa}{w^3}\bigl(aY - v\sin(\phi - t)\bigr) = 0 \,,$$

wobei v die wahre Entfernung der Venus von der Sonne bedeutet. Die Komponenten der Inhomogenität bezeichnet EULER mit

$$U = +\frac{aa}{vv}\cos(\phi - t) + \frac{aa}{w^3}\bigl(a(1+X) - v\cos(\phi - t)\bigr)$$
$$V = +\frac{aa}{vv}\sin(\phi - t) + \frac{aa}{w^3}\bigl(aY - v\sin(\phi - t)\bigr) \,.$$

Die Terme, die nur vom Quadrat der Entfernung der Venus von der Sonne abhängen, nennt er die "solaren Anteile" der Venusstörungen, jene Terme, welche die reziproken Kuben der Distanz zwischen Erde und Venus enthalten, nennt er die "terrestrischen Anteile" der Venusstörungen. Die formale Integration ergibt

$$X' = -2\int V\,dt + \cos t\left(\int dt\,(2V\cos t + U\sin t)\right)$$
$$+ \sin t\left(\int dt\,(2V\sin t - U\cos t)\right)$$
$$Y' = +3\int dt \int V\,dt + 2\int U\,dt + 2\cos t\left(\int dt\,(2V\sin t - U\cos t)\right)$$
$$- 2\sin t\left(\int dt\,(2V\cos t + U\sin t)\right) \,.$$

Die solaren Anteile lassen sich formal analytisch integrieren. Zur Lösung der terrestrischen Anteile, die wegen dem Faktor $\frac{1}{w^3}$ nicht direkt integriert werden können, wählt EULER die Methode der numerischen Integration. Diese terrestrischen Anteile sind

$$U = \frac{aa}{w^3}\bigl(a(1+X) - v\cos(\phi - t)\bigr)$$
$$V = \frac{aa}{w^3}\bigl(aY - v\sin(\phi - t)\bigr) \,,$$

welche sowohl einzeln als auch in der Kombination $2V\cos t + U\sin t$ und $2V\sin t - U\cos t$ numerisch integriert werden müssen, was EULER mit einer Schrittweite von $5°$ durchführt. Die Gesamtstörungen der Venus auf die Erdbewegung ergeben sich sodann aus der Summe der solaren und terrestrischen Anteile.

Die numerischen Rechnungen zu dieser Abhandlung hat ANDERS JOHAN LEXELL durchgeführt. Bei der Umwandlung in einfachere Formeln ist ihm ein Vorzeichenfehler unterlaufen, der das Resultat massiv veränderte und dadurch eine grosse Abweichung von LACAILLES Venustafeln[59] verursachte. Im Summarium[60] wird auf diese Abweichung hingewiesen. LEXELL hat seinen Vorzeichenfehler in einer späteren Abhandlung[61] eingestanden und korrigiert. Mit einer nachträglichen "Skalierung" der Störungen fand er seine Werte in guter Übereinstimmung mit LACAILLES Tafeln.

---

59 Cf. [Lacaille 1758], Tab. IX; [Lacaille 1763], Tab. XI.
60 Siehe Seite 301 f. dieses Bandes.
61 [Lexell 1783].

INDEX

Insunt in hoc volumine indicis ENESTROEMIANI commentationes
372, 373, 384, 398, 400, 402, 414, 425

372. Annotatio quarundam cautelarum in investigatione inaequalitatum quibus corpora coelestia in motu perturbantur observandarum 1

  Novi commentarii academiae scientiarum Petropolitanae **13** (1768), 1769, p. 159–201. Summarium ibidem, p. 18–23

373. Investigatio accuratior phaenomenorum, quae in motu terrae diurno a viribus coelestibus produci possunt 35

  Novi commentarii academiae scientiarum Petropolitanae **13** (1768), 1769, p. 202–241. Summarium ibidem, p. 23–27

384. Recherches sur les inégalités de Jupiter et de Saturne 65

  Recueil des pièces qui ont remporté les prix de l'académie royale des sciences **7**, 1769, p. 1–84

398. Nouvelle méthode de déterminer les dérangemens dans le mouvement des corps célestes, causés par leur action mutuelle 123

  Mémoires de l'académie des sciences de Berlin [**19**] (1763), 1770, p. 141–179

400. Considérations sur le problème des trois corps 153

  Mémoires de l'académie des sciences de Berlin [**19**] (1763), 1770, p. 194–220

402. Du mouvement des absides des satellites de Jupiter 175

  Mémoires de l'académie des sciences de Berlin [**19**] (1763), 1770, p. 311–338

414. Investigatio perturbationum quibus planetarum motus ob actionem eorum mutuam afficiuntur 200

  Recueil des pièces qui ont remporté le prix de l'académie royale des sciences **8**, 1771, Troisième pièce, 138 p.

425. De perturbatione motus terrae ab actione Veneris oriunda 301

  Novi commentarii academiae scientiarum Petropolitanae **16** (1771), 1772, p. 426–467. Summarium ibidem, p. 33–35

ANNOTATIO QUARUNDAM CAUTELARUM IN INVESTIGATIONE INAEQUALITATUM QUIBUS CORPORA COELESTIA IN MOTU PERTURBANTUR OBSERVANDARUM

Commentatio 372 indicis ENESTROEMIANI
Novi commentarii academiae scientiarum Petropolitanae **13** (1768), 1769, p. 159–201
Summarium ibidem, p. 18–23

SUMMARIUM

Quod NEWTONUS de corporibus coelestibus primus demonstravit ea hac lege moveri, ut se mutuo in ratione duplicata inversa distantiarum attrahant, id adeo sufficienter per observationes comprobatum est, ut nullum supersit dubium, quin haec sit genuina lex, secundum quam omnium corporum coelestium motus peragantur. Quemadmodum enim theoria Lunae huic principio superstructa cum observationibus optime congruat, adeo ut pro indubio haberi debeat, Lunam tam versus solem quam terram secundum regulam NEWTONI commemoratam impelli; sic quoque dubitare non licet, quin anomaliae istae, quae in motibus reliquorum planetarum, tam primariorum quam secundariorum, observantur, similibus caussis sint attribuendae. Et quidem in Saturno et Iove perturbationes hae manifeste se produnt, in eorum autem Satellitibus persimiles motuum variationes observantur ac in Luna. In Marte vero, terra, Venere et Mercurio, quamvis hae anomaliae non adeo sint conspicuae, multum tamen a vero aberraret, qui horum Planetarum motum regulis KEPLERIANIS penitus conformem statuere vellet. Id enim si locum obtineret, in ipsorum orbitis neque lineae nodorum ullus motus, nec apsidum variatio aliqua observaretur; quod tamen quum secus sit, manifesto inde colligitur hos planetas non unice versus Solem impelli, sed quoque in se mutuo agere, ex qua etiam caussa sine dubio quaedam inaequalitates in ipso motu eorum oriri debent, etiamsi eaedem vix perceptibiles sint. Ut igitur omnia corporum coelestium phaenomena rite explicari queant, in usum vocanda est resolutio istius problematis, quo quaeritur de motu trium aut plurium corporum, quae se mutuo attrahunt in ratione reciproca duplicata distantiarum. Hoc autem problema in genere spectatum difficilius esse videtur, quam ut spes aliqua esse possit illius resolutionem completam aliquando inveniri posse. Ratio autem huius difficultatis non in Mechanica quaerenda est, quippe quum vires corporum acceleratrices, indeque ipsae accelerationes eorum facillime definiri et formulis exprimi possint, sed in ipsa Analysi continetur, quoniam aequationes differentio-differentiales, quibus hae accelerationes exprimuntur, plerumque adeo sunt complicatae, ut resolvi nequeant. Hinc igitur videtur completam et omnibus numeris perfectam Theoriam motuum coelestium exspectari non posse, quousque methodus generalis non pateat, aequationes differentio-differentiales, in quibus variabiles utcunque inter se sunt permixtae, resolvendi. Licet vero hoc problema adeo generaliter spectatum tantis implicetur difficultatibus, pro casibus tamen specialibus fieri potest, ut illae difficultates multum diminuantur. Sic cum quaestio est de definiendo motu Lunae, qualis ex terra spectatur, haec commoda, quae solutionem faciliorem reddunt, obtinentur, primum ut motum Solis apparentem tamquam cognitum spectare liceat, deinde distantia Lunae prae distantia Solis admodum fit exigua, tum vero excentricitas orbitae et inclinatio eius ad planum eclipticae satis parvae fiunt. Si vero supponeretur Lunam adeo a terra fuisse remotam, ut Martis vel Veneris locum occupet, tum eveniet, ut Luna motum planetae primarii sequeretur, eiusque perturbationes simili ratione determinandae essent ac perturbationes motus Saturni vel alius cuiusdam planetae primarii. In utroque igitur hoc casu diverso plane modo inaequalitates motus Lunae determinandae sunt, quippe quum in priori Luna ellipsin circa terram esset descriptura, in altero vero circa Solem. Qui igitur veram motus Lunae theoriam tradere vult, illi incumbit eam ita exponere, ut pro omni Lunae situ et statu locum obtineat. Haec autem non solum de motu Lunae valent, sed ad reliqua quoque corpora coelestia applicari possunt. Propositis igitur tribus corporibus se mutuo attrahentibus, omnino maximi momenti est disquisitio, qua investigatur motus respectivus duorum horum corporum, qualis spectatori in tertio corpore collocato apparebit, atque huius problematis solutionem Illustrissimus Auctor in hac dissertatione absolvendam sibi proposuit. Si itaque supponantur tria haec corpora in eodem plano moveri et se mutuo attrahere secundum regulam attractionis NEWTONIANAM, primum generaliter ostendit, quibus aequationibus differentio-differentialibus exprimatur motus respectivus duorum corporum B et C, qualis spectatori in corpore A apparet, deinceps vero exponit, quales mutationes istae aequationes subire debent, si vel unius vel duorum ex his corporibus A, B, C massae ut evanescentes spectentur; unde, si quaestio speciatim sit de motu respectivo Solis et Lunae ex terra spectando, designantibus A terram, B Solem et C Lunam, duo speciales oriuntur casus, alter quo tam B quam C pro evanescentibus habentur, alter vero quo A et C evanescunt. Qua ratione autem istarum aequationum integralia pro utroque casu inveniri debeant, in problematibus proxime sequentibus docetur, ubi quidem pro casu posteriori solutionem non ex ipsa consideratione aequationum differentio-differentialium propositarum derivare licuit, sed ex principio quodam aliunde petito; quamobrem eo magis confidendum est, ad motum Lunae accurate definiendum, multum subsidii inde esse exspectandum, si hanc solutionem directe ex ipsis nempe formulis differentio-differentialibus eruere liceret. Artificium autem heic adhibitum pro solutione casus huius posterioris invenienda multo quoque latius extendi potest, ad definiendum scilicet motum respectivum duorum corporum B et C, si supponantur corpora A et C ad B secundum quamvis attractionis legem impelli, motibus tamen ut antea in eodem plano peractis. Atque quum saepenumero contingat, ut calculi compendia facilius in problematibus generalioribus quam specialioribus inveniantur, hinc Illustrissimus Auctor motum respectivum duorum corporum B et C, qualis spectatori in A posito apparet, si omnia haec tria corpora in eodem plano moveantur et secundum quamcunque distantiarum rationem se mutuo attrahant, generali problemate complexus est; ubi quum ad sex aequationes differentio-differentiales pervenisset, quarum quatuor priores problemati solvendo sufficiunt, duae tamen ultimae non plane ut inutiles reiiciendae sunt, quippe quod iis in subsidium vocatis et cum reliquis debito modo combinatis, non solum duae aequationes differentiales primi gradus eruantur, sed etiam hae solum cum usu adhiberi possint pro illo casu, quo $A = 0$. Quoniam denique constet motum Lunae, si terrae valde sit vicina, recte ad terram referri, sin autem admodum a terra distaret, conveniens fore, ut eius motus ad Solem referatur, facile colligi poterit, si quasi intermedium quendam statum teneat, eius motum neque ad Solem nec ad terram esse referendum, sed ad aliud quoddam punctum medium, quam ob rationem ad finem huius dissertationis ostenditur, qua ratione motus alicuius corporis ad certum quoddam punctum relatum ad aliud punctum utcunque motum referri possit.

---

1. Omnis perfectio, quae adhuc in Theoria Astronomiae desideratur, in resolutione huius quaestionis continetur, ut trium pluriumve corporum, quae se mutuo in ratione duplicata inversa distantiarum attrahant, motus definiatur. Cum enim ex motibus Lunae, quos iam satis exacte per Theoriam assignare licuit, vires illae, quibus corpora coelestia in se mutuo agunt, penitus sint confirmatae, nullum superest dubium, quin leves illae anomaliae, quae in motu planetarum tam primariorum quam secundariorum observantur, eidem causae sint attribuendae. In Saturno et Iove ista motus perturbatio adeo nimis est manifesta, quam ut in dubium vocari possit; atque etiam in reliquis planetis, etsi eorum motus regulis KEPLERI multo magis est conformis, tamen nonnullae a Tabulis Astronomicis aberrationes observantur, quae nulli alii causae nisi eorum actioni mutuae adscribi possunt. Satellitum autem cum Iovis tum Saturni motum similibus perturbationibus ac lunam esse obnoxium, observationes satis manifesto declarant.

2. Quanquam autem in Marte, Terra, Venere et Mercurio tales perturbationes minus sunt conspicuae, ut aberrationes a calculo astronomico solis elementis minus recte constitutis tribuendae videantur, tamen eorum motum non penitus Regulis KEPLERIANIS esse consentaneum evidentissime ostendi potest. Si enim hi Planetae, uti istae Regulae a summo NEWTONO sunt expositae, unice ad solem secundum rationem reciprocam duplicatam distantiarum pellerentur, non solum quisque motum suum in eodem plano ellipsim describendo perficeret, sed etiam haec ellipsis omnino foret immutabilis, suumque axem perpetuo in eodem situ esset conservatura. Cum igitur tam lineae nodorum quam absidum cunctorum planetarum etiam respectu stellarum fixarum non quiescant, manifestum hinc consequimur criterium hos planetas non unice solem versus impelli, sed ista phaenomena aliis causis deberi, quarum effectus etiamsi potissimum in motu lineae absidum et nodorum cernatur, tamen dubium est nullum, quin inde etiam vel minimae inaequalitates in ipso earum motu proficiscantur.

3. Quantumvis autem Tabulae planetarum inferiorum ac praecipue terrae ad consensum observationum accommodatae videantur, tamen saepenumero mi-

nutae quaedam aberrationes animadvertuntur, quae tabulas cuiusdam erroris arguunt, in quibus investigandis nunc quidem fere omnis Astronomorum industria consumitur, postquam crassiora huius scientiae momenta satis felici cum successu sunt expedita. Verum nullo modo sperare licet istas leves aberrationes per solas observationes unquam ita in ordinem redigi posse, ut praedici queant, in quo omnis Astronomiae vis versatur; minimi etiam errores, qui in observationibus plane evitari nequeunt, tale institutum omnino irritum reddunt, dum semper in dubio relinquunt, quanta pars re vera motum planetarum afficiat. Quemadmodum etiam ad eam accuratam motus Lunae cognitionem, qua nunc quidem fruimur, solis observationibus innixi nunquam certe perventuri fuissemus, nisi Theoria in subsidium fuisset vocata.

4. Etsi igitur summum studium, quod Astronomi ad artem observandi perficiendam impendunt, imprimis est necessarium, tamen maxima incrementa huius scientiae potissimum a Theoria sunt exspectanda, qua, nisi praxis adiuvetur, parum inde commodi ad veram cognitionem motuum coelestium redundare potest. Universa autem Theoria ad problema initio memoratum reducitur, ut motus plurium corporum, quae se mutuo attrahant in ratione reciproca duplicata distantiarum, accurate determinetur. Solutionem vero huius problematis non solum esse difficillimam, sed etiam, si in genere tractetur, vires ingenii humani fere superare, omnes, qui in eo vires suas exercuerunt, satis superque sunt experti.

5. Si duo tantum essent corpora, quae se mutuo attrahant, quaestio nulli amplius difficultati esset obnoxia, cum utrumque circa commune centrum gravitatis perfectam ellipsin esset descripturum. Verum statim ac tria considerantur corpora, problema tam fit difficile, ut omnia artificia, quae quidem adhuc sunt detecta, ad id perfecte solvendum minime sufficiant. Haud igitur utilitate cariturum arbitror, si has difficultates earumque causas accuratius examinavero, quandoquidem illarum enodatio ne sperari quidem poterit, nisi ante diligentissime fuerint perpensae. Quin etiam haec ipsa contemplatio novos aperiet fontes, ex quibus solutio petenda videtur, qui etsi initio parum adiumenti praebere videantur, tamen uberior meditatio fortasse nos continuo propius ad intentum scopum perducere valebit.

6. Quaestio ergo, quae omnem Astronomiae vim in se complectitur, ad Mechanicam seu motus scientiam refertur, cuius principia iam ita solide sunt constituta, ut eorum applicatio ad casum propositum nulla laboret difficultate; unde causam tenebrarum, in quibus adhuc circa accuratam motuum coelestium cognitionem versamur, minime ignorantiae nostrae in motus scientia tribuere licet. Pervenimus autem non difficulter, quotcunque etiam fuerint corpora se mutuo attrahentia, ad aequationes differentio-differentiales, quae in se omnia motus phaenomena complectuntur, et ad quarum resolutionem totum negotium reducitur. Non igitur difficultas in Mechanica motusque determinatione est sita, sed omnis

in Analysi continetur, cuius imperfectioni unice est imputandum, quidquid adhuc in Theoria Astronomiae desideratur.

7. Forma harum aequationum differentio-differentialium iam satis est nota, ex iis scriptis, quae cum de Luna tum de perturbatione motus Saturni prodierunt, unde patet motum uniuscuiusque corporis, nisi fiat in eodem plano, necessario ternis huiusmodi aequationibus includi: in quibus omnes quantitates variabiles, quae ad singula corpora pertinent, maxime sint inter se permixtae, ita ut nullius corporis seorsim sumti motus definiri queat, quin simul inaequalitates motus omnium reliquorum corporum involvantur. Ex quo summa difficultas, qua huiusmodi motuum determinatio impeditur, per se est perspicua, neque ullum remedium extare videtur, nisi ut methodus generalis aperiatur aequationes differentio-differentiales quotcunque, in quibus variabiles utcunque inter se fuerint permixtae, resolvendi; talis autem methodus nimis magna scientiae Analyticae incrementa requirit, quam ut ea unquam sperare liceat.

8. Tanta scilicet impedimenta occurrerent, si problema de motu trium pluriumve corporum se mutuo attrahentium in genere et perfecte esset solvendum; pro dato autem casu plerumque se offerunt eiusmodi commoda, quibus illa impedimenta multo redduntur leviora. Veluti si quaestio sit de tribus corporibus, Sole, terra ac Luna, huiusque motus, qualis ex terra spectatur, definiri debeat, qua quidem quaestione tota Lunae Theoria continetur; primum commode evenit, ut motus solis apparens tanquam cognitus spectari possit, propterea quod perturbationem in motu terrae ab attractione Lunae oriundam pro nihilo reputare licet. Deinde etiam solutio non mediocriter inde sublevatur, quod distantia Lunae prae solis distantia sit perquam exigua, simulque vis Lunae absoluta multo sit minor vi terrae. Tum vero etiam excentricitas orbitae Lunaris non nimis magna, atque inclinatio eius ad planum eclipticae satis parva plurimum confert ad difficultates superandas; his autem commodis Tabulae Lunares, quae quidem reliquis praestant, acceptae sunt referendae.

9. His autem subsidiis nullus amplius locus relinqueretur, si vel Lunae a terra distantia esset multo maior, vel eius massa seu vis attractiva absoluta multo fortior existeret, vel si orbita eius multo maiorem haberet excentricitatem, vel denique si cum plano eclipticae multo maiorem angulum constitueret: quarum conditionum si vel una vel plures in Luna deprehenderentur, eius motus hac ratione nullatenus definiri posset, neque eius inaequalitates per simplices angulos, uti in tabulis lunaribus fieri solet, repraesentare liceret. Si talis Luna terrae contigisset, vix patet, quomodo eius motus saltem ita prope cognosci potuisset, ut errores non fuerint vehementer enormes: hoc quippe casu Luna, quasi medium quendam statum inter satellitem terrae et planetam primarium esset sortita, spectari deberet.

10. Cum igitur consueta methodus Lunae motum repraesentandi tabulisque complectendi omni usu destitueretur, si status Lunae tantillam mutationem accepisset, satis hoc est indicii solitam motus Lunae repraesentationem naturae non esse conformem. Praeterquam enim quod motum Lunae tantum vero proxime definit, et accurata determinatio innumerabiles huiusmodi inaequalitates requireret, quarum praetermissio quidem in statu, quo Luna revera versatur, errorem vix notabilem gignit; si alius status Lunae obtigisset, non solum inaequalitatum harum, quae adhuc essent notabiles, numerus in immensum augeri, sed etiam id incommodi facile accedere posset, ut istae infinitae inaequalitates ne seriem quidem convergentem constituerent, verum continuo fierent maiores; ex quo istius modi repraesentatio motus Lunae omni plane usu esset caritura.

11. Quo magis autem distantia Lunae a terra augeretur, eo graviora etiam obstacula motus determinationi adversarentur; neque tamen ideo aucta distantia continuo multiplicarentur. Nam simulac Luna eousque a terra fuisset remota, ut locum Veneris vel Martis esset occupatura, ista obstacula iterum sed quasi contrario quodam modo evanescerent, dum Luna motum planetae primarii esset secutura, cuius perturbationes, si quae a vi terrae efficerentur, alia plane methodo investigari deberent. Haec scilicet investigatio similis foret illi, qua perturbationes motus Saturni aliusve planetae primarii, quae ab attractione alius planetae primarii oriuntur, indagari solent; quae etsi per similes formulas expeditur, tamen multo dissimili modo instituitur; ibi enim Luna primum circa terram secundum regulas KEPLERI moveri assumitur, atque aberrationes ab his regulis quaeruntur; hic vero motus Lunae, quasi circa solem secundum easdem regulas fieret, spectari, et aberrationes ab hoc motu regulari assignari deberent.

12. Quantumvis igitur motus Lunae determinatu sit difficilis, si quidem determinatio ad omnes distantias, in quibus Luna a terra collocari potuisset, patere debeat, tamen dantur quasi duo casus extremi, quibus motus facillime definiri posset, quos propterea probe expendi conveniet. Prior scilicet casus, quo determinatio motus Lunae nulla difficultate laboraret, foret, si Luna terrae esset proxima, tum enim secundum regulas KEPLERI circa terram perfectam ellipsin esse descriptura, cuius alterum focum centrum terrae constanter occuparet. Posterior vero casus locum haberet, si Luna a terra tam longe esset remota, ut quasi in regione Martis vel Veneris versaretur; tum enim iterum motu regulari esset incessura et circa solem ellipsin descriptura, cuius alter focus in centro solis existeret. Utroque autem casu facile foret eius motum non solum per calculum definire, sed etiam ad tabulas revocare.

13. Hinc igitur colligimus veram motus Lunae, si neque terrae sit proxima, neque ab ea nimis remota, determinationem ita comparatam esse debere, ut ambobus memoratis casibus in determinationes illas simplices abeat. Atque hic insignis defectus in methodo, qua motus Lunae ad certas regulas revocari solet,

statim deprehenditur, quippe quae tantum ad alterum casum extremum refertur. Ita scilicet tantum motum Lunae definit, ut si distantia Lunae a terra evanesceret, motus quidem regularis et regulis KEPLERIANIS conformis esset proditurus; verum si Luna in immensum a terra removeretur, non solum non ad regularitatem illam, qua tum Luna esset progressura, appropinquaret, sed potius ab ea in infinitum esset digressura. Nullum igitur est dubium, quin huiusmodi methodus, quae ad utrumque casum extremum aeque inclinet, naturae rei multo magis foret consentanea, atque negotium multo felicius esset expeditura.

14. His considerationibus etiam problema generale de motu trium corporum se mutuo attrahentium non mediocriter adiuvari videtur. Sint enim proposita tria corpora A, B, C, quae se invicem in ratione reciproca duplicata attrahant, et quaeratur, uti in Astronomia quaestio institui solet, motus respectivus, quo corpora duo B et C spectatori in A posito moveri videbuntur; litterae autem A, B, C denotent massas horum corporum seu eorum vires attractrices absolutas. Quodsi iam unum horum corporum evanesceret, haberetur casus duorum corporum tantum, quorum motus sine ulla difficultate definiri posset; unde obtinemus illos casus extremos, ad quas solutionem generalem aeque dirigi oportet. Istas igitur extremitates diligentius examinari operae erit pretium, verum ne difficultates nimium obruantur, motum omnium trium corporum in eodem plano fieri assumam, quoniam si difficultates pro hac hypothesi essent superatae, reliquae ex planorum diversitate oriundae haud difficulter vincerentur.

PROBLEMA 1

15. Si tria corpora A, B, C se mutuo attrahant in ratione reciproca duplicata distantiarum, atque in eodem plano moveantur, definire motum corporum B et C, qualis spectatori in corpore A posito apparebit.

SOLUTIO

Quoniam (Fig. 1) corpus A tanquam in quiete persistens considerari debet, ex quo motus binorum reliquorum spectetur, ducatur in plano motus per A linea recta ♈A♎ ad puncta aequinoctialia seu alia puncta in coelo fixa directa; ac tempore quocunque ab epocha quadam elapso t reperiantur bina reliqua corpora in B et C, ad quae ex A ducantur rectae AB et AC. Vocentur ergo hae distantiae $AB = x$, $AC = y$, itemque anguli ♈$AB = p$, ♈$AC = q$, qui longitudinem utriusque corporis referunt; tum ponatur horum angulorum differentia $BAC = q - p = s$, eritque iuncta recta $BC = \sqrt{(xx + yy - 2xy \cos s)} = v$. Iam cum horum

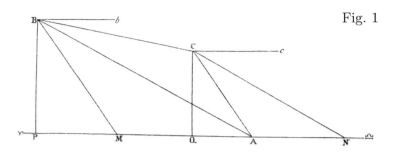

Fig. 1

corporum massae sint A, B, C, eaque se mutuo attrahant in ratione reciproca duplicata distantiarum, sequentes habebimus vires acceleratrices:

I. Corpus B sollicitatur secundum $\begin{cases} BA & \text{vi} = \frac{A}{xx} \\ BC & \text{vi} = \frac{C}{vv} \end{cases}$

II. Corpus C sollicitatur secundum $\begin{cases} CA & \text{vi} = \frac{A}{yy} \\ CB & \text{vi} = \frac{B}{vv} \end{cases}$

Corpus autem A sollicitatur a corporibus B et C viribus acceleratricibus secundum $AB = \frac{B}{xx}$, secundum $AC = \frac{C}{yy}$. Quare cum corpus A debeat in quiete retineri, hae vires secundum directiones contrarias in corpora B et C sunt transferendae. Praeter vires ergo superiores, si ducamus BM et CN parallelas ipsis CA et BA, insuper has habebimus:

I. Corpus B sollicitatur secundum $\begin{cases} BA & \text{vi} = \frac{B}{xx} \\ BM & \text{vi} = \frac{C}{yy} \end{cases}$

II. Corpus C sollicitatur secundum $\begin{cases} CA & \text{vi} = \frac{C}{yy} \\ CN & \text{vi} = \frac{B}{xx} \end{cases}$

Vires ergo, quibus haec corpora coniunctim sollicitantur, sunt:

Corpus B sollicitatur secundum $\begin{cases} BA & \text{vi} = \frac{A+B}{xx} \\ BC & \text{vi} = \frac{C}{vv} \\ BM & \text{vi} = \frac{C}{yy} \end{cases}$

Corpus C sollicitatur secundum $\begin{cases} CA & \text{vi} = \frac{A+C}{yy} \\ CB & \text{vi} = \frac{B}{vv} \\ CN & \text{vi} = \frac{B}{xx} \end{cases}$

Quaestio ergo huc redit, quomodo motus corporum ab his viribus sollicitatorum futurus sit comparatus. Hunc in finem, ductis ad rectam ♈︎♎︎ perpendiculis BP et CQ, illas vires resolvere licet secundum directiones fixas, quarum alterae Bb et Cc sint ipsi ♈︎♎︎ parallelae, alterae vero BP et CQ ad eam normales; ad quod nosse oportet singularum rectarum inclinationes ad axem $\Upsilon\Omega$. Ac primo quidem rectae BA et CN eo inclinantur angulo $\Upsilon AB = \Upsilon NC = p$; rectae vero CA et BM angulo $\Upsilon AC = \Upsilon MB = q$; verum recta BC ad axem inclinatur angulo CBb, cuius sinus est $= \dfrac{BP - CQ}{v}$ et cosinus $= \dfrac{AP - AQ}{v}$. Cum iam sit $BP = x \sin p$, $AP = x \cos p$, $CQ = y \sin q$ et $AQ = y \cos q$, fiet

$$\sin CBb = \frac{x \sin p - y \sin q}{v} \qquad \text{et} \qquad \cos CBb = \frac{x \cos p - y \cos q}{v}.$$

Hinc ergo corpus B sollicitabitur sequentibus viribus acceleratricibus:

Secundum Bb $\qquad \dfrac{A+B}{xx} \cos p + \dfrac{C}{vv} \cdot \dfrac{x \cos p - y \cos q}{v} + \dfrac{C}{yy} \cos q$

secundum BP $\qquad \dfrac{A+B}{xx} \sin p + \dfrac{C}{vv} \cdot \dfrac{x \sin p - y \sin q}{v} + \dfrac{C}{yy} \sin q$.

Porro autem corpus C sollicitabitur sequentibus viribus acceleratricibus:

Secundum Cc $\qquad \dfrac{A+C}{yy} \cos q - \dfrac{B}{vv} \cdot \dfrac{x \cos p - y \cos q}{v} + \dfrac{B}{xx} \cos p$

secundum CQ $\qquad \dfrac{A+C}{yy} \sin q - \dfrac{B}{vv} \cdot \dfrac{x \sin p - y \sin q}{v} + \dfrac{B}{xx} \sin p$.

Ponamus brevitatis gratia has vires:

$$\frac{A+B}{xx} \cos p + \frac{C(x \cos p - y \cos q)}{v^3} + \frac{C}{yy} \cos q = P$$

$$\frac{A+B}{xx} \sin p + \frac{C(x \sin p - y \sin q)}{v^3} + \frac{C}{yy} \sin q = Q$$

$$\frac{A+C}{yy} \cos q - \frac{B(x \cos p - y \cos q)}{v^3} + \frac{B}{xx} \cos p = R$$

$$\frac{A+C}{yy} \sin q - \frac{B(x \sin p - y \sin q)}{v^3} + \frac{B}{xx} \sin p = S$$

eritque ex principiis Mechanicis sumto elemento temporis dt constante:

$$\frac{2}{dt^2} dd \cdot x \cos p + P = 0$$

$$\frac{2}{dt^2} dd \cdot x \sin p + Q = 0$$

$$\frac{2}{dt^2} dd \cdot y \cos q + R = 0$$

$$\frac{2}{dt^2} dd \cdot y \sin q + S = 0.$$

Hinc autem per idoneam combinationem elicitur:

$$P\cos p + Q\sin p + \frac{2}{dt^2}\left(ddx - x\,dp^2\right) = 0$$

$$Q\cos p - P\sin p + \frac{2}{dt^2}\left(2\,dx\,dp + x\,ddp\right) = 0$$

$$R\cos q + S\sin q + \frac{2}{dt^2}\left(ddy - y\,dq^2\right) = 0$$

$$S\cos q - R\sin q + \frac{2}{dt^2}\left(2\,dy\,dq + y\,ddq\right) = 0\,.$$

At ex superioribus formulis fit:

$$P\cos p + Q\sin p = \frac{A+B}{xx} + \frac{C(x - y\cos s)}{v^3} + \frac{C\cos s}{yy}$$

$$Q\cos p - P\sin p = -\frac{Cy\sin s}{v^3} + \frac{C\sin s}{yy}$$

$$R\cos q + S\sin q = \frac{A+C}{yy} - \frac{B(x\cos s - y)}{v^3} + \frac{B\cos s}{xx}$$

$$S\cos q - R\sin q = \frac{Bx\sin s}{v^3} - \frac{B\sin s}{xx}\,,$$

unde pro motu amborum corporum determinando sequentes quatuor aequationes prodibunt:

$$\text{I.}\quad ddx - x\,dp^2 + \tfrac{1}{2}dt^2\left(\frac{A+B}{xx} + \frac{C(x-y\cos s)}{v^3} + \frac{C\cos s}{yy}\right) = 0$$

$$\text{II.}\quad 2\,dx\,dp + x\,ddp + \tfrac{1}{2}dt^2\left(\frac{C\sin s}{yy} - \frac{Cy\sin s}{v^3}\right) = 0$$

$$\text{III.}\quad ddy - y\,dq^2 + \tfrac{1}{2}dt^2\left(\frac{A+C}{yy} + \frac{B(y-x\cos s)}{v^3} + \frac{B\cos s}{xx}\right) = 0$$

$$\text{IV.}\quad 2\,dy\,dq + y\,ddq + \tfrac{1}{2}dt^2\left(\frac{Bx\sin s}{v^3} - \frac{B\sin s}{xx}\right) = 0\,.$$

COROLLARIUM 1

16. Circa has aequationes in genere id tantum annotandum duco, quod si prima multiplicetur per $y\sin s$, secunda per $\frac{(A+C)x}{C} - y\cos s$, tertia per $-x\sin s$ et quarta per $\frac{(A+B)y}{B} - x\cos s$, summa productorum futura sit:

$$(y\,ddx - x\,ddy)\sin s + xy(dq^2 - dp^2)\sin s$$
$$+ \frac{A+C}{C}(xx\,ddp + 2x\,dx\,dp) + \frac{A+B}{B}(yy\,ddq + 2y\,dy\,dq)$$
$$- 2y\,dx\,dp\cos s - xy\,ddp\cos s - 2x\,dy\,dq\cos s - xy\,ddq\cos s = 0\,,$$

cuius integrale est:

$$\frac{A+C}{C}xx\,dp + \frac{A+B}{B}yy\,dq + (y\,dx - x\,dy)\sin s - xy(dp+dq)\cos s = a\,dt\,.$$

COROLLARIUM 2

17. Si haec ad motum Lunae transferre velimus, in A terra constituatur et B pro sole, C vero pro Luna habeatur. Cum autem magnitudo massae Lunae non in computum veniat, siquidem ad perturbationem motus terrae inde oriundam hic non respicimus, facto $C = 0$, has habebimus aequationes:

$$\left.\begin{aligned} \text{I.} \quad & ddx - x\,dp^2 + \frac{1}{2}dt^2 \cdot \frac{A+B}{xx} = 0 \\ \text{II.} \quad & 2\,dx\,dp + x\,ddp = 0 \end{aligned}\right\} \text{ pro motu Solis}$$

$$\left.\begin{aligned} \text{III.} \quad & ddy - y\,dq^2 + \frac{1}{2}dt^2 \left(\frac{A}{yy} + \frac{B(y - x\cos s)}{v^3} + \frac{B\cos s}{xx}\right) = 0 \\ \text{IV.} \quad & 2\,dy\,dq + y\,ddq + \frac{1}{2}dt^2 \left(\frac{Bx\sin s}{v^3} - \frac{B\sin s}{xx}\right) = 0 \end{aligned}\right\} \text{ pro motu Lunae.}$$

COROLLARIUM 3

18. Motus ergo solis ex terra apparens erit regularis seu regulis KEPLERIANIS conformis. Pro Luna autem alter casus extremus locum habebit, si distantiae x et v sint quasi infinities maiores quam y, seu Luna circa terram in minima distantia revolveretur; quo casu etiam eius motus regulis KEPLERIANIS foret conformis, hisque aequationibus contineretur:

$$\text{III.} \quad ddy - y\,dq^2 + \frac{1}{2}dt^2 \cdot \frac{A}{yy} = 0$$
$$\text{IV.} \quad 2\,dy\,dq + y\,ddq = 0\,,$$

qui casus etiam ex generalibus formulis nascitur, si massa solis B ut evanescens spectetur.

COROLLARIUM 4

19. Alter autem casus extremus obtinebitur, quo Luna veluti planeta primarius circa solem revolveretur, si massa terrae A pro nihilo habeatur; hoc igitur casu motus Lunae ex terra spectatus his aequationibus exprimeretur:

$$\text{III.} \quad ddy - y\,dq^2 + \frac{1}{2}dt^2 \left(\frac{B(y - x\cos s)}{v^3} + \frac{B\cos s}{xx}\right) = 0$$
$$\text{IV.} \quad 2\,dy\,dq + y\,ddq + \frac{1}{2}dt^2 \left(\frac{Bx\sin s}{v^3} - \frac{B\sin s}{xx}\right) = 0\,.$$

COROLLARIUM 5

20. Etsi autem hoc casu motus Lunae sit regularis, tamen resolutio istarum aequationum minus patet; propterea quod motum ex terra visum definiunt, sicque inaequalitatem secundam, uti ab Astronomis vocatur, simul involvunt. Quamobrem harum aequationum resolutio a posteriori est cognita; quae ergo si fuerit expedita, non parum ad resolutionem aequationum generalium collatura esse videtur.

COROLLARIUM 6

21. Hoc igitur certum est resolutionem formularum generalium seu saltem earum, quae §17 pro motu Lunae sunt exhibitae, ita comparatam esse debere, ut tam formularum §18 quam formularum §19 integrationem in se complectatur. Illarum scilicet integratio oriri debet ex generali, si ponatur $B = 0$, harum vero, si $A = 0$, quare utrumque casum seorsim evolvamus.

PROBLEMA 2

22. Propositae sint sequentes binae aequationes differentio-differentiales:

$$ddy - y\,dq^2 + \frac{1}{2}\,dt^2 \cdot \frac{A}{yy} = 0 \quad \text{et} \quad 2\,dy\,dq + y\,ddq = 0,$$

quarum integralia inveniri oporteat.

SOLUTIO

Posterior aequatio per y multiplicata ob dt constans statim praebet hoc integrale $yy\,dq = \alpha\,dt$. Deinde prima per $2\,dy$, posterior vero per $2y\,dq$ multiplicata summam dant:

$$2\,dy\,ddy + 2y\,dy\,dq^2 + 2yy\,dq\,ddq + dt^2 \cdot \frac{A\,dy}{yy} = 0,$$

cuius integrale est:

$$dy^2 + yy\,dq^2 = \beta\,dt^2 + \frac{A\,dt^2}{y}.$$

Cum igitur sit $dq = \frac{\alpha\,dt}{yy}$, erit

$$dy^2 + \frac{\alpha\alpha\,dt^2}{yy} = \beta\,dt^2 + \frac{A\,dt^2}{y},$$

ideoque
$$y\,dy = -\,dt\,\sqrt{(\beta yy + Ay - \alpha\alpha)}\,,$$

unde fit
$$dt = \frac{-y\,dy}{\sqrt{(\beta yy + Ay - \alpha\alpha)}} \quad\text{et}\quad dq = \frac{-\alpha\,dy}{y\sqrt{(\beta yy + Ay - \alpha\alpha)}}\,.$$

Quo autem constantes arbitrarias α et β commodius definiamus, pro y introducamus angulum θ, ut sit
$$y = \frac{c}{1 - n\cos\theta} \quad\text{et}\quad dy = \frac{-nc\,d\theta\sin\theta}{(1 - n\cos\theta)^2}$$

et
$$\beta yy + Ay - \alpha\alpha = \frac{\beta cc + Ac - nAc\cos\theta - \alpha\alpha + 2n\alpha^2\cos\theta - nn\alpha\alpha\cos\theta^2}{(1 - n\cos\theta)^2}\,,$$

statuatur $\alpha^2 = \dfrac{1}{2}Ac$ et $\beta cc + Ac - \alpha\alpha = nn\alpha\alpha$, seu
$$\beta cc + \frac{1}{2}Ac = \frac{1}{2}nnAc \quad\text{ideoque}\quad \beta = -\frac{A}{2c}(1 - nn)\,,$$

eritque
$$\beta yy + Ay - \alpha\alpha = \frac{\frac{1}{2}nnAc\sin\theta^2}{(1 - n\cos\theta)^2} \quad\text{et}\quad \sqrt{(\beta yy + Ay - \alpha\alpha)} = \frac{n\sin\theta}{1 - n\cos\theta}\sqrt{\frac{1}{2}Ac}\,.$$

Quibus valoribus substitutis habebimus:
$$dt = \frac{cc\,d\theta}{(1 - n\cos\theta)^2}\sqrt{\frac{2}{Ac}} \quad\text{et}\quad dq = d\theta\,,$$

ideoque per novam variabilem θ reliquas ita definimus, ut sit:
$$q = f + \theta;\quad y = \frac{c}{1 - n\cos\theta} \quad\text{et}\quad dt = \frac{d\theta}{(1 - n\cos\theta)^2}\sqrt{\frac{2}{A}c^3}\,.$$

COROLLARIUM 1

23. Eodem modo etiam superiores aequationes motum solis continentes construentur:
$$ddx - x\,dp^2 + \frac{1}{2}dt^2\cdot\frac{A + B}{xx} = 0 \quad\text{et}\quad 2\,dx\,dp + x\,ddp = 0\,;$$

si enim brevitatis gratia ponamus $A + B = E$, erit

$$p = e + \eta, \quad x = \frac{a}{1 - m\cos\eta}, \quad dt = \frac{d\eta}{(1 - m\cos\eta)^2}\sqrt{\frac{2}{E}a^3}.$$

Cum autem utrinque elementum temporis dt sit idem, erit

$$\frac{d\theta}{(1 - n\cos\theta)^2}\sqrt{\frac{2}{A}c^3} = \frac{d\eta}{(1 - m\cos\eta)^2}\sqrt{\frac{2}{E}a^3}.$$

COROLLARIUM 2

24. Si nolimus novam variabilem introducere, quoniam invenimus

$$\alpha\alpha = \frac{1}{2}Ac \quad \text{et} \quad \beta = -\frac{A}{2c}(1 - nn),$$

erit

$$\sqrt{(\beta yy + Ay - \alpha\alpha)} = \sqrt{\frac{A}{2c}(-cc + 2cy - yy + nnyy)}$$

$$= \sqrt{\frac{A}{2c}((1 + n)y - c)(c - (1 - n)y)},$$

sicque habebimus

$$dt = \frac{-y\,dy\sqrt{2c}}{\sqrt{A((1 + n)y - c)(c - (1 - n)y)}}$$

et

$$dq = \frac{-c\,dy}{y\sqrt{((1 + n)y - c)(c - (1 - n)y)}},$$

quae formulae ita ad ellipsin sunt accommodatae, ut $\frac{c}{1 - n}$ denotet distantiam apogei et $\frac{c}{1 + n}$ distantiam perigei, unde distantia media est $\frac{c}{1 - nn}$, excentricitas $= n$ et c semiparameter.

COROLLARIUM 3

25. Simili modo pro motu solis, nullam novam variabilem introducendo, habebimus has formulas:

$$dt = \frac{-x\,dx\sqrt{2a}}{\sqrt{E((1 + m)x - a)(a - (1 - m)x)}}$$

et

$$dp = \frac{-a\,dx}{x\sqrt{((1 + m)x - a)(a - (1 - m)x)}},$$

ubi signum $-$ praefixi, ut motus ab apogeo computetur.

COROLLARIUM 4

26. Sin autem novam variabilem utpote angulum θ introducere velimus, id etiam infinitis aliis modis fieri potest. Veluti si ponamus $y = \dfrac{c(1+\nu\cos\theta)}{1-n\cos\theta}$, reperiemus:
$$dt = \frac{d\theta\,(1+\nu\cos\theta)}{(1-n\cos\theta)^2}\sqrt{\frac{2}{A}(1+n\nu)c^3}$$
et
$$dq = \frac{d\theta}{1+\nu\cos\theta}\sqrt{(1-\nu\nu)}\,,$$
ubi distantia apogei est $= \dfrac{c(1+\nu)}{1-n}$, distantia perigei $= \dfrac{c(1-\nu)}{1+n}$, distantia media $= \dfrac{c(1+n\nu)}{1-nn}$ et excentricitas $= \dfrac{n+\nu}{1+n\nu}$, tum vero semiaxis coniugatus $= c\sqrt{\dfrac{1-\nu\nu}{1-nn}}$ et semiparameter $= \dfrac{c(1-\nu\nu)}{1+n\nu}$.

PROBLEMA 3

27. Si propositae sint sequentes aequationes differentio-differentiales:
$$ddy - y\,dq^2 + \frac{1}{2}dt^2\left(\frac{B(y-x\cos s)}{v^3} + \frac{B\cos s}{xx}\right) = 0$$
$$2\,dy\,dq + y\,ddq + \frac{1}{2}dt^2\left(\frac{Bx\sin s}{v^3} - \frac{B\sin s}{xx}\right) = 0\,,$$
existente $s = q - p$ et
$$ddx - x\,dp^2 + \frac{1}{2}dt^2\cdot\frac{E}{xx} = 0 \qquad\text{et}\qquad 2\,dx\,dp + x\,ddp = 0\,,$$
earum integralia invenire.

SOLUTIO

Pro relatione quantitatum x et p ad tempus t iam invenimus:
$$dt = \frac{-x\,dx\sqrt{2a}}{\sqrt{E\bigl((1+m)x-a\bigr)\bigl(a-(1-m)x\bigr)}}$$
et
$$dp = \frac{-a\,dx}{x\sqrt{\bigl((1+m)x-a\bigr)\bigl(a-(1-m)x\bigr)}}\,,$$
qui valores in ipsis propositis aequationibus sunt adhibendi. Quod autem ad has ipsas aequationes attinet, recordandum est iis designari eiusmodi motum corporis

C, qui ad punctum B relatus futurus esset regularis. Ducta ergo Bb axi ♈︎♎︎ parallela, si ponamus angulum $CBb = u$, ob $BC = v = \sqrt{(xx + yy - 2xy \cos s)}$ habebimus pro hoc motu istas aequationes:

$$dt = \frac{-v\,dv\sqrt{2b}}{\sqrt{B\bigl((1+i)v - b\bigr)\bigl(b - (1-i)v\bigr)}}$$

et

$$du = \frac{-b\,dv}{v\,\sqrt{\bigl((1+i)v - b\bigr)\bigl(b - (1-i)v\bigr)}}.$$

At est

$$\sin u = \frac{x \sin p - y \sin q}{v} \quad \text{et} \quad \cos u = \frac{x \cos p - y \cos q}{v}.$$

Atque hinc elicitur:

$$du = \frac{xx\,dp + yy\,dq + (y\,dx - x\,dy)\sin s - xy(dp + dq)\cos s}{vv}$$

unde nanciscimur:

$$xx\,dp + yy\,dq + (y\,dx - x\,dy)\sin s - xy(dp+dq)\cos s =$$
$$\frac{-bv\,dv}{\sqrt{\bigl((1+i)v - b\bigr)\bigl(b - (1-i)v\bigr)}} = dt\,\sqrt{\tfrac{1}{2}Bb}.$$

Cum igitur primo x et p, deinde etiam v detur per t, ista aequatio $xx - 2xy\cos s + yy = vv$ cum hac coniuncta determinabit duas reliquas quantitates incognitas y et q. Verum definito v per t, ex eo primum quaeratur angulus $u = CBb$, quo invento, ob

$$x \sin p - y \sin q = v \sin u \quad \text{et} \quad x \cos p - y \cos q = v \cos u,$$

erit

$$\tan q = \frac{x \sin p - v \sin u}{x \cos p - v \cos u} \quad \text{et} \quad y = \sqrt{(xx + vv - 2xv\cos(p - u))}.$$

Verum invenimus esse

$$u = \int \frac{-b\,dv}{v\,\sqrt{\bigl((1+i)v - b\bigr)\bigl(b - (1-i)v\bigr)}},$$

et angulus q etiam facilius ex hac forma

$$\tan(q - p) = \frac{v \sin(p - u)}{x - v \cos(p - u)}$$

erui potest, eritque idcirco

$$\tan s = \frac{v \sin(p - u)}{x - v \cos(p - u)} \quad \text{seu} \quad \sin s = \frac{v \sin(p - u)}{y}.$$

COROLLARIUM 1

28. Pro aequationibus ergo differentio-differentialibus propositis hanc nacti sumus resolutionem. Primo ad datum tempus t quaerantur valores x et p per has formulas:

$$dt = \frac{-x\,dx\sqrt{2a}}{\sqrt{E\bigl((1+m)x-a\bigr)\bigl(a-(1-m)x\bigr)}}$$

et

$$dp = \frac{-a\,dx}{x\,\sqrt{\bigl((1+m)x-a\bigr)\bigl(a-(1-m)x\bigr)}}\,.$$

Deinde ad idem tempus colligatur valor ipsius v per hanc formulam:

$$dt = \frac{-v\,dv\sqrt{2b}}{\sqrt{B\bigl((1+i)v-b\bigr)\bigl(b-(1-i)v\bigr)}}\,,$$

quo invento definiatur porro angulus u, ut sit

$$du = \frac{-b\,dv}{v\,\sqrt{\bigl((1+i)v-b\bigr)\bigl(b-(1-i)v\bigr)}} = \frac{dt}{vv}\sqrt{\tfrac{1}{2}Bb}\,,$$

unde tandem habebitur

$$y = \sqrt{\bigl(xx+vv-2xv\cos(p-u)\bigr)} \qquad \text{et} \qquad \tan q = \frac{x\sin p - v\sin u}{x\cos p - v\cos u}$$

seu

$$\tan(q-p) = \tan s = \frac{v\sin(p-u)}{x-v\cos(p-u)}\,.$$

COROLLARIUM 2

29. Si igitur proponantur resolvendae hae aequationes latius patentes:

$$ddy - y\,dq^2 + \tfrac{1}{2}dt^2\left(\frac{A}{yy} + \frac{B(y-x\cos s)}{v^3} + \frac{B\cos s}{xx}\right) = 0$$

$$2\,dy\,dq + y\,ddq + \tfrac{1}{2}dt^2\left(\frac{Bx\sin s}{v^3} - \frac{B\sin s}{xx}\right) = 0$$

$$ddx - x\,dp^2 + \tfrac{1}{2}dt^2\cdot\frac{E}{xx} = 0$$

$$2\,dx\,dp + x\,ddp = 0\,,$$

existente $vv = xx + yy - 2xy\cos s$ et $s = q - p$, solutionem iam invenimus pro binis casibus extremis: altero quo $B = 0$ (in problemate 2), altero quo $A = 0$ (in problemate 3).

COROLLARIUM 3

30. Ponamus pro casu $B = 0$ prodiisse $y = P$ et $q = Q$, pro casu autem $A = 0$ prodiisse $y = R$ et $q = S$, ac manifestum est solutionem formularum latius patentium, quae sit $y = T$ et $q = V$, ita esse debere comparatam, ut posito $B = 0$ fiat $T = P$ et $V = Q$, posito autem $A = 0$ fiat $T = R$ et $V = S$, unde iam quodammodo solutionis generalis indolem colligere licet.

COROLLARIUM 4

31. Solutio autem casus posterioris, quo $A = 0$, etsi rei natura considerata motuque ad corpus B relato sit facilis, tamen si aequationes nostras differentio-differentiales spectemus, difficillime constat, quemadmodum solutio inventa ex iis immediate elicui potuerit. Posito enim $A = 0$, solutio vix minus recondita videri debet, quam si non esset $A = 0$.

COROLLARIUM 5

32. Pro motu ergo Lunae accurate determinando atque adeo in genere problemate de motu trium corporum se mutuo attrahentium resolvendo, maximum adiumentum inde merito est expectandum, ut casus ille, quo $A = 0$, ex sola contemplatione formularum differentio-differentialium evolvatur. Hoc saltem est certum, nisi hunc casum expedire valeamus, multo magis de solutione generali esse desperandum.

COROLLARIUM 6

33. Cum igitur pro hoc casu solutio, quam a posteriori concinnavimus, constet, methodus tantum Analytica idonea et quasi sponte se offerens desideratur, cuius ope eadem illa solutio a priori ipsas aequationes differentio-differentiales tractando erui queat. Nullum enim est dubium, quin eadem methodus pro solutione generali minime successu sit caritura.

COROLLARIUM 7

34. Quoniam a posteriori iam valores finitos pro quantitatibus y et q elicuimus, haud abs re erit earum differentialia quoque contemplari; quorum evolutio cum laborem non parum taediosum requirat, ea hic apponam:

$$dq = \frac{v\,du\bigl(v - x\cos(p-u)\bigr) - (v\,dx - x\,dv)\sin(p-u) + x\,dp\bigl(x - v\cos(p-u)\bigr)}{yy}$$

$$ds = \frac{v\,du\bigl(v - x\cos(p-u)\bigr) - (v\,dx - x\,dv)\sin(p-u) - v\,dp\bigl(v - x\cos(p-u)\bigr)}{yy}$$

$$dy = \frac{dx\bigl(x - v\cos(p-u)\bigr) + dv\bigl(v - x\cos(p-u)\bigr) + xv(dp - du)\sin(p-u)}{y},$$

unde componitur:
$$dy^2 + yy\,dq^2 = dx^2 + xx\,dp^2 + dv^2 + vv\,du^2$$
$$- 2\,dx\,dv\cos(p-u) - 2xv\,dp\,du\cos(p-u)$$
$$+ 2x\,dv\,dp\sin(p-u) - 2v\,dx\,du\sin(p-u)\,.$$

Denique si ex aequatione, qua v per t determinatur, constantes b et i per integrationem ingressae iterum per differentiationem tollantur, prodibit[1]:
$$d^3v + \frac{3\,dv\,ddv}{v} + \frac{B\,dt^2\,dv}{2v^3} = 0\,,$$
quae propterea aequationibus propositis satisfacere est censenda.

SCHOLION

35. Hae formulae autem, quarum ope ista resolutio aequationum casu $A = 0$ obtineri posset, nimis sunt complicatae, earumque inventio ipsa nimis recondita, quam ut Analystae occurrere possent. Quo autem investigatio directa est difficilior, eo magis in eam inquirendum videtur, quoniam inde procul dubio insignia subsidia ad problema generale expediendum merito expectare licet. Cum autem hoc artificium, quo solutio casus $A = 0$ tam facilis evasit, multo latius pateat, atque ad omnes leges attractionis extendatur, ex contemplatione huius maioris amplitudinis facilius fortasse id, quod quaerimus, elici poterit; unde idem Problema latissimo sensu acceptum simili modo resolvi conveniet.

PROBLEMA 4

36. Si corpora A et C ad corpus B attrahantur in ratione quacunque distantiarum ab eo, eaque in eodem plano utcunque moveantur, definire motum respectivum, quo ambo corpora B et C spectatori in A posito circumferri videbuntur.

SOLUTIO

Quia omnia ad spectatorem in A positum sunt referenda, ponantur, ut ante, distantiae $AB = x$, $AC = y$, $BC = v$, et anguli $\Upsilon AB = p$, $\Upsilon AC = q$ et $BAC = q - p = s$, ut sit $v = \sqrt{(xx + yy - 2xy\cos s)}$. Tum sit vis acceleratrix qua corpus A ad B trahitur[2] $= Z$, et ea qua corpus C ad B attrahitur $= V$; eritque pro puncto A quasi fixo spectato, vis acceleratrix,

qua B sollicitatur secundum $BA\ = Z$,
qua C sollicitatur secundum $CB\ = V$,
qua C sollicitatur secundum $CN\ = X$.

---

1 Recte: $d^3v + \frac{3\,dv\,ddv}{v} + \frac{B\,dt^2}{2v^3}\left(1 + \frac{v\,ddv}{dv^2}\right) = 0$.   AV
2 Editio princeps: X loco Z.   AV

Hinc ratiocinium simili modo quo supra instituendo obtinebimus sequentes quatuor aequationes:

I. $\quad ddx - x\,dp^2 + \dfrac{1}{2}dt^2 \cdot Z = 0$

II. $\quad 2\,dx\,dp + x\,ddp = 0$

III. $\quad ddy - y\,dq^2 + \dfrac{1}{2}dt^2 \cdot \left(\dfrac{y - x\cos s}{v}\cdot V + X\cos s\right) = 0$

IV. $\quad 2\,dy\,dq + y\,ddq + \dfrac{1}{2}dt^2 \cdot \left(\dfrac{x\sin s}{v}\cdot V - X\sin s\right) = 0\,.$

Binarum autem priorum solutio est in promptu, secunda enim praebet $xx\,dp = \alpha\,dt$, ideoque $dp = \dfrac{\alpha\,dt}{xx}$; qui valor in prima subditus dat

$$ddx - \frac{\alpha\alpha\,dt^2}{x^3} + \frac{1}{2}Z\,dt^2 = 0\,,$$

qui per $2\,dx$ multiplicatus pro integrali habet:

$$dx^2 + \frac{\alpha\alpha\,dt^2}{xx} + dt^2\int Z\,dx = \beta\,dt^2\,,$$

unde fit

$$dt = \frac{-x\,dx}{\sqrt{(\beta xx - \alpha\alpha - xx\int Z\,dx)}} \quad \text{et} \quad dp = \frac{-\alpha\,dx}{x\sqrt{(\beta xx - \alpha\alpha - xx\int Z\,dx)}}\,.$$

Quanquam autem nullus patet modus, quo binae posteriores aequationes resolvi queant, tamen consideratio, quod motus corporis C ex B spectatus sit determinabilis, earum solutionem largitur; si enim ponamus angulum $CBb = u$, ita ut sit

$$\sin u = \frac{x\sin p - y\sin q}{v}\,, \quad \cos u = \frac{x\cos p - y\cos q}{v}$$

et

$$\tan q = \frac{x\sin p - v\sin u}{x\cos p - v\cos u}\,, \quad y = \sqrt{(xx + vv - 2xv\cos(p-u))}\,,$$

hincque

$$\tan s = \frac{v\sin(p-u)}{x - v\cos(p-u)} = \tan(q-p)\,,$$

inter v, V et u similes habebuntur aequationes atque inter x, Z et p, sicque binae posteriores aequationes aequivalebunt istis:

$$ddv - v\,du^2 + \frac{1}{2}dt^2 \cdot V = 0 \quad \text{et} \quad 2\,dv\,du + v\,ddu = 0\,,$$

unde sequentes valores integrales eliciuntur:

$$dt = \frac{-v\,dv}{\sqrt{\left(\delta vv - \gamma\gamma - vv \int V\,dv\right)}}\,, \qquad du = \frac{-\gamma\,dv}{v\sqrt{\left(\delta vv - \gamma\gamma - vv \int V\,dv\right)}}\,,$$

quae simul aequationibus III et IV superioribus satisfacere sunt censendae.

COROLLARIUM 1

37. Si ex aequatione inter v et t constantes δ et γ per differentiationem tollantur, obtinebitur aequatio differentialis tertii gradus:

$$v\,d^3v + 3\,dv\,ddv + \frac{1}{2}\,dt^2\,(3V\,dv + v\,dV) = 0\,,$$

quae aequatio facile quoque deducitur ex formulis:

$$ddv - v\,du^2 + \frac{1}{2}V\,dt^2 = 0 \qquad \text{et} \qquad 2\,dv\,du + v\,ddu = 0\,,$$

nam prior dat:

$$du^2 = \frac{ddv}{v} + \frac{1}{2}\,dt^2 \cdot \frac{V}{v}\,,$$

ideoque differentiando:

$$2\,du\,ddu = \frac{d^3v}{v} - \frac{dv\,ddv}{vv} + \frac{1}{2}\,dt^2 \cdot \frac{v\,dV - V\,dv}{vv}\,,$$

qui valores in altera per $2\,du$ multiplicata $4\,dv\,du^2 + 2v\,du\,ddu = 0$ substituti praebent aequationem inventam.

COROLLARIUM 2

38. Haec quidem sunt facilia, sed cardo rei in hoc versatur, ut certa assignetur methodus, cuius ope inventae formulae differentiales primi gradus immediate ex quatuor aequationibus primo inventis erui queant. Atque in hoc negotio eximia Analyseos promotio consistere videtur.

SCHOLION

39. Cum autem nulla adhuc pateat via hoc praestandi, ipsa huius defectus commemoratio utilitate non caritura videtur, qua sagacitas Analystarum incitetur. Quin etiam haud alienum erit problema de tribus corporibus se mutuo attrahentibus in sensu latissimo evolvere, ut attractio legem distantiarum quamcunque sequatur, saepe numero enim calculi compendia et artificia in problematibus generalioribus facilius inveniuntur quam in specialioribus, quoniam ipsa limitatio non raro impedit, quominus ratio artificiorum, quae adhiberi queant, perspiciatur.

PROBLEMA 5

40. Si tria corpora A, B, C se mutuo attrahant in ratione quacunque distantiarum, eorumque motus in eodem fiat plano, determinare motum respectivum, quo corpora B et C spectatori in A posito circumferri videbuntur.

SOLUTIO

Quia hic corporum actio mutua spectari debet, eorum massae in computum sunt ducendae. Sint igitur vires acceleratrices, quibus corpus A urgetur ad B $= BX$, et ad $C = CY$, quae in reliqua corpora translatae suppeditabunt cum iis, quibus ea actu sollicitantur, sequentes vires acceleratrices:

$$\text{Corpus } B \text{ sollicitatur secundum } \begin{cases} BA & \text{vi} = (A+B)X \\ BC & \text{vi} = CV \\ BM & \text{vi} = CY \end{cases}$$

$$\text{Corpus } C \text{ sollicitatur secundum } \begin{cases} CA & \text{vi} = (A+C)Y \\ CB & \text{vi} = BV \\ CN & \text{vi} = BX \end{cases}$$

ubi X, Y et V sunt eae distantiarum $AB = x$, $AC = y$ et $BC = v$ functiones, quibus vires attractivae praeter massas sunt proportionales. Hinc igitur pro motu corporum sequentes aequationes colligentur:

$$\text{I.} \quad ddx - x\,dp^2 + \tfrac{1}{2}dt^2\left((A+B)X + \frac{C(x-y\cos s)}{v}V + CY\cos s\right) = 0$$

$$\text{II.} \quad 2\,dx\,dp + x\,ddp + \tfrac{1}{2}dt^2\left(CY\sin s - \frac{Cy\sin s}{v}V\right) = 0$$

$$\text{III.} \quad ddy - y\,dq^2 + \tfrac{1}{2}dt^2\left((A+C)Y + \frac{B(y-x\cos s)}{v}V + BX\cos s\right) = 0$$

$$\text{IV.} \quad 2\,dy\,dq + y\,ddq + \tfrac{1}{2}dt^2\left(\frac{Bx\sin s}{v}V - BX\sin s\right) = 0,$$

ubi est

$$vv = xx + yy - 2xy\cos s \quad \text{et} \quad s = q - p.$$

Verum praeter has aequationes aliae exhiberi possunt motum pariter in se continentes, quae oriuntur, si motus corporum A et C relativus, qualis spectatore in B posito cerneretur, simili modo evolvatur. Posito autem angulo $CBb = u$, ut sit

$$\sin u = \frac{x\sin p - y\sin q}{v} \quad \text{et} \quad \cos u = \frac{x\cos p - y\cos q}{v},$$

obtinebuntur hae aequationes:

$$ddv - v\,du^2 + \tfrac{1}{2}dt^2\left((B+C)V + \frac{A(v - x\cos(p-u))}{y}Y + AX\cos(p-u)\right) = 0$$

$$2\,dv\,du + v\,ddu + \tfrac{1}{2}dt^2\left(AX\sin(p-u) - \frac{Ax\sin(p-u)}{y}Y\right) = 0$$

$$ddx - x\,dp^2 + \tfrac{1}{2}dt^2\left((A+B)X + \frac{C(x - v\cos(p-u))}{y}Y + CV\cos(p-u)\right) = 0$$

$$2\,dx\,dp + x\,ddp + \tfrac{1}{2}dt^2\left(\frac{Cv\sin(p-u)}{y}Y - CV\sin(p-u)\right) = 0$$

quae duae postremae cum superiorum I et II conveniunt ob

$$y\sin s = v\sin(p-u) \qquad \text{et} \qquad y\cos s = x - v\cos(p-u)\,.$$

Quanquam ergo motus corporum per quatuor aequationes tantum determinatur, iis tamen duae hic inventae commode adiunguntur, quippe quae non parum ad solutionem idoneam inveniendam conferre posse videntur; sicque habebimus sex sequentes aequationes, quarum autem quaeque quaternae problemati solvendo sufficiunt:

I. $\quad ddx - x\,dp^2 + \tfrac{1}{2}dt^2\left((A+B)X + \dfrac{x - y\cos s}{v}CV + CY\cos s\right) = 0$

II. $\quad 2\,dx\,dp + x\,ddp + \tfrac{1}{2}dt^2\left(CY\sin s - \dfrac{y}{v}\cdot CV\sin s\right) = 0$

III. $\quad ddy - y\,dq^2 + \tfrac{1}{2}dt^2\left((A+C)Y + \dfrac{(y - x\cos s)}{v}BV + BX\cos s\right) = 0$

IV. $\quad 2\,dy\,dq + y\,ddq + \tfrac{1}{2}dt^2\left(\dfrac{x}{v}\cdot BV\sin s - BX\sin s\right) = 0$

V. $\quad ddv - v\,du^2 + \tfrac{1}{2}dt^2\left((B+C)V + \dfrac{x - y\cos s}{v}AX + \dfrac{y - x\cos s}{v}AY\right) = 0$

VI. $\quad 2\,dv\,du + v\,ddu + \tfrac{1}{2}dt^2\left(\dfrac{y}{v}\cdot AX\sin s - \dfrac{x}{v}\cdot AY\sin s\right) = 0\,.$

COROLLARIUM 1

41. Praeterquam quod est $s = q - p$, circa has quantitates notari meretur esse $vv = xx + yy - 2xy\cos s$, tum vero

$$v\sin u = x\sin p - y\sin q \qquad \text{et} \qquad v\cos u = x\cos p - y\cos q\,,$$

ubi anguli p, q et u inclinationes rectarum AB, AC et BC ad rectam fixam ♈︎♎︎

denotant. Porro autem est $x : y : v = \sin(q-u) : \sin(p-u) : \sin s$ sive
$$\frac{x}{\sin(q-u)} = \frac{y}{\sin(p-u)} = \frac{v}{\sin s}$$
et
$$x = y\cos s + v\cos(p-u)$$
$$v = x\cos(p-u) - y\cos(q-u)$$
$$y = x\cos s - v\cos(q-u) .$$

COROLLARIUM 2

42. His aequationibus diversis modis combinandis aliae non incongruae formari possunt; imprimis autem duae sunt notandae combinationes, quae ad aequationes integrabiles deducunt. Prima oritur
$$\text{II} \cdot \frac{x}{C} + \text{IV} \cdot \frac{y}{B} + \text{VI} \cdot \frac{v}{A} ,$$
unde fit
$$\frac{2x\,dx\,dp + xx\,ddp}{C} + \frac{2y\,dy\,dq + yy\,ddq}{B} + \frac{2v\,dv\,du + vv\,ddu}{A} = 0 ,$$
quae integrata dat:
$$\frac{xx\,dp}{C} + \frac{yy\,dq}{B} + \frac{vv\,du}{A} = \alpha\,dt .$$

COROLLARIUM 3

43. In altera [combinatione] omnes sex coniunguntur hoc modo:
$$\text{I} \cdot \frac{2\,dx}{C} + \text{II} \cdot \frac{2x\,dp}{C} + \text{III} \cdot \frac{2\,dy}{B} + \text{IV} \cdot \frac{2y\,dq}{B} + \text{V} \cdot \frac{2\,dv}{A} + \text{VI} \cdot \frac{2v\,du}{A} ,$$
unde emergit:
$$\frac{2\,dx\,ddx + 2x\,dx\,dp^2 + 2xx\,dp\,ddp}{C} + \frac{2\,dy\,ddy + 2y\,dy\,dq^2 + 2yy\,dq\,ddq}{B}$$
$$+ \frac{2\,dv\,ddv + 2v\,dv\,du^2 + 2vv\,du\,ddu}{A}$$
$$+ dt^2 \left\{ \begin{array}{l} +\dfrac{(A+B)}{C}X\,dx + \dfrac{x - y\cos s}{v}V\,dx + Y\,dx\cos s \\ \qquad\qquad\qquad\qquad + Yx\,dp\sin s - \dfrac{xy}{v}V\,dp\sin s \\ +\dfrac{(A+C)}{B}Y\,dy + \dfrac{y - x\cos s}{v}V\,dy + X\,dy\cos s \\ \qquad\qquad\qquad\qquad - Xy\,dq\sin s + \dfrac{xy}{v}V\,dq\sin s \\ +\dfrac{(B+C)}{A}V\,dv + \dfrac{x - y\cos s}{v}X\,dv + \dfrac{y - x\cos s}{v}Y\,dv \\ \qquad\qquad\qquad\qquad + Xy\,du\sin s - Yx\,du\sin s \end{array} \right\} = 0$$

COROLLARIUM 4

44. Iam vero est

$$\frac{x - y\cos s}{v} dx + \frac{y - x\cos s}{v} dy + \frac{xy\, ds \sin s}{v} = dv$$

et

$$\frac{x - y\cos s}{v} dv + dy \cos s - y(dq - du)\sin s = dx$$

$$\frac{y - x\cos s}{v} dv + dx \cos s + x(dp - du)\sin s = dy$$

unde integrando elicitur:

$$\frac{dx^2 + xx\, dp^2}{C} + \frac{dy^2 + yy\, dq^2}{B} + \frac{dv^2 + vv\, du^2}{A}$$
$$+(A + B + C)\, dt^2 \left(\frac{\int X\, dx}{C} + \frac{\int Y\, dy}{B} + \frac{\int V\, dv}{A} \right) = 0 \,,$$

quae aequatio principium conservationis virium vivarum in se complectitur.

COROLLARIUM 5

45. Patet hinc quantae sint utilitatis binae aequationes postremae V et VI, etiamsi in reliquis iam contineantur. Si enim sit $A = 0$, aequationes quatuor priores nullam idoneam determinationem suppeditant; ex illis autem facillime ad datum quodvis tempus tam distantia v quam angulus u assignantur. Atque hinc merito concludere videor in investigatione perturbationis motus planetarum ab his postremis aequationibus non exiguum fructum iure sperari posse, qui iis neglectis vix ac ne vix quidem obtineri queat.

SCHOLIUM

46. Quoniam igitur vidimus motum lunae, si terrae esset valde vicina, nullo labore definiri posse, dum is ad terram referatur, sin autem luna multo magis a terra distaret, ut planetis principalibus esset accensenda, tum eius motum ad solem referri convenire; hinc concludendum videtur pro casu, quo lunae motus utriusque naturae est particeps, quemadmodum re vera usu venit, tum eum forte facillime definitum iri, si neque ad solem neque ad terram, sed ad aliud quodpiam punctum medium certa ratione motum referatur. Hunc in finem sequens problema adiicio, in quo generatim motum corporis ad datum punctum relatum ad aliud punctum utcunque motum referre docebo.

PROBLEMA 6

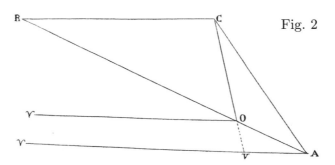

Fig. 2

47. Motum (Fig. 2) corporis C ad punctum A relatum ad aliud punctum O, quod respectu puncti A utcunque moveatur, ita referre, ut is, qualis spectatori in O constituto sit appariturus, definiatur.

SOLUTIO

Posita distantia $AC = y$ et angulo $\Upsilon AC = q$, binae habentur aequationes differentio-differentiales, quibus ad quodvis tempus t valores y et q definiuntur, hasque aequationes ita comparatas esse vidimus:

$$2\,dy\,dq + y\,ddq + M\,dt^2 = 0 \quad \text{et} \quad ddy - y\,dq^2 + N\,dt^2 = 0 \,,$$

quas observo ex his formis esse natas:

$$dd \cdot y\cos q + dt^2(N\cos q - M\sin q) = 0$$
$$dd \cdot y\sin q + dt^2(N\sin q + M\cos q) = 0 \,.$$

Iam pro motu puncti O statuamus distantiam $AO = m$ et angulum $\Upsilon AO = n$, pro dato scilicet tempore t, atque ut motum corporis C ad hoc punctum referamus, vocemus distantiam $OC = z$ et angulum $\Upsilon OC = w$. Cum igitur sit

$$y\cos q = m\cos n + z\cos w \quad \text{et} \quad y\sin q = m\sin n + z\sin w \,,$$

his valoribus ibi substitutis habebimus has duas aequationes:

$$\begin{aligned}
\text{I.} \quad & (ddm - m\,dn^2)\cos n - (2\,dm\,dn + m\,ddn)\sin n \\
& + (ddz - z\,dw^2)\cos w - (2\,dz\,dw + z\,ddw)\sin w \\
& \qquad\qquad + dt^2\,(N\cos q - M\sin q) = 0 \\
\text{II.} \quad & (ddm - m\,dn^2)\sin n + (2\,dm\,dn + m\,ddn)\cos n \\
& + (ddz - z\,dw^2)\sin w + (2\,dz\,dw + z\,ddw)\cos w \\
& \qquad\qquad + dt^2\,(N\sin q + M\cos q) = 0
\end{aligned}$$

unde combinatio I · cos w + II · sin w praebet:

$$ddz - z\,dw^2 + (ddm - m\,dn^2)\cos(w-n) + (2\,dm\,dn + m\,ddn)\sin(w-n)$$
$$+ dt^2\left(N\cos(w-q) + M\sin(w-q)\right) = 0,$$

haec vero combinatio II · cos w − I · sin w dat:

$$2\,dz\,dw + z\,ddw - (ddm - m\,dn^2)\sin(w-n) + (2\,dm\,dn + m\,ddn)\cos(w-n)$$
$$+ dt^2\left(M\cos(w-q) - N\sin(w-q)\right) = 0,$$

sicque pro corporis C motu quaesito respectu puncti O ad quodvis tempus t his binis aequationibus tam distantia $OC = z$ quam angulus $\Upsilon OC = w$ definitur. Tum vero, quia nunc elementa $AC = y$ et $\Upsilon AC = q$ ex calculo elidi debent, in triangulo ACO notandum esse angulos:

$$AOV = w - n, \qquad OAC = q - n \qquad \text{et} \qquad ACO = w - q,$$

hincque

$$yy = mm + zz + 2mz\cos(w-n)$$

atque

$$\tan(w-q) = \frac{m\sin(w-n)}{z + m\cos(w-n)},$$

unde colligitur:

$$\sin(w-q) = \frac{m\sin(w-n)}{y} \qquad \text{et} \qquad \cos(w-q) = \frac{z + m\cos(w-n)}{y},$$

simili modo, ob

$$\tan(q-n) = \frac{z\sin(w-n)}{m + z\cos(w-n)},$$

erit

$$\sin(q-n) = \frac{z\sin(w-n)}{y} \qquad \text{et} \qquad \cos(q-n) = \frac{m + z\cos(w-n)}{y}.$$

COROLLARIUM 1

48. Cum ergo ante ad quodvis tempus t definiri debuerint quantitates y et q, nunc motus cognitio perducta est ad determinationem quantitatum z et w, ubi quantitates m et n arbitrio nostro relinquuntur.

COROLLARIUM 2

49. Totum igitur negotium eo revocatur, quemadmodum quantitates m et n pro quovis tempore t assumi oporteat, ut investigatio quantitatum z et w facillima reddatur. His enim inventis quantitates y et q, motum corporis C ex A visum declarantes, inde facile colliguntur.

SCHOLION

50. Operae igitur pretium erit hanc methodum ad motum lunae accommodare, ut pateat, an quicquam lucri inde expectari queat? Facile autem intelligitur punctum O in ipsa recta AB centra solis et terrae iungente assumi convenire, quia alioquin nimis magna linearum et angulorum multitudo calculum non mediocriter perturbaret. Positis ergo ut supra trium corporum massis A, B, C, distantiis $AB = x$, $AC = y$, $BC = v$, quarum functiones X, Y et V rationem virium in his distantiis exer[ci]tarum exprimant, et angulis $\Upsilon AB = p$, $\Upsilon AC = q$, $BAC = q - p = s$, ut sit $v = \sqrt{(xx + yy - 2xy \cos s)}$, in sequente problemate in motum corporis C, quemadmodum spectatori in O posito sit appariturus, inquiram; ubi quidem vocata distantia $AO = m$, angulus[3] $\Upsilon AO = n$ ipsi $\Upsilon AB = p$ aequalis est statuendus.

PROBLEMA 7

51. Dum terna corpora A, B, C se mutuo in ratione quacunque distantiarum attrahunt, motum corporis C respectu puncti O perpetuo in recta AB utcunque assumto definire.

SOLUTIO

Primum ergo tam distantiam $AC = y$ quam angulum $\Upsilon AC = q$ ex calculo eliminari oportet, per nova elementa $OC = z$ et $\Upsilon OC = w$ ob punctum O introducta; ubi quidem vidimus ob $n = p$ et $q - n = q - p = s$ esse:

$$yy = mm + zz + 2mz \cos(w - p)$$

et

$$\sin(w - q) = \frac{m \sin(w - p)}{y}, \qquad \cos(w - q) = \frac{z + m \cos(w - p)}{y},$$

$$\sin s = \frac{z \sin(w - p)}{y}, \qquad \cos s = \frac{m + z \cos(w - p)}{y}.$$

---

[3] Editio princeps: ACO loco ΥAO.

Porro cum sit $OC = z$, $OB = x - m$ et $BOC = w - p$, erit
$$BC = v = \sqrt{((x-m)^2 + zz - 2(x-m)z\cos(w-p))},$$
tum vero
$$\frac{x - y\cos s}{v} = \frac{x - m - z\cos(w-p)}{v}$$
et
$$y - x\cos s = \frac{yy - mx - xz\cos(w-p)}{y}$$
$$= \frac{zz - m(x-m) - z(x-2m)\cos(w-p)}{y}.$$

His substitutis primo pro elementis x et p has habebimus aequationes:
$$ddx - x\,dp^2 + \frac{1}{2}(A+B)X\,dt^2$$
$$+ \frac{1}{2}C\,dt^2\left(\frac{x - m - z\cos(w-p)}{v}V + \frac{m + z\cos(w-p)}{y}Y\right) = 0$$
$$2\,dx\,dp + x\,ddp + \frac{1}{2}C\,dt^2\left(\frac{z\sin(w-p)}{y}Y - \frac{z\sin(w-p)}{v}V\right) = 0.$$

Deinde cum in problemate praecedente posuerimus:
$$ddy - y\,dq^2 + N\,dt^2 = 0 \quad \text{et} \quad 2\,dy\,dq + y\,ddq + M\,dt^2 = 0,$$
erit comparatione facta:
$$N = \frac{1}{2}(A+C)Y$$
$$+ \frac{1}{2}B\left(\frac{zz - m(x-m) - z(x-2m)\cos(w-p)}{yv}V + \frac{m + z\cos(w-p)}{y}X\right)$$
$$M = \frac{1}{2}B\left(\frac{xz\sin(w-p)}{yv}V - \frac{z\sin(w-p)}{y}X\right).$$

Superest ergo, ut colligamus hinc istos valores: primo
$$N\cos(w-q) + M\sin(w-q) = \frac{N(z + m\cos(w-p)) + Mm\sin(w-p)}{y}$$
$$= \frac{(A+C)(z + m\cos(w-p))}{2y}Y + \frac{1}{2}B\bigl(z - (x-m)\cos(w-p)\bigr)\frac{V}{v}$$
$$+ \frac{1}{2}B\cos(w-p)\cdot X,$$

deinde

$$M\cos(w-q) - N\sin(w-q) = \frac{M(z+m\cos(w-p)) - Nm\sin(w-p)}{y}$$

$$= -\frac{(A+C)m\sin(w-p)}{2y}Y + \frac{1}{2}B(x-m)\sin(w-p)\cdot\frac{V}{v} - \frac{1}{2}B\sin(w-p)\cdot X.$$

Quocirca pro motu corporis C, quatenus ad punctum O refertur et variabilibus z et w definitur, has adipiscimur aequationes:

$$ddz - z\,dw^2 + (ddm - m\,dp^2)\cos(w-p) + (2\,dm\,dp + m\,ddp)\sin(w-p)$$

$$+ \tfrac{1}{2}(A+C)\,dt^2(z + m\cos(w-p))\cdot\frac{Y}{y}$$

$$+ \tfrac{1}{2}B\,dt^2(z - (x-m)\cos(w-p))\cdot\frac{V}{v}$$

$$+ \tfrac{1}{2}B\,dt^2\cos(w-p)\cdot X = 0$$

$$2\,dz\,dw + z\,ddw - (ddm - m\,dp^2)\sin(w-p) + (2\,dm\,dp + m\,ddp)\cos(w-p)$$

$$- \tfrac{1}{2}(A+C)\,dt^2\cdot m\sin(w-p)\cdot\frac{Y}{y}$$

$$+ \tfrac{1}{2}B\,dt^2\cdot(x-m)\sin(w-p)\cdot\frac{V}{v}$$

$$- \tfrac{1}{2}B\,dt^2\sin(w-p)\cdot X = 0.$$

COROLLARIUM 1

52. Si distantia $AO = m$ perpetuo datam teneat rationem ad distantiam $AB = x$, ut sit $m = \alpha x$, erit

$$yy = \alpha\alpha xx + zz + 2\alpha xz\cos(w-p)$$

et

$$vv = (1-\alpha)^2 xx + zz - 2(1-\alpha)xz\cos(w-p),$$

unde patet, existente $\alpha = 0$, fore $y = z$, sin autem sit $\alpha = 1$, esse $v = z$, quemadmodum quidem per se est manifestum.

COROLLARIUM 2

53. Sumto autem $m = \alpha x$ erit

$$ddm - m\,dp^2 = \alpha\bigl(ddx - x\,dp^2\bigr)\,,$$

ideoque

$$\begin{aligned}
ddm - m\,dp^2 = \;&-\tfrac{1}{2}\alpha(A+B)X\,dt^2 \\
&-\tfrac{1}{2}\alpha C\bigl(\alpha x + z\cos(w-p)\bigr)\cdot\frac{Y}{y}\,dt^2 \\
&-\tfrac{1}{2}\alpha C\bigl((1-\alpha)x - z\cos(w-p)\bigr)\cdot\frac{V}{v}\,dt^2
\end{aligned}$$

et

$$2\,dm\,dp + m\,ddp = -\tfrac{1}{2}\alpha Cz\sin(w-p)\cdot\frac{Y}{y}\,dt^2 + \tfrac{1}{2}\alpha Cz\sin(w-p)\cdot\frac{V}{v}\,dt^2\,,$$

qui valores in superioribus aequationibus substituti praebent:

$$\begin{aligned}
ddz - z\,dw^2 &+ \tfrac{1}{2}\bigl((1-\alpha)B - \alpha A\bigr)\cos(w-p)\cdot X\,dt^2 \\
&+ \tfrac{1}{2}\bigl((1-\alpha)C + A\bigr)\bigl(z + \alpha x\cos(w-p)\bigr)\cdot\frac{Y}{y}\,dt^2 \\
&+ \tfrac{1}{2}(B+\alpha C)\bigl(z - (1-\alpha)x\cos(w-p)\bigr)\cdot\frac{V}{v}\,dt^2 = 0
\end{aligned}$$

$$\begin{aligned}
2\,dz\,dw + z\,ddw &- \tfrac{1}{2}\bigl((1-\alpha)B - \alpha A\bigr)\sin(w-p)\cdot X\,dt^2 \\
&- \tfrac{1}{2}\bigl((1-\alpha)C + A\bigr)\alpha x\sin(w-p)\cdot\frac{Y}{y}\,dt^2 \\
&+ \tfrac{1}{2}(B+\alpha C)(1-\alpha)x\sin(w-p)\cdot\frac{V}{v}\,dt^2 = 0\,.
\end{aligned}$$

COROLLARIUM 3

54. Nunc ergo esset videndum, utrum numero α eiusmodi valor tribui posset, ut harum aequationum resolutio facilior evaderet quam casibus $\alpha = 0$ et $\alpha = 1$, unde vulgo motus lunae investigari solet.

SCHOLION 1

55. Quanquam de commodis, quae hinc forte sperare licet, nihil adhuc pronunciare licet, tamen ex his formulis casus maxime memorabilis deduci potest,

quem iam alia occasione evolvi. Certum scilicet est lunae initio eiusmodi situm et motum intra terram A et solem B tribui potuisse, ut perpetuo in eadem directione a terra ad solem porrecta fuisset permansura, ideoque soli iugiter coniuncta apparitura. Ad hunc casum investigandum, capiamus punctum O in ipso illo lunae loco, ita ut sit $z = 0$, ideoque $y = \alpha x$ et $v = (1-\alpha)x$, atque ambae nostrae aequationes inventae in hanc unam coalescunt:

$$((1-\alpha)B - \alpha A)X + \alpha((1-\alpha)C + A)x \cdot \frac{Y}{y} - (1-\alpha)(B + \alpha C)x \cdot \frac{V}{v} = 0.$$

Unde si ponamus $X = x^\lambda$, $Y = y^\lambda$, $V = v^\lambda$, ut fiat $\frac{xY}{y} = xy^{\lambda-1} = \alpha^{\lambda-1}x^\lambda$ et $\frac{xV}{v} = (1-\alpha)^{\lambda-1}x^\lambda$, haec aequatio in istam abit formam:

$$((1-\alpha)B - \alpha A) + \alpha^\lambda((1-\alpha)C + A) - (1-\alpha)^\lambda(B + \alpha C) = 0$$

seu

$$A(\alpha^\lambda - \alpha) - B((1-\alpha)^\lambda - (1-\alpha)) + C(\alpha^\lambda(1-\alpha) - \alpha(1-\alpha)^\lambda) = 0$$

vel

$$\alpha A(\alpha^{\lambda-1} - 1) - (1-\alpha)B((1-\alpha)^{\lambda-1} - 1) + \alpha(1-\alpha)C(\alpha^{\lambda-1} - (1-\alpha)^{\lambda-1}) = 0,$$

unde ex data massarum A, B, C ratione valor fractionis α elici, sicque loca illa lunae, quibus soli perpetuo maneret coniuncta, definiri possunt; ubi quidem perspicuum est, si esset $\lambda = 1$, hoc ubique usu venire posse.

SCHOLION 2

56. Haec speculatio accuratiorem evolutionem meretur, et quia attractio rationem reciprocam duplicatam distantiarum sequitur, posito $\lambda = -2$, habebimus:

$$\frac{A(1-\alpha^3)}{\alpha\alpha} - \frac{B(1-(1-\alpha)^3)}{(1-\alpha)^2} + \frac{C((1-\alpha)^3 - \alpha^3)}{\alpha^2(1-\alpha)^2} = 0$$

seu

$$A(1-\alpha)^2(1-\alpha^3) - B\alpha\alpha(3\alpha - 3\alpha\alpha + \alpha^3) + C(1 - 3\alpha + 3\alpha\alpha - 2\alpha^3) = 0,$$

quae secundum potestates ipsius α disposita praebet:

$$(A+B)\alpha^5 - (2A+3B)\alpha^4 + (A+3B+2C)\alpha^3 - (A+3C)\alpha^2 + (2A+3C)\alpha - A - C = 0,$$

ubi, si statuamus $\alpha = \dfrac{1-u}{2}$, fit

$$(A+B)u^5 - (A-B)u^4 - (2(A+B) - 8C)u^3 + 10(A-B)uu$$
$$+ (17(A+B) + 24C)u + 7(A-B) = 0,$$

ita ut valor fractionis α a resolutione huius aequationis quinti gradus pendeat. Quodsi bina corpora A et B inter se essent aequalia, foret

$$Au^5 - (2A - 4C)u^3 + (17A + 12C)u = 0 \,,$$

hincque vel $u = 0$ et $\alpha = \dfrac{1}{2}$ vel

$$uu = \frac{A - 2C + \sqrt{(4CC - 16AC - 16AA)}}{A} \,,$$

unde reliqui pro u valores fiunt imaginarii. Sin autem B repraesentet solem, ut sit quasi $B = \infty$, quia tum α fit minimum, proxime erit

$$(A + 3B + 2C)\alpha^3 - A - C = 0$$

seu

$$\alpha = \frac{\sqrt[3]{(A+C)}}{\sqrt[3]{(A+3B+2C)}} \,,$$

et accuratius

$$\alpha = \frac{\sqrt[3]{(A+C)}}{\sqrt[3]{(A+3B+2C)}} - \frac{3(A+2C)B + C(5A+6C)}{3(A+3B+2C)\sqrt[3]{(A+C)(A+3B+2C)^2}} \,.$$

SCHOLION 3

57. Iuvabit forsitan ipsi α hunc valorem ingenere tribuisse, ita ut posito $X = \dfrac{1}{xx}$, $Y = \dfrac{1}{yy}$ et $V = \dfrac{1}{vv}$, sit

$$(1 - \alpha)B - \alpha A = \frac{B + \alpha C}{(1 - \alpha)^2} - \frac{A + (1 - \alpha)C}{\alpha\alpha} \,;$$

siquidem eum in lunae motum inquirere velimus, qui ad casum istum memorabilem proxime accederet, ita ut distantia z prae αx maneret minima. Quia enim tum proxime fit

$$\frac{1}{y^3} = \frac{1}{\alpha^3 x^3} - \frac{3z\cos(w-p)}{\alpha^4 x^4} \quad \text{et} \quad \frac{1}{v^3} = \frac{1}{(1-\alpha)^3 x^3} + \frac{3z\cos(w-p)}{(1-\alpha)^4 x^4} \,,$$

binae aequationes motum exprimentes ad has formas reducuntur:

$$ddz - z\,dw^2 + \frac{z(1 - 3\cos(w-p)^2)}{2x^3}\,dt^2\left(\frac{B + \alpha C}{(1-\alpha)^3} + \frac{A + (1-\alpha)C}{\alpha^3}\right) = 0$$

$$2\,dz\,dw + z\,ddw + \frac{3z\sin(w-p)\cos(w-p)}{2x^3}\,dt^2\left(\frac{B + \alpha C}{(1-\alpha)^3} + \frac{A + (1-\alpha)C}{\alpha^3}\right) = 0,$$

quae, si motus solis pro uniformi et distantia x pro constanti habeatur, ita repraesentari poterunt:

$$ddz - z\,dw^2 + \gamma z\,dp^2\bigl(1 - 3\cos(w-p)^2\bigr) = 0$$
$$2\,dz\,dw + z\,ddw + 3\gamma z\,dp^2 \sin(w-p)\cos(w-p) = 0\,,$$

quae aequationes, cum z unam dimensionem non excedat, pro simplicioribus sunt habendae.

INVESTIGATIO ACCURATIOR PHAENOMENORUM, QUAE IN MOTU TERRAE DIURNO A VIRIBUS COELESTIBUS PRODUCI POSSUNT

Commentatio 373 indicis ENESTROEMIANI
Novi commentarii academiae scientiarum Petropolitanae **13** (1768), 1769, p. 202–241
Summarium ibidem, p. 23–27

SUMMARIUM

Insigne istud phaenomenon praecessionis aequinoctiorum, quo puncta aequinoctialia continuo regrediuntur seu contra seriem signorum moventur, cum veteribus etiam Astronomis innotuisset, veram tamen huius phaenomeni rationem in figura telluris nostrae et actione, qua motus terrae diurnus a viribus Solis et Lunae afficitur, quaerendam esse, nemo ante NEWTONUM suspicatus fuit. Quemadmodum enim si figura telluris nostrae perfecte sphaerica esset, motus vertiginis ipsi impressus eadem velocitate perpetuo continuaretur; ita vicissim si haec figura a sphaerica recedat, adeo ut diameter aequatoris aliquanto maior sit axe, ex viribus Solis et Lunae hunc axem afficientibus orietur momentum ad eum de situ suo deturbandum. Quum itaque Illustrissimus huius dissertationis Auctor eam Dynamicae partem maxime abstrusam, quae de motu corporum gyratorio agit, prosperrimo successu pertractaverit, adeo ut in genere motus gyratorii corporum quacunque figura praeditorum et viribus quibuscunque sollicitatorum feliciter determinari possint, hinc in praesenti dissertatione ex illis principiis omnes inaequalitates motus terrae diurni explicare constituit, idque ita ut non solum verus motus telluris gyratorius cognoscatur, sed etiam reliqui, quos habere potuisset, si ab initio aliter fuisset impulsa. Hoc itaque in negotio ut primum consideratio figurae et structurae telluris evitari queat, quippe quae plerumque ad calculos taediosissimos perducit, ista insignis proprietas trium corporis axium principalium, quae in centro inertiae normaliter se decussant, in usum vocanda est, atque tum quidem statim liquet, si tria momenta inertiae respectu horum axium sint plane inter se aequalia, motum gyratorium a viribus externis nullatenus turbari, id quod quoque locum habet, etiamsi figura corporis gyrantis, quam maxime sit irregularis, modo memoratam illam proprietatem aequalitatis momentorum inertiae respectu axium principalium possideat. Tellus autem nostra quamvis initio fuisset sphaerica, tamen statim ac circa axem gyrari coepisset, ob fluiditatem eius figura mutationem subiisset, quamobrem ut heic fluiditatis rationem habere non necesse sit, statim considerare licet tellurem ut corpus solidum ea figura praeditum, quam vi fluiditatis suae consequeretur, ex quo intelligitur omnes conclusiones hinc derivandas ob maris mobilitatem aliquam correctionem admittere. Dum itaque consideratur terra ut eiusmodi corpus, cuius unus axis principalis cum axe proprie sic dicto telluris coincidit, reliqui autem bini huic normales ita sunt comparati, ut momenta inertiae eorum respectu sint aequalia, primum dispiciendum est, quaenam varietas motui terrae diurno a motu, qui initio erat impressus, inducatur, mentem a viribus Solis et Lunae agentibus penitus abstrahendo; atque tum quidem perspicitur, si hic motus circa axem vel quemlibet diametrum aequatoris imprimatur, eum non solum fore uniformem, sed etiam axem gyrationis constanter eundem situm servaturum; sin vero hic motus circa aliam lineam per centrum transeuntem imprimatur, tum motus gyratorius quidem manebit uniformis, ipse vero axis circa quodpiam coeli punctum circulum describeret. Accedentibus vero iam viribus Solis et Lunae perturbatricibus, non solum gyrationis celeritas admodum immutatur, sed axis quoque gyrationis motu magis irregulari fertur; unde operae pretium visum est Illustrissimi Auctori quaestionem adeo generaliter proponere, ut ad eos etiam casus pateat, quibus terrae ab initio motum circa axem a principalibus diversum impressum fuisse supponatur. Ut igitur a simplicioribus ad difficiliora procederet, supposita primum aequalitate binorum momentorum inertiae, sequentes imprimis casus considerationi subiecit: *primum* quo vires perturbatrices ut evanescentes spectantur, *secundum* quo astrum perturbans in ipsa ecliptica et motu quidem uniformi incedere supponitur, *tertium* quo hoc astrum in orbita ad eclipticam parum inclinata, sed motu uniformi circumfertur, denique *quartum* quo astro motus inaequabilis secundum leges Keplerianas tribuitur, orbita vero eius cum ecliptica coincidit; ubi quidem ultimus casus, ad explicandam perturbationem, quae ab actione Solis oritur, applicari potest, tertius vero cum ultimo coniunctus dabit explicationem perturbationis ab actione Lunae oriundae; commodum autem accidit, ut non opus sit ad horum astrorum inaequalitates respicere; quum enim anomaliae ex motu medio resultantes iam admodum sint exiguae, facile intelligitur eas, quae ex orbitae excentricitate oriuntur, plane negligi posse. Formulas vero analyticas, quibus motus terrae diurni, ob vires Solis et Lunae perturbatrices, variatio exprimitur, postquam Illustrissimus Auctor exposuerit, easdem dein quoque numerice evolvit, ita ut absoluta quantitas huius variationis inde innotescat, unde applicatione facta ad datum quodvis tempus obliquitas eclipticae eiusque variatio, non minus quam vera quantitas praecessionis aequinoctiorum et perturbationum motus diurni telluris nostrae, accurate determinantur.

Motum terrae diurnum a viribus Solis et Lunae ita affici, ut inde aequinoctiorum[1] praecessio et axis terrestris nutatio exoriatur, Neutonus iam erat suspicatus,[2] Acutissimus vero Alembertus dilucide demonstravit.[3] Quod specimen sagacitatis humanae eo pluris est aestimandum, quod illo tempore subsidia dynamica, quibus haec investigatio innititur, neutiquam adhuc satis erant evoluta, ex quo summas et gravissimas calculi difficultates superari erat necesse. Principium autem harum perturbationum in eo est situm, quod telluris corpus a figura

---

1 Editio princeps: aequinoxiorum. AV
2 Cf. [Newton 1687], Lib. III, Prop. XXXIX. AV
3 [d'Alembert 1749]. AV

sphaerica recedit, ac diameter aequatoris aliquantum superat axis quantitatem; quodsi enim eius figura perfecte esset sphaerica, motus vertiginis ipsi semel impressus perpetuo eadem celeritate continuaretur, axisque eandem directionem conservaret; neque vires externae ullam immutationem in hoc motu efficere valerent. Statim autem ac terrae figura a sphaerica discrepat, ex viribus Solis ac Lunae nascitur momentum ad axem de situ suo deturbandum tendens, quatenus quidem hae vires oblique in axem agunt. Quocirca in hac investigatione, postquam vera terrae figura esset constituta, ex lege attractionis vires Solis et Lunae singula terrae elementa sollicitantes definiri, indeque momenta positionem axis afficientia colligi oportuit; tum vero summa adhuc difficultas in effectu determinando residebat, quem illa virium momenta in situm axis exercere debeant, quod sine profundissima cum Dynamicae tum Analyseos scientia nullo modo praestari poterat.

Cum autem non ita pridem haec dynamicae pars maxime abstrusa, quae in motu corporum gyratorio circa axem mobilem definiendo est occupata, a me sit satis prospero successu ita pertractata[4], ut in genere corporum quacunque figura praeditorum motus, dum a viribus quibuscunque sollicitantur, ad formulas analyticas satis simplices reduci queat, haud incongruum fore arbitror, si ope huius methodi omnes inaequalitates, quibus motus terrae diurnus perturbatur, ita accuratius determinavero, ut non solum verus motus, quo terra cietur, inde innotescat, sed etiam inde aliorum motuum, qui in terram cadere potuissent, siquidem initio aliter fuisset impulsa, indolem perspicere liceat. Quae igitur de hoc argumento sum meditatus, sequentibus propositionibus sum complexurus.

1. Quacunque figura terra sit praedita, ad praesens institutum non opus est veram compositionis rationem, qua singulae partes inter se sunt distributae et ordinatae, nosse; verum sufficit, ut ex principiis, quae circa motum corporum rigidorum in genere stabilivi[5], terni axes principales se mutuo in centro gravitatis seu potius inertiae normaliter decussantes notentur, momentaque inertiae respectu singulorum explorata habeantur. Hinc posita terrae massa tota $= M$, si ex centro inertiae I educti sint axes principales IA, IB, IC, eorum respectu momenta inertiae his formulis Maa, Mbb, Mcc designabo. His enim tribus momentis inertiae universa internae structurae ratio, quatenus quidem inde motus determinatio pendet, continetur, ita ut iam taediosissimis illis calculis, quos alias figura et structura terrae exigere solet, supersedere queamus.

2. Quodsi haec tria momenta inertiae inter se essent aequalia, omnes plane axes per centrum terrae ducti pari gauderent proprietate, omnesque aeque pro principalibus haberi possent, ita ut terra, circa quemcunque axem initio gyrari coepisset, hunc motum perpetuo sine ulla axis et celeritatis alteratione esset prosecutura, neque etiam a viribus peregrinis ulla perturbatio esset pertimescenda. Perinde scilicet terra se esset habitura, ac si eius figura perfecte esset sphaerica,

---

4 [E 292].
5 [E 291], [E 292], [E 308], [E 336].

omnisque materia aequabiliter circa centrum distributa; ubi imprimis est notandum hanc insignem proprietatem etiam in figuras maxime irregulares competere posse, dummodo terna illa momenta inertiae fuerint inter se aequalia; hoc autem in figuris maxime irregularibus evenire posse minime dubitare licet.

3. Eatenus ergo tantum motus terrae diurnus perturbationes pati potest, quatenus terna eius momenta inertiae principalia inter se non sunt aequalia. Verum etiamsi terra initio fuisset sphaerica, statim atque circa certum axem gyrari coepisset, ob fluiditatem circa aequatorem intumescere debuisset, unde respectu axis gyrationis momentum inertiae incrementum accepisset. In hoc autem negotio fluiditatis rationem minime habere licet, cum principia dynamica neutiquam adhuc ad hunc scopum sint evoluta; ob quem defectum utique cogimur terram tanquam corpus solidum spectare, cuius figura nullis viribus sollicitantibus cedere queat. Quamobrem quae de eius motu diurno sum traditurus, ita sunt accipienda, ut ob maris mobilitatem, qua actioni virium quodammodo obsequitur, aliquam correctionem admittere intelligantur.

4. Terram igitur tanquam eiusmodi corpus solidum considero, cuius trium axium principalium unus, puta IA, cum eius axe proprie sic dicto, qui ab altero polo ad alterum per centrum porrigitur, conveniat, et cuius respectu momentum inertiae sit $= Maa$. Bini ergo reliqui axes principales in ipsum aequatorem cadent, et quoniam omnium meridianorum par esse ratio videtur, momenta inertiae eorum respectu tanquam inter se aequalia spectari poterunt, ita ut sit $cc = bb$. Hoc autem admisso omnes diametri aequatoris axium principalium proprietate aeque erunt praediti, ita ut terra circa unumquemque eorum libere gyrari posset. Unde cum puncta B et C in aequatore pro lubitu accipi queant, dum 90° a se invicem distent, alterum B in eo meridiano, qui pro primo habetur, assumere licebit; ita in superficie terrae arcus AB primum meridianorum designabit.

5. Quoniam motus terrae diurnus potissimum ab eo motu, qui terrae initio fuerit impressus, pendet, quanta varietas inde proficisci potuerit, ante omnia perpendi conveniet, ac primo quidem mentem ab actione Solis et Lunae abstrahendo. Iam satis perspicuum est, si terrae in rerum principio motus gyratorius vel circa axem vel quempiam diametrum aequatoris fuisset impressus, hunc motum ita perpetuo uniformiter duraturum fuisse, ut axis gyrationis constanter idem coeli punctum respexisset. Sin autem terra circa aliam quamcunque lineam per centrum transeuntem gyrari coepisset, tum motus quidem gyratorius uniformis mansisset, sed ipse axis gyratorius interea circa quodpiam coeli punctum per circulum quendam minorem uniformiter fuisset circumlatus, quemadmodum alibi[6] de huiusmodi corporibus, quae momentorum inertiae principalium bina habent inter se aequalia, fusius demonstravi et hic novo modo sum demonstraturus.

6. Statim autem ac vires perturbatrices sive Solis sive Lunae accedunt, utrumque motus genus ita afficitur, ut vel gyrationis celeritas immutetur, vel axis,

---

6 [E 171], [E 289], [E 292], [E 293], [E 308], [E 336].

circa quem terra gyratur, motu magis irregulari feratur. Ad hanc perturbationem investigandam quaestionem latiori sensu acceptam tractari convenit, ut solutio etiam ad eos casus pateat, quibus forte terrae ab initio motus circa axem a principalibus diversum fuerit impressus. Cum enim a viribus sollicitantibus axis gyrationis de situ suo deturbetur, omnino necesse est, ut, etiamsi hae vires abessent, gyratio circa axem mobilem definiri queat. Tum vero etiam ad scientiae incrementum non parum conducere videtur, si etiam indolem eorum motuum, qui in terram cadere possent, etiamsi re vera in ea non insint, assignare valeamus. Quocirca formulas generales ita sum instructurus, ut etiam ad casum, quo bina momenta inertiae principalia non forent aequalia, accommodari queant.

7. Cum (Fig. 1) ob vires perturbatrices omnia phaenomena ad coelum immotum referri oporteat, sit circulus ♈♌♎ ecliptica, et E eius polus; et quo investigatio aeque ad lunam ac solem pateat, sit $O♌R$ orbita astri perturbantis

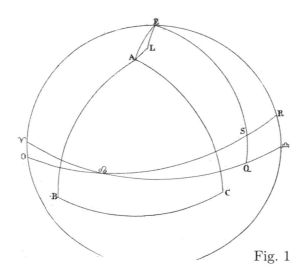

Fig. 1

eclipticam secans in nodo ascendente ♌, et nunc quidem hoc astrum haereat in S, per quod punctum ducto latitudinis circulo ESQ erit ♈Q longitudo et QS latitudo astri, tum vero ♈♌ longitudo nodi. Ponamus ergo haec elementa ♈♌ $= \omega$, angulum ♈♌$O = \varepsilon$, arcus ♈♌$Q = q$ et $ES = p$, atque ex trigonometria constat fore $\cot p = \tan \varepsilon \sin(q - \omega)$. Haec proprie ad lunam sunt accommodata, pro sole autem inclinatio seu angulus ♈♌$O = \varepsilon$ evanescens est sumendus, et ob latitudinem nullam arcus $ES = p$ constanter manet $90°$.

8. Pro actionis autem, quam astrum S in terram exerit, quantitate, sit v eius distantia a centro terrae et e ea distantia, in qua astri vis attractrix ipsi gravitati naturali est aequalis, ita ut eius vis centrum terrae sollicitans sit ad gravitatem ut $\frac{ee}{vv}$ ad 1. Porro autem sit g altitudo, ex qua gravia in terrae superficie libere delabuntur tempore unius minuti secundi, quibus positis quantitas actionis astri in terram hac formula $\frac{2gee}{v^3}$ continetur, quam brevitatis gratia littera $V = \frac{2gee}{v^3}$

denotabo. Ubi observandum est, si corpus ab astro attractum ad distantiam $= v$ in circulo revolveretur, id singulis minutis secundis angulum esse percursurum, qui sit $= \sqrt{\frac{2gee}{v^3}} = \sqrt{V}$. Ex quo, si astrum sit sol, $\sqrt{V}$ denotat motum terrae medium uni minuto secundo convenientem; sin autem astrum fuerit luna, ac massa lunae aequalis statuatur massae telluris, fore $\sqrt{V}$ motum medium lunae uni minuto secundo convenientem. Quoties autem massa lunae minor fuerit massa terrae, motum illum medium in ratione subduplicata diminui oportet; unde ex cognito motu medio valor litterae V facile definitur.

9. His praemissis teneat iam elapso tempore t in minutis secundis exprimendo terra situm in figura repraesentatum, ut axis eius seu polus boreus sit in A, primus meridianus AB, et BC quadrans aequatoris, ubi B et C spectantur tanquam bini reliqui axes principales terrae. Ponantur ergo arcus et anguli statum terrae definientes:

1. Distantia poli A a polo eclipticae E seu $EA = l$
2. Longitudo poli A seu angulus $\Upsilon EA = \Psi$
3. Situs primi meridiani seu angulus $EAB = \Phi$.

Hincque colligantur sequentes arcus:

$$SA = \zeta, \quad SB = \eta \quad \text{et} \quad SC = \vartheta,$$

qui per trigonometriam sphaericam ita definiuntur, ut sit:

$$\cos \zeta = \sin p \left(\sin l \cos(q - \Psi) + \tan \varepsilon \cos l \sin(q - \omega) \right)$$
$$\cos \eta = \sin p \left(-\sin \Phi \sin(q - \Psi) - \cos l \cos \Phi \cos(q - \Psi) \right.$$
$$\left. + \tan \varepsilon \sin l \cos \Phi \sin(q - \omega) \right)$$
$$\cos \vartheta = \sin p \left(-\cos \Phi \sin(q - \Psi) + \cos l \sin \Phi \cos(q - \Psi) \right.$$
$$\left. - \tan \varepsilon \sin l \sin \Phi \sin(q - \omega) \right),$$

ubi notetur fore $\cos \zeta^2 + \cos \eta^2 + \cos \vartheta^2 = 1$.

10. Nunc cum respectu ternorum axium principalium A, B, C momenta inertiae terrae sint Maa, Mbb, Mcc, quaerantur primo tres quantitates x, y, z ex his aequationibus:

$$dx + \frac{cc - bb}{aa} dt \, (yz - 3V \cos \eta \cos \vartheta) = 0$$
$$dy + \frac{aa - cc}{bb} dt \, (xz - 3V \cos \zeta \cos \vartheta) = 0$$
$$dz + \frac{bb - aa}{cc} dt \, (xy - 3V \cos \zeta \cos \eta) = 0,$$

tum vero reliqua elementa situm terrae determinantia ex his aequationibus colligi oportet:

$$dl = -dt\,(y\sin\Phi + z\cos\Phi)$$
$$d\Phi = x\,dt - \frac{dt\,(y\cos\Phi - z\sin\Phi)}{\tan l}$$
$$d\Psi = \frac{dt\,(y\cos\Phi - z\sin\Phi)}{\sin l}\,,$$

quarum aequationum ratio ex iis, quae de motu corporum gyratorio circa axem mobilem alibi[7] tradidi, haud difficulter deducitur.

11. Quoniam vero momenta inertiae pro axibus B et C aequalia statuimus, ut sit $cc = bb$, primo quidem ob $dx = 0$ habebimus $x = f$ quantitati nempe constanti; tum vero ponendo brevitatis gratia

$$\frac{aa - bb}{bb} = \alpha \quad \text{seu} \quad \frac{aa}{bb} = 1 + \alpha\,,$$

quinque sequentes aequationes resolvi oportet:

$$dy + \alpha\,dt\,(fz - 3V\cos\zeta\cos\vartheta) = 0$$
$$dz - \alpha\,dt\,(fy - 3V\cos\zeta\cos\eta) = 0$$
$$dl = -dt\,(y\sin\Phi + z\cos\Phi)$$
$$d\Phi = f\,dt - \frac{dt\,(y\cos\Phi - z\sin\Phi)}{\tan l}$$
$$d\Psi = \frac{dt\,(y\cos\Phi - z\sin\Phi)}{\sin l}\,,$$

ex quibus binis posterioribus eliminatis y et z colligitur:

$$d\Phi + d\Psi\,\cos l = f\,dt\,,$$

ita ut formula $d\Phi + d\Psi\,\cos l$ sit temporis elemento proportionalis.

12. Quo nunc has aequationes distinctius evolvam, a simplicioribus ad difficiliora ita ordine ascendam, ut primo vires perturbatrices tanquam evanescentes spectans motum terrae diurnum, quomodo tum se esset habiturus, definiam, deinde astrum perturbans in ipsa ecliptica motu uniformi circa terram revolvi assumam, ut eandem perpetuo servet distantiam v, et V sit quantitas constans. Deinde astrum etiam uniformiter ad distantiam constantem, sed in orbita ad eclipticam parumper inclinata circumferri ponam. Denique vero astro motum inaequabilem secundum leges KEPLERIANAS tribuam, orbitam vero eius in ipsam eclipticam incidentem considerabo; qui bini posteriores effectus coniuncti ad motum lunae verum accommodari possunt.

---

7 [E 292], [E 308], [E 336].

Evolutio casus, quo vires perturbatrices evanescunt

13. Posito ergo pro hoc casu $V = 0$, binae priores aequationes fiunt:

$$dy + \alpha f z \, dt = 0 \quad \text{et} \quad dz - \alpha f y \, dt = 0,$$

unde colligitur

$$y \, dy + z \, dz = 0 \quad \text{et} \quad yy + zz = hh ;$$

ad quam aequationem cum reliquis commodissime construendam, notari convenit in coelo dari punctum fixum L, circa quod polus A uniformiter gyretur, dum interea terra circa hunc polum etiam uniformiter revolvitur. Hoc ergo punctum L in calculum introducentes ponamus:

$$\Upsilon EL = \gamma, \ EL = m, \ LA = n, \quad \text{existente} \quad EA = l,$$

tum vero etiam angulos in triangulo sphaerico EAL

$$ELA = \lambda, \ EAL = \mu \quad \text{et} \quad AEL = \nu,$$

ut sint elementa γ, m et n constantia, angulus vero $ELA = \lambda$ tempori proportionalis. Vocetur porro etiam angulus $LAB = \sigma$, eritque

$$\Upsilon EA = \Psi = \gamma - \nu \quad \text{et} \quad EAB = \Phi = \sigma - \mu.$$

14. His positis ex trigonometricis habetur:

$$\cos l = \cos m \cos n + \sin m \sin n \cos \lambda,$$

unde ob m et n constantes differentiatio praebet:

$$dl \sin l = d\lambda \sin m \sin n \sin \lambda,$$

et quia

$$\frac{\sin \lambda}{\sin l} = \frac{\sin \mu}{\sin m} = \frac{\sin \nu}{\sin n},$$

erit

$$dl = d\lambda \sin n \sin \mu = d\lambda \sin m \sin \nu.$$

Deinde cum sit simili modo:

$$\cos m = \cos l \cos n + \sin l \sin n \cos \mu$$

et

$$\cos n = \cos l \cos m + \sin l \sin m \cos \nu,$$

erit quoque differentiando:

$$0 = -dl \sin l \cos n + dl \cos l \sin n \cos \mu - d\mu \sin l \sin n \sin \mu$$
$$0 = -dl \sin l \cos m + dl \cos l \sin m \cos \nu - d\nu \sin l \sin m \sin \nu \,,$$

unde colligitur:

$$d\mu = \frac{dl \left(\cos l \sin n \cos \mu - \sin l \cos n \right)}{\sin l \sin n \sin \mu} = \frac{d\lambda}{\sin l} (\cos l \sin n \cos \mu - \sin l \cos n)$$
$$d\nu = \frac{dl \left(\cos l \sin m \cos \nu - \sin l \cos m \right)}{\sin l \sin m \sin \nu} = \frac{d\lambda}{\sin l} (\cos l \sin m \cos \nu - \sin l \cos m) \,.$$

15. Ex trigonometria iam recordemur esse:

$$\cos \mu = \frac{\sin n \cos m - \sin m \cos n \cos \lambda}{\sin l} \,, \quad \cos \nu = \frac{\sin m \cos n - \sin n \cos m \cos \lambda}{\sin l}$$

similique modo etiam

$$\cos \mu = \frac{\sin l \cos m - \cos l \sin m \cos \nu}{\sin n} \,, \quad \cos \nu = \frac{\sin l \cos n - \cos l \sin n \cos \mu}{\sin m} \,,$$

unde concinnius posteriora differentialia ita definiuntur:

$$d\mu = \frac{-d\lambda \sin m \cos \nu}{\sin l} \quad \text{et} \quad d\nu = \frac{-d\lambda \sin n \cos \mu}{\sin l} \,,$$

sicque pro elementis prius adhibitis habebimus:

$$d\Psi = \frac{d\lambda \sin n \cos \mu}{\sin l} \quad \text{et} \quad d\Phi = d\sigma + \frac{d\lambda \sin m \cos \nu}{\sin l} \,,$$

ubi loco $\cos \mu$ et $\cos \nu$ priores valores scribi convenit, ut omnia ad elementa m, n et λ revocentur.

16. Nunc igitur statuamus:

$$y = h \cos \sigma \quad \text{et} \quad z = -h \sin \sigma \,,$$

qui valores in prioribus aequationibus substituti dant:

$$-h \, d\sigma \sin \sigma - \alpha f h \, dt \sin \sigma = 0 \quad \text{seu} \quad d\sigma = -\alpha f \, dt \,.$$

Tum vero ob

$$y \sin \Phi + z \cos \Phi = h \sin(\Phi - \sigma) = -h \sin \mu$$

et

$$y \cos \Phi - z \sin \Phi = h \cos(\Phi - \sigma) = h \cos \mu$$

ternae posteriores aequationes has induent formas:

$$dl = d\lambda \sin n \sin \mu = h\, dt \sin \mu \quad \text{seu} \quad d\lambda = \frac{h\, dt}{\sin n},$$

$$d\Phi = -\alpha f\, dt + \frac{d\lambda \sin m \cos \nu}{\sin l} = f\, dt - \frac{h\, dt \cos \mu}{\tan l}$$

$$d\Psi = \frac{h\, dt \cos \mu}{\sin l} = \frac{h\, dt (\sin n \cos m - \sin m \cos n \cos \lambda)}{\sin l^2}.$$

Antepenultima autem ob $d\lambda = \frac{h\, dt}{\sin n}$ per dt divisa dat

$$(1+\alpha)f = \frac{h \sin m \cos \nu}{\sin l \sin n} + \frac{h \cos l \cos \mu}{\sin l} = \frac{h(\cos l \cos \mu \sin n + \sin m \cos \nu)}{\sin l \sin n}.$$

Verum cum sit

$$\cos \mu = \frac{\cos m - \cos l \cos n}{\sin l \sin n} \quad \text{et} \quad \cos \nu = \frac{\cos n - \cos l \cos m}{\sin l \sin m},$$

obtinetur:
$$(1+\alpha)f = \frac{h(\cos n - \cos l^2 \cos n)}{\sin l^2 \sin n} = \frac{h \cos n}{\sin n},$$

ita ut etiam quantitas $h = (1+\alpha)f \tan n$ determinetur, sitque adeo constans, ut rei natura postulat.

17. Ex dato ergo coeli puncto L, ad quod motus terrae est referendus, ab eoque axis distantia $LA = n$, motus terrae ita se habebit, ut primo axis A circa illud punctum L uniformiter revolvatur celeritate angulari

$$\frac{d\lambda}{dt} = \frac{h}{\sin n} = \frac{(1+\alpha)f}{\cos n},$$

quippe qua singulis minutis secundis angulus $= \frac{(1+\alpha)f}{\cos n}$ absolvitur, ita ut hoc motu angulus ELA continuo increscat. Tum vero interea ipsa terra circa axem A gyrabitur celeritate angulari $\frac{d\sigma}{dt} = -\alpha f$, qua angulus LAB continuo imminuetur; ubi notandum quantitatem f a motu terrae primum impresso perinde atque arcum n pendere, litteram α vero rationem compositionis terrae involvere. In motu autem, quem terra revera est initio adepta, arcus $LA = n$ evanescit, sicque sine viribus perturbantibus ipse arcus LA cum polo A fixus maneret, totusque motus ex angulo $EAB = \Phi$ ita definiretur, ut ob $h = 0$ esset celeritas angularis $\frac{d\Phi}{dt} = f$, unde patet quantitatem f exprimere celeritatem angularem motus terrae diurni.

18. Si terra eiusmodi motum vertiginis accepisset, ut arcus $LA = n$ valorem haberet notabilem, polus A maiori celeritate circa coeli punctum L revolveretur;

siquidem constans f eundem retineret valorem, ipsa vero terra lentissime interea circa axem A in plagam contrariam converteretur, ob fractionem α minimam, ita ut hoc motu neglecto terra circa axem per coeli punctum L transeuntem revolvi videretur, spatio saltem temporis non nimis magno; tempore autem labente, quia sensim alia terrae puncta coeli punctum L subeunt, terra alium axem gyrationis recipere videbitur, ex quo etiam aequator et locorum latitudines mutationem patientur, sicque tam coeli quam terrae phaenomena ingentibus perturbationibus forent obnoxia, etiamsi nullae vires perturbatrices externae accederent.

19. Hoc casu si pro quovis tempore t situm terrae respectu eclipticae definire velimus, primum ad hoc tempus angulum

$$\lambda = \frac{(1+\alpha)f}{\cos n} t + \text{Const.}$$

colligi oportet, pro quo facile tabula conderetur. Tum vero hoc angulo invento statim habebitur axis A a polo eclipticae E distantia $EA = l$ ope formulae

$$\cos l = \cos m \cos n + \sin m \sin n \cos \lambda,$$

ubi m et n sunt certi anguli dati. Porro pro situ arcus EA quaeratur angulus ν, ut sit

$$\cot \nu = \frac{\sin m \cos n - \cos m \sin n \cos \lambda}{\sin n \sin \lambda},$$

eritque angulus $\Upsilon EA = \Psi = \gamma - \nu$, denotante γ angulum quendam constantem. Denique pro situ primi meridiani AB seu angulo $EAB = \Phi = \sigma - \mu$, primo angulus σ tempori proportionalis ex formula $\sigma = \text{Const.} - \alpha f t$ facile colligitur, tum vero angulus μ ex hac formula capiatur:

$$\cot \mu = \frac{\sin n \cos m - \cos n \sin m \cos \lambda}{\sin m \sin \lambda},$$

sicque status terrae ad tempus propositum erit determinatus, omnem autem hunc calculum commode tabulis complecti liceret. Hoc casu expedito ad vires perturbantes progredior, quae tractatio praeparationem postulat reliquis casibus, quos suscepi, praemittendam.

Praeparatio ad effectus virium perturbantium evolvendos

20. Quoniam hic effectus est minimus, ex casu praecedente facile intelligitur, quomodo hanc tractationem aptissime suscipi conveniat. Universus scilicet motus quoque ad coeli quoddam punctum L referatur, quod autem non amplius tanquam fixum spectetur, sed ita pro variabili habeatur, ut tam angulus $\Upsilon EL = \gamma$ quam arcus $EL = m$ et $LA = n$ a viribus perturbantibus parumper immutari censeantur, neque etiam anguli $ELA = \lambda$ et $LAB = \sigma$ incrementa tempori exacte proportionalia capere sunt censenda; quamobrem quoque quantitas h tanquam

variabilis erit tractanda. Ponamus deinde ut supra $EA = l$, angulos $EAL = \mu$, $AEL = \nu$, tum vero angulos $\Upsilon EA = \Psi$ et $EAB = \Phi$, ut sit $\Psi = \gamma - \nu$ et $\Phi = \sigma - \mu$.

21. Statuamus ergo etiam nunc quoque

$$y = h\cos\sigma \quad \text{et} \quad z = -h\sin\sigma$$

et quia quantitatem h quoque ut variabilem spectamus, binae priores aequationes differentiales fient:

$$dh\cos\sigma - h\,d\sigma\,\sin\sigma - \alpha fh\,dt\,\sin\sigma - 3\alpha V\,dt\,\cos\zeta\cos\vartheta = 0$$
$$-dh\sin\sigma - h\,d\sigma\,\cos\sigma - \alpha fh\,dt\,\cos\sigma + 3\alpha V\,dt\,\cos\zeta\cos\eta = 0\,,$$

unde per combinationem elicimus:

$$-h\,d\sigma - \alpha fh\,dt - 3\alpha V\,dt\,\cos\zeta(\sin\sigma\cos\vartheta - \cos\sigma\cos\eta) = 0$$
$$dh - 3\alpha V\,dt\,\cos\zeta(\cos\sigma\cos\vartheta + \sin\sigma\cos\eta) = 0\,.$$

Ponamus brevitatis gratia

$$\cos\sigma\cos\eta - \sin\sigma\cos\vartheta = P \quad \text{et} \quad \cos\sigma\cos\vartheta + \sin\sigma\cos\eta = Q\,,$$

ut habeamus has aequationes:

$$d\sigma = -\alpha f\,dt + \frac{3\alpha VP\,dt\,\cos\zeta}{h} \quad \text{et} \quad dh = 3\alpha VQ\,dt\,\cos\zeta\,.$$

Verum ex formulis supra §9 ob $\Phi = \sigma - \mu$ seu $\sigma - \Phi = \mu$ colligimus:

$$P = \sin p\bigl(\sin\mu\sin(q-\Psi) - \cos l\cos\mu\cos(q-\Psi) + \tan\varepsilon\sin l\cos\mu\sin(q-\omega)\bigr)$$
$$Q = \sin p\bigl(-\cos\mu\sin(q-\Psi) - \cos l\sin\mu\cos(q-\Psi) + \tan\varepsilon\sin l\sin\mu\sin(q-\omega)\bigr),$$

existente

$$\cos\zeta = \sin p\bigl(\sin l\cos(q-\Psi) + \tan\varepsilon\cos l\sin(q-\omega)\bigr)\,.$$

Reliquae vero aequationes erunt:

$$dl = h\,dt\,\sin\mu$$
$$d\Phi = d\sigma - d\mu = f\,dt - \frac{h\,dt\,\cos\mu}{\tan l}$$
$$d\Psi = d\gamma - d\nu = \frac{h\,dt\,\cos\mu}{\sin l}\,.$$

22. Haec iam differentialia dl, $d\mu$ et $d\nu$ ad differentialia $d\lambda$, dm et dn reduci oportet; ac primo quidem cum sit

$$\cos l = \cos m \cos n + \sin m \sin n \cos \lambda,$$

erit differentiando:

$$dl \sin l = dm \sin m \cos n + dn \cos m \sin n + d\lambda \sin m \sin n \sin \lambda$$
$$- dm \cos m \sin n \cos \lambda - dn \sin m \cos n \cos \lambda,$$

quae forma ob

$$\sin n \cos m - \sin m \cos n \cos \lambda = \sin l \cos \mu$$

et

$$\sin m \cos n - \sin n \cos m \cos \lambda = \sin l \cos \nu$$

transit in hanc simpliciorem:

$$dl \sin l = dm \sin l \cos \nu + dn \sin l \cos \mu + d\lambda \sin m \sin n \sin \lambda$$

seu, cum sit

$$\frac{\sin \lambda}{\sin l} = \frac{\sin \mu}{\sin m} = \frac{\sin \nu}{\sin n},$$

in hanc

$$dl = dm \cos \nu + dn \cos \mu + d\lambda \sin n \sin \mu.$$

23. Deinde vero simili modo elicitur:

$$dm = dl \cos \nu + dn \cos \lambda + d\mu \sin n \sin \lambda,$$

ubi si loco dl valor modo inventus substituatur, prodit:

$$dm = dm \cos \nu^2 + dn \cos \mu \cos \nu + dn \cos \lambda$$
$$+ d\lambda \sin n \sin \mu \cos \nu + d\mu \sin n \sin \lambda$$

seu ob $\cos \lambda + \cos \mu \cos \nu = \cos l \sin \mu \sin \nu$

$$dm \sin \nu^2 = dn \cos l \sin \mu \sin \nu + d\lambda \sin n \sin \mu \cos \nu + d\mu \sin n \sin \lambda.$$

Est vero

$$\sin n \sin \mu = \sin m \sin \nu \quad \text{et} \quad \sin n \sin \lambda = \sin l \sin \nu,$$

unde per $\sin \nu$ dividendo habetur:

$$dm \sin \nu = dn \cos l \sin \mu + d\lambda \sin m \cos \nu + d\mu \sin l,$$

ita ut sit
$$d\mu = \frac{dm \sin\nu}{\sin l} - \frac{dn \cos l \sin\mu}{\sin l} - \frac{d\lambda \sin m \cos\nu}{\sin l}.$$

Verum quia elementum dl tam commode exprimitur, ut sit $dl = h\,dt \sin\mu$, praestabit hunc valorem statim introduci, unde prodit:
$$d\mu = \frac{-h\,dt \sin\mu \cos\nu + dm - dn \cos\lambda}{\sin n \sin\lambda}$$

similique modo
$$d\nu = \frac{-h\,dt \sin\mu \cos\mu + dn - dm \cos\lambda}{\sin m \sin\lambda}.$$

24. Ex prima ergo aequatione adipiscimur:
$$h\,dt \sin\mu = dm \cos\nu + dn \cos\mu + d\lambda \sin n \sin\mu,$$

unde fit
$$d\lambda = \frac{h\,dt}{\sin n} - \frac{dm \cos\nu + dn \cos\mu}{\sin n \sin\mu},$$

at tertia aequatio praebet
$$d\gamma = \frac{h\,dt \cos\mu}{\sin l} - \frac{h\,dt \sin\mu \cos\mu}{\sin m \sin\lambda} + \frac{dn - dm \cos\lambda}{\sin m \sin\lambda}$$

seu
$$d\gamma = \frac{dn - dm \cos\lambda}{\sin m \sin\lambda},$$

secunda vero aequatio ad $d\Phi$ spectans dat
$$d\sigma = f\,dt - \frac{h\,dt \cos\mu \cos l}{\sin l} - \frac{h\,dt \sin\mu \cos\nu}{\sin n \sin\lambda} + \frac{dm - dn \cos\lambda}{\sin n \sin\lambda},$$

ubi notandum terminos elemento $h\,dt$ affectos, cum sint
$$-\frac{h\,dt\,(\sin\mu \cos\nu + \sin\nu \cos\mu \cos l)}{\sin l \sin\nu},$$

ob $\cot n = \dfrac{\sin\mu \cos\nu + \sin\nu \cos\mu \cos l}{\sin l \sin\nu}$ abire in $-\dfrac{h\,dt \cos n}{\sin n}$, ita ut sit

$$d\sigma = f\,dt - \frac{h\,dt \cos n}{\sin n} + \frac{dm - dn \cos\lambda}{\sin n \sin\lambda} = -\alpha f\,dt + \frac{3\alpha V P\,dt \cos\zeta}{h}$$

hincque
$$(1+\alpha)f\,dt - \frac{h\,dt \cos n}{\sin n} + \frac{dm - dn \cos\lambda}{\sin n \sin\lambda} = \frac{3\alpha V P\,dt \cos\zeta}{h}.$$

25. Nunc igitur sumamus $h = (1+\alpha)f \tan n$, ut viribus evanescentibus arcus m et n prodeant constantes, et postrema aequatio dabit:

$$dm - dn \cos \lambda = \frac{3\alpha V P \, dt \, \cos n \sin \lambda \cos \zeta}{(1+\alpha)f},$$

arcus vero n ex hac integratione est definiendus

$$\tan n = \frac{3\alpha}{(1+\alpha)f} \int V Q \, dt \, \cos \zeta$$

seu

$$dn = \frac{3\alpha V Q \, dt \, \cos \zeta \cos n^2}{(1+\alpha)f},$$

unde fit

$$dm = \frac{3\alpha V \, dt \, \cos n \cos \zeta}{(1+\alpha)f}(P \sin \lambda + Q \cos n \cos \lambda)$$

hincque porro

$$dm \cos \nu + dn \cos \mu = \frac{3\alpha V \, dt \, \cos n \cos \zeta}{(1+\alpha)f} \sin \lambda (P \cos \nu + Q \cos m \cos n \sin \nu).$$

Inventis autem variationibus dm et dn, erit

$$d\lambda = \frac{(1+\alpha)f \, dt}{\cos n} - \frac{dm \cos \nu + dn \cos \mu}{\sin n \sin \mu}$$

seu

$$d\lambda = \frac{(1+\alpha)f \, dt}{\cos n} - \frac{dm (\sin m \cos n - \sin n \cos m \cos \lambda)}{\sin m \sin n \sin \lambda} - \frac{dn (\sin n \cos m - \sin m \cos n \cos \lambda)}{\sin m \sin n \sin \lambda},$$

et anguli ΥEL variatio simul innotescit, quae est

$$d\gamma = \frac{dn - dm \cos \lambda}{\sin m \sin \lambda} = \frac{3\alpha V \, dt \, \cos n \cos \zeta}{(1+\alpha)f \sin m}(Q \cos n \sin \lambda - P \cos \lambda),$$

substitutis autem pro dm et dn valoribus reperitur

$$d\lambda = \frac{(1+\alpha)f \, dt}{\cos n} - \frac{3\alpha V \, dt \, \cos n \cos \zeta}{(1+\alpha)f \sin m \sin n} \big(P(\sin m \cos n - \sin n \cos m \cos \lambda) + Q \sin n \cos m \cos n \sin \lambda \big).$$

Denique pro angulo $EAB = \Phi$ habebimus:

$$d\Phi = f \, dt - \frac{(1+\alpha)f \, dt \, \sin n \cos \mu \cos l}{\cos n \sin l} \quad \text{et} \quad d\Psi = \frac{(1+\alpha)f \, dt \, \sin n \cos \mu}{\sin l \cos n},$$

ita ut sit $d\Phi + d\Psi \cos l = f\,dt$, in quibus integrationibus arcus m et n tanquam constantes spectare licet, simul vero erit proxime $d\lambda = \dfrac{(1+\alpha)f}{\cos n}\,dt$, siquidem perturbatio fuerit minima.

26. Quo haec nunc propius ad praesens institutum accommodemus, observandum est in motu vertiginis terrae arcum n quam minimum esse statuendum, ita ut ob $d\Phi = f\,dt$ iam f denotet angulum uno minuto secundo confectum, et angulus Ψ in integrationibus pro constanti haberi poterit. Deinde ob

$$\cot \mu = \frac{n \cos m - \sin m \cos \lambda}{\sin m \sin \lambda}$$

colligitur fore angulum

$$\mu = 180° - \lambda - \frac{n \sin \lambda}{\tan m},$$

ita ut sit:

$$\sin \mu = \sin \lambda + \frac{n \sin \lambda \cos \lambda}{\tan m}, \quad \sin(\lambda + \mu) = \frac{n \sin \lambda}{\tan m},$$
$$\cos \mu = -\cos \lambda + \frac{n \sin \lambda^2}{\tan m}, \quad \cos(\lambda + \mu) = -1,$$

neglectis terminis, ubi n ad altiores potestates exsurgit. Porro ob $\cos l = \cos m + n \sin m \cos \lambda$ erit $l = m - n \cos \lambda$ hincque

$$n = \frac{3\alpha}{(1+\alpha)f} \int VQ\,dt\,\cos \zeta$$
$$m = \frac{3\alpha}{(1+\alpha)f} \int V\,dt\,\cos \zeta (P \sin \lambda + Q \cos \lambda)$$
$$d\lambda = (1+\alpha)f\,dt - \frac{3\alpha}{(1+\alpha)f} \cdot \frac{V\,dt\,\cos\zeta\big(P\sin m - n\cos m(P\cos\lambda - Q\sin\lambda)\big)}{n \sin m}$$
$$= (1+\alpha)f\,dt - \frac{3\alpha V P\,dt\,\cos\zeta}{(1+\alpha)nf} - \frac{3\alpha V\,dt\,\cos\zeta \cos m(Q\sin\lambda - P\cos\lambda)}{(1+\alpha)f \sin m}$$
$$d\gamma = \frac{3\alpha}{(1+\alpha)f} \cdot \frac{V\,dt\,\cos\zeta(Q\sin\lambda - P\cos\lambda)}{\sin m}$$
$$d\Phi = f\,dt + \frac{n(1+\alpha)f\,dt\,\cos m \cos \lambda}{\sin m}$$
$$d\Psi = -\frac{n(1+\alpha)f\,dt\,\cos\lambda}{\sin m}.$$

27. Cum sit proxime $\mu = 180° - \lambda$, et $l = m$, in quantitatibus P et Q his valoribus uti licet, ex quo erit:

$$P = \sin p \big(\sin\lambda \sin(q-\Psi) + \cos m \cos\lambda \cos(q-\Psi) - \tan\varepsilon \sin m \cos\lambda \sin(q-\omega)\big)$$
$$Q = \sin p \big(\cos\lambda \sin(q-\Psi) - \cos m \sin\lambda \cos(q-\Psi) + \tan\varepsilon \sin m \sin\lambda \sin(q-\omega)\big),$$

existente

$$\cos\zeta = \sin p\bigl(\sin m\cos(q-\Psi) + \tan\varepsilon\cos m\sin(q-\omega)\bigr),$$

unde colligitur:

$$P\sin\lambda + Q\cos\lambda = \sin p\sin(q-\Psi)$$
$$Q\sin\lambda - P\cos\lambda = \sin p\bigl(-\cos m\cos(q-\Psi) + \tan\varepsilon\sin m\sin(q-\omega)\bigr).$$

Hinc totum calculum satis expedite absolvere licebit; valor tantum anguli λ moram facessere videtur, ob terminum $-\dfrac{3\alpha VP\,dt\cos\zeta}{(1+\alpha)fn}$, quantitatem minimam n in denominatore involventem; quae si evanesceret, hic terminus adeo in infinitum excresceret. Quod cum in motu terrae eveniat, manifestum est hanc appropinquandi rationem nostro casu locum habere non posse, ex quo aliam methodum ingredi conveniet, quam nunc accuratius sum expositurus.

Alia methodus formulas inventas evolvendi, ad motum vertiginis terrae magis accommodata

28. Resumamus nostras formulas pro motu vertiginis supra expositas:

1. $\quad \dfrac{dy}{dt} + \alpha fz - 3\alpha V\cos\zeta\cos\vartheta = 0$

2. $\quad \dfrac{dz}{dt} - \alpha fy + 3\alpha V\cos\zeta\cos\eta = 0$

3. $\quad dl = -dt\,(y\sin\Phi + z\cos\Phi)$

4. $\quad d\Phi = f\,dt - \dfrac{dt}{\tan l}(y\cos\Phi - z\sin\Phi)$

5. $\quad d\Psi = \dfrac{dt}{\sin l}(y\cos\Phi - z\sin\Phi)$

ubi primum observo, si vires perturbatrices littera $V = \dfrac{2gee}{v^3}$ contentae evanescerent, binis prioribus aequationibus satisfacere has formulas $y = h\cos\alpha ft$ et $z = h\sin\alpha ft$, praesenti autem casu quantitatem h evanescentem accipi debere. Quare cum ob quantitatem V particulae quaedam ad hos valores y et z accedant, has ipsas particulas investigari convenit, quibus deinceps reiectis illis membris litteram h involventibus erit utendum.

29. Hunc in finem autem opus est ante omnia formulas $\cos\zeta\cos\eta$ et $\cos\zeta\cos\vartheta$

evolvi, unde facta reductione reperitur:

$$\cos\zeta\cos\eta = \frac{1}{2}\sin p^2 \left\{ \begin{array}{l} -\sin l \sin\Phi \sin 2(q-\Psi) \\ -\sin l \cos l \cos\Phi \\ -\sin l \cos l \cos\Phi \cos 2(q-\Psi) \\ +\tan\varepsilon \sin l^2 \cos\Phi \sin(2q-\Psi-\omega) \\ +\tan\varepsilon \sin l^2 \cos\Phi \sin(\Psi-\omega) \\ +\tan\varepsilon \cos l \sin\Phi \cos(2q-\Psi-\omega) \\ -\tan\varepsilon \cos l^2 \cos\Phi \sin(2q-\Psi-\omega) \\ -\tan\varepsilon \cos l^2 \cos\Phi \sin(\Psi-\omega) \\ -\tan\varepsilon \cos l \sin\Phi \cos(\Psi-\omega) \end{array} \right\}$$

omissis terminis quadratum $\tan\varepsilon^2$ implicantibus utpote minimis; quam ob causam pro

$$\sin p^2 = \frac{1}{1+\tan\varepsilon^2 \sin(q-\omega)^2}$$

etiam unitatem scribere licet. Hinc etiam angulo Φ in sinus et cosinus simplices involuto adipiscimur:

$$\begin{aligned} 4\cos\zeta\cos\eta = &-\sin 2l \cos\Phi \\ &-\sin l(1+\cos l)\cos(\Phi-2q+2\Psi) \\ &+\sin l(1-\cos l)\cos(\Phi+2q-2\Psi) \\ &+\tan\varepsilon(\cos l - \cos 2l)\sin(\Phi+2q-\Psi-\omega) \\ &+\tan\varepsilon(\cos l + \cos 2l)\sin(\Phi-2q+\Psi+\omega) \\ &-\tan\varepsilon(\cos l - \cos 2l)\sin(\Phi-\Psi+\omega) \\ &-\tan\varepsilon(\cos l + \cos 2l)\sin(\Phi+\Psi-\omega), \end{aligned}$$

ubi notandum est Ψ esse longitudinem puncti solstitialis aestivi a termino fixo ♈, puta prima stella arietis. Quodsi ergo longitudo primae stellae arietis a puncto aequinoctiali verno computata ponatur $= x$, erit $\Psi + x = 90°$ et $\Psi = 90° - x$, indeque $q - \Psi = q + x - 90°$, ubi $q + x$ denotabit astri longitudinem a puncto aequinoctiali verno computatam, quae ex tabulis habetur. Hinc ergo per meros cosinus erit

$$\begin{aligned} 4\cos\zeta\cos\eta = &-\sin 2l \cos\Phi \\ &+\sin l(1+\cos l)\cos(\Phi-2q-2x) \\ &-\sin l(1-\cos l)\cos(\Phi+2q+2x) \\ &-\tan\varepsilon(\cos l - \cos 2l)\cos(\Phi+2q+x-\omega) \\ &+\tan\varepsilon(\cos l + \cos 2l)\cos(\Phi-2q+\omega-x) \\ &+\tan\varepsilon(\cos l - \cos 2l)\cos(\Phi+\omega+x) \\ &-\tan\varepsilon(\cos l + \cos 2l)\cos(\Phi-\omega-x), \end{aligned}$$

ubi $\omega + x$ denotat longitudinem nodi ascendentis Ω a puncto aequinoctiali verno computatam.

30. Quodsi ergo pro usu tabularum q denotet ipsam astri perturbantis longitudinem a puncto aequinoctiali verno computatam, similique modo ω longitudinem nodi ascendentis, erit

$$\begin{aligned}4\cos\zeta\cos\eta = & -\sin 2l\cos\Phi\\ &+\sin l(1+\cos l)\cos(\Phi-2q)\\ &-\sin l(1-\cos l)\cos(\Phi+2q)\\ &+\tan\varepsilon(\cos l-\cos 2l)\cos(\Phi+\omega)\\ &-\tan\varepsilon(\cos l+\cos 2l)\cos(\Phi-\omega)\\ &-\tan\varepsilon(\cos l-\cos 2l)\cos(\Phi+2q-\omega)\\ &+\tan\varepsilon(\cos l+\cos 2l)\cos(\Phi-2q+\omega)\,,\end{aligned}$$

ubi si loco Φ scribatur $\Phi + 90°$, oritur valor alterius formulae $4\cos\zeta\cos\vartheta$, quam ergo seorsim evolvi non est opus. Deinde observo, si astrum non in circulo aequabiliter circa terram circumferatur, ut longitudinis q incrementa non sint tempori proportionalia, tamen ex cognita inaequalitate motus hos cosinus in cosinus aliorum angulorum tempori proportionalium evolvi posse, quod etiam de ipsa forma $V = \frac{2gee}{v^3}$ est intelligendum, quae cum illa coniuncta pariter ad cosinus angulorum tempori proportionalium revocabitur, quoniam ipse angulus Φ, celeritatem angularem motus diurni terrae designans, in his integrationibus ut tempori proportionalis spectari potest. Quocirca certum est has formulas ita semper expressum iri, ut sit

$$\begin{aligned}3\alpha V\cos\zeta\cos\eta = &\ A\cos\Phi + B\cos(\Phi-\beta t) + \mathfrak{B}\cos(\Phi+\beta t)\\ &+ C\cos(\Phi-\gamma t) + \mathfrak{C}\cos(\Phi+\gamma t)\\ &+ D\cos(\Phi-\delta t) + \mathfrak{D}\cos(\Phi+\delta t)\\ &\text{etc.}\end{aligned}$$

$$\begin{aligned}3\alpha V\cos\zeta\cos\vartheta = &-A\sin\Phi - B\sin(\Phi-\beta t) - \mathfrak{B}\sin(\Phi+\beta t)\\ &- C\sin(\Phi-\gamma t) - \mathfrak{C}\sin(\Phi+\gamma t)\\ &- D\sin(\Phi-\delta t) - \mathfrak{D}\sin(\Phi+\delta t)\\ &\text{etc.}\,,\end{aligned}$$

ubi pro quolibet astro anguli βt, γt, δt etc., quotcunque fuerint, cum coefficientibus facile exhibentur.

31. Statuamus iam $d\Phi = m\,dt$ et $\alpha f = n$, sitque pro quantitatibus y et z non omissis partibus ante commemoratis:

$$y = h\cos nt + O\cos\Phi + P\cos(\Phi - \beta t) + \mathfrak{P}\cos(\Phi + \beta t)$$
$$+ Q\cos(\Phi - \gamma t) + \mathfrak{Q}\cos(\Phi + \gamma t)$$
$$+ R\cos(\Phi - \delta t) + \mathfrak{R}\cos(\Phi + \delta t)$$
$$\text{etc.}$$

$$z = h\sin nt - O\sin\Phi - P\sin(\Phi - \beta t) - \mathfrak{P}\sin(\Phi + \beta t)$$
$$- Q\sin(\Phi - \gamma t) - \mathfrak{Q}\sin(\Phi + \gamma t)$$
$$- R\sin(\Phi - \delta t) - \mathfrak{R}\sin(\Phi + \delta t)$$
$$\text{etc.},$$

ac facta substitutione in prioribus aequationibus fiet

$$(-nh + nh)\sin nt + (-mO - nO + A)\sin\Phi$$
$$+ \bigl(-(m-\beta)P - nP + B\bigr)\sin(\Phi - \beta t)$$
$$+ \bigl(-(m+\beta)\mathfrak{P} - n\mathfrak{P} + \mathfrak{B}\bigr)\sin(\Phi + \beta t) + \text{etc.} = 0$$

$$(nh - nh)\cos nt + (-mO - nO + A)\cos\Phi$$
$$+ \bigl(-(m-\beta)P - nP + B\bigr)\cos(\Phi - \beta t)$$
$$+ \bigl(-(m+\beta)\mathfrak{P} - n\mathfrak{P} + \mathfrak{B}\bigr)\cos(\Phi + \beta t) + \text{etc.} = 0,$$

quae cum congruant, consequimur has determinationes:

$$O = \frac{A}{m+n};\ P = \frac{B}{n+m-\beta};\ Q = \frac{C}{n+m-\gamma};\ R = \frac{D}{n+m-\delta};\ \text{etc.}$$
$$\mathfrak{P} = \frac{\mathfrak{B}}{n+m+\beta};\ \mathfrak{Q} = \frac{\mathfrak{C}}{n+m+\gamma};\ \mathfrak{R} = \frac{\mathfrak{D}}{n+m+\delta};\ \text{etc.},$$

sicque quotcunque fuerint termini haec integralia facile formantur.

32. His autem valoribus pro y et z inventis colligimus sequentes formas:

$$y\sin\Phi + z\cos\Phi = h\sin(\Phi + nt)$$
$$+ (P - \mathfrak{P})\sin\beta t + (Q - \mathfrak{Q})\sin\gamma t + (R - \mathfrak{R})\sin\delta t + \text{etc.}$$
$$y\cos\Phi - z\sin\Phi = h\cos(\Phi + nt) + O$$
$$+ (P + \mathfrak{P})\cos\beta t + (Q + \mathfrak{Q})\cos\gamma t + (R + \mathfrak{R})\cos\delta t + \text{etc.},$$

ex quibus primo veram poli aequatoris a polo eclipticae distantiam $EA = l$ elicimus; cum enim sit

$$dl = -h\,dt\,\sin(\Phi + nt) - (P - \mathfrak{P})\,dt\,\sin\beta t - (Q - \mathfrak{Q})\,dt\,\sin\gamma t - \text{etc.},$$

si haec distantia media ponatur $= \mathfrak{l}$, erit integrando

$$l = \mathfrak{l} + \frac{h}{m+n}\cos(\Phi + nt) + \frac{P-\mathfrak{P}}{\beta}\cos\beta t + \frac{Q-\mathfrak{Q}}{\gamma}\cos\gamma t + \frac{R-\mathfrak{R}}{\delta}\cos\delta t + \text{etc.}$$

Deinde pro angulo $EAB = \Phi$, quo motus gyratorii celeritas definitur, accuratius cognoscendo habemus:

$$\frac{d\Phi}{dt} = f - \frac{h\cos(\Phi+nt)}{\tan l} - \frac{O}{\tan l} - \frac{(P+\mathfrak{P})}{\tan l}\cos\beta t - \text{etc.},$$

unde per integrationem elicimus:

$$\Phi = ft - \frac{h\sin(\Phi+nt)}{(m+n)\tan l} - \frac{Ot}{\tan l} - \frac{(P+\mathfrak{P})\sin\beta t}{\beta\tan l} - \frac{(Q+\mathfrak{Q})\sin\gamma t}{\gamma\tan l} - \text{etc.}$$

Denique pro vera longitudine primae stellae arietis $x = 90° - \Psi$, colligimus:

$$x = C - \frac{h\sin(\Phi+nt)}{(m+n)\sin l} - \frac{Ot}{\sin l} - \frac{(P+\mathfrak{P})\sin\beta t}{\beta\sin l} - \frac{(Q+\mathfrak{Q})\sin\gamma t}{\gamma\sin l} - \frac{(R+\mathfrak{R})\sin\delta t}{\delta\sin l} - \text{etc.},$$

qua aequatione praecessio aequinoctiorum cum omnibus inaequalitatibus determinatur.

33. Hic denotat m celeritatem motus diurni, ubi loco unius minuti secundi aliud quodvis tempus datum accipere licet, dummodo reliquae celeritates ad idem tempus referantur. Sumto ergo tempore unius diei, erit $m = 360°$, cui etiam littera f aequalis est censenda, tum vero erit $n = \alpha m$, ubi notandum esse $\alpha = \frac{aa - bb}{bb}$ fractionem minimam, ita ut n prae m quasi evanescat. Reliquae celeritates angulares nunc etiam ad tempus unius diei referendae ex motu et vi astri perturbantis peti debent, cuius locum cum vel Sol vel Luna occupare possit, pro utroque seorsim has anomalias in motu et axe terrae scrutari conveniet. Unde mox patebit non opus esse ad horum astrorum inaequalitatem motus respicere, cum anomaliae ex eorum motu medio resultantes iam adeo sint exiguae, ut, quae insuper ex orbitae excentricitate nascerentur, tuto negligi queant.

De perturbatione motus diurni a vi solis producta

34. Pro sole ergo inclinatio ε evanescit, ac posito solis motu diurno $= \mu$ est, ut supra vidimus, $V = \mu\mu$ et celeritas solis $\frac{dq}{dt} = \mu$; existente q longitudine solis media. Cum ergo sit

$$\begin{aligned}4\cos\zeta\cos\eta = &-\sin 2l\cos\Phi \\ &+ \sin l(1+\cos l)\cos(\Phi - 2q) \\ &- \sin l(1-\cos l)\cos(\Phi + 2q),\end{aligned}$$

erit $\beta t = 2q$, et $\beta = 2\mu$, tum vero

$$A = -\frac{3}{4}\alpha\mu\mu \sin 2l,$$

$$B = \frac{3}{4}\alpha\mu\mu \sin l(1 + \cos l),$$

$$\mathfrak{B} = -\frac{3}{4}\alpha\mu\mu \sin l(1 - \cos l)$$

hincque

$$O = -\frac{3\alpha\mu\mu \sin 2l}{4(1+\alpha)m},$$

$$P = \frac{3\alpha\mu\mu \sin l(1 + \cos l)}{4\bigl((1+\alpha)m - 2\mu\bigr)},$$

$$\mathfrak{P} = -\frac{3\alpha\mu\mu \sin l(1 - \cos l)}{4\bigl((1+\alpha)m + 2\mu\bigr)}$$

et sequentes litterae Q, $\mathfrak{Q}$ etc. evanescent.

35. Quare primo pro distantia polorum aequatoris et eclipticae $EA = l$, posita hac distantia media $= \mathfrak{l}$, erit

$$l = \mathfrak{l} + \frac{h}{(1+\alpha)m}\cos(\Phi + \alpha m t) + \frac{P - \mathfrak{P}}{2\mu}\cos 2q.$$

Deinde pro angulo $EAB = \Phi$ colligimus

$$\Phi = \left(f + \frac{3\alpha\mu\mu \cos l^2}{2(1+\alpha)m}\right)t - \frac{(P + \mathfrak{P})\sin 2q}{2\mu \tan l} - \frac{h\sin(\Phi + \alpha m t)}{(1+\alpha)m \tan l},$$

ubi iam tempus t in diebus est exprimendum; eritque

$$f = m - \frac{3\alpha\mu\mu \cos l^2}{2(1+\alpha)m};$$

seu potius denotante f motum terrae diurnum primo impressum is ob vim solis censendus est acceleratus particula $\frac{3\alpha\mu\mu \cos l^2}{2(1+\alpha)m}$. Denique pro longitudine primae stellae arietis obtinemus:

$$x = C - \frac{h\sin(\Phi + \alpha m t)}{(1+\alpha)m \sin l} + \frac{3\alpha\mu\mu \cos l}{2(1+\alpha)m}t - \frac{(P + \mathfrak{P})\sin 2q}{2\mu \sin l},$$

unde patet primam stellam arietis quotidie per spatiolum $\frac{3\alpha\mu\mu \cos l}{2(1+\alpha)m}$ promoveri.

De perturbatione motus diurni a vi lunae producta

36. Hic constat pro ε angulum circiter $5°$ capi oportere; quodsi iam q denotet longitudinem lunae mediam, ν eius motum diurnum, ω longitudinem nodi ascendentis et o eius motum diurnum retrogradum et $\frac{dq}{dt} = \nu$ et $\frac{d\omega}{dt} = -o$. Tum vero, si massa lunae aequalis esset terrae, foret $V = \nu\nu$; si ergo statuatur massa terrae ad massam lunae ut 1 ad λ, ut posita terrae massa $= M$ futura sit massa lunae $= \lambda M$, erit $V = \lambda\nu\nu$. Consideremus iam formam:

$$\begin{aligned}4\cos\zeta\cos\eta = &-\sin 2l\cos\Phi \\ &+ \sin l(1+\cos l)\cos(\Phi-2q) - \tan\varepsilon(\cos l + \cos 2l)\cos(\Phi-\omega) \\ &- \sin l(1-\cos l)\cos(\Phi+2q) + \tan\varepsilon(\cos l - \cos 2l)\cos(\Phi+\omega) \\ &+ \tan\varepsilon(\cos l + \cos 2l)\cos(\Phi-2q+\omega) \\ &- \tan\varepsilon(\cos l - \cos 2l)\cos(\Phi+2q-\omega)\,,\end{aligned}$$

atque hinc consequimur hos valores:

$$A = -\tfrac{3}{4}\alpha\lambda\nu\nu\sin 2l$$

$$\left.\begin{aligned}B &= +\tfrac{3}{4}\alpha\lambda\nu\nu\sin l(1+\cos l) \\ \mathfrak{B} &= -\tfrac{3}{4}\alpha\lambda\nu\nu\sin l(1-\cos l)\end{aligned}\right\} \quad [\text{posito}] \quad \beta = 2\nu$$

$$\left.\begin{aligned}C &= -\tfrac{3}{4}\alpha\lambda\nu\nu\tan\varepsilon(\cos l + \cos 2l) \\ \mathfrak{C} &= +\tfrac{3}{4}\alpha\lambda\nu\nu\tan\varepsilon(\cos l - \cos 2l)\end{aligned}\right\} \quad [\text{posito}] \quad \gamma = -o$$

$$\left.\begin{aligned}D &= +\tfrac{3}{4}\alpha\lambda\nu\nu\tan\varepsilon(\cos l + \cos 2l) \\ \mathfrak{D} &= -\tfrac{3}{4}\alpha\lambda\nu\nu\tan\varepsilon(\cos l - \cos 2l)\end{aligned}\right\} \quad [\text{posito}] \quad \delta = 2\nu + o$$

sicque $D = -C$ et $\mathfrak{D} = -\mathfrak{C}$.

37. Ex his porro sequentes valores elicientur:

$$O = \frac{-3\alpha\lambda\nu\nu\sin 2l}{4(1+\alpha)m}$$

$$P = \frac{+3\alpha\lambda\nu\nu\sin l(1+\cos l)}{4((1+\alpha)m - 2\nu)} \qquad \mathfrak{P} = \frac{-3\alpha\lambda\nu\nu\sin l(1-\cos l)}{4((1+\alpha)m + 2\nu)}$$

$$Q = \frac{-3\alpha\lambda\nu\nu\tan\varepsilon(\cos l + \cos 2l)}{4((1+\alpha)m + o)} \qquad \mathfrak{Q} = \frac{+3\alpha\lambda\nu\nu\tan\varepsilon(\cos l - \cos 2l)}{4((1+\alpha)m - o)}$$

$$R = \frac{+3\alpha\lambda\nu\nu\tan\varepsilon(\cos l + \cos 2l)}{4((1+\alpha)m - 2\nu - o)} \qquad \mathfrak{R} = \frac{-3\alpha\lambda\nu\nu\tan\varepsilon(\cos l - \cos 2l)}{4((1+\alpha)m + 2\nu + o)},$$

unde pro obliquitate eclipticae oritur

$$l = \mathfrak{l} + \frac{P-\mathfrak{P}}{2\nu}\cos 2q - \frac{Q-\mathfrak{Q}}{o}\cos\omega + \frac{R-\mathfrak{R}}{2\nu+o}\cos(2q-\omega),$$

pro celeritate rotationis seu angulo $EAB = \Phi$ vero

$$\Phi = \frac{3\alpha\lambda\nu\nu\cos l^2}{2(1+\alpha)m}t - \frac{(P+\mathfrak{P})\sin 2q}{2\nu\tan l} + \frac{(Q+\mathfrak{Q})\sin\omega}{o\tan l} - \frac{(R+\mathfrak{R})\sin(2q-\omega)}{(2\nu+o)\tan l},$$

et pro longitudine primae stellae arietis

$$x = \frac{3\alpha\lambda\nu\nu\cos l}{2(1+\alpha)m}t - \frac{(P+\mathfrak{P})\sin 2q}{2\nu\sin l} + \frac{(Q+\mathfrak{Q})\sin\omega}{o\sin l} - \frac{(R+\mathfrak{R})\sin(2q-\omega)}{(2\nu+o)\sin l},$$

sicque a vi lunae motus diurnus primum impressus terrae augetur particula

$$\frac{3\alpha\lambda\nu\nu\cos l^2}{2(1+\alpha)m}.$$

Evolutio numerica harum formularum

38. Primo cum l denotet distantiam polorum aequatoris et eclipticae, erit nunc quidem eius valor medius $= 23°\,29'$, quo in his formulis uti poterimus. Deinde ex tabulis astronomicis colligimus:

$$\text{motum solis diurnum medium } \mu = 3548''$$
$$\text{motum lunae diurnum medium } \nu = 47435''$$
$$\text{motum nodorum diurnum medium } o = 190\tfrac{1}{2}''$$
$$\text{inclinationem orbitae lunae mediam } \varepsilon = 5°$$

et pro motu diurno medio ipsius terrae circa axem sumamus

$$(1+\alpha)m = 360° = 1296000'',$$

quandoquidem in terminis minimis valores proxime veros adhibuisse sufficit. Hinc pro formulis ex vi solis natis erit:

$$O = -7'',2849\,\alpha\sin 2l$$
$$0,8624235$$

$$\frac{P}{2\mu} = +0,001032\,\alpha\sin l(1+\cos l) \qquad \frac{\mathfrak{P}}{2\mu} = -0,001021\,\alpha\sin l(1-\cos l)$$
$$\phantom{\frac{P}{2\mu} = +}7,0137943 7,0090385$$

Pro formulis autem ex vi lunae natis:

$$O = -1302''{,}13\,\alpha\lambda\sin 2l$$
$$3{,}1146541$$

$$\frac{P}{2\nu} = +0{,}014809\,\alpha\lambda\sin l(1+\cos l) \qquad \frac{\mathfrak{P}}{2\nu} = -0{,}012789\,\alpha\lambda\sin l(1-\cos l)$$
$$8{,}1705402 \qquad\qquad\qquad 8{,}1068436$$

$$\frac{Q}{o} = -0{,}59793\,\alpha\lambda(\cos l + \cos 2l) \qquad \frac{\mathfrak{Q}}{o} = +0{,}59810\,\alpha\lambda(\cos l - \cos 2l)$$
$$9{,}7766470 \qquad\qquad\qquad 9{,}7767747$$

$$\frac{R}{2\nu+o} = +0{,}00129\,\alpha\lambda(\cos l + \cos 2l) \qquad \frac{\mathfrak{R}}{2\nu+o} = -0{,}00112\,\alpha\lambda(\cos l - \cos 2l)$$
$$7{,}1116896 \qquad\qquad\qquad 7{,}0478647$$

39. Si porro loco l valorem $23°\,29'$ substituamus, hi valores ita se habebunt pro vi solis:

$$O = -5''{,}3249\,\alpha$$
$$0{,}7263152$$

$$\frac{P}{2\mu} = +0{,}0007886\,\alpha \qquad \frac{\mathfrak{P}}{2\mu} = -0{,}0000337\,\alpha$$

$$\frac{P-\mathfrak{P}}{2\mu} = +0{,}0008223\,\alpha \qquad \frac{P+\mathfrak{P}}{2\mu} = +0{,}0007549\,\alpha$$

Pro vi lunae:

$$O = -951''{,}80\,\alpha\lambda$$
$$2{,}9785458$$

$$\frac{P}{2\nu} = +0{,}011314\,\alpha\lambda \qquad \frac{\mathfrak{P}}{2\nu} = -0{,}000422\,\alpha\lambda$$

$$\frac{P-\mathfrak{P}}{2\nu} = +0{,}011736\,\alpha\lambda \qquad \frac{P+\mathfrak{P}}{2\nu} = +0{,}010892\,\alpha\lambda$$

$$\frac{Q}{o} = -0{,}95644\,\alpha\lambda \qquad \frac{\mathfrak{Q}}{o} = +0{,}14041\,\alpha\lambda$$

$$\frac{Q-\mathfrak{Q}}{o} = -1{,}09685\,\alpha\lambda \qquad \frac{Q+\mathfrak{Q}}{o} = -0{,}81604\,\alpha\lambda$$

$$\frac{R}{2\nu+o} = +0{,}00207\,\alpha\lambda \qquad \frac{\mathfrak{R}}{2\nu+o} = -0{,}00026\,\alpha\lambda$$

$$\frac{R-\mathfrak{R}}{2\nu+o} = +0{,}00233\,\alpha\lambda \qquad \frac{R+\mathfrak{R}}{2\nu+o} = +0{,}00181\,\alpha\lambda$$

40. Quodsi iam longitudinem solis littera p designemus, ut a longitudine lunae q distinguatur, ternae nostrae formulae pro motu terrae diurno inventae ita se habebunt tempore t in diebus expresso:

$$l = \mathfrak{l} + k\cos(\Phi + \alpha mt) + 0{,}0008223\,\alpha\cos 2p + 1{,}09685\,\alpha\lambda\cos\omega$$
$$+ 0{,}011736\,\alpha\lambda\cos 2q + 0{,}00233\,\alpha\lambda\cos(2q - \omega)$$

$$x = C - \frac{k\sin(\Phi + \alpha mt)}{\sin l} + \frac{5''{,}3249\,\alpha t}{\sin l} + \frac{951''{,}80\,\alpha\lambda t}{\sin l}$$
$$- \frac{0{,}0007549\,\alpha}{\sin l}\sin 2p - \frac{0{,}010892\,\alpha\lambda}{\sin l}\sin 2q$$
$$- \frac{0{,}81604\alpha\lambda}{\sin l}\sin\omega - \frac{0{,}00181\alpha\lambda}{\sin l}\sin(2q - \omega)$$

$$\Phi = ft - \frac{k\sin(\Phi + \alpha mt)}{\tan l} + \frac{5''{,}3249\,\alpha t}{\tan l} + \frac{951''{,}80\,\alpha\lambda t}{\tan l}$$
$$- \frac{0{,}0007549\,\alpha}{\tan l}\sin 2p - \frac{0{,}010892\,\alpha\lambda}{\tan l}\sin 2q$$
$$- \frac{0{,}81604\alpha\lambda}{\tan l}\sin\omega - \frac{0{,}00181\alpha\lambda}{\tan l}\sin(2q - \omega)\,.$$

41. Quodsi hic coefficientes sinuum et cosinuum in minuta secunda convertamus, reperiemus:

$$l = \mathfrak{l} + k\cos(\Phi + \alpha mt) + 170\,\alpha\cos 2p + 226242\,\alpha\lambda\cos\omega$$
$$+ 2421\,\alpha\lambda\cos 2q + 481\,\alpha\lambda\cos(2q - \omega)$$

$$x = C - \frac{k\sin(\Phi + \alpha mt)}{\sin l} + 13''{,}363\,\alpha t + 2388''{,}6\,\alpha\lambda t$$
$$- 391''\alpha\sin 2p - 5638''\,\alpha\lambda\sin 2q - 422404''\,\alpha\lambda\sin\omega - 937''\,\alpha\lambda\sin(2q - \omega)$$

$$\Phi = ft - \frac{k\sin(\Phi + \alpha mt)}{\tan l} + 12''{,}256\,\alpha t + 2190''{,}7\,\alpha\lambda t$$
$$- 358''\alpha\sin 2p - 5171''\alpha\lambda\sin 2q - 387418''\alpha\lambda\sin\omega - 859''\alpha\lambda\sin(2q - \omega)\,,$$

ubi loco $\frac{h}{(1+\alpha)m}$ scripsi k. In statu autem, quo terra versatur, haec constans k evanescit, quod nisi eveniret, motus quidam oscillatorius ipsi diurno foret admixtus, cuius oscillationes absolverentur tot diebus, quoties fractio α in unitate continetur.

De obliquitate eclipticae eiusque variatione

42. Posito $\mathfrak{l}$ pro obliquitate eclipticae media, ea erit maxima, si longitudines Solis $= p$ et Lunae $= q$ vel sint 0 vel 6 signorum, simulque nodus ascendens in ipsum punctum aequinoctiale vernum incidat, ut sit $\omega = 0$; tum enim erit maxima eclipticae obliquitas $= \mathfrak{l} + 170\,\alpha + 229144\,\alpha\lambda$ minuta secunda Minima autem reperietur, si nodus descendens incidit in principium arietis, ut sit $\omega = 180°$, simul vero Sol et Luna in punctis solstitialibus versentur; tum autem erit minima obliquitas $= \mathfrak{l} - 170\,\alpha - 228182\,\alpha\lambda$ minuta secunda, sicque tota variatio, quatenus a viribus Solis et Lunae efficitur, erit $340\,\alpha + 457326\,\alpha\lambda$ minuta secunda quae ex observationibus aestimatur quasi $18''$.

43. Quo autem hinc veros valores quantitatum α et λ definire queamus, perpendamus promotionem mediam primae stellae arietis, quae intervallo unius diei fit per spatiolum $13\frac{1}{3}\,\alpha + 2388\frac{1}{2}\,\alpha\lambda$ minuta secunda hincque intervallo unius anni per $4870\,\alpha + 872400\,\alpha\lambda$ minuta secunda, quod ex observationibus aestimatur $50\frac{1}{3}''$. Prior autem valor $18''$ ob parvitatem non tam certus videtur, ut nulla correctione egeat. Factis ergo aliquot hypothesibus pro nutatione numeri λ indeque fractionis α valor ita prodit:

si nutatio		$18''$	$18\frac{1}{3}''$	$18\frac{2}{3}''$	$19''$
erit	$\lambda =$	$\frac{1}{104}$	$\frac{1}{97}$	$\frac{1}{91}$	$\frac{1}{85}$
et	$\alpha =$	$\frac{1}{264}$	$\frac{1}{275}$	$\frac{1}{287}$	$\frac{1}{300}$

unde patet, ut phaenomenis satisfiat, massam lunae vix maiori terrae parti quam $\frac{1}{85}$ aequari posse. Neque ergo sententia NEUTONI subsistere potest, qui lunae massam parti quadragesimae terrae aequalem aestimavit;[8] et sententia Celeberrimi DANIELIS BERNOULLI multo propius ad veritatem accedere est censenda, qua lunae tantum pars terrae septuagesima tribuitur.[9] Ac si nutationem axis terrae non ultra $19''$ per observationes statuere licet, massa lunae adhuc est minor, neque partem octogesimam quintam terrae superare potest.

44. Ponamus ergo $\alpha = \frac{1}{300}$ et $\lambda = \frac{1}{85}$, hincque $\alpha\lambda = \frac{1}{25500}$ et variationes in obliquitate eclipticae ita a longitudine solis p, longitudine lunae q et longitudine nodi ascendentis ω pendebunt, ut sit

$$l = \mathfrak{l} + 0{,}57\cos 2p + 0{,}095\cos 2q + 8{,}87\cos\omega + 0{,}019\cos(2q - \omega)$$

---

[8] Cf. [Newton 1726], Lib. III, Prop. XXXVII, Probl. XVIII, Cor. 4.   AV
[9] Cf. [Bernoulli 1741], Chap. VI, § X; R 152, cf. [Fuss 1843], pp. 539–547.   AV

coefficientibus in minutis secundis expressis. Cum igitur secunda et quarta aequatio ne decimam quidem minuti secundi partem conficiant, iis omissis erit

$$l = \mathfrak{l} + 0{,}57 \cos 2p + 8{,}87 \cos \omega \, ,$$

quarum aequationum prior cosinui duplae longitudinis solis est proportionalis vixque semiminutum secundum superat; posterior vero cosinui longitudinis nodi ascendentis est proportionalis, et fere ad $9''$ ascendere potest, quod egregie cum observationibus consentire videtur.

De praecessione aequinoctiorum seu longitudine primae stellae arietis

45. Hic primo consideranda est huius stellae longitudo media, quae ad quodvis tempus ex praecessione annua facile determinatur. Sit ergo $\mathfrak{x}$ longitudo media ad datum quodvis tempus, ac pro eius longitudine vera invenienda, positis ad hoc tempus longitudine solis $= p$, lunae $= q$ et nodi ascendentis $= \omega$ erit eius longitudo vera:

$$x = \mathfrak{x} - 1{,}30 \sin 2p - 0{,}22 \sin 2q - 16{,}56 \sin \omega$$

omissa postrema aequatione, utpote partem trigesimam minuti secundi non superante. Hinc patet, si nodus ascendens fuerit in ♋ $0°$, longitudinem mediam imminui $16\frac{1}{2}$ minutis secundis, sin autem sit in ♑ $0°$, tantundem augeri, tum vero si sol versetur in ♉ $15°$ vel ♏ $15°$, eam minui $1\frac{1}{3}$ secundis, tantundem vero augeri, si versetur in ♌ $15°$ vel ♒ $15°$; correctio a loco lunae pendens negligi potest. Ex quo perspicitur longitudinem veram stellarum fixarum a media usque ad $18''$ discrepare posse.

De inaequalitate in ipso motu diurno terrae a viribus solis ac lunae producta

46. Haec inaequalitas ab angulo Φ pendet, quem videmus non exacte tempori esse proportionalem, cum sit revera:

$$\Phi = 360° \, t - 1{,}19 \sin 2p - 0{,}20 \sin 2q - 15{,}19 \sin \omega - 0{,}03 \sin(2q - \omega) \, .$$

Est autem Φ angulus EAB, quo primus meridianus terrae AB a circulo coelesti AE, qui est colurus solstitiorum, ab occidente in orientem recedit, quod etiam de quovis alio meridiano terrestri et coluro aequinoctiorum est intelligendum. Ita si secundum motum aequabilem colurus aequinoctiorum seu punctum aequinoctiale vernum iam per nostrum meridianum, occasum versus, angulo $\mathfrak{f}$ processisset, eius vera elongatio a nostro meridiano esset

$$\Phi = \mathfrak{f} - 1{,}19 \sin 2p - 0{,}20 \sin 2q - 15{,}19 \sin \omega$$

omissa ultima inaequalitate ut insensibili.

47. Quoniam culminatio puncti aequinoctialis verni in ephemeridibus quotidie assignari solet, nunc quidem cognoscimus illis temporis momentis punctum aequinoctiale vernum, si summa harum aequationum sit negativa, ad meridianum nondum appulisse, sed ab eo etiamnunc esse remotum tot minutis secundis, quot aequationes illae praebent. Sin autem tota aequatio fiat positiva, indicio id est punctum aequinoctiale vernum iam per meridianum transiisse, totidemque minutis secundis ab eo occidentem versus esse remotum. Illo igitur casu serius culminabit temporis intervallo, quo per motum diurnum aequatio illa conficitur, hoc vero casu iam ante tantum temporis intervallum culminavit.

48. Manifestum autem est hanc motus diurni inaequalitatem tantum in punctis aequinoctialibus et solstitialibus cerni, cum ea proxime sit aequalis inaequalitati in praecessione aequinoctiorum; ita ut in stellis fixis nulla huiusmodi inaequalitas locum sit habitura, sed intervalla temporum, quibus eadem stella fixa ad meridianum appellit, tuto pro aequalibus haberi queant. Respectu ergo stellarum fixarum motus vertiginis terrae perfecte est aequabilis, neque ullam perturbationem a viribus solis et lunae patitur, sicque illa motus irregularitas unice ab inaequabili aequinoctiorum praecessione proficisci est censenda, neque ergo variatio illa in longitudine stellarum fixarum effecta ullam variationem in earum culminatione gignit; ex quo necesse est, ut punctorum aequinoctialium culminatio totam illam irregularitatem persentiscat.

49. Hi effectus a viribus solis ac lunae in motu terrae diurno producti probe sunt distinguendi ab iis, quos a viribus planetarum in terram agentibus nasci olim demonstravi[10], qui etiamsi quoque puncta aequinoctialia et obliquitatem eclipticae afficiant, tamen ex fonte prorsus diverso promanant, dum iis ipsum planum eclipticae immutatur, aequatore manente invariato. Atque ex his binis causis coniunctis omnes irregularitates, quibus stellae fixae obnoxiae videntur, explicari oportet; quae phaenomena nunc quidem ab Astronomis eo maiori cura sunt observanda, cum ad ea perpetuo omnes illae minimae aberrationes in coelo, ad quas maxime sunt attenti, referri debeant.

---

10 Cf. [E 223], §§24–40; [E 414], Conclusio.

RECHERCHES
SUR
LES INÉGALITÉS
DE JUPITER ET DE SATURNE.

Par M. Leonard Euler,

De l'Académie Royale des Sciences de Paris, de celles de Londres, de Petersbourg, de Berlin, &c.

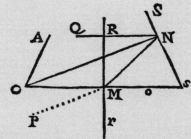

Cette Figure se rapporte à la page 6 de ce Mémoire.

A PARIS,

Chez Panckoucke, rue & à côté de la Comédie Françoise.

M. DCC. LXIX.

Avec Approbation & Privilege du Roi.

RECHERCHES
SUR
LES IRRÉGULARITÉS
DU MOUVEMENT
DE JUPITER ET DE SATURNE.

Piéce qui a remporté le Prix proposé par l'Académie Royale des Sciences, pour l'année 1752.

Par M. Leonard Euler, *Associé Etranger de l'Académie Royale des Sciences, & Membre de celles de Petersbourg, de Berlin, de Londres, &c.*

RECHERCHES SUR LES INÉGALITÉS
DE JUPITER ET DE SATURNE[1]

Nihil est enim, quod aut natura extremum invenerit, aut doctrina primum.
Ad HERENNIUM Lib. III.

I
Sur la cause des irrégularités du mouvement de Jupiter et de Saturne

Les observations astronomiques nous ont fait connoître que les Planètes de Jupiter et de Saturne ne suivent pas exactement, dans leur mouvement, les règles établies par KEPLER, et que le dernier principalement s'en écarte très-sensiblement, surtout lorsque ces deux Planètes se trouvent près de leur conjonction. C'est donc aux observations que nous devons cette connoissance, mais c'est aussi tout ce que nous en pouvons attendre; car il y a bien de l'apparence que quelque soin que les Astronomes apportent à bien observer ces dérangemens, ils ne parviendront jamais à une connoissance suffisante de l'ordre qui règne sans doute dans ces irrégularités, pour pouvoir prédire en tout tems combien ces Planètes s'écarteront, dans leur mouvement, des règles de KEPLER. Il n'y a donc que la Théorie qui puisse nous servir de guide dans cette recherche; et c'est de-là uniquement qu'il faut tâcher de tirer les règles que ces deux Planètes observent dans leur mouvement, quelque irrégulier qu'il puisse paroître. Il faut donc commencer par bien déterminer la cause dont ces dérangemens sont l'effet; ou, ce qui revient au même, il faut connoître les forces qui produisent dans le mouvement de ces Planètes les inégalités dont il est question.

Or la Théorie de NEWTON, en tant qu'elle établit l'attraction universelle des corps célestes, nous découvre d'abord les forces qui doivent troubler le mouvement de Jupiter et de Saturne; puisque ces deux Planètes, qui surpassent les autres plusieurs fois en grosseur, ne sauroient manquer d'agir assez sensiblement l'une sur l'autre, sur tout lorsqu'elles ne sont pas fort éloignées de leur conjonction. Il n'y a donc pas le moindre doute que l'attraction mutuelle de ces deux Planètes ne soit la véritable cause des irrégularités qu'on observe dans leur mouvement: il s'agit seulement de savoir si cette force attractive suit exactement la proportion renversée des quarrés des distances, comme NEWTON avoit supposé, ou non.

En effet, si cette proportion répondoit si mal au mouvement de l'apogée de la Lune, comme on a eu lieu de croire jusqu'ici, on seroit bien autorisé à douter que la même proportion subsiste dans les forces, dont les autres Planètes

---

[1] À propos du titre, voir l'introduction, p. XIV.

agissent les unes sur les autres. Mais depuis que M. CLAIRAUT a fait cette importante découverte, que le mouvement de l'apogée de la Lune est parfaitement d'accord avec l'hypothèse NEWTONIENNE sur la loi d'attraction,[2] il ne reste plus le moindre doute sur la généralité de cette proportion; et puisque cette même proportion convient si exactement au mouvement de la Lune, malgré toutes les objections qu'on a cru être bien fondé à faire, on pourra maintenant soutenir hardiment que les deux Planètes de Jupiter et de Saturne s'attirent mutuellement en raison réciproque des quarrés de leur distance; et que toutes les irrégularités qui se peuvent découvrir dans leur mouvement sont infailliblement causées par cette action mutuelle. Voilà donc déja la véritable cause de tous ces dérangemens de quelque nature qu'ils puissent être; et si les calculs qu'on prétend avoir tirés de cette Théorie ne se trouvent pas assez bien d'accord avec les observations, on sera toujours en droit de douter plutôt de la justesse des calculs, que de la vérité de la Théorie. Car quoique la Théorie nous conduise aisement à des équations qui renferment le mouvement des Planètes, de quelques forces qu'elles soient sollicitées, pour peu qu'on ait manié ces équations, on tombera aisément d'accord que leur résolution est assujettie à de très grandes difficultés; et quelques précautions qu'on ait prises dans ce travail, on ne sauroit parvenir qu'à des approximations, par le moyen desquelles on ne pourra pas asseurer si le résultat ne s'écarte pas beaucoup plus de la vérité qu'on ne pense.

Dans ces circonstances embarrassantes, il n'est pas surprenant que l'Académie Royale des Sciences n'ait pas été entièrement contente de la pièce qu'elle avoit couronnée du prix sur cette même matiere,[3] il y a quatre ans; car quoique les calculs qu'elle renferme soient tirés de cette Théorie avec bien de la peine, et que la plupart des irrégularités que ces calculs ont fournies, se trouvent confirmées par les observations, il s'en faut cependant beaucoup que l'auteur ait épuisé cette importante matière. Car la méthode dont il s'est servi pour arriver à ses approximations, outre qu'elle conduit à des calculs extrêmement ennuyans, demeure toujours fort assujettie à des doutes sur la suffisance de ses resultats; vu que le nombre de toutes les inégalités étant actuellement infini, celles que l'Auteur a developpées dépendent aussi, suivant la méthode qu'il a emploiée, des autres qu'il a négligées; ce qui en rend les valeurs incomplètes. Je tâcherai donc de remédier à cet inconvénient, en me servant d'une méthode qui me paroît tout-à-fait nouvelle, et qui ne mêle pas si fort ensemble les diverses inégalités qu'elle fait découvrir. Cependant je crois que je me pourrai dispenser de la recherche des inégalités qui se rencontrent dans la ligne des noeuds, et dans l'inclinaison mutuelle des orbites de ces deux Planètes, puisqu'il me semble que la pièce mentionnée a parfaitement bien developpé cette partie de la question.

---

2 [Clairaut 1749a]; R 425, cf. *Opera omnia* IVA 5, pp. 186–188.   AV
3 [E 120].   AV

II
Réduction de la Question à l'Analyse pure

Que les deux Planètes en question se meuvent donc avec le Soleil dans le même plan [Fig. 1]; et soit le centre du Soleil en O, de Jupiter en M, et de Saturne en N.

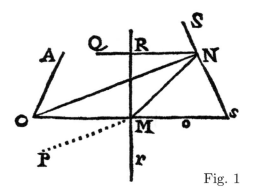

Fig. 1

Nommons la masse du Soleil $= \odot$, celle de Jupiter $= ♃$, et de Saturne $= ♄$, et ayant tiré les droites OM, ON et MN; les forces, dont ces trois corps agissent entr'eux, seront telles:

I. Le Soleil O est sollicité par les forces $\begin{cases} \text{selon } OM &= \dfrac{♃}{OM^2} \\ \text{selon } ON &= \dfrac{♄}{ON^2} \end{cases}$

II. Jupiter M est sollicité par les forces $\begin{cases} \text{selon } MO &= \dfrac{\odot}{OM^2} \\ \text{selon } MN &= \dfrac{♄}{MN^2} \end{cases}$

III. Saturne N est sollicité par les forces $\begin{cases} \text{selon } NO &= \dfrac{\odot}{ON^2} \\ \text{selon } NM &= \dfrac{♃}{MN^2} \end{cases}$

Or puisqu'il faut déterminer le mouvement des deux Planètes, comme il paroîtroit à un spectateur placé au centre du Soleil, on doit transporter les forces, qui agissent sur le Soleil, en sens contraire sur les Planètes mêmes. Donc pour pouvoir regarder le Soleil comme demeurant en repos, si nous menons les droites MP, NQ, parallèles à NO, MO, il est clair, que

Jupiter en M sera sollicité par les forces $\begin{cases} \text{selon } MO &= \dfrac{\odot+♃}{OM^2} \\ \text{selon } MN &= \dfrac{♄}{MN^2} \\ \text{selon } MP &= \dfrac{♄}{ON^2} \end{cases}$

Saturne en N sera sollicité par les forces $\begin{cases} \text{selon } NO &= \frac{\odot + \hbar}{ON^2} \\ \text{selon } NM &= \frac{\text{♃}}{MN^2} \\ \text{selon } NQ &= \frac{\text{♃}}{OM^2} \end{cases}$

Maintenant il faut décomposer ces forces suivant deux directions, dont les unes soient dirigées vers le Soleil, et les autres y soient perpendiculaires. Pour cet effet ayant tiré les droites, RMr et SNs, perpendiculaires à MO et NO, et prolongé OM en o, pour Jupiter

la force $\frac{\hbar}{MN^2}$ selon MN donnera $\begin{cases} \text{pour la direction } Mo &= \frac{\hbar}{MN^2} \cos NMo \\ \text{pour la direction } MR &= \frac{\hbar}{MN^2} \sin NMo \end{cases},$

la force $\frac{\hbar}{ON^2}$ selon MP donnera $\begin{cases} \text{pour la direction } MO &= \frac{\hbar}{ON^2} \cos MON \\ \text{pour la direction } Mr &= \frac{\hbar}{ON^2} \sin MON \end{cases};$

pour Saturne

la force $\frac{\text{♃}}{MN^2}$ selon NM donnera $\begin{cases} \text{pour la direction } NO &= \frac{\text{♃}}{MN^2} \cos MNO \\ \text{pour la direction } Ns &= \frac{\text{♃}}{MN^2} \sin MNO \end{cases},$

la force $\frac{\text{♃}}{OM^2}$ selon NQ donnera $\begin{cases} \text{pour la direction } NO &= \frac{\text{♃}}{OM^2} \cos MON \\ \text{pour la direction } NS &= \frac{\text{♃}}{OM^2} \sin MON \end{cases}.$

De-là nous obtiendrons les forces suivantes, dont l'une et l'autre Planète sera sollicitée. Premièrement Jupiter sera sollicité

$$\text{suivant } MO \text{ par la force } = \frac{\odot + \text{♃}}{OM^2} + \frac{\hbar}{ON^2} \cos MON - \frac{\hbar}{MN^2} \cos NMo,$$

$$\text{suivant } MR \text{ par la force } = \qquad - \frac{\hbar}{ON^2} \sin MON + \frac{\hbar}{MN^2} \sin NMo.$$

Ensuite Saturne sera sollicité

$$\text{suivant } NO \text{ par la force } = \frac{\odot + \hbar}{ON^2} + \frac{\text{♃}}{OM^2} \cos MON + \frac{\text{♃}}{MN^2} \cos MNO,$$

$$\text{suivant } NS \text{ par la force } = \qquad + \frac{\text{♃}}{OM^2} \sin MON - \frac{\text{♃}}{MN^2} \sin MNO.$$

Cela posé, nommons les distances $OM = x$, $ON = y$, et l'angle $MON = \omega$, et on aura $MN = \sqrt{(xx + yy - 2xy \cos \omega)} = z$. De plus pour les autres angles on

aura:
$$\sin NMo = \frac{y\sin\omega}{z}, \quad \cos NMo = \frac{y\cos\omega - x}{z},$$
$$\sin MNO = \frac{x\sin\omega}{z}, \quad \cos MNO = \frac{y - x\cos\omega}{z}.$$

Donc en introduisant ces valeurs, les forces qui agissent sur Jupiter seront:

$$\text{celle qui agit selon } MO = \frac{\odot + ⚄}{xx} + \frac{♄\cos\omega}{yy} - \frac{♄(y\cos\omega - x)}{z^3}$$
$$\text{celle qui agit selon } MR = \qquad -\frac{♄\sin\omega}{yy} + \frac{♄ y\sin\omega}{z^3}.$$

Or les forces qui agissent sur Saturne seront

$$\text{celle qui agit selon } NO = \frac{\odot + ♄}{yy} + \frac{⚄\cos\omega}{xx} + \frac{⚄(y - x\cos\omega)}{z^3}$$
$$\text{celle qui agit selon } NS = \qquad +\frac{⚄\sin\omega}{xx} - \frac{⚄ x\sin\omega}{z^3}.$$

Qu'on choisisse à présent à volonté une direction fixe OA, pour en conter la longitude des Planètes et qu'on nomme la longitude de Jupiter $AOM = \eta$, celle de Saturne $AON = \vartheta$, de sorte qu'on ait $\eta - \vartheta = \omega$: et posant dt, pour marquer l'élément du tems qui soit pris constant, les principes de Mécanique nous fourniront les équations suivantes.

Pour Jupiter:
$$2\,dx\,d\eta + x\,dd\eta = -\frac{1}{2}dt^2\left(-\frac{♄\sin\omega}{yy} + \frac{♄ y\sin\omega}{z^3}\right)$$
$$ddx - x\,d\eta^2 = -\frac{1}{2}dt^2\left(\frac{\odot + ⚄}{xx} + \frac{♄\cos\omega}{yy} - \frac{♄(y\cos\omega - x)}{z^3}\right).$$

Pour Saturne:
$$2\,dy\,d\vartheta + y\,dd\vartheta = -\frac{1}{2}dt^2\left(+\frac{⚄\sin\omega}{xx} - \frac{⚄ x\sin\omega}{z^3}\right)$$
$$ddy - y\,d\vartheta^2 = -\frac{1}{2}dt^2\left(\frac{\odot + ♄}{yy} + \frac{⚄\cos\omega}{xx} + \frac{⚄(y - x\cos\omega)}{z^3}\right).$$

Pour chasser du calcul l'élément du tems dt, on n'a qu'à introduire à sa place le mouvement moyen des Planètes qu'elles suivroient si elles décrivoient des cercles autour du Soleil en même tems périodique. Soit donc la distance moyenne de Jupiter au Soleil $= a$ et sa longitude moyenne $= p$, la distance moyenne de Saturne au Soleil $= b$ et sa longitude moyenne $= q$. Supposons que ce mouvement moyen soit produit par la seule force du Soleil, ou bien concevons deux corps qui décrivent autour du Soleil des cercles dont les tems périodiques soient égaux à ceux de Jupiter et de Saturne, de sorte que les longitudes de ces corps marquent à chaque tems les longitudes moyennes de Jupiter et de Saturne: et il est clair que nos formules donneront le mouvement de ces deux corps, en supposant $\jupiter = 0$, $\saturn = 0$, $x = a$, $y = b$, $\eta = p$ et $\vartheta = q$, d'où nous obtiendrons

$$a\,dp^2 = \frac{1}{2}dt^2 \cdot \frac{\odot}{aa} \qquad \text{et} \qquad b\,dq^2 = \frac{1}{2}dt^2 \cdot \frac{\odot}{bb}$$

ou bien

$$\frac{1}{2}\odot dt^2 = a^3\,dp^2 = b^3\,dq^2 \ .$$

Introduisons donc au lieu de dt, les élémens dp et dq, qui seront également constans; et posons, pour abréger $\frac{\jupiter}{\odot} = \mu$ et $\frac{\saturn}{\odot} = \nu$, dont les valeurs sont connues par les révolutions des Satellites, d'où l'on conclut $\mu = \frac{1}{1067}$ et $\nu = \frac{1}{3021}$; et nous aurons pour Jupiter ces deux équations:

$$2\,dx\,d\eta + x\,dd\eta = -\nu a^3\,dp^2\,\sin\omega\left(-\frac{1}{yy} + \frac{y}{z^3}\right)$$

$$ddx - x\,d\eta^2 = -a^3\,dp^2\left(\frac{1+\mu}{xx} + \frac{\nu\cos\omega}{yy} + \frac{\nu(x - y\cos\omega)}{z^3}\right)$$

et pour Saturne celle-ci:

$$2\,dy\,d\vartheta + y\,dd\vartheta = -\mu b^3\,dq^2\,\sin\omega\left(\frac{1}{xx} - \frac{x}{z^3}\right)$$

$$ddy - y\,d\vartheta^2 = -b^3\,dq^2\left(\frac{1+\nu}{yy} + \frac{\mu\cos\omega}{xx} + \frac{\mu(y - x\cos\omega)}{z^3}\right) \ .$$

Or, puisque le mouvement moyen des deux Planètes est connu, le rapport entre dp et dq le sera également; car puisque à l'égard des étoiles fixes selon le mouvement moyen Jupiter avance en 5 ans de $5^s\,1°\,43'\,40''$, et Saturne de $2^s\,1°\,4'\,51''$. Nous en aurons $\frac{dp}{dq} = \frac{546220}{219891} = 2{,}48405$ ou $\frac{dq}{dp} = 0{,}4025686$ et puisque $a^3\,dp^2 = b^3\,dq^2$, il s'ensuit

$$\frac{b}{a} = 1{,}834172 \quad \text{ou} \quad \frac{a}{b} = 0{,}545205 \ .$$

En voici donc les valeurs absolues, sur lesquelles on doit fonder le calcul suivant. Or pour déterminer aussi les constantes, que ces quatre équations *differentio*-différentielles renferment, lesquelles sont au nombre de huit, il faut avoir égard aux conditions suivantes.

Premièrement, puisque p et q marquent les longitudes moyennes, si nous posons $\eta = p + P$ et $\vartheta = q + Q$, il faut que les quantités P et Q ne renferment ni des quantités constantes, ni des termes de la forme ap et bq, parceque alors p et q ne seroient plus les longitudes moyennes. Donc P et Q ne contiendront que des sinus ou cosinus de certains angles, qui contribueront autant à augmenter qu'à diminuer les longitudes moyennes. Cette condition déterminera déja quatre constantes.

Ensuite la quantité de l'une et de l'autre excentricité, qui doit être conclue par les observations, servira aussi à déterminer deux constantes renfermées dans nos équations.

Enfin comme l'excentricité entraîne avec elle l'anomalie qui se pourroit compter depuis un point quelconque de l'orbite excentrique, l'usage et la commodité du calcul exigent qu'on la compte depuis l'aphélie; desorte que l'anomalie s'évanouisse lorsque la Planète se trouve dans son aphélie. Cette considération déterminera les deux dernieres constantes.

Tout le travail se réduit donc à résoudre les quatre équations différentielles que les principes mécaniques ont fournies.

III
Méthode de résoudre les équations trouvées

Je dois d'abord remarquer qu'on ne gagneroit rien quelque peine qu'on voulût se donner, pour intégrer ces équations. Car d'un côté je doute fort qu'on trouve jamais de moyen d'y parvenir; et d'un autre côté, quand même on seroit si heureux d'en tirer des équations intégrales, comme elles seroient extrêmement compliquées, elles ne pourroient apporter presque aucun avantage pour l'usage de l'astronomie; et on seroit néanmoins obligé d'en déduire des approximations propres à ce dessein. Or quand il s'agit des approximations, il sera aussi aisé de les tirer immédiatement des équations *differentio*-différentielles.

Il est toujours convenable de commencer par les premieres équations

$$2\,dx\,d\eta + x\,dd\eta = -\nu a^3\,dp^2 \sin\omega \left(-\frac{1}{yy} + \frac{y}{z^3}\right)$$
$$2\,dy\,d\vartheta + y\,dd\vartheta = -\mu b^3\,dq^2 \sin\omega \left(\frac{1}{xx} - \frac{x}{z^3}\right)$$

dont les premiers membres deviennent intégrables étant multipliés par x et y, d'où l'on tire à cause de $b^3\,dq^2 = a^3\,dp^2$

$$xx\,d\eta = C\,dp + \nu a^3\,dp \int \frac{x\,dp \sin\omega}{yy} - \nu a^3\,dp \int \frac{xy\,dp \sin\omega}{z^3}$$
$$yy\,d\vartheta = D\,dp - \mu a^3\,dp \int \frac{y\,dp \sin\omega}{xx} + \mu a^3\,dp \int \frac{xy\,dp \sin\omega}{z^3}\,.$$

Donc, si nous posons pour abréger

$$X = \int \frac{x\,dp \sin \omega}{yy}\,; \quad Y = \int \frac{y\,dp \sin \omega}{xx}\,; \quad Z = \int \frac{xy\,dp \sin \omega}{z^3}$$

nous aurons:

$$d\eta = \frac{dp}{xx}\bigl(C + \nu a^3(X - Z)\bigr) \quad \text{et} \quad d\vartheta = \frac{dp}{yy}\bigl(D - \mu a^3(Y - Z)\bigr)\,.$$

Or, rien n'empêche que nous ne mettions, pour abréger, l'unité à la place de a, de sorte que l'unité exprime le rayon du cercle, ou le demi-grand axe de l'orbite d'une Planète, qui étant uniquement attirée par le Soleil, acheveroit ses révolutions en même tems que Jupiter; ensuite pour les constantes C et D, mettons les lettres f et g, pour avoir

$$d\eta = \frac{dp}{xx}\bigl(f + \nu(X - Z)\bigr) \quad \text{et} \quad d\vartheta = \frac{dp}{yy}\bigl(g - \mu(Y - Z)\bigr)$$

et partant à cause de $\eta - \vartheta = \omega$ on aura

$$\frac{d\omega}{dp} = \frac{f}{xx} - \frac{g}{yy} + \frac{\nu}{xx}(X - Z) + \frac{\mu}{yy}(Y - Z)\,.$$

Or, les deux autres équations, en substituant pour $d\eta$ et $d\vartheta$ les valeurs trouvées, et en les délivrant de la considération que l'élément dp est supposé constant, prendront les formes suivantes:

$$\frac{1}{dp}d\frac{dx}{dp} = \frac{1}{x^3}\bigl(f + \nu(X-Z)\bigr)^2 - \frac{(1+\mu)}{xx} - \frac{\nu \cos \omega}{yy} - \frac{\nu(x - y\cos\omega)}{z^3}$$
$$\frac{1}{dp}d\frac{dy}{dp} = \frac{1}{y^3}\bigl(g - \mu(Y-Z)\bigr)^2 - \frac{(1+\nu)}{yy} - \frac{\mu \cos \omega}{xx} - \frac{\mu(y - x\cos\omega)}{z^3}\,.$$

Maintenant tout le succès qu'on peut se promettre des opérations suivantes, dépend presque uniquement de la nature des variables qu'on introduit à la place de x et y. Car puisqu'on doit tâcher de ramener toutes les expressions à des angles qui en expriment le plus commodément la variabilité, on voit d'abord que la variabilité des distances x et y dependra non-seulement de l'angle ω, mais aussi des anomalies de l'une et de l'autre Planète, lorsque leurs orbites sont excentriques. Or l'anomalie d'une Planète étant un angle, qui dépend de sa distance à son aphélie, on a trois sortes d'anomalies qu'on pourroit introduire dans le calcul; l'anomalie moyenne, l'excentrique et la vraie. En introduisant l'anomalie moyenne, on auroit la commodité que sa différentielle eût une raison constante à dp, mais le rapport de sa différentielle à $d\omega$, qu'on aura par tout dans la poursuite du calcul, deviendroit trop compliqué, ce qui rendroit le calcul presque impraticable. Et si l'on vouloit introduire ou l'anomalie excentrique ou la vraie,

quoique les expressions pour les distances devinssent plus simples dans le cas de
KEPLER, cependant le défaut d'aucun rapport réglé entre leurs différentielles et
$d\omega$ rendroit encore le calcul presque impraticable, et chaque différentiation ou
intégration exigeroit des opérations extrêmement embarrassantes.

Ayant bien pesé ces difficultés, il m'est venu dans l'esprit, si l'on ne pourroit pas imaginer une nouvelle éspece d'anomalie, dont la différentielle eût un
rapport constant à la différentielle $d\omega$; puisqu'il est évident qu'alors toutes les
différentiations et intégrations se pourroient exécuter sans aucune difficulté. Cette idée me parut d'abord de la derniere importance, et je ne trouve rien qui puisse
s'opposer à l'introduction d'une telle anomalie; car bien qu'une telle anomalie ne
soit plus si facile à trouver, puisqu'elle dépend de l'angle ω, qui n'est pas encore
connu, lorsqu'on veut déterminer, pour quelque tems proposé, les lieux de Jupiter
et de Saturne, cette difficulté n'est pourtant d'aucune conséquence dans le calcul
analytique dont il s'agit ici; et pour le calcul astronomique, on ne manquera point
de trouver moyen de le dresser sur cette nouvelle espece d'anomalie. J'introduirai
donc dans la suite les lettres r et s pour marquer cette anomalie de Jupiter et de
Saturne, que je déterminerai, ensorte que posant leurs différentielles $dr = \kappa\, d\omega$
et $ds = \lambda\, d\omega$, les quantités κ et λ deviennent constantes. Pour cet effet il faut
éliminer du calcul l'élément dp, qui n'a point un rapport constant à $d\omega$.

Je pose donc $dp = t\, d\omega$ et $dq = nt\, d\omega$ où t sera une quantité variable, et
n un nombre constant, dont la valeur sera $\frac{dq}{dp} = n = 0{,}4025686$, de sorte que
$n = \frac{a\sqrt{a}}{b\sqrt{b}} = \frac{1}{b\sqrt{b}}$ à cause de $a = 1$, d'où l'on tire $b = 1{,}83417$. Cela posé on aura:

$$X = \int \frac{tx\, d\omega \sin\omega}{yy}\,; \quad Y = \int \frac{ty\, d\omega \sin\omega}{xx}\,; \quad Z = \int \frac{txy\, d\omega \sin\omega}{z^3}$$

$$d\eta = \frac{t\, d\omega}{xx}\bigl(f + \nu(X - Z)\bigr)\,, \qquad d\vartheta = \frac{t\, d\omega}{yy}\bigl(g - \mu(Y - Z)\bigr)$$

$$\frac{1}{t} = \frac{f}{xx} - \frac{g}{yy} + \frac{\nu}{xx}(X - Z) + \frac{\mu}{yy}(Y - Z)$$

et

$$\frac{1}{t\, d\omega} d\frac{dx}{t\, d\omega} = \frac{1}{x^3}\bigl(f + \nu(X - Z)\bigr)^2 - \frac{(1+\mu)}{xx} - \frac{\nu \cos\omega}{yy} - \frac{\nu(x - y\cos\omega)}{z^3}$$

$$\frac{1}{t\, d\omega} d\frac{dy}{t\, d\omega} = \frac{1}{y^3}\bigl(g - \mu(Y - Z)\bigr)^2 - \frac{(1+\nu)}{yy} - \frac{\mu \cos\omega}{xx} - \frac{\mu(y - x\cos\omega)}{z^3}\,,$$

où l'on peut maintenant supposer à volonté l'élément $d\omega$ constant.

Il faudra donc commencer à substituer pour x et y des formules indéterminées
qui renferment les angles ω, r et s; et de-là on sera en état d'assigner les valeurs
des lettres X, Y, Z et t, pour les introduire ensuite dans les deux équations
differentio-différentielles.

Mais puisque l'invention de t suppose qu'on sache déja les valeurs de X, Y
et Z, et que ces lettres renferment réciproquement la valeur de t, on remédiera à

cet inconvénient en posant $x = tu$, $y = tv$ et $z = tw$, ou bien $w = \sqrt{(uu + vv - 2uv\cos\omega)}$; de-là ayant pris pour u et v des expressions indéterminées convenables, on aura, sans qu'on ait besoin de savoir la valeur de t,

$$X = \int \frac{u\,d\omega\sin\omega}{vv}, \quad Y = \int \frac{v\,d\omega\sin\omega}{uu}, \quad Z = \int \frac{uv\,d\omega\sin\omega}{w^3},$$

et ayant trouvé ces expressions, on aura tout de suite

$$t = \frac{f}{uu} - \frac{g}{vv} + \frac{\nu(X-Z)}{uu} + \frac{\mu(Y-Z)}{vv}.$$

Pour le mouvement moyen de l'une et de l'autre Planète on aura

$$dp = t\,d\omega \quad \text{et} \quad dq = nt\,d\omega$$

et pour le mouvement vrai,

$$d\eta = \frac{d\omega}{tuu}\bigl(f + \nu(X-Z)\bigr); \quad d\vartheta = \frac{d\omega}{tvv}\bigl(g - \mu(Y-Z)\bigr).$$

Enfin, ayant formé les expressions $x = tu$ et $y = tv$, les équations *differentio*-différentielles à resoudre seront

$$\frac{x}{d\omega}d\frac{dx}{t\,d\omega} + \frac{1+\mu}{u} - \frac{1}{tuu}\bigl(f + \nu(X-Z)\bigr)^2 + \frac{\nu u\cos\omega}{vv} + \frac{\nu(uu - uv\cos\omega)}{w^3} = 0$$

$$\frac{y}{d\omega}d\frac{dy}{t\,d\omega} + \frac{1+\nu}{v} - \frac{1}{tvv}\bigl(g - \mu(Y-Z)\bigr)^2 + \frac{\mu v\cos\omega}{uu} + \frac{\mu(vv - uv\cos\omega)}{w^3} = 0$$

d'où l'on déterminera tous les coëfficiens indéterminés, qui se trouveront dans les formules supposées pour u et v.

Voilà donc le plan de l'analyse, que je me propose d'exécuter, et qui me procurera, à ce que j'espere, tous les avantages que l'Académie Royale des Sciences peut avoir en vue en proposant cette question pour la seconde fois.[4] On voit d'abord que cette méthode est préférable à quantité d'autres qui se pourroient présenter, parce qu'elle fournit à la fois et conjointement les inégalites tant de Jupiter que de Saturne; car on verra que ces inégalités sont tellement liées ensemble, qu'il est impossible de les bien déterminer séparément. Cette méthode nous découvrira aussi d'abord toutes les inégalités qui peuvent être de quelque conséquence; car quoique le nombre de toutes les inégalités soit effectivement infini, il est pourtant certain, que le nombre de celles, dont l'effet est encore sensible, ne sauroit être trop grand. Il y a une grande ressemblance entre cette question et la recherche des inégalités de la Lune; et quelque difficile que soit celle-ci, il est certain qu'à quelques égards la question présente est assujettie encore à de plus grandes difficultés, qui proviennent du terme irrationnel z ou w. Donc si la méthode que

---

4 Cf. Histoire de l'Académie Royale des Sciences (1748), 1752, p. 122 sq.

je viens d'indiquer, est capable de vaincre tous ces obstacles, on la pourra aussi employer avec tout le succès possible dans la recherche des inégalités de la Lune. De plus, si Jupiter et Saturne agissent l'un sur l'autre, il est incontestable que la Terre doit aussi sentir leur action; et cette recherche seroit sans doute de la dernière importance.

IV
Recherche des inégalités de Jupiter et Saturne, qui dépendent uniquement de leur distance

Toutes les inégalités de ces deux Planètes, de quelque nature qu'elles soient, dépendent nécessairement de ces trois élémens:

I. De leur distance apparente vue du Soleil ou de l'angle ω.

II. De l'excentricité de l'orbite de Jupiter.

III. De l'excentricité de l'orbite de Saturne.

Donc, pour ne pas trop embrouiller le calcul, je ne chercherai d'abord que les inégalités qui dépendent uniquement du premier élément ou de l'angle ω. Cette recherche seroit donc suffisante pour résoudre parfaitement la question proposée, si les deux orbites étoient destituées de toute excentricité; puisqu'il est certain que dans ce cas le mouvement de ces deux Planètes ne sauroit être troublé par d'autres inégalités, supposé que leurs orbites soient situées dans le même plan.

Or, quand je conçois que les deux orbites n'aient point d'excentricité, il ne faut pas s'imaginer qu'elles seroient circulaires, si l'action mutuelle des Planètes s'évanouissoit; cette idée seroit contraire à l'hypothèse que j'ai en vue. Car si les deux Planètes n'agissoient pas l'une sur l'autre, et qu'elles eussent reçu d'abord un tel mouvement, qu'elles décriroient des cercles autour du Soleil, il est certain que si elles commençoient subitement à s'attirer mutuellement, l'une et l'autre orbite en deviendroit excentrique, outre les autres inégalités dont leur mouvement seroit dérangé. Ainsi, quand je dis que les deux orbites ne sont pas excentriques, il le faut entendre de l'état actuel où les Planètes se trouvent effectivement en s'attirant l'une l'autre; et non pas de l'état où elles se trouveroient, si cette action mutuelle s'évanouissoit.

Or quoique les orbites ne fussent pas excentriques, dans le sens que je viens d'établir, les distances x et y ne seroient pas pourtant constantes, elles renfermeroient des parties qui dépendent de l'angle ω; et puisque ces parties variables s'évanouiroient tout-à-fait, si l'on avoit $\mu = 0$ et $\nu = 0$, il est clair que ces parties seront fort petites à cause de la petitesse de ces lettres μ et ν dont elle seront affectées. Donc, puisque ces termes seront si petits, il sera permis de négliger leurs produits par quelqu'une de ces lettres. Posant donc $u = c + U$ et $v = e + V$, les lettres U et V contiendront les petites parties variables dont je viens de parler, et je négligerai dans le calcul les termes où se trouveroient ces lettres multipliées par μ ou ν.

Donc, puisque les valeurs des quantités X, Y et Z, ne se rencontrent dans le calcul qu'avec des coëfficiens μ ou ν, je pourrai me dispenser de faire entrer les lettres U et V dans la détermination des quantites X, Y et Z. Posant donc $u = c$ et $v = e$, j'aurai

$$w = \sqrt{(cc + ee - 2ce\cos\omega)}$$

$$X = \int \frac{c\,d\omega \sin\omega}{ee} \;;\qquad Y = \int \frac{e\,d\omega \sin\omega}{cc}$$

et

$$Z = \int \frac{ce\,d\omega \sin\omega}{(cc + ee - 2ce\cos\omega)^{\frac{3}{2}}} = \int \frac{ce\,d\omega \sin\omega}{(cc + ee)^{\frac{3}{2}} \left(1 - \frac{2ce}{cc+ee}\cos\omega\right)^{\frac{3}{2}}}$$

De-là on aura d'abord:

$$X = -\frac{c}{ee}\cos\omega \qquad \text{et} \qquad Y = -\frac{e}{cc}\cos\omega \;.$$

La valeur de Z demande plus d'adresse; car quoiqu'elle soit absolument intégrable, puisqu'on auroit $Z = -\dfrac{1}{\sqrt{(cc + ee - 2ce\cos\omega)}}$, cette quantité irrationnelle troubleroit tellement le calcul, qu'à peine pourroit-on en tirer quelque conclusion propre à l'usage de l'Astronomie. Il vaudra donc mieux qu'on convertisse d'abord la quantité irrationnelle $\dfrac{1}{w^3}$ dans une série infinie, qui procéde par les cosinus des angles multiples de ω et dans cette vue la résolution, qui se trouve dans la pièce qui a déja remporté un prix sur cette question[5], paroît la plus propre. Posant donc:

$$\left(1 - \frac{2ce}{cc+ee}\cos\omega\right)^{-\frac{3}{2}} = \alpha + \beta\cos\omega + \gamma\cos 2\omega + \delta\cos 3\omega + \varepsilon\cos 4\omega + \zeta\cos 5\omega + \text{etc.}$$

Puisque la valeur de $\dfrac{2ce}{cc+ee}$ est précisément la même $= 0,8405$, comme elle y est supposée, les valeurs de ces coëfficiens seront[6]:

$$\alpha = 3{,}21789\;;\quad \beta = 4{,}70357\;;\quad \gamma = 3{,}07731\;;$$
$$\delta = 1{,}92413\;;\quad \varepsilon = 1{,}18601\;;\quad \zeta = 0{,}75144\;.$$

Et si nous posons, pour abréger, $\sqrt{(cc + ee)} = h$, nous aurons:

$$Z = \frac{ce}{h^3}\int d\omega \sin\omega(\alpha + \beta\cos\omega + \gamma\cos 2\omega + \delta\cos 3\omega + \varepsilon\cos 4\omega + \zeta\cos 5\omega + \text{etc.})$$

---

5 [E 120].
6 Cf. [E 120], § 38.

ou bien en multipliant par $\sin\omega$, à cause de

$$\sin\omega \times \cos n\omega = \frac{1}{2}\sin(n+1)\omega - \frac{1}{2}\sin(n-1)\omega,$$

on aura:

$$Z = \frac{ce}{h^3}\int d\omega \left(\left.\begin{matrix}\alpha\\-\frac{1}{2}\gamma\end{matrix}\right\}\sin\omega \left.\begin{matrix}+\frac{1}{2}\beta\\-\frac{1}{2}\delta\end{matrix}\right\}\sin 2\omega \left.\begin{matrix}+\frac{1}{2}\gamma\\-\frac{1}{2}\varepsilon\end{matrix}\right\}\sin 3\omega \left.\begin{matrix}+\frac{1}{2}\delta\\-\frac{1}{2}\zeta\end{matrix}\right\}\sin 4\omega + \text{etc.}\right)$$

et partant l'intégration donnera:

$$Z = -\frac{ce}{h^3}\left((\alpha - \frac{1}{2}\gamma)\cos\omega + \frac{1}{4}(\beta - \delta)\cos 2\omega\right.$$
$$\left. + \frac{1}{6}(\gamma - \varepsilon)\cos 3\omega + \frac{1}{8}(\delta - \zeta)\cos 4\omega + \text{etc.}\right).$$

Quoique cette série ne soit pas fort convergente, on verra avec bien de la satisfaction que les séries, qui en résultent pour les valeurs x, y, η et ϑ, deviennent extrêmement convergentes, de sorte que cette résolution ne sera sujette à aucun scrupule.

Ayant maintenant trouvé les valeurs de X, Y et Z, puisqu'on peut négliger les quarrés et les plus hautes puissances de U et V, de même que leurs produits par μ ou ν, on aura:

$$t = \frac{f}{cc} - \frac{g}{ee} - \frac{2fU}{c^3} + \frac{2gV}{e^3} + \frac{\nu}{cc}(X-Z) + \frac{\mu}{ee}(Y-Z)$$

$$tuu = f - \frac{ccg}{ee} - \frac{2cgU}{ee} + \frac{2ccgV}{e^3} + \nu(X-Z) + \frac{\mu cc}{ee}(Y-Z)$$

$$tvv = \frac{fee}{cc} - g - \frac{2feeU}{c^3} + \frac{2efV}{cc} + \frac{\nu ee}{cc}(X-Z) + \mu(Y-Z)$$

$$\frac{1}{tuu} = \frac{ee}{eef - ccg} + \frac{2ceegU - 2ccegV - \nu e^4(X-Z) - \mu ccee(Y-Z)}{(eef - ccg)^2}$$

$$\frac{1}{tvv} = \frac{cc}{eef - ccg} + \frac{2ceefU - 2ccefV - \nu ccee(X-Z) - \mu c^4(Y-Z)}{(eef - ccg)^2}$$

et de-là on tirera

$$\frac{d\eta}{d\omega} = \frac{eef}{eef - ccg} + \frac{2ceefgU - 2ccefgV - \nu c^2 e^2 g(X-Z) - \mu cceef(Y-Z)}{(eef - ccg)^2}$$

$$\frac{d\vartheta}{d\omega} = \frac{ccg}{eef - ccg} + \frac{2ceefgU - 2ccefgV - \nu cceeg(X-Z) - \mu cceef(Y-Z)}{(eef - ccg)^2}$$

Or ayant pour les mouvemens moyens $\frac{dp}{d\omega} = t$ et $\frac{dq}{d\omega} = nt$, il faut qu'en négligeant les termes variables, U, V, X, Y et Z, on ait $\frac{dp}{d\omega} = \frac{d\eta}{d\omega}$ et $\frac{dq}{d\omega} = \frac{d\vartheta}{d\omega}$;

d'où nous tirons les déterminations suivantes:
$$\frac{eef-ccg}{ccee}=\frac{eef}{eef-ccg}\quad\text{et}\quad\frac{n(eef-ccg)}{ccee}=\frac{ccg}{eef-ccg},$$

dont celle-ci divisée par celle-là donne $n=\frac{ccg}{eef}$ ou $ccg=neef$, et partant $f=\frac{cc}{(1-n)^2}$ et $g=\frac{nee}{(1-n)^2}$.

Posons pour abréger $1-n=m$ pour avoir $f=\frac{cc}{mm}$ et $g=\frac{nee}{mm}$ et nous obtiendrons:
$$t=\frac{1}{m}-\frac{2U}{mmc}+\frac{2nV}{mme}+\frac{\nu}{cc}(X-Z)+\frac{\mu}{ee}(Y-Z)$$

et de plus:
$$\frac{1}{tuu}=\frac{m}{cc}+\frac{2nU}{c^3}-\frac{2nV}{cce}-\frac{\nu mm(X-Z)}{c^4}-\frac{\mu mm(Y-Z)}{ccee}$$
$$\frac{1}{tvv}=\frac{m}{ee}+\frac{2U}{cee}-\frac{2V}{e^3}-\frac{\nu mm(X-Z)}{ccee}-\frac{\mu mm(Y-Z)}{e^4}$$
$$\frac{d\eta}{d\omega}=\frac{1}{m}+\frac{2nU}{mmc}-\frac{2nV}{mme}-\frac{\nu n(X-Z)}{cc}-\frac{\mu(Y-Z)}{ee}$$
$$\frac{d\vartheta}{d\omega}=\frac{n}{m}+\frac{2nU}{mmc}-\frac{2nV}{mme}-\frac{\nu n(X-Z)}{cc}-\frac{\mu(Y-Z)}{ee}.$$

Ensuite on aura
$$x=\frac{c}{m}-\frac{(2-m)U}{mm}+\frac{2ncV}{mme}+\frac{\nu}{c}(X-Z)+\frac{\mu c}{ee}(Y-Z)$$
$$y=\frac{e}{m}-\frac{2eU}{mmc}+\frac{(2-m)V}{mm}+\frac{\nu e}{cc}(X-Z)+\frac{\mu}{e}(Y-Z)$$

et substituant ces valeurs dans les équations *differentio*-différentielles il proviendra[7]
$$0=-\frac{(2-m)c\,ddU}{mm\,d\omega^2}+\frac{2ncc\,ddV}{mme\,d\omega^2}+\frac{\nu\,dd(X-Z)}{d\omega^2}+\frac{\mu cc\,dd(Y-Z)}{ee\,d\omega^2}$$
$$+\frac{1+\mu}{c}-\frac{cc}{m^3}-\frac{(2-m)cU}{m^4}+\frac{2nccV}{m^4e}$$
$$+\frac{\nu c\cos\omega}{ee}+\frac{\nu c(c-e\cos\omega)}{h^3}(\alpha+\beta\cos\omega+\gamma\cos 2\omega+\text{etc.})$$
$$+\frac{\nu(n-m)}{mm}(X-Z)+\frac{\mu cc}{mmee}(Y-Z)$$

---

[7] Résultat incorrect: il faudrait $-\frac{2ncU}{m^4}$ au lieu de $-\frac{(2-m)cU}{m^4}$ et $+\frac{2nneV}{m^4}$ au lieu de $+\frac{(2-m)nneV}{m^4}$. Les calculs suivants et les résultats numériques qui s'en déduisent sont erronés; ils n'ont pas été corrigés. Voir l'introduction.   AV

$$0 = -\frac{2ee\,ddU}{mmc\,d\omega^2} + \frac{(2-m)e\,ddV}{mm\,d\omega^2} + \frac{\nu ee\,dd(X-Z)}{cc\,d\omega^2} + \frac{\mu\,dd(Y-Z)}{d\omega^2}$$
$$+ \frac{1+\nu}{e} - \frac{nnee}{m^3} + \frac{(2-m)nneV}{m^4} - \frac{2nneeU}{m^4 c}$$
$$+ \frac{\mu e\cos\omega}{cc} + \frac{\mu e(e - c\cos\omega)}{h^3}(\alpha + \beta\cos\omega + \gamma\cos 2\omega + \text{etc.})$$
$$+ \frac{\nu nnee}{mmcc}(X - Z) + \frac{\mu n(n + 2m)}{mm}(Y - Z)$$

Et réintroduisant les distances x et y on aura:

$$0 = \frac{c\,ddx}{d\omega^2} + \frac{1+\mu}{c} - \frac{2cc}{m^3} + \frac{cx}{mm} - \frac{2\nu}{m}(X - Z) + \frac{\nu c\cos\omega}{ee}$$
$$+ \frac{\nu c(c - e\cos\omega)}{h^3}(\alpha + \beta\cos\omega + \gamma\cos 2\omega + \text{etc.})$$
$$0 = \frac{e\,ddy}{d\omega^2} + \frac{1+\nu}{e} - \frac{2nnee}{m^3} + \frac{nney}{mm} + \frac{2\mu n}{m}(Y - Z) + \frac{\mu e\cos\omega}{cc}$$
$$+ \frac{\mu e(e - c\cos\omega)}{h^3}(\alpha + \beta\cos\omega + \gamma\cos 2\omega + \text{etc.})$$

Ensuite on aura:

$$\frac{d\eta - dp}{d\omega} = \frac{2(2-m)U}{mmc} - \frac{4nV}{mme} - \frac{\nu(2-m)}{cc}(X - Z) - \frac{2\mu}{ee}(Y - Z)$$
$$\frac{d\vartheta - dq}{d\omega} = \frac{4nU}{mmc} - \frac{2n(2-m)V}{mme} - \frac{2\nu n}{cc}(X - Z) - \frac{\mu(2-m)}{ee}(Y - Z)$$

ou bien
$$\frac{d\eta - dp}{d\omega} = \frac{2}{m} - \frac{2x}{c} + \frac{\nu m}{cc}(X - Z)$$

et
$$\frac{d\vartheta - dq}{d\omega} = \frac{2n}{m} - \frac{2ny}{e} - \frac{\mu m}{ee}(Y - Z)$$

Maintenant il n'est plus difficile de parvenir à la solution. Car ayant les valeurs $n = 0{,}4025686$ et $m = 0{,}5974314$, on trouvera d'abord $c^3 = m^3$ et $e^3 = \dfrac{m^3}{nn}$, $h = 2{,}089088m$ ou $\dfrac{c}{m} = 1$ et $\dfrac{e}{m} = 1{,}834170$. Maintenant qu'on suppose

$$x = \frac{c}{m} + A\cos\omega + B\cos 2\omega + C\cos 3\omega + D\cos 4\omega + \text{ etc.}$$
$$y = \frac{e}{m} + A'\cos\omega + B'\cos 2\omega + C'\cos 3\omega + D'\cos 4\omega + \text{ etc.}$$

et substituant ces valeurs dans les équations *differentio*-différentielles, on trouvera les déterminations suivantes:

$$A = + 0{,}4347\nu \quad A' = + 1{,}7814\mu$$
$$B = - 1{,}8637\nu \quad B' = + 0{,}2831\mu$$
$$C = - 0{,}1944\nu \quad C' = + 0{,}0655\mu$$
$$D = - 0{,}0505\nu \quad D' = + 0{,}0205\mu$$

Ensuite on trouvera plus exactement:

$$\frac{c}{m} = 1{,}000000 + 0{,}33333\mu - 0{,}04006\nu$$
$$\frac{e}{m} = 1{,}834170 + 0{,}61140\nu + 0{,}16513\mu$$

Par consequent les vraies distances des Planètes au Soleil seront:

$$x = 1{,}000000 + 0{,}3333\mu + 0{,}4347\nu \cos\omega - 0{,}1944\nu \cos 3\omega$$
$$\quad - 0{,}0401\nu - 1{,}8637\nu \cos 2\omega - 0{,}0505\nu \cos 4\omega$$
$$y = 1{,}834170 + 0{,}6114\nu + 1{,}7814\mu \cos\omega + 0{,}0655\mu \cos 3\omega$$
$$\quad + 0{,}1651\mu + 0{,}2831\mu \cos 2\omega + 0{,}0205\mu \cos 4\omega$$

et les longitudes vraies des Planètes se trouveront:

$$\eta = p - 1{,}3416\nu \sin\omega + 3{,}3154\nu \sin 2\omega + 0{,}2761\nu \sin 3\omega + 0{,}0494\nu \sin 4\omega$$
$$\vartheta = q - 0{,}0627\mu \sin\omega - 0{,}1623\mu \sin 2\omega - 0{,}0336\mu \sin 3\omega - 0{,}0099\mu \sin 4\omega$$

où p et q marquent les longitudes moyennes.

Donc si nous donnons aux lettres μ et ν les valeurs, qu'on conclut des revolutions des satellites; savoir $\mu = \dfrac{1}{1067}$ et $\nu = \dfrac{1}{3021}$ et que la distance d'un corps au Soleil, qui fait ses revolutions au tour du Soleil en même tems que Jupiter, soit posée $= 1000000$ dans l'hypothése de KEPLER, les distances des deux Planètes au Soleil seront, lorsqu'elles se trouvent éloignées l'une de l'autre de l'angle $\omega = \eta - \vartheta$,

$$x = 1000317 + 145\cos\omega - 621\cos 2\omega - 64\cos 3\omega - 17\cos 4\omega$$
$$y = 1834027 + 1781\cos\omega + 283\cos 2\omega + 65\cos 3\omega + 20\cos 4\omega$$

Or, pour leurs longitudes, si nous convertissons les coëfficiens trouvés en secondes, supposant le sinus total $= 1$, elles proviendront:

$$\eta = p - 92''\sin\omega + 226''\sin 2\omega + 19''\sin 3\omega + 3''\sin 4\omega$$
$$\vartheta = q - 12''\sin\omega - 32''\sin 2\omega - 6''\sin 3\omega - 2''\sin 4\omega$$

Ainsi il ne seroit pas difficile de marquer en tout tems les lieux vrais de ces deux Planètes, si leurs orbites n'étoient pas excentriques, dans le sens que j'ai établi ci-dessus: et si ce cas avoit lieu dans le ciel, la question proposée seroit déja parfaitement résolue.

De ces formules je tire les réflexions suivantes, qui serviront non seulement à nous éclaircir assez considérablement sur cette matiere, mais aussi à conduire plus sûrement les opérations que je dois encore entreprendre pour les autres inégalités.

1. Je remarque donc premiérement, que la résolution de la formule irrationelle $\left(1 - \frac{2ce}{cc+ee}\cos\omega\right)^{-\frac{3}{2}}$ dans une série est tout-à-fait propre à notre dessein; car quoique cette série soit peu convergente en elle-même, on voit pourtant que les changemens qu'elle subit dans le calcul, la rendent tellement convergente, qu'il suffit d'en prendre les cinq premiers termes; les suivans devenant si petits tant pour les distances x et y que pour les longitudes η et ϑ, qu'on s'en peut passer sans aucune erreur sensible. Il est donc certain que dans le calcul que j'aurai encore à faire, il suffira de considérer les mêmes premiers termes de cette série sans qu'on puisse avoir lieu de craindre que les suivans soient de quelque conséquence.

2. On voit aussi que les inégalités, qui dependent des angles ω, 2ω, 3ω et 4ω, sont déja si petites d'elles-mêmes, qu'elles deviendroient tout-à-fait insensibles si on les multiplioit encore par les fractions μ et ν: ce qui justifie mes opérations, quand j'ai négligé dans le calcul tous les termes qui renferment les coëfficiens A, B, C, D, etc. A', B', C', D', etc. multipliés par μ ou ν. Et partant dans la poursuite du calcul je serai également autorisé à négliger quantité de termes qui ne seront pas plus considérables que ceux dont je viens de parler.

3. Il est aussi fort remarquable que si les deux orbites de Jupiter et Saturne n'étoient point excentriques, les inégalités qui se trouveroient dans la longitude de Saturne seroient si petites qu'à peine sauroit on s'en appercevoir par les observations; puisqu'on voit qu'elles ne surpasseroient que fort rarement la moitié d'une minute. Or en recompense la distance de Saturne au Soleil en sera plus altérée; car dans ses conjonctions avec Jupiter, lorsque $\omega = 0$, sa distance sera $= 1834027 + 2049$, et dans les opppositions $= 1834027 - 1543$; donc sa distance moyenne au Soleil sera augmentée dans le premier cas de sa $\frac{1}{900}$ partie, et diminuée dans l'autre de sa $\frac{1}{1200}$ partie.

4. Mais il est encore plus surprenant que les inégalités dans le mouvement de Jupiter, qui dépendent de l'angle ω, soient beaucoup plus grandes que celles de Saturne, quoique la force attractive de Jupiter soit supposée trois fois plus grande que celle de Saturne. Car nous voyons que ces inégalités de Jupiter peuvent monter au de-là de 4 minutes lorsque l'angle ω est de $4^s 11°$ ou de $7^s 19°$. Dans le premier cas la longitude vraie de Jupiter sera moins avancée que la moyenne de $4'45''$, et dans l'autre elle sera plus avancée environ de la même quantité.

Ces mêmes inégalités se trouveront donc aussi actuellement dans le mouvement de ces deux Planètes, quand même leurs orbites seroient excentriques; mais l'excentricité y causera encore de nouvelles inégalités sans changer celles-ci, que je m'en vais chercher dans les articles suivans.

V

Recherches des inégalités de Jupiter et de Saturne qui dépendent de l'excentricité de l'orbite de Jupiter

L'analyse de l'article précédent nous fait voir qu'il est plus convenable de garder dans le calcul les distances x et y mêmes, que d'y introduire les substitutions $x = tu$ et $y = tv$; puisque nous avons vu que les équations finales à résoudre deviennent plus simples en y remettant les lettres x et y.

Pour cet effet il sera nécessaire d'arranger nos formules d'une autre façon, pour les rendre plus propres aux recherches suivantes. Dans cette vûe je poserai d'abord:
$$x = c(1+u) \quad \text{et} \quad y = e(1+v)$$
desorte que c et e marqueront à l'avenir, ce qui a été exprimé par $\frac{c}{m}$ et $\frac{e}{m}$; et partant les valeurs de c et e, entant qu'elles ne sont pas changées par les excentricités seront:
$$c = 1{,}000317\,, \quad e = 1{,}834027 \quad \text{et} \quad h = \sqrt{(cc+ee)} = 2{,}089088\,.$$

De plus, il est clair que les lettres u et v, exprimant les inégalités causées tant par les excentricités que par l'action mutuelle, seront si petites qu'on pourra négliger sans scrupule les termes qui en contiendront trois ou plusieurs dimensions; et lorsque les termes sont déja multipliés par μ ou ν, on pourra même négliger les termes qui contiendront deux dimensions de u et v. Or puisque les termes qui dépendent uniquement de l'une ou l'autre excentricité peuvent exiger qu'on monte jusqu'aux trois dimensions, la recherche se pourra faire à part; car ici je me contenterai de conduire le calcul de même que si les excentricités étoient pour ainsi dire infiniment petites.

Donc puisque la quantité z n'entre dans le calcul qu'avec un multiplicateur μ ou ν, on aura assez exactement:
$$z = h\sqrt{\left(1 - \frac{2ce}{hh}\cos\omega + \frac{2ccu + 2eev}{hh} - \frac{2ce}{hh}(u+v)\cos\omega\right)}$$
et partant:
$$\frac{1}{z^3} = \frac{1}{h^3}\left(\left(1 - \frac{2ce}{hh}\cos\omega\right)^{-\frac{3}{2}} - \frac{3}{hh}(ccu + eev - ce(u+v)\cos\omega)\left(1 - \frac{2ce}{hh}\cos\omega\right)^{-\frac{5}{2}}\right)$$

Or posant:

$$\left(1 - \frac{2ce}{hh}\cos\omega\right)^{-\frac{3}{2}} = \alpha + \beta\cos\omega + \gamma\cos 2\omega + \delta\cos 3\omega + \varepsilon\cos 4\omega + \zeta\cos 5\omega + \text{etc.}$$

$$\left(1 - \frac{2ce}{hh}\cos\omega\right)^{-\frac{5}{2}} = \alpha' + \beta'\cos\omega + \gamma'\cos 2\omega + \delta'\cos 3\omega + \varepsilon'\cos 4\omega + \text{etc.}$$

les valeurs de ces coëfficiens seront (voyez la piece de 1748 sur ce sujet, page 52):[8]

$$\alpha = 3{,}21789 \qquad \alpha' = 13{,}21601$$
$$\beta = 4{,}70357 \qquad \beta' = 23{,}79051$$
$$\gamma = 3{,}07731 \qquad \gamma' = 18{,}94939$$
$$\delta = 1{,}92413 \qquad \delta' = 13{,}82941$$
$$\varepsilon = 1{,}18601 \qquad \varepsilon' = 9{,}96700$$
$$\zeta = 0{,}75144$$

Pour trouver ensuite les valeurs des formules X, Y et Z, comme elles sont par tout multipliées par μ ou ν, et qu'il est permis de négliger les termes, qui seroient multipliés par $\mu\mu$, $\mu\nu$ ou $\nu\nu$, il suffira d'y mettre $\dfrac{1}{t} = \dfrac{f}{xx} - \dfrac{g}{yy}$ et puisque nous avons trouvé $f = cc$ et $g = nee$, nous avons pour ces termes:

$$t = \frac{1}{m} + \frac{2u}{mm} - \frac{2nv}{mm}$$

à cause de $m = 1 - n$, et partant:[9]

$$X = \frac{c}{ee}\int d\omega\,\sin\omega\left(\frac{1}{m} + \frac{(m+2)u}{mm} - \frac{2(1+n)v}{mm}\right)$$
$$Y = \frac{e}{cc}\int d\omega\,\sin\omega\left(\frac{1}{m} + \frac{2nu}{mm} - \frac{(2n-m)v}{mm}\right)$$
$$Z = \frac{ce}{h^3}\int d\omega\,\sin\omega\left(\frac{1}{m} + \frac{(2+m)u}{mm} - \frac{(2n-m)v}{mm}\right)$$
$$\cdot\left(\alpha + \beta\cos\omega + \gamma\cos 2\omega + \delta\cos 3\omega + \text{etc.}\right)$$
$$-\frac{3ce}{mh^5}\int d\omega\,\sin\omega\,(ccu + eev - ce(u+v)\cos\omega)$$
$$\cdot\left(\alpha' + \beta'\cos\omega + \gamma'\cos 2\omega + \delta'\cos 3\omega + \text{etc.}\right)$$

---

8 Cf. [E 120], § 38 et § 79.   AV
9 Résultat incorrect: il faudrait $-\frac{2v}{mm}$ au lieu de $-\frac{2(1+n)v}{mm}$. Voir note 7, p. 80.   AV

ou bien

$$Z = \frac{ce}{mh^3} \int d\omega \, \sin\omega \, (\alpha + \beta \cos\omega + \gamma \cos 2\omega + \text{etc.})$$
$$+ \frac{(2+m)ce}{mmh^3} \int u \, d\omega \, \sin\omega \, (\alpha + \beta \cos\omega + \text{etc.})$$
$$- \frac{(2n-m)ce}{mmh^3} \int v \, d\omega \, \sin\omega \, (\alpha + \beta \cos\omega + \text{etc.})$$
$$- \frac{3c^3 e}{mh^5} \int u \, d\omega \, \sin\omega \, (\alpha' + \beta' \cos\omega + \text{etc.})$$
$$- \frac{3ce^3}{mh^5} \int v \, d\omega \, \sin\omega \, (\alpha' + \beta' \cos\omega + \text{etc.})$$
$$+ \frac{3ccee}{2mh^5} \int u \, d\omega \, \sin 2\omega \, (\alpha' + \beta' \cos\omega + \text{etc.})$$
$$+ \frac{3ccee}{2mh^5} \int v \, d\omega \, \sin 2\omega \, (\alpha' + \beta' \cos\omega + \text{etc.}),$$

où il faut remarquer qu'on ne doit pas prendre pour u et v leurs valeurs entieres, mais seulement leurs parties, qui ne sont pas affectées par μ ou ν.

Ensuite on aura pour les autres expressions:

$$\frac{xx}{t} = cc(m - 2nu + 2nv) + \nu(X - Z) + \mu\frac{cc}{ee}(Y - Z)$$
$$\frac{yy}{t} = ee(m - 2u + 2v) + \frac{\nu ee}{cc}(X - Z) + \mu(Y - Z)$$

donc en renversant,

$$\frac{t}{xx} = \frac{1}{mcc} + \frac{2nu}{mmcc} - \frac{2nv}{mmcc} - \frac{\nu(X-Z)}{mmc^4} - \frac{\mu(Y-Z)}{mmccee}$$
$$\frac{t}{yy} = \frac{1}{mee} + \frac{2u}{mmee} - \frac{2v}{mmee} - \frac{\nu(X-Z)}{mmccee} - \frac{\mu(Y-Z)}{mme^4}$$

et partant on aura pour les longitudes:

$$\frac{d\eta - dp}{d\omega} = -\frac{2u}{m} - \frac{(m+4n)uu}{mm} + \frac{4nuv}{mm} + \frac{\nu(X-Z)}{mcc}$$
$$+ \frac{2\nu(1+n)u(X-Z)}{mmcc} - \frac{2\nu nv(X-Z)}{mmcc} + \frac{2\mu u(Y-Z)}{mmee}$$
$$\frac{d\vartheta - dq}{d\omega} = -\frac{2nv}{m} - \frac{4nuv}{mm} + \frac{(4-m)nvv}{mm} - \frac{\mu(Y-Z)}{mee}$$
$$+ \frac{2\mu(1+n)v(Y-Z)}{mmee} - \frac{2\mu u(Y-Z)}{mmee} + \frac{2\nu nv(X-Z)}{mmcc}$$

et enfin pour les équations *differentio*-différentielles en posant 1 pour $d\omega$, on aura:

$$\frac{xx}{t\,d\omega} d\frac{dx}{t\,d\omega} = mmc^3\,ddu - 2m(1+n)c^3u\,ddu$$
$$- 2mc^3\,du^2 + 4mnc^3v\,ddu + 2mnc^3\,du\,dv$$
$$+ 2\nu mc\,ddu\,(X-Z) + \nu mc\,du\,(dX - dZ)$$
$$+ \frac{2\mu mc^3\,ddu\,(Y-Z)}{ee} + \frac{\mu mc^3\,du\,(dY-dZ)}{ee}$$
$$\frac{yy}{t\,d\omega} d\frac{dy}{t\,d\omega} = mme^3\,ddv - 4me^3u\,ddv - 2me^3\,du\,dv$$
$$+ 2m(1+n)e^3v\,ddv + 2mne^3\,dv^2$$
$$+ \frac{2\nu me^3\,ddv\,(X-Z)}{cc} + \frac{\nu me^3\,dv\,(dX-dZ)}{cc}$$
$$+ 2\mu me\,ddv\,(Y-Z) + \mu me\,dv\,(dY-dZ)$$

Or, il conviendra de donner à nos équations *differentio*-différentielles les formes suivantes, pour en rendre le calcul plus aisé:

$$\frac{x^3}{c^4 t\,d\omega} d\frac{dx}{t\,d\omega} = 1 + \frac{2\nu}{cc}(X-Z) - \frac{(1+\mu)x}{c^4} - \frac{\nu x^3 \cos\omega}{c^4 yy} - \frac{\nu(x^4 - x^3 y\cos\omega)}{c^4 z^3}$$
$$\frac{y^3}{e^4 t\,d\omega} d\frac{dy}{t\,d\omega} = nn - \frac{2\mu n}{ee}(Y-Z) - \frac{(1+\nu)y}{e^4} - \frac{\mu y^3 \cos\omega}{e^4 xx} - \frac{\mu(y^4 - xy^3\cos\omega)}{e^4 z^3}$$

et pour ces formes on aura:

$$\frac{x^3}{c^4 t\,d\omega} d\frac{dx}{t\,d\omega} = mm\,ddu - m(4-3m)u\,ddu - 2m\,du^2$$
$$+ 4mnv\,ddu + 2mn\,du\,dv$$
$$+ \frac{2\nu m\,ddu}{cc}(X-Z) + \frac{\nu m\,du}{cc}(dX-dZ)$$
$$+ \frac{2\mu m\,ddu}{ee}(Y-Z) + \frac{\mu m\,du}{ee}(dY-dZ)$$
$$\frac{y^3}{e^4 t\,d\omega} d\frac{dy}{t\,d\omega} = mm\,ddv + m(4-m)v\,ddv + 2mn\,dv^2$$
$$- 4mu\,ddv - 2m\,du\,dv$$
$$+ \frac{2\nu m\,ddv}{cc}(X-Z) + \frac{\nu m\,dv}{cc}(dX-dZ)$$
$$+ \frac{2\mu m\,ddv}{ee}(Y-Z) + \frac{\mu m\,dv}{ee}(dY-dZ)$$

Donc nos deux équations *differentio*-différentielles seront:

I. $0 = -mmddu + m(4-3m)uddu + 2mdu^2 - 4mnvddu - 2mndudv$
$- \dfrac{2\nu m ddu}{cc}(X-Z) - \dfrac{\nu m du}{cc}(dX-dZ) - \dfrac{2\mu m ddu}{ee}(Y-Z)$
$- \dfrac{\mu m du}{ee}(dY-dZ) + 1 + \dfrac{2\nu}{cc}(X-Z) - \dfrac{(1+\mu)}{c^3} - \dfrac{(1+\mu)u}{c^3}$
$- \dfrac{\nu}{cee}\cos\omega - \dfrac{3\nu u\cos\omega}{cee} + \dfrac{2\nu v\cos\omega}{cee}$
$- \dfrac{\nu}{h^3}\left(1 - \dfrac{e}{c}\cos\omega\right)(\alpha + \beta\cos\omega + \gamma\cos 2\omega + \text{etc.})$
$- \dfrac{\nu u}{h^3}\left(4 - \dfrac{3e}{c}\cos\omega\right)(\alpha + \beta\cos\omega + \gamma\cos 2\omega + \text{etc.})$
$+ \dfrac{\nu ev}{ch^3}\cos\omega(\alpha + \beta\cos\omega + \gamma\cos 2\omega + \text{etc.})$
$+ \dfrac{\nu u}{h^5}(3cc - 6ce\cos\omega + 3ee\cos\omega^2)(\alpha' + \beta'\cos\omega + \gamma'\cos 2\omega + \text{etc.})$
$+ \dfrac{\nu v}{h^5}\left(3ee - 3ce\cos\omega - \dfrac{3e^3}{c}\cos\omega + 3ee\cos\omega^2\right)(\alpha' + \beta'\cos\omega + \gamma'\cos 2\omega + \text{etc.})$

II. $0 = -mmddv - m(4-m)vddv - 2mndv^2 + 4muddv + 2mdudv$
$- \dfrac{2\nu m ddv}{cc}(X-Z) - \dfrac{\nu m dv}{cc}(dX-dZ) - \dfrac{2\mu m ddv}{ee}(Y-Z)$
$- \dfrac{\mu m dv}{ee}(dY-dZ) + nn - \dfrac{2\mu n}{ee}(Y-Z) - \dfrac{(1+\nu)}{e^3} - \dfrac{(1+\nu)v}{e^3} - \dfrac{\mu\cos\omega}{cce}$
$+ \dfrac{2\mu u\cos\omega}{cce} - \dfrac{3\mu v\cos\omega}{cce} - \dfrac{\mu}{h^3}\left(1 - \dfrac{c}{e}\cos\omega\right)(\alpha + \beta\cos\omega + \gamma\cos 2\omega + \text{etc.})$
$- \dfrac{\mu v}{h^3}\left(4 - \dfrac{3c}{e}\cos\omega\right)(\alpha + \beta\cos\omega + \gamma\cos 2\omega + \text{etc.})$
$+ \dfrac{\mu cu}{eh^3}\cos\omega(\alpha + \beta\cos\omega + \gamma\cos 2\omega + \text{etc.})$
$+ \dfrac{\mu v}{h^5}(3ee - 6ce\cos\omega + 3cc\cos\omega^2)(\alpha' + \beta'\cos\omega + \gamma'\cos 2\omega + \text{etc.})$
$+ \dfrac{\mu u}{h^5}\left(3cc - 3ce\cos\omega - \dfrac{3c^3}{e}\cos\omega + 3cc\cos\omega^2\right)(\alpha' + \beta'\cos\omega + \gamma'\cos 2\omega + \text{etc.})$

Maintenant puisque les quantités constantes, qui entrent dans ces formules, sont connues, si nous remettons à leur place leurs valeurs, nos formules se changeront dans les formes suivantes, qui seront les plus commodes pour achever le calcul. Or on trouvera:

$X = -0{,}49755\cos\omega + 2{,}16316 \displaystyle\int u\, d\omega \sin\omega - 2{,}33614 \displaystyle\int v\, d\omega \sin\omega$

$Y = -3{,}07010\cos\omega + 4{,}13746 \displaystyle\int u\, d\omega \sin\omega - 1{,}06737 \displaystyle\int v\, d\omega \sin\omega$

$$Z = -0{,}56546\cos\omega - 0{,}23399\cos 2\omega - 0{,}10614\cos 3\omega - 0{,}04936\cos 4\omega$$
$$+ \int u\,d\omega(2{,}69960\sin\omega + 2{,}71178\sin 2\omega + 2{,}15293\sin 3\omega)$$
$$- \int v\,d\omega(2{,}14022\sin\omega + 2{,}39381\sin 2\omega + 1{,}96490\sin 3\omega)$$

Donc

$$X - Z = +0{,}06791\cos\omega + 0{,}23399\cos 2\omega + 0{,}10614\cos 3\omega + 0{,}04936\cos 4\omega$$
$$- \int u\,d\omega(0{,}53644\sin\omega + 2{,}71178\sin 2\omega + 2{,}15293\sin 3\omega)$$
$$- \int v\,d\omega(0{,}19592\sin\omega - 2{,}39381\sin 2\omega - 1{,}96490\sin 3\omega)$$

$$Y - Z = -2{,}50464\cos\omega + 0{,}23399\cos 2\omega + 0{,}10614\cos 3\omega + 0{,}04936\cos 4\omega$$
$$+ \int u\,d\omega(1{,}43786\sin\omega - 2{,}71178\sin 2\omega - 2{,}15293\sin 3\omega)$$
$$+ \int v\,d\omega(1{,}07285\sin\omega + 2{,}39381\sin 2\omega + 1{,}96490\sin 3\omega)$$

Avant que de passer outre il faut remarquer que les valeurs cc et nee, trouvées ci-dessus pour les lettres f et g, ne sont vraies qu'à-peu-près, lorsque les orbites sont excentriques. Dans ce cas elles demandent une petite correction, que nous trouverons en posant $f = cc(1 + \mathfrak{f})$ et $g = nee(1 + \mathfrak{g})$, où $\mathfrak{f}$ et $\mathfrak{g}$ seront des quantités extrêmement petites. Donc on aura:

$$\frac{d\eta - dp}{d\omega} = \frac{f}{m} - \frac{2u}{m} - \frac{(m+4n)uu}{mm} + \frac{4nuv}{mm} + \frac{\nu(X-Z)}{mcc}$$
$$+ \frac{2\nu(1+n)u(X-Z)}{mmcc} - \frac{2\nu nv(X-Z)}{mmcc} + \frac{2\mu u(Y-Z)}{mmee}$$
$$\frac{d\vartheta - dq}{d\omega} = \frac{ng}{m} - \frac{2nv}{m} + \frac{(4-m)nvv}{mm} - \frac{4nuv}{mm} - \frac{\mu(Y-Z)}{mee}$$
$$+ \frac{2\mu(1+n)v(Y-Z)}{mmee} - \frac{2\mu u(Y-Z)}{mmee} + \frac{2\nu nv(X-Z)}{mmcc}$$

et les équations *differentio*-différentielles obtiendront les formes suivantes, en les divisant par mm:

$$0 = -ddu + \frac{(4-3m)u\,ddu}{m} + \frac{2\,du^2}{m} - \frac{4nv\,ddu}{m} - \frac{2n\,du\,dv}{m} + \frac{1}{mm} + \frac{2f}{mm}$$
$$+ \frac{2\nu}{mmcc}(X-Z) - \frac{(1+\mu)}{mmc^3} - \frac{2\nu\,ddu}{mcc}(X-Z) - \frac{\nu\,du}{mcc}(dX - dZ)$$

$$-\frac{2\mu\,ddu}{mee}(Y-Z)-\frac{\mu\,du}{mee}(dY-dZ)-\frac{(1+\mu)u}{mmc^3}$$
$$+0{,}33672\nu+0{,}40276\nu\cos\omega+0{,}94218\nu\cos 2\omega$$
$$+0{,}61021\nu\cos 3\omega+0{,}38959\nu\cos 4\omega$$
$$+\nu u(1{,}65822+2{,}34202\cos\omega+4{,}44811\cos 2\omega+3{,}43398\cos 3\omega)$$
$$-\nu v(1{,}33820+1{,}97818\cos\omega+3{,}27124\cos 2\omega+2{,}94118\cos 3\omega)$$

$$0=-ddv-\frac{(4-m)v\,ddv}{m}-\frac{2n\,dv^2}{m}+\frac{4u\,ddv}{m}+\frac{2\,du\,dv}{m}+\frac{nn}{mm}+\frac{2nng}{mm}$$
$$-\frac{2\mu n}{mmee}(Y-Z)-\frac{(1+\nu)}{mme^3}-\frac{2\nu\,ddv}{mcc}(X-Z)-\frac{\nu\,dv}{mcc}(dX-dZ)$$
$$-\frac{2\mu\,ddv}{mee}(Y-Z)-\frac{\mu\,dv}{mee}(dY-dZ)-\frac{(1+\nu)v}{mme^3}$$
$$-0{,}59483\mu-2{,}17601\mu\cos\omega-0{,}39044\mu\cos 2\omega$$
$$-0{,}23413\mu\cos 3\omega-0{,}14032\mu\cos 4\omega$$
$$-\mu u(0{,}39631-1{,}97192\cos\omega+0{,}97240\cos 2\omega+0{,}87427\cos 3\omega)$$
$$-\mu v(0{,}20219+4{,}15067\cos\omega-0{,}69750\cos 2\omega-0{,}44479\cos 3\omega)$$

Après avoir ainsi préparé nos formules, il sera d'autant plus aisé de déterminer les inégalités qui dépendent de l'excentricité de l'une ou de l'autre Planète, puisque ni les différentiations ni les intégrations ne causent aucun embarras.

Soit donc k l'excentricité de l'orbite de Jupiter, et r son anomalie de l'espece dont j'ai parlé ci-dessus, desorte que sa différentielle dr garde une raison constante avec l'élément $d\omega$, et partant je poserai $dr=\kappa\,d\omega$, où il est clair que la valeur de κ nous découvrira le vrai mouvement de l'aphélie de Jupiter. La valeur de u contiendra donc ce terme $k\cos r$, qui sera le plus considérable par rapport aux autres, puisque l'excentricité k est assez considérable; ensuite il est évident que des termes de cette forme $k^2\cos 2r$, $k^3\cos 3r$, etc. entreront aussi dans la valeur de u, mais nos formules ne sont propres qu'à trouver le terme $k^2\cos 2r$; or les suivans se trouveront aisément par le moyen d'une méthode particuliere, que j'exposerai ensuite; car ces termes seront si petits, que je les pourrai négliger dans la recherche présente.

Pour la valeur de v, elle subira aussi des changemens considérables à cause de l'excentricité de l'orbite de Jupiter, et contiendra les mêmes termes que celle de u, quoique leurs coëfficiens soient tous multipliés par μ ou ν. Or nonobstant cela j'ai remarqué que le coëfficient du terme $\cos(\omega-r)$, qui se trouvera dans v, devient si grand, qu'il n'est pas permis de le confondre avec les autres termes de la même quantité v, qui seront pour la plupart fort petits.

Or l'angle $\omega-r$ exprime à-peu-près la distance de Saturne à l'aphélie de Jupiter, desorte que Saturne doit souffrir des dérangemens très-considérables, qui dépendent de sa distance à l'aphélie de Jupiter. Donc quand même Saturne n'auroit point d'excentricité propre, son mouvement seroit tellement déreglé par rapport à l'aphélie de Jupiter, qu'on croiroit que son orbite est très sensiblement excentrique, et que son aphélie tombe dans celui de Jupiter, comme on verra quand le calcul sera achevé. Et c'est ici que se trouve la plus grande difficulté de la question proposée, difficulté telle, que si l'on n'y fait pas toute la réflexion possible, il est absolument impossible de réussir dans cette recherche.

Posons donc, puisqu'il est aisé de prévoir la forme des quantités u et v:

$$\begin{aligned} u = &+ k\cos r &&+ A\cos\omega &&+ B\cos 2\omega &&+ Fk\cos(\omega - r) \\ &+ Akk\cos 2r &&+ ak^2\cos\omega &&+ C\cos 3\omega &&+ Gk\cos(\omega + r) \\ & && &&+ D\cos 4\omega &&+ Hk\cos(2\omega - r) \\ & && && &&+ Ik\cos(2\omega + r) \\ & && && &&+ Kkk\cos(\omega - 2r) \end{aligned}$$

$$\begin{aligned} v = &+ \alpha k\cos(\omega - r) &&+ A'\cos\omega &&+ B'\cos 2\omega &&+ G'k\cos(\omega + r) \\ &+ f'kk\cos(2\omega - 2r) &&+ a'k^2\cos\omega &&+ C'\cos 3\omega &&+ H'k\cos(2\omega - r) \\ &+ E'k\cos r &&&&+ D'\cos 4\omega &&+ I'k\cos(2\omega + r) \\ & && && &&+ K'kk\cos(\omega - 2r) \end{aligned}$$

et faisant les substitutions dans nos équations, on aura d'abord:

$$f = \frac{(m+4n)}{2m}kk \quad \text{et} \quad g = -\frac{(4-m)}{2m}\alpha\alpha kk$$

et ensuite les valeurs des lettres A, B, C, D, et A', B', C', D' deviendront:

$$A = 0{,}43472\nu; \quad B = -1{,}88047\nu; \quad C = -0{,}19440\nu; \quad D = -0{,}05047\nu$$
$$A' = 0{,}90959\mu; \quad B' = +0{,}15435\mu; \quad C' = +0{,}03572\mu; \quad D' = +0{,}01116\mu\,.$$

Pour les autres valeurs, ayant rangé tous les termes dont les deux équations *differentio*-différentielles seront composées selon les cosinus des angles qui forment les quantités u et v, les premiers rangs, qui ne renferment que des quantités constantes, donneront

$$\frac{1+\mu}{mmc^3} = \frac{1}{mm} + \frac{(m+4n)}{m^3}kk - \frac{3n}{m}\kappa\kappa kk + 0{,}33672\nu$$
$$\frac{1+\nu}{mme^3} = \frac{nn}{mm} - \frac{nn(4-m)}{m^3}\alpha\alpha kk + \frac{3}{m}(1-\kappa)^2\alpha\alpha kk - 0{,}59483\mu$$

d'où l'on pourra déterminer les vraies distances moyennes c et e après qu'on aura trouvé les quantités κ, α et l'excentricité k, dont celle-ci se doit conclure par les observations. Or le terme $k\cos r$ de la premiere équation donnera

$$\kappa\kappa + \frac{n}{m}(1+\kappa)A\alpha + \frac{0{,}19592}{mmcc\kappa}\nu\alpha - \frac{(1+\mu)}{mmc^3} + 1{,}65822\nu - 0{,}98909\nu\alpha = 0$$

qui se réduit à celle-ci, puisque $\kappa = \dfrac{1}{m}$ à-peu-près

$$\kappa\kappa mm = 1 - 0{,}47168\nu - 0{,}0432\nu\alpha$$

d'où nous tirons

$$\kappa = \dfrac{1}{m} - 0{,}39475\nu - 0{,}0362\nu\alpha$$

et partant

$$1 - \kappa = -\dfrac{n}{m} + 0{,}39475\nu + 0{,}0362\nu\alpha \ .$$

Ensuite le terme $k\cos(\omega - r)$ de l'autre équation fournit cette égalité:

$$(1-\kappa)^2\alpha - \dfrac{1}{m}(2-\kappa)A' + \dfrac{1{,}43786\mu n}{mmee(1-\kappa)} - \dfrac{\alpha(1+\nu)}{mme^3} + 0{,}98596\mu - 0{,}20219\mu\alpha = 0 \ .$$

Si l'on y substitue la valeur trouvée de κ, les termes finis, ou ceux qui ne contiennent point μ ou ν se détruiront d'eux-mêmes, et l'on aura:

$$\alpha(0{,}39264\mu - 0{,}53199\nu) - 0{,}0487\alpha\alpha\nu = 0{,}22604\mu$$

d'où l'on voit, que si l'on ne connoît pas très-exactement les valeurs de μ et ν, il est impossible de bien déterminer celle de α; de sorte que cette détermination est extrêmement délicate. Cependant si nous supposons

$$\mu = \dfrac{1}{1067} \qquad \text{et} \qquad \nu = \dfrac{1}{3021}$$

nous aurons:

$$192\alpha - 16\alpha\alpha = 212$$

d'où nous tirons:

$$\alpha = 1{,}2303 \ .$$

Donc puisque α est > 1, Saturne ressent une plus grande inégalité de Jupiter, que Jupiter même. Or cela n'est vrai que dans la supposition faite pour les lettres μ et ν; et puisqu'elle n'est pas trop sûre, il peut arriver que la véritable valeur de α diffère très-considérablement de celle que nous venons de trouver.

Pour cette raison, il vaudra mieux considérer la valeur de α comme inconnue, et de tâcher ensuite de la déterminer exactement par les observations. Cependant voyant qu'elle est très considérable, et qu'elle surpasse peut-être l'unité, on reconnoîtra la nécessité de traiter dans le calcul ce terme $\alpha k\cos(\omega - r)$ sur le même pied que le terme $k\cos r$, qui est le plus considérable dans la valeur de u, et on verra que cette lettre α influe si-considérablement sur toutes les autres inégalités, quelles peuvent même changer de signe.

Mais quoique je ne puisse considérer la valeur de α comme entièrement connue, la valeur de κ n'en dépend point sensiblement, et partant nous sommes en état de déterminer le mouvement de l'aphélie de Jupiter très-exactement. Car posant $\alpha = 1\frac{1}{4}$, nous aurons:

$$\kappa\kappa mm = 1 - 0{,}52568\nu \quad \text{et} \quad \kappa m = 1 - 0{,}26284\nu \,.$$

Or ayant posé $dr = \kappa\, d\omega$, nous aurons $r = \text{const.} + \kappa\omega = \text{const.} + \kappa(\eta - \vartheta)$, et selon le mouvement moyen, $r = C + \kappa(p - q) = C + m\kappa p$. Donc si l'on avoit exactement $\kappa m = 1$, le mouvement de l'anomalie moyenne seroit égal au mouvement moyen, et l'aphélie seroit en repos. Or puisque $\kappa m = 1 - 0{,}26284\nu$, il s'ensuit que le mouvement moyen est au mouvement de l'anomalie comme 1 à $1 - 0{,}26284\nu$; et partant l'aphélie aura un mouvement en avant; desorte que le mouvement de l'aphélie sera au mouvement moyen comme $0{,}26284\nu$ à 1, ou posant $\nu = \dfrac{1}{3021}$ comme $0{,}000087$ à 1. Donc puisque le mouvement moyen de Jupiter est pendant un an de $1^s\,0°\,20'\,38'' = 109238''$, l'aphélie de Jupiter avancera chaque année de $9\frac{1}{2}''$, par rapport aux étoiles fixes; donc par rapport aux équinoxes le mouvement annuel de l'aphélie de Jupiter sera assez exactement de $60''$.

M. CASSINI ayant très-soigneusement examiné toutes les observations anciennes,[10] et les ayant comparées avec les modernes, ne trouve que $57''$ pour le mouvement annuel de cet aphélie, au lieu que d'autres tables astronomiques le marquent au delà de $70''$, d'où je conclus que ce bel accord de mon calcul avec les observations anciennes en confirme assez la justesse.

Pour les autres valeurs on les trouve pour la valeur de u:

$$A = 1{,}78973 \qquad F = -0{,}61925\nu - 0{,}01701\mu - 0{,}57001\alpha\nu$$
$$a = 1{,}67383\alpha \qquad G = +0{,}76236\nu + 0{,}01689\mu + 3{,}64624\alpha\nu$$
$$K = -\,1{,}67385\alpha \qquad H = +\,10{,}58430\nu + 0{,}13210\mu + 0{,}40168\alpha\nu$$
$$\phantom{K = -\,1{,}67385\alpha} \qquad I = -4{,}74525\nu - 0{,}13576\mu + 0{,}52283\alpha\nu$$

et pour les valeurs de l'expression v:

$$f' = -\,2{,}12306\alpha\alpha \qquad E' = +0{,}16881\mu + 0{,}45202\alpha\nu - 0{,}74378\alpha\mu$$
$$a' = -\,0{,}67224\alpha \qquad G' = +0{,}65758\mu - 0{,}85288\alpha\nu - 0{,}44740\alpha\mu$$
$$K' = +\,0{,}67366\alpha \qquad H' = -\,12{,}87303\mu - 0{,}45204\alpha\nu + 5{,}23988\alpha\mu$$
$$\phantom{K' = +\,0{,}67366\alpha} \qquad I' = +0{,}26728\mu - 0{,}09304\alpha\nu - 0{,}11413\alpha\mu\,,$$

d'ou l'on voit qu'on seroit bien trompé dans la valeur de ces coëfficiens, si l'on avoit négligé celle de la lettre α, qui est, à ce que nous avons vu, très-considérable.

De-là les véritables distances moyennes c et e seront:

$$c = 1{,}00000 + 0{,}33333\mu - 0{,}04006\nu - 0{,}55794kk$$
$$e = 1{,}83417 + 0{,}61139\nu + 0{,}16513\mu + 0{,}41197\alpha\alpha kk$$

---

10 [Cassini 1740a], Livres IV et V; [Cassini 1746]; [Cassini 1751].

où l'unité marque le rayon d'un cercle, dans lequel un corps uniquement attiré vers le Soleil, acheveroit ses révolutions en même tems que Jupiter.

Donc ayant trouvé les valeurs des coëfficiens supposés ci-dessus, on aura à chaque tems les valeurs des distances x et y, par le moyen des formules $x = c(1+u)$ et $y = e(1+v)$.

Il ne reste donc qu'à trouver les longitudes η et ϑ de nos Planètes, ce qui se fera aisement par les formules données pour $\dfrac{d\eta - dp}{d\omega}$ et $\dfrac{d\vartheta - dq}{d\omega}$. Je n'en rapporterai que les termes principaux, qui auroient lieu quand même l'excentricité seroit infiniment petite, d'où l'on aura:

$$\eta = p - 1{,}34665\nu \sin\omega + 3{,}34343\nu \sin 2\omega + 0{,}27615\nu \sin 3\omega + 0{,}06193\nu \sin 4\omega$$
$$\quad - 2k\sin r - 2{,}71356 kk \sin 2r - 3{,}34766\alpha kk \sin\omega - 3{,}34835\alpha kk \sin(\omega - 2r)$$
$$\vartheta = q + 0{,}02035\mu \sin\omega - 0{,}16222\mu \sin 2\omega - 0{,}03365\mu \sin 3\omega - 0{,}00990\mu \sin 4\omega$$
$$\quad + 2\alpha k \sin(\omega - r) - 3{,}54689\alpha\alpha kk \sin 2(\omega - r) - 1{,}34979\alpha kk \sin\omega$$
$$\quad + 1{,}34816\alpha k^2 \sin(\omega - 2r)$$

Pour les autres inégalités, je crois qu'il suffit d'avoir donné la méthode d'où elles peuvent être déduites; car avant qu'on ait déterminé exactement les valeurs de μ, ν et κ, leur évolution en nombre deviendroit trop embarrassante, et ne seroit outre cela d'aucun usage.

Cependant ces expressions seroient suffisantes, si l'excentricité de l'orbite de Jupiter étoit si petite, que les termes affectés par k et μ ou ν ensemble ne fussent d'aucune conséquence.

Or les autres termes, dont les expressions de η et ϑ sont composées, sont compris dans les formules suivantes:

$$\eta = \text{Prec.} + \frac{k \sin r}{\kappa} \left\{ \frac{2n}{mm} A\alpha + \frac{0{,}09796\alpha\nu}{mcc\kappa} - \frac{0{,}06791\alpha\nu}{mmcc} \right\}$$

$$+ \frac{k \sin(\omega - r)}{1 - \kappa} \left\{ \begin{array}{l} -\dfrac{2}{m}F - \dfrac{(4-3m)A}{mm} + \dfrac{2nA'}{mm} + \dfrac{0{,}26822\nu}{mcc(1-\kappa)} \\ +\dfrac{0{,}06791(1+n)\nu}{mmcc} - \dfrac{2{,}50464\mu}{mmee} \end{array} \right\}$$

$$+ \frac{k \sin(\omega + r)}{1 + \kappa} \left\{ \begin{array}{l} -\dfrac{2}{m}G - \dfrac{(4-3m)A}{mm} + \dfrac{2nA'}{mm} + \dfrac{2nB\alpha}{mm} \\ +\dfrac{0{,}26822\nu}{mcc(1+\kappa)} - \dfrac{1{,}19690\alpha\nu}{mcc(1+\kappa)} + \dfrac{0{,}06791(1+n)\nu}{mmcc} \\ -\dfrac{2{,}50464\mu}{mmee} - \dfrac{0{,}23399n\alpha\nu}{mmcc} \end{array} \right\}$$

$$+ \frac{k \sin(2\omega - r)}{2 - \kappa} \left\{ \begin{array}{l} -\dfrac{2}{m}H - \dfrac{(4-3m)B}{mm} + \dfrac{2nB'}{mm} + \dfrac{2nA\alpha}{mm} \\ +\dfrac{1{,}33589\nu}{mcc(2-\kappa)} + \dfrac{0{,}09796\alpha\nu}{mcc(2-\kappa)} + \dfrac{0{,}23399(1+n)\nu}{mmcc} \\ +\dfrac{0{,}23399\mu}{mmee} - \dfrac{0{,}06791n\alpha\nu}{mmcc} \end{array} \right\}$$

$$+ \frac{k \sin(2\omega + r)}{2 + \kappa} \left\{ \begin{array}{l} -\dfrac{2}{m}I - \dfrac{(4-3m)B}{mm} + \dfrac{2nB'}{mm} + \dfrac{2nC\alpha}{mm} \\ +\dfrac{1{,}35589\nu}{mcc(2+\kappa)} - \dfrac{0{,}98245\alpha\nu}{mcc(2+\kappa)} + \dfrac{0{,}23399(1+n)\nu}{mmcc} \\ +\dfrac{0{,}23399\mu}{mmee} - \dfrac{0{,}10614n\alpha\nu}{mmcc} \end{array} \right\}$$

$$\vartheta = \text{Prec.} + \frac{k\sin r}{\kappa}\left\{\begin{array}{l} -\dfrac{2n}{m}E' + \dfrac{n(4-m)A'\alpha}{mm} - \dfrac{2nA\alpha}{mm} \\[6pt] +\dfrac{1{,}07285\alpha\mu}{2mee\kappa} - \dfrac{2{,}50464(1+n)\alpha\mu}{mmee} + \dfrac{0{,}06791n\alpha\nu}{mmcc} \end{array}\right\}$$

$$+\frac{k\sin(\omega-r)}{1-\kappa}\left\{-\frac{2nA'}{mm} + \frac{1{,}43786\mu}{2mee(1-\kappa)} + \frac{2{,}50464\mu}{mmee}\right\}$$

$$+\frac{k\sin(\omega+r)}{1+\kappa}\left\{\begin{array}{l} -\dfrac{2n}{m}G' + \dfrac{n(4-m)B'\alpha}{mm} - \dfrac{2nA'}{mm} - \dfrac{2nB\alpha}{mm} \\[6pt] +\dfrac{1{,}43786\mu}{2mee(1+\kappa)} + \dfrac{2{,}39381\alpha\mu}{2mee(1+\kappa)} + \dfrac{0{,}23399(1+n)\alpha\mu}{mmee} \\[6pt] +\dfrac{2{,}50464\mu}{mmee} + \dfrac{0{,}23399n\alpha\nu}{mmcc} \end{array}\right\}$$

$$+\frac{k\sin(2\omega-r)}{2-\kappa}\left\{\begin{array}{l} -\dfrac{2n}{m}H' + \dfrac{n(4-m)A'\alpha}{mm} - \dfrac{2nB'}{mm} - \dfrac{2nA\alpha}{mm} \\[6pt] -\dfrac{2{,}71178\mu}{2mee(2-\kappa)} + \dfrac{1{,}07285\alpha\mu}{2mee(2-\kappa)} + \dfrac{2{,}50464(1+n)\alpha\mu}{mmee} \\[6pt] -\dfrac{0{,}23399\mu}{mmee} + \dfrac{0{,}06791n\alpha\nu}{mmcc} \end{array}\right\}$$

$$+\frac{k\sin(2\omega+r)}{2+\kappa}\left\{\begin{array}{l} -\dfrac{2n}{m}I' + \dfrac{n(4-m)C'\alpha}{mm} - \dfrac{2nB'}{mm} + \dfrac{2nC\alpha}{mm} \\[6pt] -\dfrac{2{,}71178\mu}{2mee(2+\kappa)} + \dfrac{1{,}96490\alpha\mu}{2mee(2+\kappa)} + \dfrac{0{,}10614(1+n)\alpha\mu}{mmee} \\[6pt] -\dfrac{0{,}23399\mu}{mmee} + \dfrac{0{,}10614n\alpha\nu}{mmcc} \end{array}\right\}$$

VI
Recherches des inégalités de Jupiter et de Saturne, qui dependent de l'excentricité de l'orbite de Saturne

De la même maniere que je viens de déterminer les inégalités, qui dependent de l'excentricité de l'orbite de Jupiter, on déterminera celles, qui dependent de l'excentricité de l'orbite de Saturne; soit donc l l'excentricité de l'orbite de Saturne, et s son anomalie de l'espece que j'ai exposé ci-dessus, de sorte que ds garde avec $d\omega$ un rapport constant qui soit $ds = \lambda\, d\omega$; or le mouvement de Jupiter se ressentira tellement de cette excentricité, que sa distance au Soleil dependra très-sensiblement de son élongation depuis l'aphélie de Saturne. Cette élongation étant donc $= \omega + s$, la quantité u contiendra un terme de la forme $\cos(\omega + s)$, qui sera très-considérable par rapport aux autres. Comme je ne regarderai pas ici l'excentricité de l'orbite de Jupiter, les inégalités qui en dependent étant deja trouvées dans l'article précédent; je poserai

$$\begin{aligned}
u &= bl\cos(\omega + s) + A\cos\omega + C\cos 3\omega + El\cos s \\
&\quad + B\cos 2\omega + D\cos 4\omega + Ll\cos(\omega - s) \\
&\quad + Nl\cos(2\omega - s) + Ol\cos(2\omega + s) \\
v &= l\cos s + A'\cos\omega + C'\cos 3\omega + L'l\cos(\omega - s) \\
&\quad + B'\cos 2\omega + D'\cos 4\omega + M'l\cos(\omega + s) \\
&\quad + N'l\cos(2\omega - s) + O'l\cos(2\omega + s)
\end{aligned}$$

où je néglige les termes $ll\cos\omega$, $ll\cos 2(\omega + s)$ et $ll\cos(\omega + 2s)$, puisque je ferai voir dans l'article suivant, comment on peut fort aisement assigner les inégalités, qui seroient comprises dans ces termes.

Maintenant on n'a qu'à substituer ces expressions dans nos deux equations *differentio*-différentielles rapportées page 34[11] et cette substitution n'aura aucune difficulté, puisque nous négligerons tous les termes, qui seroient multipliés, ou par $\mu\mu$, $\mu\nu$ ou $\nu\nu$.

---

11 Page 87 de ce volume.

Or la premiere équation sera changée par cette substitution dans la forme suivante:

Constante	$l\cos s$	$l\cos(\omega - s)$
$\frac{1}{mm} + \frac{2f}{mm}$	$+E$	$+(1-\lambda)^2 L$
$-\frac{(1+\mu)}{mmc^3}$	$-\frac{(4-3m)}{2m}bA$	$-\frac{(4-3m)}{2m}4bB$
$+0{,}33672\nu$	$-\frac{(4-3m)}{2m}(1+\lambda)^2 bA$	$-\frac{(4-3m)}{2m}(1+\lambda)^2 bB$
$-\frac{(4-3m)}{2m}b^2(1+\lambda)^2 ll$	$+\frac{2}{m}(1+\lambda)bA$	$+\frac{2}{m}(1+\lambda)2bB$
$+\frac{1}{m}b^2(1+\lambda)^2 ll$	$+\frac{2n}{m}(1+\lambda)^2 bA'$	$+\frac{2n}{m}(1+\lambda)^2 bB'$
	$-\frac{n}{m}(1+\lambda)bA'$	$+\frac{2n}{m}A$
	$-\frac{\nu b}{mmcc}\frac{0{,}53644}{\lambda}$	$-\frac{n}{m}(1+\lambda)2bB'$
	$+\frac{\nu b(1+\lambda)^2}{mcc}0{,}06791$	$-\frac{n}{m}\lambda A$
	$-\frac{\nu b(1+\lambda)}{2mcc}0{,}06791$	$+\frac{\nu b}{mmcc}\frac{2{,}71178}{1-\lambda}$
	$-\frac{\mu b(1+\lambda)^2}{mee}2{,}50464$	$+\frac{\nu}{mmcc}\frac{0{,}19592}{1-\lambda}$
	$+\frac{\mu b(1+\lambda)}{\nu nee}2{,}50464$	$+\frac{\nu b(1+\lambda)^2}{mcc}0{,}23399$
	$-\frac{(1+\mu)E}{mmc^3}$	$-\frac{\nu b(1+\lambda)}{mcc}0{,}23399$
	$+\nu b\, 1{,}17101$	$+\frac{\mu b(1+\lambda)^2}{mee}0{,}23399$
	$-\nu\, 1{,}33820$	$-\frac{\mu b(1+\lambda)}{mee}0{,}23399$
		$-\frac{(1+\mu)L}{mme^3}$
		$+\nu b\, 2{,}22405$
		$-\nu\, 0{,}98909$

$l\cos(\omega+s)$	$l\cos(2\omega-s)$	$l\cos(2\omega+s)$
$+b(1+\lambda)^2$	$+(2-\lambda)^2 N$	$+(2+\lambda)^2 O$
$+\frac{2n}{m}A$	$-\frac{(4-3m)}{2m}9bC$	$-\frac{(4-3m)}{2m}bA$
$+\frac{n}{m}\lambda A$	$-\frac{(4-3m)}{2m}(1+\lambda)^2 bC$	$-\frac{(4-3m)}{2m}(1+\lambda)^2 bA$
$+\frac{\nu}{mmcc}\frac{0{,}19592}{1+\lambda}$	$+\frac{2}{m}(1+\lambda)\,3bC$	$-\frac{2}{m}(1+\lambda)\,bA$
$-\frac{(1+\mu)b}{mmc^3}$	$+\frac{2n}{m}(1+\lambda)^2\,bC'$	$+\frac{2n}{m}(1+\lambda)^2\,bA'$
$+\nu b\,1{,}65822$	$+\frac{2n}{m}\,4B$	$+\frac{2n}{m}\,4B$
$-\nu\,0{,}98909$	$-\frac{n}{m}(1+\lambda)\,3bC'$	$+\frac{n}{m}(1+\lambda)\,bA'$
	$-\frac{n}{m}\,2\lambda B$	$+\frac{n}{m}\,2\lambda B$
	$+\frac{\nu b}{mmcc}\frac{2{,}15293}{2-\lambda}$	$+\frac{\nu b}{mmcc}\frac{0{,}53644}{2+\lambda}$
	$-\frac{\nu}{mmcc}\frac{2{,}39381}{2-\lambda}$	$-\frac{\nu}{mmcc}\frac{2{,}39381}{2+\lambda}$
	$+\frac{\nu b(1+\lambda)^2}{mcc}\,0{,}10614$	$+\frac{\nu b(1+\lambda)^2}{mcc}\,0{,}06791$
	$-\frac{3\nu b(1+\lambda)}{2mcc}\,0{,}10614$	$+\frac{\nu b(1+\lambda)}{2mcc}\,0{,}06791$
	$+\frac{\mu b(1+\lambda)^2}{mee}\,0{,}10614$	$-\frac{\mu b(1+\lambda)^2}{mee}\,2{,}50464$
	$-\frac{3\mu b(1+\lambda)}{2mee}\,0{,}10614$	$-\frac{\mu b(1+\lambda)}{2mee}\,2{,}50464$
	$-\frac{(1+\mu)N}{mmc^3}$	$-\frac{(1+\mu)O}{mmc^3}$
	$+\nu b\,1{,}71699$	$+\nu b\,1{,}17101$
	$-\nu\,1{,}63562$	$-\nu\,1{,}63562$

L'autre équation prendra cette forme:

Constante	$l\cos s$	$l\cos(\omega - s)$
$+\frac{(4-m)}{2m}\lambda\lambda ll$	$+\lambda\lambda$	$+(1-\lambda)^2 L'$
$-\frac{n}{m}\lambda\lambda ll$	$-\frac{2}{m}bA'$	$+\frac{(4-m)}{2m}(1+\lambda\lambda)A'$
$+\frac{nn}{mm}+\frac{2nng}{mm}$	$+\frac{1}{m}(1+\lambda)bA'$	$-\frac{2n}{m}\lambda A'$
$-\frac{(1+\nu)}{mme^3}$	$-\frac{\mu nb}{mmee}\frac{1{,}43786}{\lambda}$	$-\frac{2}{m}4bB'$
$-0{,}59483\mu$	$-\frac{(1+\nu)}{mme^3}$	$-\frac{2}{m}\lambda\lambda A$
	$+\mu b\, 0{,}98596$	$+\frac{1}{m}\lambda A$
	$-\mu\, 0{,}20219$	$+\frac{1}{m}(1+\lambda)\,2bB'$
		$-\frac{\mu nb}{mmee}\frac{2{,}71178}{1-\lambda}$
		$+\frac{\mu n}{mmee}\frac{1{,}07285}{1-\lambda}$
		$+\frac{\nu\lambda\lambda}{mcc}0{,}06791$
		$-\frac{\nu\lambda}{2mcc}0{,}06791$
		$-\frac{\mu\lambda\lambda}{mee}2{,}50464$
		$+\frac{\mu\lambda}{2mee}2{,}50464$
		$-\frac{(1+\nu)L'}{mme^3}$
		$-\mu\, 2{,}07533$
		$-\mu b\, 0{,}48620$

$l\cos(\omega+s)$	$l\cos(2\omega-s)$	$l\cos(2\omega+s)$
$+(1+\lambda)^2 M'$	$+(2-\lambda)^2 N'$	$+(2+\lambda)^2 O'$
$+\frac{(4-m)}{2m}(1+\lambda\lambda)A'$	$+\frac{(4-m)}{2m}(4+\lambda\lambda)B'$	$+\frac{(4-m)}{2m}(4+\lambda\lambda)B'$
$+\frac{2n}{m}\lambda A'$	$-\frac{2n}{m}4\lambda B'$	$+\frac{2n}{m}4\lambda B'$
$-\frac{2}{m}\lambda\lambda A$	$-\frac{2}{m}9bC'$	$-\frac{2}{m}bA'$
$-\frac{1}{m}\lambda A$	$-\frac{2}{m}\lambda\lambda B$	$-\frac{2}{m}\lambda\lambda B$
$+\frac{\mu n}{mmee}\frac{1,07285}{1+\lambda}$	$+\frac{1}{m}2\lambda B$	$-\frac{1}{m}2\lambda B$
$+\frac{\nu\lambda\lambda}{mcc}0,06791$	$+\frac{1}{m}(1+\lambda)3bC'$	$-\frac{1}{m}(1+\lambda)bA'$
$+\frac{\nu\lambda}{2mcc}0,06791$	$-\frac{\mu nb}{mmee}\frac{2,15293}{2-\lambda}$	$+\frac{\mu nb}{mmee}\frac{1,43786}{2+\lambda}$
$-\frac{\mu\lambda\lambda}{mee}2,50464$	$+\frac{\mu n}{mmee}\frac{2,39381}{2-\lambda}$	$+\frac{\mu n}{mmee}\frac{2,39381}{2+\lambda}$
$-\frac{\mu\lambda}{2mee}2,50464$	$+\frac{\nu\lambda\lambda}{mcc}0,23399$	$+\frac{\nu\lambda\lambda}{mcc}0,23399$
$-\frac{(1+\nu)M'}{mme^3}$	$-\frac{\nu\lambda}{mcc}0,23399$	$+\frac{\nu\lambda}{mcc}0,23399$
$-\mu b\,0,39631$	$+\frac{\mu\lambda\lambda}{mee}0,23399$	$+\frac{\mu\lambda\lambda}{mee}0,23399$
$-\mu\,2,07533$	$-\frac{\mu\lambda}{mee}0,23399$	$+\frac{\mu\lambda}{mee}0,23399$
	$-\frac{(1+\nu)N'}{mme^3}$	$-\frac{(1+\nu)O'}{mme^3}$
	$-\mu b\,0,43714$	$+\mu b\,0,98596$
	$+\mu\,0,34875$	$+\mu\,0,34875$

Les formules pour les longitudes nous donnent d'abord à connoître, qu'il y a

$$f = \frac{m+4n}{2m}bbll \quad \text{et} \quad g = -\frac{(4-m)}{2m}ll.$$

Ensuite les termes constans donnent:

$$\frac{1+\mu}{mmc^3} = \frac{1}{mm} + 0{,}33672\nu - \frac{(2-3m)}{2m}bb(1+\lambda)^2ll + \frac{(m+4n)}{m^3}bbll$$

$$\frac{1+\nu}{mme^3} = \frac{nn}{mm} - 0{,}59483\mu + \frac{(2-3m)}{2m}\lambda\lambda ll - \frac{(4-m)nn}{m^3}ll$$

Le terme $l\cos s$ de la seconde équation fournit

$$\lambda\lambda - \frac{1}{m}(1-\lambda)bA' - \frac{\mu nb}{mmee}\frac{1{,}43786}{\lambda} + \mu b\, 0{,}98596 - \mu\, 0{,}20219 = \frac{nn}{mm} - 0{,}59483\mu$$

car nous savons que la valeur de λ ne depend point de l'excentricité l; ce qu'on verroit évidemment, si l'on n'avoit pas omis dans le coëfficient du terme $l\cos s$ les parties affectées par ll. Or le terme $l\cos(\omega+s)$ de la premiere équation donne:

$$b(1+\lambda)^2 + \frac{n}{m}(2+\lambda)A + \frac{\nu}{mmcc}\frac{0{,}19592}{1+\lambda} + \nu b\, 1{,}65822 - \nu\, 0{,}98909 = \frac{b}{mm} + 0{,}33672 b\nu$$

D'où il est évident, qu'il y a fort à-peu-près $\lambda = \frac{n}{m}$ et partant nous aurons en posant $\lambda = \frac{n}{m} + \frac{\xi}{m}$

$$\frac{2n\xi}{mm} - \frac{(m-n)}{mm}bA' - \frac{\mu b}{mee}1{,}43786 + \mu b\, 0{,}98596 + \mu\, 0{,}39264 = 0$$

$$\frac{2b\xi}{mm} + \frac{n(2m+n)}{mm}A + \frac{\nu}{mcc}0{,}19592 + \nu b\, 1{,}32150 - \nu\, 0{,}98909 = 0$$

et substituant les valeurs déja trouvées

$$\frac{2n\xi}{mm} - 0{,}22603\, b\mu + 0{,}39264\, \mu = 0$$

$$\frac{2b\xi}{mm} + 1{,}32150\, b\nu + 0{,}55683\, \nu = 0$$

d'où l'on tire en éliminant ξ,

$$0{,}22603\, bb\mu = 0{,}39264\, b\mu - 0{,}53199\, b\nu - 0{,}22416\, \nu$$

et de-là la valeur de b résulteroit imaginaire en posant $\mu = \frac{1}{1067}$, et $\nu = \frac{1}{3021}$.

Mais si l'on change un peu les valeurs de μ et ν, pour rendre les deux racines égales, on trouvera à-peu-près $b = \frac{1}{2}$; d'où il semble qu'on ne se trompera pas beaucoup en posant $b = \frac{1}{2}$.

Cependant il est très-remarquable, qu'il pourroit arriver que la valeur de b devînt imaginaire, et dans ce cas on seroit bien embarrassé de déterminer le mouvement, car ce seroit une marque qu'au lieu des cosinus des angles, il faudroit introduire dans le calcul des quantités exponentielles, auxquelles se réduisent comme on sait les cosinus imaginaires.

Or de-là on obtient $\xi = -0{,}17406\,\mu + 0{,}10002\,b\mu$, et la valeur de $\lambda = \frac{n+\xi}{m}$; donnant pour l'anomalie de Saturne

$$s = C + \frac{n+\xi}{m}\omega = \text{Const.} + \frac{n+\xi}{m}(\eta - \vartheta),$$

et selon le mouvement moyen

$$s = C + \frac{n+\xi}{m}(p-q) = C + \left(1 + \frac{\xi}{n}\right) q.$$

Donc le mouvement moyen de Saturne q est au mouvement de son anomalie s, comme 1 à $1 + \frac{\xi}{n}$, et au mouvement de son aphélie, supposé progressif, comme 1 à $-\frac{\xi}{n}$, c'est-à-dire comme 1 à $0{,}43237\,\mu - 0{,}24891\,b\mu$, ou comme 3466 à 1. Donc le mouvement moyen de Saturne étant pendant un an $0^s\,12°\,13'\,30'' = 44010''$, l'aphélie de Saturne avancera chaque année de $13''$ par rapport aux étoiles fixes, et de $1'\,4''$ par rapport aux équinoxes. M. CASSINI suppose[12] ce mouvement annuel de $1'\,18''$; mais il est bien clair, qu'il est impossible de bien déterminer le mouvement de l'aphélie par les observations, tandis que les inégalités du mouvement ne sont pas connues.

Ayant trouvé les valeurs des lettres b et λ, on déterminera ensuite les autres coëfficiens L, M, N, O, L', M', N', O', d'où l'on connoîtra les inégalités des distances x et y, en tant qu'elles dependent de l'excentricité de l'orbite de Saturne. Ensuite on trouvera aisement les inégalités dans la longitude des Planètes, qui dependent de ce même élément.

---

12 Cf. [Cassini 1740b], p. 65 des tables.

$$\eta \;=\; \text{Prec.} + \frac{l\sin s}{\lambda} \left\{ \begin{array}{l} -\dfrac{2}{m}E - \dfrac{(m+4n)}{mm}bA + \dfrac{2n}{mm}bA' \\[4pt] -\dfrac{\nu b}{2mcc}\dfrac{0{,}53644\mu}{\lambda} + \dfrac{\nu(1+n)b}{mmcc}0{,}06791 \\[4pt] -\dfrac{\mu b}{mmee}2{,}50464 \end{array} \right\}$$

$$+ \frac{l\sin(\omega - s)}{1-\lambda} \left\{ \begin{array}{l} -\dfrac{2}{m}L - \dfrac{(m+4n)}{mm}bB + \dfrac{2n}{mm}bB' + \dfrac{2n}{mm}A \\[4pt] +\dfrac{\nu b}{2mcc}\dfrac{2{,}71178}{1-\lambda} + \dfrac{\nu}{2mcc}\dfrac{0{,}19592}{1-\lambda} \\[4pt] +\dfrac{r(1+n)b}{mmcc}0{,}23399 - \dfrac{\nu n}{mmcc}0{,}06791 \\[4pt] +\dfrac{\mu b}{mmee}0{,}23399 \end{array} \right\}$$

$$+ \frac{l\sin(\omega + s)}{1+\lambda} \left\{ \begin{array}{l} -\dfrac{2}{m}b + \dfrac{2n}{mm}A + \dfrac{\nu}{2mcc}\dfrac{0{,}19592}{1+\lambda} \\[4pt] -\dfrac{\nu n}{mmcc}0{,}06791 \end{array} \right\}$$

$$+ \frac{l\sin(2\omega - s)}{2-\lambda} \left\{ \begin{array}{l} -\dfrac{2}{m}N - \dfrac{(m+4n)}{mm}bC + \dfrac{2n}{mm}bC' \\[4pt] +\dfrac{2n}{mm}B + \dfrac{\nu b}{2mcc}\dfrac{2{,}15293}{2-\lambda} - \dfrac{\nu}{2mcc}\dfrac{2{,}39381}{2-\lambda} \\[4pt] +\dfrac{\nu(1+n)b}{mmcc}0{,}10614 - \dfrac{\nu n}{mmcc}0{,}23399 \\[4pt] +\dfrac{\mu b}{mmee}0{,}10614 \end{array} \right\}$$

$$+ \frac{l\sin(2\omega + s)}{2+\lambda} \left\{ \begin{array}{l} -\dfrac{2}{m}O - \dfrac{(m+4n)}{mm}bA + \dfrac{2n}{mm}bA' \\[4pt] +\dfrac{2n}{mm}B + \dfrac{\nu b}{2mcc}\dfrac{0{,}53644}{2+\lambda} - \dfrac{\nu}{2mcc}\dfrac{2{,}39381}{2+\lambda} \\[4pt] +\dfrac{\nu(1+n)b}{mmcc}0{,}06791 - \dfrac{\nu n}{mmcc}0{,}23399 \\[4pt] -\dfrac{\mu b}{mmee}2{,}50464 \end{array} \right\}$$

$$\vartheta \;=\; \text{Prec.} + \frac{l\sin s}{\lambda}\left\{\begin{array}{l} -\dfrac{2n}{m} - \dfrac{2n}{mm}bA' - \dfrac{\mu b}{2mee}\dfrac{1{,}43786}{\lambda} \\[4pt] +\dfrac{\mu b}{mmee}\,2{,}50464 \end{array}\right\}$$

$$+\,\frac{l\sin(\omega - s)}{1-\lambda}\left\{\begin{array}{l} -\dfrac{2n}{m}L' + \dfrac{(4-m)n}{mm}A' - \dfrac{2n}{mm}bB' \\[4pt] -\dfrac{2n}{mm}A - \dfrac{\mu b}{2mee}\dfrac{2{,}71178}{1-\lambda} + \dfrac{\mu}{2mee}\dfrac{1{,}07285}{1-\lambda} \\[4pt] -\dfrac{\mu(1+n)}{mmee}\,2{,}50464 - \dfrac{\mu b}{mmee}\,0{,}23399 \\[4pt] +\dfrac{\nu n}{mmcc}\,0{,}06791 \end{array}\right\}$$

$$+\,\frac{l\sin(\omega + s)}{1+\lambda}\left\{\begin{array}{l} -\dfrac{2n}{m}M' + \dfrac{(4-m)n}{mm}A' - \dfrac{2n}{mm}A \\[4pt] +\dfrac{\mu}{2mee}\dfrac{1{,}07285}{1+\lambda} - \dfrac{\mu(1+n)}{mmee}\,2{,}50464 \\[4pt] +\dfrac{\nu n}{mmcc}\,0{,}06791 \end{array}\right\}$$

$$+\,\frac{l\sin(2\omega - s)}{2-\lambda}\left\{\begin{array}{l} -\dfrac{2n}{m}N' + \dfrac{(4-m)n}{mm}B' - \dfrac{2n}{mm}bC' \\[4pt] -\dfrac{2n}{mm}B - \dfrac{\mu b}{2mee}\dfrac{2{,}15293}{2-\lambda} + \dfrac{\mu}{2mee}\dfrac{2{,}39381}{2-\lambda} \\[4pt] +\dfrac{\mu(1+n)}{mmee}\,0{,}23399 - \dfrac{\mu b}{mmee}\,0{,}10614 \\[4pt] +\dfrac{\nu n}{mmcc}\,0{,}23399 \end{array}\right\}$$

$$+\,\frac{\sin(2\omega + s)}{2+\lambda}\left\{\begin{array}{l} -\dfrac{2n}{m}O' + \dfrac{(4-m)n}{mm}B' - \dfrac{2n}{mm}bA' \\[4pt] -\dfrac{2n}{mm}B + \dfrac{\mu b}{2mee}\dfrac{1{,}43786}{2+\lambda} + \dfrac{\mu}{2mee}\dfrac{2{,}39381}{2+\lambda} \\[4pt] +\dfrac{\mu(1+n)}{mmee}\,0{,}23399 + \dfrac{\mu b}{mmee}\,2{,}50464 \\[4pt] +\dfrac{\nu n}{mmcc}\,0{,}23399 \end{array}\right\}$$

VII

Recherche des inégalités de Jupiter et de Saturne, qui dépendent de l'une et de l'autre excentricité à la fois

Quoique le nombre des inégalités qui dépendent des quantités k et l à la fois soit infini, il est pourtant aisé de voir, qu'il n'y a que l'angle $\omega - r + s$, qui fournisse des inégalités de quelque conséquence, toutes les autres devenant pour ainsi dire infiniment petites; à l'égard de cet angle puisque le rapport de sa différentielle, ou $1 - \kappa + \lambda$, devient presque égal à zéro, les coëfficiens des termes qui en résultent pour les longitudes η et ϑ, seront extrêmement grands. Car ayant

$$\kappa = \frac{1}{m} - 0{,}39475\nu - 0{,}0362\nu\alpha \quad \text{et} \quad \lambda = \frac{n}{m} - 0{,}29135\mu + 0{,}16742\mu b,$$

on aura

$$\kappa - \lambda = 1 - 0{,}39475\nu - 0{,}03620\nu\alpha + 0{,}29135\mu - 0{,}16742\mu b$$

et partant

$$1 - \kappa + \lambda = 0{,}39475\nu - 0{,}29135\mu + 0{,}03620\nu\alpha + 0{,}16742\mu b$$

ou bien l'angle $\omega - r + s = \eta - r - \vartheta + s$ se trouve en soustrayant la longitude de l'aphélie de Saturne de celle de l'aphélie de Jupiter.

On voit aussi que les inégalités de cet angle ne seront d'aucune considération pour les distances mêmes, et qu'il sera permis par conséquent de négliger dans leur recherche les termes qui sont affectés par μ ou ν. Je pose donc pour trouver ces inégalités

$$u = \text{prec.} + k\cos r + bl\cos(\omega + s) + Pkl\cos(\omega - r + s)$$
$$v = \text{prec.} + l\cos s + \alpha k\cos(\omega - r) + P'kl\cos(\omega - r + s)$$

et les équations *differentio*-différentielles donneront

$$P = -\frac{m(4 - 3m)}{2}b\left(\kappa\kappa + (1 + \lambda)^2\right) + 2mb\kappa(1 + \lambda) = -\frac{2 + 3m}{m}b$$
$$P' = \frac{m(4 - m)}{2nn}\alpha\left(\lambda\lambda + (1 - \kappa)^2\right) + \frac{2m}{n}\alpha\lambda(1 - \kappa) = \frac{2 + m}{m}\alpha$$

Ces valeurs étant substituées dans les formules pour les longitudes produiront:

$$\eta = \text{Prec.} - \frac{3bkl\sin(\omega - r + s)}{m(1 - \kappa + \lambda)}$$
$$\vartheta = \text{Prec.} - \frac{3n\alpha kl\sin(\alpha - r + s)}{m(1 - \kappa + \lambda)}$$

Donc si nous posons $\mu = \dfrac{1}{1067}$, $\nu = \dfrac{1}{3021}$, $\alpha = \dfrac{5}{4}$ et $b = \dfrac{1}{2}$, à cause de $1 - \kappa + \lambda = -0{,}0000488$ ces deux inégalités deviendront à-peu-près égales, savoir:

$$\eta = \text{Prec.} + 51450 kl \sin(\omega - r + s)$$
$$\vartheta = \text{Prec.} + 51780 kl \sin(\omega - r + s)$$

Quoique ces expressions soient très-considérables, leur effet n'est presque point sensible dans le mouvement des Planètes; car puisque l'angle $\omega - r + s$, et partant aussi son sinus, est à peu-près constant, quelque grandes que soient ces valeurs, elles se confondront avec la longitude moyenne, et ne troubleront le mouvement, qu'en tant que l'angle $\omega - r + s$ deviendra sensiblement variable. Or je parlerai plus amplement de ces changemens dans la suite.

VIII
Réflexions sur les anomalies de Jupiter et de Saturne

Les inégalités, que j'ai trouvées en premier lieu, et qu'on pourroit nommer la variation de ces Planètes, puisqu'elles dependent uniquement de leur distance, ou de l'angle ω, ne sont assujetties à aucun doute, et il est bien sûr qu'elles se trouvent actuellement tant dans Saturne que dans Jupiter. Mais pour les inégalités, qui dependent de l'excentricité de l'une ou de l'autre orbite, on sera bien surpris, que je vienne de trouver des inégalités aussi considérables, que l'équation du centre-même de ces deux Planètes; et on sera peut-être porté à rejetter entiérement mes recherches, puisqu'elles conduisent à des inégalités qui pourroient monter à plusieurs degrès.

Mais j'espére, que les réflexions suivantes ne leveront pas non-seulement ce doute, mais qu'elles nous découvriront la vraie nature des inégalités qui troublent le mouvement de ces deux Planètes du côté de leur excentricité; de sorte que nous serons parfaitement éclaircis sur cet article, qui doit paroître fort bizarre à tous ceux qui travaillent sur cette matiere.

Je dis donc d'abord que les grandes inégalités qui paroissent troubler le mouvement d'une Planète à cause de l'excentricité de l'autre, ne produisent même aucune altération dans le mouvement régulier, selon les regles de KEPLER, et que s'il n'y avoit point d'autres inégalités hormis celles-ci, le mouvement des deux Planètes seroit parfaitement conforme aux regles de KEPLER.

Car en effet ayant vu, que mettant l'excentricité de l'orbite de Jupiter $= k$, et partant sa distance $x = c(1 + k \cos r)$ en tant qu'elle dépend uniquement de k, la distance de Saturne au Soleil devient $y = e(1 + \alpha k \cos(\omega - r))$, il est évident que l'orbite de Saturne devient déja fort excentrique quoique je n'aie pas encore introduit dans le calcul sa propre excentricité. De plus, il est remarquable que cette excentricité demeureroit la même, quand même l'action mutuelle des deux Planètes évanouiroit tout à fait, pourvu que les lettres μ et ν conservent entr'elles en évanouissant le même rapport. Or, dans ce cas, il est clair que Saturne suivroit exactement les regles de KEPLER, il décriroit donc une ellipse, dont l'excentricité seroit $= \alpha k$, et l'anomalie $= \omega - r$, ou bien son aphélie conviendroit avec celui de l'orbite de Jupiter. Ainsi, aussi-tôt que nous supposons excentrique l'orbite de Jupiter, le calcul nous marque celle de Saturne aussi excentrique, dont l'excentricité tient un rapport constant à celle de Jupiter, savoir comme α à 1; et qui se rapporte au même aphélie, et l'une et l'autre Planète suivroit les regles de KEPLER, à moins que leur mouvement ne soit dérangé par les autres inégalités.

Or nonobstant cela Saturne peut avoir une excentricité propre, et un aphélie particulier; et alors ces deux excentricités se réunissent dans une seule, selon laquelle il décrira une ellipse conformenent aux regles de KEPLER, comme je ferai voir bien-tôt. Et partant l'aphélie et l'excentricité que les tables marquent pour l'orbite de Saturne ne sont pas son propre aphélie et son excentricité, mais plutôt le resultat des deux excentricités de celle qui lui est propre, et de celle qui lui convient à cause de l'excentricité de l'orbite de Jupiter.

Le mouvement de Saturne se regle donc sur deux aphélies à la fois, savoir sur celui de Jupiter, et sur le sien; en conséquence il y aura aussi deux anomalies, l'une qui regarde l'aphélie de Jupiter, et l'autre qui regarde l'aphélie de Saturne. Donc si nous nommons la longitude de l'aphélie de Jupiter $= \rho$, et la longitude de l'aphélie de Saturne $= \sigma$, le mouvement de Saturne en tant qu'il depend de cette double anomalie, sa longitude étant $= \vartheta$, sera déterminé par cette distance:

$$y = e\bigl(1 + l\cos(\vartheta - \sigma) + \alpha k \cos(\vartheta - \rho)\bigr)$$

Pareillement le mouvement de Jupiter dependra d'une double anomalie; lequel sera déterminé par cette expression de sa distance au Soleil:

$$x = c\bigl(1 + k\cos(\eta - \rho) + bl \cos(\eta - \sigma)\bigr)$$

Or je dis que cette double anomalie produira le même effet, que si chaque Planète, selon les regles de KEPLER, n'étoit assujettie qu'à une seule anomalie, qui sera celle qu'on découvre par les observations, et que je nommerai son anomalie apparente.

Soit donc R la longitude de l'aphélie apparent de Jupiter et K son excentricité apparente, soit de plus S la longitude de l'aphélie apparent de Saturne et L son excentricité; ce sont les élémens, que les observations nous donnent immédiatement à connoître: et je dis qu'on peut toujours déterminer ces élémens apparens R, K, S et L, de maniere qu'on ait:

$$k\cos(\eta - \rho) + bl\cos(\eta - \sigma) = K\cos(\eta - R)$$
$$l\cos(\vartheta - \sigma) + \alpha k \cos(\vartheta - \rho) = L\cos(\vartheta - S)$$

et qu'on ait outre cela:
$$k\sin(\eta - \rho) + bl\sin(\eta - \sigma) = K\sin(\eta - R)$$
$$l\sin(\vartheta - \sigma) + \alpha k\sin(\vartheta - \rho) = L\sin(\vartheta - S).$$

Car quand j'aurai prouvé cela, il sera évident qu'on peut substituer cette anomalie apparente au lieu des deux anomalies auxquelles j'ai été conduit par la théorie, et partant on conviendra que les inégalités de cette espece, que la théorie a fournies, ne troublent rien dans le mouvement régulier des Planètes selon les regles de KEPLER.

Or pour satisfaire aux égalités proposées, en éliminant les longitudes η et ϑ, on obtiendra
$$k\cos\rho + bl\cos\sigma = K\cos R$$
$$l\cos\sigma + \alpha k\cos\rho = L\cos S$$
$$k\sin\rho + bl\sin\sigma = K\sin R$$
$$l\sin\sigma + \alpha k\sin\rho = L\sin S$$

d'où l'on tire:
$$KK = kk + bbll + 2bkl\cos(\rho - \sigma)$$
$$LL = ll + \alpha\alpha kk + 2\alpha kl\cos(\rho - \sigma)$$

et
$$\tan R = \frac{k\sin\rho + bl\sin\sigma}{k\cos\rho + bl\cos\sigma} \; ; \quad \tan S = \frac{l\sin\sigma + \alpha k\sin\rho}{l\cos\sigma + \alpha k\cos\rho}.$$

Donc si les deux anomalies réelles de chaque Planète étoient connues, on trouveroit par le moyen de ces formules l'anomalie apparente de chacune, de même que le lieu apparent de l'un et de l'autre aphélie.

Mais puisque nous connoissons par les observations les élémens apparens K, L, R et S, nous devons plutôt chercher les élémens vrays k, l, ρ et σ, pour nous mettre en état d'en déterminer ensuite les inégalités, dont le mouvement des deux Planètes se trouve dérangé. Pour cet effet je tire de nos formules les égalités suivantes:
$$(\alpha b - 1)k\cos\rho = bL\cos S - K\cos R$$
$$(\alpha b - 1)l\cos\sigma = \alpha K\cos R - L\cos S$$
$$(\alpha b - 1)k\sin\rho = bL\sin S - K\sin R$$
$$(\alpha b - 1)l\sin\sigma = \alpha K\sin R - L\sin S,$$

d'où l'on déduit aisément:
$$(\alpha b - 1)^2 kk = bbLL + KK - 2bKL\cos(R - S)$$
$$(\alpha b - 1)^2 ll = \alpha\alpha KK + LL - 2\alpha KL\cos(R - S)$$

$$\tan\rho = \frac{bL\sin S - K\sin R}{bL\cos S - K\cos R}\,, \qquad \tan\sigma = \frac{\alpha K\sin R - L\sin S}{\alpha K\cos R - L\cos S}\,.$$

Or les Tables Astronomiques de M. Cassini[13] marquent pour l'époque de 1700 le lieu de l'aphélie

$$\text{de Jupiter}\quad R = 6^s\,9°\,26'\,42''\,, \quad \text{de Saturne}\quad S = 8^s\,28°\,8'\,39''\,,$$

et de-là on tire:

$$\tan K = 8{,}6832165\,, \qquad \tan L = 8{,}7559031\,.$$

Posant donc comme j'ai trouvé $\alpha = \dfrac{5}{4}$, et $b = \dfrac{1}{2}$; on obtiendra:

$$\rho = 5^s\,6°\,12' \quad \text{et} \quad \sigma = 10^s\,20°\,45'$$

et pour les excentricités vrayes on aura:

$$k = 0{,}13595 \quad \text{et} \quad l = 0{,}19840\,,$$

qui sont par conséquent beaucoup plus grandes que les excentricités apparentes.

Je ne doute pas, qu'on ne regarde cette double anomalie comme un grand défaut de ma méthode, et puisque ces deux anomalies se peuvent réduire à une seule, on pensera qu'une méthode, qui n'eut donné que cette seule anomalie auroit été préférable; mais outre qu'il est absolument nécessaire, qu'on parvienne à une double anomalie, si l'on veut suivre exactement les principes de la mécanique, on verra d'abord que cette double anomalie nous fournit des éclaircissemens, qui ne seroient pas compatibles avec une seule anomalie. Car premierement, puisque les deux aphélies n'avancent pas également, l'angle $\rho - \sigma$ sera variable, et partant les excentricités apparentes K et L changeront continuellement, d'où il resulte une variation perpétuelle dans l'équation elliptique des deux Planètes.

Le mouvement annuel de l'aphélie de Jupiter ayant été trouvé de $60''$, et celui de Saturne de $64''$ par rapport aux équinoxes, l'angle $\rho - \sigma$ décroît tout les ans de $4''$. Or en 1700 il étoit $\rho - \sigma = 6^s\,15°\,27'$; donc puisque cet angle décroît chaque année de $4''$, son cosinus, qui est négatif, croîtra, ou le terme $\cos(\rho-\sigma)$ à soustraire dans les formules trouvées pour KK et LL deviendra plus grand. Par conséquent les excentricités apparentes tant de Jupiter que de Saturne vont en décroissant, et partant aussi leurs équations du centre.

Cette diminution de l'excentricité ayant été mise hors de doute dans la piece, qui à remporté le prix sur cette question,[14] à l'égard de Saturne, je crois, que je me puis dispenser de démontrer plus amplement ce merveilleux accord de la Théorie de Newton avec l'expérience.

---

13 Cf. [Cassini 1740b], p. 77 et 63 des tables. AV
14 [E 120]. AV

Mais la diminution de l'excentricité, qui découle de ma Théorie, est aussi fort bien d'accord avec celle, que M. EULER a conclue uniquement des observations,[15] car la méthode qu'il a suivie n'étoit pas capable de lui découvrir les changemens de l'excentricité. Pour faire voir ce bel accord, que $d\rho$ et $d\sigma$ marquent les accroissemens annuels de la longitude des aphélies, et dK et dL les accroissemens des excentricités apparentes K et L; et nous aurons en différentiant:

$$dK = -\frac{bkl(d\rho - d\sigma)\sin(\rho - \sigma)}{K}$$
$$dL = -\frac{\alpha kl(d\rho - d\sigma)\sin(\rho - \sigma)}{L}$$

d'où posant $d\rho - d\sigma = -4''$, il s'ensuit

$$dK = -0{,}14886 \cdot 4b'' \qquad \text{et} \qquad dL = -0{,}12592 \cdot 4\alpha''\,.$$

Or, la plus grande équation elliptique de l'une et de l'autre orbite étant à-peu-près $2K$ et $2L$, on aura la diminution annuelle de la plus grande équation elliptique, posant $\alpha = \frac{5}{4}$ et $b = \frac{1}{2}$,

$$\text{de Jupiter} = 0{,}592''\,, \quad \text{de Saturne} = 1{,}258''\,.$$

Donc la plus grande équation [elliptique] de Jupiter décroit tous les ans de $35'''$, et celle de Saturne de $1''\,15'''$, or au lieu de celle-ci, M. EULER a trouvé $1''\,5'''$, ou $11''$ en 10 ans.[16] Or on conviendra aisement, qu'il est absolument impossible d'éviter une erreur de $10'''$ tant dans la théorie, que dans la pratique.

On remarquera de plus, que cette diminution n'est pas constante, puisqu'elle est proportionelle au sinus de l'angle $\rho - \sigma$, et parce que cet angle devient insensiblement plus petit, la diminution mentionnée va en décroissant. Mais puisque le changement de l'angle $\rho - \sigma$ ne monte à un degré que dans l'espace de 900 ans, on peut, sans aucune erreur sensible, regarder cette diminution comme uniforme.

Par la même méthode on pourra aussi déterminer le mouvement annuel de l'aphélie apparent tant de Jupiter que de Saturne; car marquant ce mouvement annuel par les différentielles dR et dS, on aura par la différentiation

$$dR = \frac{kk\,d\rho + bbll\,d\sigma + bkl(d\rho + d\sigma)\cos(\rho - \sigma)}{KK}$$
$$dS = \frac{ll\,d\sigma + \alpha\alpha kk\,d\rho + \alpha kl(d\rho + d\sigma)\cos(\rho - \sigma)}{LL}$$

---

15 *ibid.*   AV
16 [E 120], Supplément.   AV

et ces formules se changent dans celles-ci :

$$dR = \frac{1}{2}(d\rho + d\sigma) - \frac{1}{2}(d\sigma - d\rho)\frac{kk - bbll}{KK} = 62'' - 7{,}4736''$$

$$dS = \frac{1}{2}(d\rho + d\sigma) + \frac{1}{2}(d\sigma - d\rho)\frac{ll - \alpha\alpha kk}{LL} = 62'' + 6{,}4522''$$

Donc l'aphélie de Jupiter avancera chaque année de 55″ et celui de Saturne avancera chaque année de 68″ ce qui approche déja d'avantage du mouvement marqué dans les Tables Astronomiques de M. CASSINI[17].

IX
Du tems périodique des Planètes de Jupiter et de Saturne, et de leurs distances moyennes au Soleil

Les grands termes, que j'ai trouvés dans l'article VII, qui dépendent de l'angle $\omega - r + s$, se réduisent à l'angle $\rho - \sigma$, posant ρ pour la longitude de l'aphélie de Jupiter, et σ pour celle de l'aphélie de Saturne, où il faut entendre les aphélies vrais, et non pas les apparens. Donc les longitudes vraies de Jupiter et de Saturne η et ϑ renfermeront ces termes dépendans de l'angle $\rho - \sigma$:

$$\eta = \text{Prec.} + 51450 kl \sin(\rho - \sigma)$$
$$\vartheta = \text{Prec.} + 51780 kl \sin(\rho - \sigma)$$

où l'on voit d'abord que la valeur de ces termes, réduite en degré, deviendroit horriblement grande.

Mais quelque grande que soit cette valeur, il est certain que si l'angle $\rho - \sigma$ demeuroit constant, il n'en résulteroit aucun dérangement dans le mouvement des Planètes, puisque la valeur de ces termes seroit détruite par l'addition des quantités constantes, que l'intégration des formules $d\eta - dp$ et $d\vartheta - dq$ exige.

Ces termes n'entrent donc en considération, qu'entant que l'angle $\rho - \sigma$ est variable. Or nous venons de voir que cet angle décroît chaque année de 4″; donc si la valeur de ces termes a été détruite en 1700 par l'addition des constantes, on aura pour l'année suivante 1701, à cause de $\rho - \sigma = 6^s\,15°\,27'$

$$\left. \begin{array}{l} \eta = \text{Prec.} - 4'' \cdot 51450\, kl \cos(\rho - \sigma) \\ \vartheta = \text{Prec.} - 4'' \cdot 51780\, kl \cos(\rho - \sigma) \end{array} \right\} = \text{Prec.} + 5355''$$

Et partant si la même quantité accroissoit après chaque année, après un espace de n années depuis l'époque 1700, la longitude des Planètes devroit être avancée de $5355n$ secondes. Or cette quantité ne troubleroit pas non plus le mouvement

---

17 [Cassini 1740b].

régulier des Planètes, puisqu'elle ne fait que dimininuer d'une quantité constante leurs tems périodiques, qui étant une fois bien établis par les observations, ce terme n'y apporteroit plus de changement.

Mais puisque cet accroissement annuel de 5355″ ne demeure pas toujours le même, vu qu'il depend de l'angle $\rho - \sigma$, on voit qu'après un grand nombre d'années, il doit souffrir un changement considérable. En effet on trouvera qu'après neuf siécles où l'angle $\rho - \sigma$ sera diminué d'un degré, cet accroissement annuel devient $= 5355'' + 25''$; ou l'accroissement depuis l'année 2600 jusqu'à l'année 2601 sera de 5380″. Donc après un intervalle de n ans depuis l'époque 1700 l'accroissement de la longitude ne sera plus $= 5355n''$, mais on le trouvera $= 5355n'' + \frac{1}{70}nn''$, et encore plus exactement $= 5355n'' + \frac{1000nn''}{69803} - \frac{n^{3\,\prime\prime}}{2989900}$.

Or comme le premier terme ne fait que diminuer les tems périodiques d'une quantité constante, si nous supposons que le mouvement moyen des deux Planètes ait été bien réglé pour l'année 1700, les longitudes moyennes qu'on en tire pour tout autre tems ne seront plus justes, mais à l'année $1700+n$, il faudra ajouter à la longitude moyenne $\frac{1000nn}{69803} - \frac{n^3}{2989900}$ secondes, et cette correction sera la même pour Jupiter et Saturne.

Correction des longitudes moyennes de Jupiter et de Saturne, calculée sur le mouvement moyen de l'année 1700

L'an	ajoutez	L'an	ajoutez	Avant l'Ere Chr. L'an	ajoutez
1700	0′ 0″	1700	0° 0′ 0″	0	11° 57′ 16″
1710	0 1	1600	0 2 24	100	13 25 56
1720	0 6	1500	0 9 36	200	14 59 58
1730	0 13	1400	0 21 38	300	16 39 25
1740	0 23	1300	0 38 33	400	18 24 19
1750	0 36	1200	1 0 23	500	20 14 41
1760	0 52	1100	1 27 9	600	22 10 33
1770	1 10	1000	1 58 53	700	24 11 58
1780	1 32	900	2 35 38	800	26 18 58
1790	1 56	800	3 17 26	900	28 31 34
1800	2 23	700	4 6 18	1000	30 49 48
1810	2 53	600	4 56 36	1100	33 13 43
1820	3 26	500	5 53 23	1200	35 43 21
1830	4 2	400	6 55 41	1300	38 18 43
1840	4 41	300	8 3 11	1400	40 59 51
1850	5 23	200	9 15 55	1500	43 46 48
1860	6 8	100	10 33 56	1600	46 39 35
1870	6 56	0	11 57 16	1700	49 38 15

Nous voyons donc que le mouvement moyen des deux Planètes devient continuellement plus rapide, ou que leurs tems périodiques diminuent, et que cela est l'effet de l'action mutuelle de ces deux Planètes. Mais puisque cet effet dépend de l'angle $\rho - \sigma$, on comprend qu'il pourroit être tout contraire, et qu'il le sera effectivement après environ 150 siécles. Par conséquent il faut bien distinguer cette diminution des tems périodiques, de celle qui pourroit être causée par la résistance de l'ether, s'il y en a une.

On remarquera aussi, que pour bien connoître le mouvement moyen de ces deux Planètes par les observations, la méthode ordinaire, où l'on compare les observations de notre tems avec les plus anciennes, n'est pas sûre, puisqu'elle ne nous decouvre ni le mouvement moyen, qui subsiste à présent, ni celui qui a subsisté au tems des anciennes observations, mais plutôt un certain milieu.

Mais par le moyen de la table que je viens de donner, on peut profiter de toutes les observations pour en conclure le vrai mouvement moyen pour un tems proposé. Car si l'on veut comparer une observation faite l'an 100 avec une de l'an 1700, il faut retrancher 10° 33′ 56″ de la longitude observée en 100, et alors la comparaison de ce lieu corrigé avec le lieu observé en 1700, nous donnera le mouvement moyen pour l'année 1700.

C'est sans doute la raison pourqoui les Astronomes sont si peu d'accord sur le mouvement moyen de ces deux Planètes. Car si l'on compare le mouvement moyen séculaire des Tables de M. Cassini[18] avec celui des Tables angloises publiées par Leadbetter[19], on aura

	de Jupiter	de Saturne
Cassini	$5^s\,6°\,21'\,30''$	$4^s\,23°\,29'\,28''$
Leadbetter	$5^s\,6°\,28'\,11''$	$4^s\,23°\,6'\,0''$.

Il en est de même de l'excentricité apparente de ces deux Planètes; car puisqu'elle est variable, comme j'ai fait voir, il n'est pas suprenant, que les tables astronomiques ne soient pas d'accord sur cet article.

Or puisque le tems périodique de nos deux Planètes est variable, leurs distances moyennes au Soleil le seront aussi, ce qui vaudra la peine [être] examiné plus soigneusement. Or considérant l'angle $\omega - r + s$, ou $\rho - \sigma$ comme constant, nous aurons

$$f = \frac{4 - 3m}{2m}(kk + bbll) + 3bkl\cos(\rho - \sigma)$$

$$g = -\frac{(4 - m)}{2m}(ll + \alpha\alpha kk) + 3\alpha kl\cos(\rho - \sigma)$$

---

18 Cf. [Cassini 1740b], p. 77 et p. 63.   AV
19 Cf. [Leadbetter 1742], Vol. II, p. 160 et p. 184.   AV

et ces valeurs étant substituées dans les termes constans que fournissent les équations *differentio*-différentielles, donneront

$$\frac{1+\mu}{c^3} = 1 + 0,12018\nu + \frac{3(2-m)}{2m}(kk+bbll) + 6bkl\cos(\rho-\sigma)$$
$$\frac{1+\nu}{nne^3} = 1 - 1,31005\mu - \frac{3(2-m)}{2m}(ll+\alpha\alpha kk) + 6\alpha kl\cos(\rho-\sigma)$$

Le terme $\cos(\rho-\sigma)$ étant négatif et devenant après chaque révolution plus grand, il semble que les valeurs de $\frac{1+\mu}{c^3}$ et $\frac{1+\nu}{nne^3}$ vont en diminuant, et partant les distances moyennes mêmes c et e en augmentant, pendant que les tems périodiques décroissent, ce qui seroit une absurdité manifeste. Or il faut se souvenir, que j'ai pris l'unité pour marquer la distance moyenne d'une orbite planetaire, dont le tems périodique dans la simple hypothèse de KEPLER seroit égal au vrai tems périodique de Jupiter. Donc puisque ce tems est variable, il est évident que la variabilité du terme $\cos(\rho-\sigma)$ marque plutôt la variabilité de notre unité, que celle des distances c et e. Car posant a au lieu de cette unité, pour marquer la distance moyenne dans l'hypothèse simple de KEPLER, qui convient au tems périodique de Jupiter, il faudra écrire au lieu de $\frac{1+\mu}{c^3}$ et $\frac{1+\nu}{nne^3}$ ces formes $\frac{(1+\mu)a^3}{c^3}$ et $\frac{(1+\nu)a^3}{nne^3}$ de sorte que la diminution successive causée par le terme $\cos(\rho-\sigma)$ nous marquera la diminution de la quantité a; ce qui est très-conforme à la théorie.

Mais il est à remarquer qu'il n'est pas permis d'introduire dans la valeur des quantités constantes f et g le terme $\cos(\rho-\sigma)$, en tant qu'il est variable, puisque sa variabilité doit être plutôt rangée aux termes variables de nos formules. Et la valeur de $\cos(\rho-\sigma)$, pouvant changer de $+1$ à -1, sa valeur moyenne sera $=0$, d'où l'on voit que la lettre a, ou l'unité que j'ai mise à sa place, doit marquer la distance moyenne qui convient dans l'hypothèse de KEPLER, au tems[20] périodique de Jupiter lorsque l'angle $\rho-\sigma$ est aux 90°, ou de 270°. Mais les lettres c et e marqueront des quantités constantes, comme la nature du calcul l'exige, or les vraies distances x et y, en tant qu'elles dépendent de la variabilité de $\rho-\sigma$, seront

$$x = c\left(1 - \frac{(2-3m)b}{m}kl\cos(\rho-\sigma)\right)$$
$$y = e\left(1 + \frac{(2+m)}{m}\alpha kl\cos(\rho-\sigma)\right)$$

Maintenant nous sommes en état de déterminer le changement, que les distances des Planètes au Soleil subissent, en tant qu'elles dépendent uniquement de l'angle $\rho-\sigma$ ou du tems périodique, ou plutôt du mouvement moyen, qui convient

---

20 Édition originale: terme.

aux Planètes à chaque tems proposé. Or puisque $2 > 3m$, nous voyons que la distance de Jupiter au Soleil va en augmentant, et celle de Saturne en diminuant, quoique le mouvement moyen de l'un et de l'autre s'accélere, ou que leurs tems périodiques deviennent plus petits.

Or, pour ce qui regarde la valeur de notre unité, qui repond au mouvement moyen que Jupiter aura lorsque l'angle $\rho - \sigma$ deviendra $= 90°$, ou $= 270°$, il sera aisé de la trouver par ce que j'ai rapporté au commencement de cet article. Car soit Q le mouvement moyen annuel de Jupiter lorsque $\cos(\rho - \sigma) = 0$ et son mouvement annuel moyen sera pour l'année 1700 $= Q + 5355''$, qui est, suivant les observations $= 109238''$; d'où il s'ensuit $Q + 103883'' = 28°\,51'\,23''$. Donc dans le tems où $\cos(\rho - \sigma) = 0$, le mouvement moyen annuel de Jupiter est $28°\,51'\,23''$, et c'est conformément au tems périodique qui répond à ce mouvement moyen, qu'il faut déterminer la valeur de notre unité a. Posant donc la distance moyenne de la Terre au Soleil $= 100000$, puisque la distance moyenne de Jupiter au Soleil est conclue conformément au mouvement moyen qu'il tient à présent $= 520098$, la valeur de notre unité sera $= 520098 \left(\dfrac{109238}{103883}\right)^{2/3} = 537821$. Ensuite l'excentricité ne changeant rien dans la distance moyenne, ou la moitié du grand axe de l'orbite, si nous prénons c et e pour marquer les demi-grands axes des orbites de Jupiter et de Saturne en tant qu'ils sont altérés par l'action mutuelle des Planètes, nous aurons:

$$c = 537821 \sqrt[3]{\frac{1+\mu}{1+0{,}12018\nu}}$$

$$e = \frac{537821}{\sqrt[3]{nn}} \sqrt[3]{\frac{1+\nu}{1-1{,}31005\mu}}$$

Puisque l'angle $\rho - \sigma$ est à présent $6^s\,15°\,27'$, et qu'il diminue tous les ans de $4''$, il aura été de 9^s, avant 67100 ans, et alors le mouvement moyen annuel de Jupiter a été $28°\,51'\,23''$, et celui de Saturne $10°\,43'\,15''$. A présent le mouvement moyen annuel de Jupiter est $30°\,20'\,38''$, et celui de Saturne $12°\,13'\,30''$. Or après 13900 ans le mouvement moyen annuel de Jupiter sera $30°\,23'\,58''$, et de Saturne $12°\,16'\,0''$, mais après 94900 ans celui de Jupiter redevient $28°\,51'\,23''$, et de Saturne $10°\,43'\,15''$; or après 175900 ans le mouvement moyen annuel de Jupiter sera $27°\,18'\,48''$, et de Saturne $9°\,10'\,50''$; et alors leur mouvement sera le plus lent; après il sera derechef accéléré, et après l'espace de 324000 années il redeviendra le même qu'il est aujourd'hui.

Comme la révolution de ces variations ne s'acheve que dans l'espace de 324000 ans, on comprendra aisément qu'il seroit possible, que ce tems devint infini, ou que les variations allassent toujours ou en croissant, ou en décroissant: et que cette circonstance dépend de la valeur des quantités μ et ν. Dans ce cas il est évident, que les inégalités ne sauroient plus être exprimées par des sinus, ou cosinus des angles, et c'est précisément le cas qu'on rencontre lorsque la valeur de b devient imaginaire, comme j'ai remarqué ci-dessus.

Puisque la valeur de b est devenue effectivement imaginaire, ayant posé $\mu = \frac{1}{1067}$ et $\nu = \frac{1}{3021}$, et que pour éviter les angles imaginaires, qui se reduiroient à des quantités exponentielles réelles, j'ai changé tant soit peu les valeurs de μ et ν, il s'ensuit que si ces valeurs de μ et ν étoient justes, les variations, que je viens de développer, ne rétourneroient jamais au même état, mais qu'elles iroient à l'infini. Et si ce cas avoit actuellement lieu dans la nature, je dois avouer, que je serois bien éloigné de la résolution de la question proposée, et que je ne vois pas même encore de quelle méthode on devroit se servir pour déterminer toutes les variations, que ces deux Planètes souffriroient dans tous les siécles à venir.

Mais comme il ne s'agit que de leur mouvement qu'elles suivent pendant le cours d'un petit nombre de siécles, je me flatte que ma méthode est parfaitement bonne; car puisque je n'ai changé que fort peu la valeur des lettres μ et ν dans la détermination de b, cette différence ne sauroit produire une erreur sensible dans un espace de quelques siécles, quoique l'erreur, qui en resulteroit pour un tems infini, pût devenir infinie.

Par cette raison je n'ai pas hésité de présenter ma méthode à l'examen de l'illustre Académie Royale, d'autant plus qu'elle m'a conduit à la découverte de cette importante circonstance, par laquelle nous voyons, que ce probleme est beaucoup plus difficile, qu'il n'auroit pû paroître au commencement, et qu'il pourroit même devenir impossible à résoudre par aucun esprit humain, si les orbites de ces deux Planètes étoient plus proches entr'elles, ou que leurs masses fussent plus grandes. Mais dans l'état où ces deux Planètes se trouvent, il me semble que la recherche de leur mouvement est encore en quelque sorte proportionnée aux bornes de nos lumieres, pourvu qu'on ne veuille pas se hazarder d'étendre ces recherches sur un trop grand nombre de siécles.

Il est à-peu-près de même de cette question, que de celle sur les inégalités de la Lune, car quoiqu'on soit assez heureusement venu à bout de cette recherche, tous ceux qui ont travaillé sur cette matiere seront obligés d'avouer, qu'il seroit possible que nous ne fussions en état de découvrir presque rien à l'égard de son mouvement. Car si la Lune étoit quelque fois plus éloignée de la Terre, qu'elle n'est actuellement, ou si l'excentricité de son orbite étoit plus grande qu'elle n'est, ou enfin si l'inclinaison de son orbite sur l'écliptique étoit plus grande, je doute fort, qu'aucun homme eût assez de pénétration pour découvrir les inégalités de son mouvement. Or on conviendra qu'une telle disposition de la Lune auroit été aussi bien possible, que celle où elle se trouve actuellement. Il semble donc que le Créateur a voulu tellement arranger ces objets de nos recherches, qu'ils ne surpassent pas entiérement nos forces, de sorte que nous en puissions approcher de plus en plus, à mesure que nous avançons dans les sciences, sans pourtant que nous fussions jamais en état de les atteindre parfaitement. C'est, à mon avis, par cette raison, que les Planètes ne se meuvent pas selon les regles de KEPLER, car alors nous serions depuis long tems au bout de nos recherches à l'égard du mouvement des corps célestes.

X

Des autres inégalités, qui se trouvent dans le mouvement des Planètes de Jupiter et de Saturne

De ce que je viens d'exposer on est en état de déterminer le mouvement moyen de ces deux Planètes pour chaque année, pourvu que ce tems ne soit pas trop éloigné de notre siécle, ou que l'intervalle du tems ne monte pas à plusieurs milliers d'années, puisque alors mes formules se pourroient trop écarter de la vérité. En second lieu nous sommes en état de marquer pour chaque année proposée le lieu de l'aphélie apparent de l'une et de l'autre Planète, sachant de combien l'un et l'autre aphélie avance par an, savoir celui de Jupiter de $55''$, et celui de Saturne de $68''$. En troisieme lieu nous pouvons déterminer pour chaque année proposée l'excentricité apparente des deux orbites, ayant trouvé que la plus grande équation elliptique de Jupiter décroît par an de $35'''$, et celle de Saturne de $1''15'''$. Donc quand on aura déterminé par les observations pour une époque fixe tant les longitudes moyennes de ces deux Planètes que leur mouvement moyen pour ce tems, le lieu de leurs aphélies apparens et leur excentricité, on connoîtra ces mêmes élémens pour tout autre tems, et partant on sera en état de dresser des tables, qui marqueront l'équation elliptique de ces deux Planètes, en se servant de la solution du probleme de KEPLER dans ce calcul. Or ces tables calculées tant pour les distances des Planètes au Soleil, que pour leurs longitudes, renfermeront déja tous le termes de nos formules trouvées ci-dessus, qui ne contienent pas ouvertement le lettres μ et ν, et outre cela encore les termes, qui dépendent des multiples de leurs anomalies, que je n'ai pas même développé dans le calcul pour l'excentricité de Saturne, ayant déja prévu dans le calcul de l'excentricité de Jupiter, que les termes[21] $Akk\cos 2r$, $akk\cos\omega$, $Kkk\cos(\omega-2r)$, $f'kk\cos(2\omega-2r)$, $a'kk\cos\omega$, $K'kk\cos(\omega-2r)$, et ceux qui renfermeroient de plus hautes puissances de k se réduisent tous à l'équation elliptique calculée sur l'excentricité apparente, et sur le lieu apparent de l'aphélie, de sorte qu'il seroit superflu de chercher soigneusement ces termes.

Donc après l'équation elliptique, nous n'aurons à considérer que les termes qui dépendent ouvertement de l'une ou l'autre des petites quantités μ et ν, qui sont de deux especes, l'une qui est indépendante des excentricités, et qui donne la variation des deux Planètes, et l'autre qui depend outre cela de l'une de ces excentricités. J'ai d'abord au commencement développé les inégalités de la premiere espece, mais je le répéterai ici, puisque le calcul suivant y a apporté quelque petite correction. Donc nous aurons pour les distances, ayant bien fixé, suivant l'article précédent, les distances moyennes c et e

$$\frac{x}{c} = 1 + \text{l'éq. ellipt.} + 0{,}43472\nu\cos\omega - 0{,}19440\nu\cos 3\omega$$
$$- 1{,}88047\nu\cos 2\omega - 0{,}05047\nu\cos 4\omega$$

---

21 Éd. orig.: $Kkk(\omega-r)$, $f'kk(2\omega-2r)$ au lieu de $Kkk\cos(\omega-2r)$, $f'kk\cos(2\omega-2r)$. HCI

$$\frac{y}{e} = 1 + \text{l'éq. ellipt.} + 0{,}90959\mu\cos\omega\ \ + 0{,}03572\mu\cos 3\omega$$
$$+ 0{,}15435\mu\cos 2\omega + 0{,}01116\mu\cos 4\omega$$

où il y aura:

$$c = 537821\left(1 - \frac{(2-3m)b}{m}kl\cos(\rho-\sigma)\right)\sqrt[3]{\frac{1+\mu}{1+0{,}12018\nu}}$$
$$e = \frac{537821}{\sqrt[3]{nn}}\left(1 + \frac{(2+m)}{m}\alpha kl\cos(\rho-\sigma)\right)\sqrt[3]{\frac{1+\nu}{1-1{,}31005\mu}}$$

Or les longitudes seront:

$$\eta = p + \text{l'éq. ellipt.} - 1{,}34665\nu\sin\omega\ \ + 0{,}27615\nu\sin 3\omega$$
$$+ 3{,}34343\nu\sin 2\omega + 0{,}06193\nu\sin 4\omega$$
$$\vartheta = q + \text{l'éq. ellipt.} + 0{,}02035\mu\sin\omega\ \ - 0{,}03365\mu\sin 3\omega$$
$$- 0{,}16222\mu\sin 2\omega - 0{,}00990\mu\sin 4\omega$$

Par-là on aura déja les lieux des Planètes corrigés tant par leur vraye équation elliptique, que par la variation. Mais pour les autres inégalités qui restent encore, on aura pour les distances:

$$\begin{aligned}\frac{x}{c} =\ &\text{Prec.} + Fk\cos(\omega-r) + Gk\cos(\omega+r)\\ &\qquad\qquad\quad\ + Hk\cos(2\omega-r)\\ &\qquad\qquad\quad\ + Ik\cos(2\omega+r)\\ &+ El\cos s\qquad\ \ + Ll\cos(\omega-s)\\ &\qquad\qquad\quad\ + Nl\cos(2\omega-s)\\ &\qquad\qquad\quad\ + Ol\cos(2\omega+s)\\ \frac{y}{e} =\ &\text{Prec.} + E'k\cos r\qquad\ + G'k\cos(\omega+r)\\ &\qquad\qquad\quad\ + H'k\cos(2\omega-r)\\ &\qquad\qquad\quad\ + I'k\cos(2\omega+r)\\ &+ L'l\cos(\omega-s) + M'l\cos(\omega+s)\\ &\qquad\qquad\quad\ + N'l\cos(2\omega-s)\\ &\qquad\qquad\quad\ + O'l\cos(2\omega+s)\end{aligned}$$

et les valeurs de ces coëfficiens se tirent des égalités, que les équations différentielles nous ont fournies précédemment, desorte que de ce côté il n'y a aucune difficulté.

Or pour les longitudes η et ϑ, il faut ajouter aux valeurs déja données, premierement les termes trouvés dans l'article V, et ensuite les termes rapportés dans l'article VI, à l'exception des deux membres marqués d'une étoile * pour ces derniers,[22] puisque ceux-ci sont déja compris dans l'équation elliptique, desorte qu'on aura alors toutes les inégalités qui paroissent de quelque conséquence; car il est clair que le nombre de toutes les inégalités monte actuellement à l'infini.

Mais pour le calcul de ces coëfficiens, outre que les valeurs des lettres m, n, c, e, κ, λ, α et b sont connues, il faut principalement remarquer que les lettres k et l ne marquent pas les excentricités apparentes, ou celles qu'on conclut immédiatement des observations, mais plutôt les excentricités vraies, que j'ai conclues des apparentes, ensorte qu'il soit:

$$k = 0{,}13595 \qquad \text{et} \qquad l = 0{,}19840\,.$$

Ensuite pour les anomalies r et s il ne faut pas prendre non plus celles qui se rapportent aux aphélies apparens, mais celles auxqu'elles conduisent les lieux des aphélies vrais, que j'ai fixés pour l'epoque 1700, celui de Jupiter à $5^s\,6°\,12'$, et de Saturne à $10^s\,20°\,45'$. Donc puisque la longitude de l'aphélie apparent de Jupiter pour la même époque est $6^s\,9°\,27'$, et de Saturne $8^s\,28°\,9'$, il sera aisé de déduire les anomalies véritables r et s, dont il faut se servir dans ces dernieres inégalités, des anomalies apparentes, qu'on tire des lieux des aphélies apparens, en soutraiant la longitude de l'aphélie de celle de la Planète. Car pour Jupiter on aura:

son anomalie veritable $r =$ à l'anomalie apparente $+\,43°\,15'$

et pour Saturne on aura:

son anomalie veritable $s =$ à l'anomalie apparente $-\,52°\,36'$

D'où l'on voit que les valeurs de ces dernieres inégalités deviendront tout autres, que si l'on y employoit les anomalies apparentes. Il n'y a donc aucun doute, que de cette maniere on approchera beaucoup plus de la vérité; puisqu'on voit par la Piece de M. EULER[23] sur cette matiere, qu'en se servant des anomalies apparentes, de quelque maniere qu'on détermine les coëfficiens des termes pour le calcul de Saturne $\sin r$, $\sin(\omega-s)$, $\sin(\omega+s)$, $\sin(2\omega-s)$, $\sin(2\omega-r)$, $\sin(2\omega+s)$, on ne sauroit jamais tellement satisfaire aux observations, que le calcul ne s'en écarte quelquefois de plusieurs minutes.

Enfin quoique les lettres r et s ne marquent ni les anomalies moyennes, ni les excentriques, ni les vraies, mais une nouvelle espece d'anomalies telles, que leurs différentielles dr et ds soient à la différentielle $d\omega$ dans un rapport constant, on peut pourtant sans aucune erreur, prendre à volonté pour r et s les anomalies moyennes, ou excentriques, ou vraies, qui résultent des aphélies vrais. Car quoique ces anomalies puissent différer entr'elles de quelques degrés, il n'en resultera pas

---

22 Édition originale: L'étoile ∗ manque.   AV
23 [E 120].   AV

dans les inégalités, qui en découlent, une différence sensible. Car, quelque soit l'anomalie qu'on voudroit introduire dans le calcul, on trouveroit toujours pour ces termes les mêmes coëfficiens; et la différence ne paroîtroit que dans les termes suivans, qui contiendroient les doubles ou triples des anomalies r et s. Or puisque nous avons négligé ces termes à cause de leur petitesse, il est clair, qu'il est indifférent de quelle espece d'anomalie on voudra se servir.

Je crois que j'ennuyerois mes Juges, si je voulois calculer en nombres tous ces coëfficiens, vû que le calcul en deviendroit extrêmement long et pénible. Car puisqu'on est à présent tout à fait convaincu que toutes les inégalités qui se peuvent trouver dans le mouvement des corps celestes sont parfaitement d'accord avec le principe de l'attraction universelle établi par le grand NEWTON, en vertu duquel tous les corps célestes s'attirent mutuellement en raison directe de leurs masses, reciproque du quarré de leurs distances, il ne s'agit pas tant à mon avis, de produire des formules, qui satisfassent aux observations, que de découvrir plutôt les inégalités, qui sont conformes à la théorie; et dès qu'on est assuré, que ces inégalités suivent nécessairement de la théorie, on ne sauroit plus douter de leur accord avec l'expérience. Pour preuve de cela la Lune nous sert d'exemple; l'on sait maintenant, que plus le calcul, qu'on fait sur cette Planète, est conforme à la théorie, plus aussi il satisfait aux phénomenes. Or je me flatte, que la méthode dont je me suis servi dans cette recherche, est tellement naturelle et conforme à la théorie, qu'on ne sauroit douter de la vérité des conséquences, qu'elles m'a fournies, d'autant plus que le mouvement de l'aphélie, et la diminution de l'excentricité apparente, qu'aucune autre méthode ne sauroit même à peine decouvrir, est parfaitement d'accord avec les observations. Cependant je souhaiterois bien comparer mon calcul avec des observations, si j'en pouvois trouver d'assez exactes, et même faites dans un assez long intervalle de tems; mais comme c'est une chose qui m'est impossible, je me vois obligé de borner mes recherches à ce que mes lumieres m'ont permis de conclure de la théorie sur la Question proposée.

NOUVELLE MÉTHODE DE DÉTERMINER LES DÉRANGEMENS DANS LE MOUVEMENT DES CORPS CÉLESTES, CAUSÉS PAR LEUR ACTION MUTUELLE

―――――

Commentatio 398 indicis ENESTROEMIANI
Mémoires de l'académie des sciences de Berlin [**19**] (1763), 1770, p. 141–179

Toute la Théorie de l'Astronomie se réduit aujourd'hui à la détermination du mouvement d'un corps, qui est poussé par des forces quelconques, qu'on peut regarder comme connues. En effet, toutes les recherches qu'on a faites jusqu'ici dans l'Astronomie, prouvent incontestablement que tous les corps célestes s'attirent mutuellement en raison de leurs masses et du quarré renversé de leurs distances, quoiqu'il y ait des cas où cette derniere proportion souffre quelque changement, lorsque le corps attirant n'est pas sphérique, et la distance en même tems peu considérable, comme il arrive à l'égard des Satellites de Jupiter, sur lesquels la force de cette planete s'écarte assez sensiblement de ladite proportion, à cause de son applatissement. Mais, dès que la distance des corps est plus considérable, cette irrégularité évanouit entierement, et l'attraction devient la même que si les corps étoient parfaitement sphériques. Cependant, quand même on seroit obligé de tenir compte de cette aberration, et que les forces ne suivroient pas exactement la raison renversée du quarré des distances, la méthode demeure la même, pourvu que cette aberration soit connue, et on aura toujours à résoudre le probleme suivant:

Toutes les forces dont un corps céleste est poussé étant connues, déterminer son mouvement en sorte qu'on soit en état d'assigner pour tout tems la vraie place qu'il occupe dans le Ciel.

C'est sur ce probleme fondamental de toute l'Astronomie, que je vai faire les réflexions suivantes.

1. Le mouvement d'un corps céleste est censé régulier, lorsqu'il n'est attiré que vers un seul corps en repos, dont la force suit exactement la raison inverse du quarré des distances; ou bien, en cas que le corps attirant ait lui-même quelque mouvement, étant poussé par des forces quelconques, lorsque le corps attiré est outre cela poussé par les mêmes forces. C'est dans ces cas que le corps attiré décrit, autour de celui qui l'attire, une section conique conformément aux regles découvertes par KEPLER: lequel mouvement étant fort aisé à déterminer, on peut bien le regarder comme parfaitement connu, et les autres mouvemens ne sont

estimés irréguliers, qu'entant qu'ils s'écartent des regles KÉPLÉRIENNES. Ainsi le mouvement des planetes principales seroit régulier, si elles n'étoient poussées par d'autres forces, que celles qui les tire vers le centre du Soleil: et le mouvement de la Lune autour de la Terre seroit aussi régulier, si, outre la force attractive de la Terre, elle éprouvoit précisément les mêmes forces accélératrices qui agissent sur la Terre, quelqu'irrégulier que fût d'ailleurs le mouvement de celle-ci.

2. Mais il n'est que trop certain qu'un tel mouvement régulier ne se trouve pas dans tout le Ciel. Car, quelqu'exactement que la Terre et les autres planetes principales, à l'exception de Saturne et de Jupiter, semblent observer les regles de KEPLER, le seul mouvement progressif de leurs absides, dont aucun Astronome ne disconvient plus, renferme une aberration très réelle de ces regles, quand même on voudroit encore douter de plusieurs petites inégalités qu'on vient de découvrir dans leur mouvement même. Et puisque les lignes des noeuds, dont les orbites des planetes se coupent mutuellement, ne se trouvent pas non plus en repos, c'est une preuve certaine que toutes les planetes sont assujetties encore à d'autres forces que celle qui les pousse vers le Soleil. Tout cela prouve incontestablement l'action mutuelle que tous les corps célestes exercent les uns sur les autres.

3. Il arrive bien, heureusement, que ces dérangemens qu'on observe dans le mouvement des corps célestes, sont pour la plûpart fort petits, ce qui nous met en état de les déterminer assez exactement par voie d'approximation, mais il s'en faut beaucoup que nous puissions nous vanter d'une connoissance parfaite de leurs mouvemens, étant obligés de négliger même une infinité de petites inégalités, lesquelles, quand même elles seroient pour la plûpart insensibles, prouvent suffisamment combien peu nous sommes encore avancés dans ces recherches. Après les soins de feu Mr. TOBIE MEYER, dont la mort prématurée nous prive des plus importantes découvertes, on peut regarder le mouvement de la Lune comme presqu'aussi bien connu que celui de la Terre, l'erreur de ses Tables[1] ne montant jamais à une minute. Mais, si l'on exigeoit un plus haut degré de précision, et qu'on prétendît savoir le lieu de la Lune à une seconde près, il faudroit avouer que la méthode dont on s'est servi est insuffisante, et qu'elle ne sauroit être portée à ce degré de précision.

4. Il en est de même des dérangemens que les planetes se causent mutuellement par leurs forces attractives; à moins que l'effet ne soit très petit, la méthode qu'on emploie pour le déterminer, est assujettie à de très grands inconvéniens. Une des principales raisons en est qu'on est obligé d'exprimer les dérangemens par des séries, dont les termes ne renferment que les sinus ou cosinus de certains angles, de la même maniere qu'on représente les irrégularités dans le mouvement de la Lune: or, quand il s'agit de celles dont Jupiter et Saturne se troublent l'un l'autre, leur distance est trop différente dans leur conjonction et opposition, pour qu'on puisse exprimer l'effet de leurs forces par une telle série convergente. De

---

1 [Mayer 1753]; [Mayer 1754].

quelque maniere qu'on s'y prenne, on ne sauroit jamais être sûr que les termes qu'on est forcé de négliger, ne donnent un résultat encore assez considérable. La grande inégalité que Mr. DE LA LANDE vient de découvrir dans le mouvement de Saturne,² et qui monte jusques à 14 minutes, provient sans doute de ces termes qu'on a négligés dans le calcul, dont le nombre étant infini, on doit être d'autant moins surpris que la série elle-même soit très peu convergente.

5. Dans ces recherches sur la Lune et les planetes, on a tâché de déterminer les inégalités par des intégrations actuelles, en exprimant par des séries infinies les intégrales des équations différentio-différentielles, qui renferment toutes les déterminations du mouvement; ce qui ne peut se pratiquer que par des approximations très ennuyeuses, et qui ne laissent que trop de doutes sur la certitude. Mais, lorsqu'il s'agit des dérangemens que cause la force attractive d'une comete dans le mouvement d'une planete, ou réciproquement la force de celle-ci dans le mouvement d'une comete, tous ces secours deviennent entierement inutiles, et les séries auxquelles on seroit réduit en suivant la même méthode, perdroient leur convergence à un tel point qu'on n'en sauroit plus rien conclure. Par cette raison, quand Mr. CLAIRAUT entreprit de déterminer la retardation de la fameuse Comete de 1682, qui ne fut de retour que l'an 1759, il a été obligé de suivre une route tout à fait différente, et de s'en tenir immédiatement aux équations différentio-différentielles, d'où ayant déduit par un travail incroyable tous les changemens quasi momentanés, il en a conclu enfin l'effet tout entier que la force de Jupiter a du produire sur cette comete.³ Il en seroit de même, si l'on vouloit déterminer l'effet qu'une comete produit sur le mouvement de la Terre ou de quelqu'autre planete, dont elle s'approcheroit assez pour y causer un changement sensible.

6. Après tant de recherches de cette nature, on peut presque prononcer, que tous les soins qu'on se donneroit pour découvrir les intégrales des équations primitives, qui sont toujours différentielles du second degré, seront perdus, et qu'on n'en sauroit attendre aucun secours. Pour ces raisons, je me propose ici d'examiner quel parti on peut tirer immédiatement des équations différentio-différentielles que les principes de la Mécanique nous fournissent; et de quelle maniere on peut par-là parvenir à une connoissance plus ou moins complette du mouvement que nous cherchons, sans nous engager dans les intégrations qui semblent surpasser notre portée. Dans cette vue, je vai commencer par les formules différentio-différentielles auxquelles les principes du mouvement nous conduisent immédiatement, et ensuite j'examinerai comment on les peut transformer, pour les rendre plus propres à l'usage astronomique. En voici le probleme.

---

2 Cf. [Lalande 1762b], pp. 430–440. Voir aussi la lettre de LALANDE à EULER du 27 mai 1762 (R 1398).   AV
3 Cf. [Clairaut 1759b]; [Clairaut 1760]; [Clairaut 1762]; [Clairaut 1765a].   AV

PROBLEME 1

Les forces dont un corps céleste est poussé étant données, trouver les formules différentio-différentielles qui renferment les changemens causés dans son mouvement.

SOLUTION

Qu'on rapporte (Fig. 1) le lieu présent du corps, aussi bien que son mouvement, à un plan fixe pris à volonté, et qui soit le même que celui de la Planche. Sur ce plan on établit aussi une direction fixe OI tirée d'un point aussi fixe O.

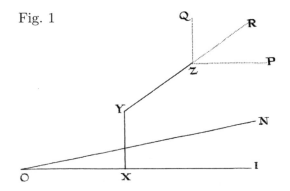

Fig. 1

Que le corps en question se trouve maintenant dans un lieu quelconque Z, d'où l'on tire sur le plan la perpendiculaire ZY, et du point Y sur la direction fixe OI la perpendiculaire YX: de sorte que le lieu du corps soit déterminé par les trois coordonnées que je nomme:

$$OX = x, \qquad XY = y \qquad \text{et} \qquad XZ = z.$$

Maintenant, de quelques forces que le corps soit poussé, on les peut toujours décomposer en sorte qu'il en résulte trois forces qui agissent selon les mêmes directions ZP, ZQ et ZR. Soient donc ces trois forces

$$\text{selon } ZP = P, \qquad \text{selon } ZQ = Q \qquad \text{et} \qquad \text{selon } ZR = R.$$

Cela posé, prenant l'élément du tems dt constant, les principes du mouvement nous fournissent ces trois égalités:

$$\alpha \, ddx = P \, dt^2, \quad \alpha \, ddy = Q \, dt^2, \quad \alpha \, ddz = R \, dt^2,$$

où α est une quantité constante qu'il faut déterminer par la maniere dont on exprime les forces rélativement au tems. Ainsi, exprimant la force de chaque corps céleste par sa masse divisée par le quarré de sa distance, et au lieu du tems introduisant le mouvement moyen du Soleil, dont l'élément soit $= d\tau$; si nous posons la masse du Soleil $= S$ et sa distance moyenne à la Terre $= e$, on aura $\alpha = \dfrac{S}{e^3}$ en écrivant $d\tau$ au lieu de dt: en sorte que τ exprime l'angle décrit par le Soleil autour de la Terre dans le tems t, selon le mouvement moyen.

Remarque 1. Je suppose ici le point O avec le plan OXY en repos; mais ordinairement on prend le point O dans le centre d'un corps céleste, auquel on rapporte le mouvement du corps en question Z. Dans ce cas, à moins que ce corps en O ne soit effectivement en repos, comme si l'on y mettoit le Soleil, il faut aussi tenir compte du mouvement de ce corps, ou plutôt des forces qui le produisent. Alors il ne s'agit que de faire un léger changement dans nos formules: on n'a qu'à décomposer les forces qui agissent sur le corps O selon les mêmes trois directions, et les appliquer en sens contraire encore au corps Z, outre celles qui y agissent actuellement. Après ce changement, nos formules exprimeront le mouvement respectif du corps Z, par rapport au corps O, ou tel qu'il paroit à un Spectateur placé dans le centre du corps O. Or alors, le point O n'étant plus en repos, il faut toujours tirer les trois coordonnées en sorte qu'elles demeurent parallèles à trois directions fixes, ou dirigées toujours vers les mêmes points du Ciel. Ainsi nos formules s'appliquent également, tant au mouvement absolu du corps Z, qu'à son mouvement respectif à l'égard d'un autre corps quelconque, pourvu qu'on comprenne aussi dans les lettres P, Q et R les forces accélératrices qui agissent sur le corps O, mais dans un sens contraire.

Remarque 2. Soit qu'on se serve immédiatement de ces formules, soit qu'on les transforme en d'autres formes quelconques, on n'en sauroit tirer aucun fruit à moins que pour un certain tems donné on ne connoisse, tant le lieu du corps Z, que le mouvement qu'il a dans cet instant. Dans ce moment donc, les trois coordonnées x, y et z seront connues, qui déterminent le lieu du corps Z: or, à cause du mouvement qui est aussi connu, on tirera les vitesses selon les trois directions fixes, ou, ce qui revient au même, les trois valeurs $\dfrac{dx}{dt}$, $\dfrac{dy}{dt}$, $\dfrac{dz}{dt}$ seront connues. Maintenant, ces élémens étant donnés, on demande une solution par laquelle l'on puisse déterminer pour tout autre tems, tant le lieu que le mouvement du même corps. L'intégration de nos formules nous procureroit sans doute cet avantage; mais, comme nous sommes obligés d'y renoncer en général, nous devons borner nos recherches à un tems peu considérable, écoulé depuis l'époque marquée, où le lieu avec le mouvement du corps est connu: et partant je m'appliquerai à la solution du probleme suivant.

PROBLEME 2

Le lieu et le mouvement du corps étant connus pour une époque donnée, avec les forces qui agissent sur le corps, déterminer pour un tems peu considérable écoulé depuis cette époque, tant le lieu que le mouvement du corps.

SOLUTION

Que le tems t réponde à l'époque proposée, où les trois coordonnées x, y et z déterminent le lieu du corps, et sont par conséquent données; à cause de son mouvement pareillement donné, les quantités suivantes seront aussi connues

$$\frac{dx}{dt} = p, \quad \frac{dy}{dt} = q \quad \text{et} \quad \frac{dz}{dt} = r.$$

Ces valeurs étant introduites dans nos formules à cause de $ddx = dp\,dt$, $ddy = dq\,dt$ et $ddz = dr\,dt$, nous fournissent

$$\alpha\,dp = P\,dt, \quad \alpha\,dq = Q\,dt \quad \text{et} \quad \alpha\,dr = R\,dt.$$

Maintenant, si l'on demandoit l'état du corps après un tems infiniment petit dt, depuis l'époque établie, nous aurions pour son lieu les coordonnées

$$x + dx = x + p\,dt, \quad y + dy = y + q\,dt, \quad z + dz = z + r\,dt,$$

et pour son mouvement les quantités

$$p + dp = p + \frac{1}{\alpha}P\,dt, \quad q + dq = q + \frac{1}{\alpha}Q\,dt, \quad r + dr = r + \frac{1}{\alpha}R\,dt,$$

et ces formules pourront avoir lieu quand on prend pour dt un tems fini, mais extrêmement petit, en sorte que, plus on le supposera petit, et moins on s'écartera de la vérité. Mais marquons le tems écoulé après l'époque par τ, et soient alors les trois coordonnées x', y', z', et les trois quantités pour la détermination du mouvement p', q', r', dont il s'agit de définir les valeurs. Or ces quantités pouvant être regardées comme des fonctions du tems $t+\tau$, pendant que les primitives sont de semblables fonctions du tems t, nous aurons par les principes de l'analyse:

$$x' = x + \frac{\tau\,dx}{dt} + \frac{\tau^2\,ddx}{2\,dt^2} + \frac{\tau^3\,d^3x}{6\,dt^3} + \frac{\tau^4\,d^4x}{24\,dt^4} + \text{etc.}$$

et ainsi des autres. Or, puisque

$$\frac{dx}{dt} = p \quad \text{et} \quad \frac{dp}{dt} = \frac{1}{\alpha}P = \frac{ddx}{dt^2}$$

d'où nous tirons outre cela:

$$\frac{d^3x}{dt^3} = \frac{dP}{\alpha\,dt}; \quad \frac{d^4x}{dt^4} = \frac{ddP}{\alpha\,dt^2} \quad \text{etc.}$$

et partant les trois coordonnées cherchées seront:

$$x' = x + \tau p + \frac{\tau\tau P}{2\alpha} + \frac{\tau^3\,dP}{6\alpha\,dt} + \frac{\tau^4\,ddP}{24\alpha\,dt^2} + \frac{\tau^5\,d^3P}{120\alpha\,dt^3} + \text{etc.}$$

$$y' = y + \tau q + \frac{\tau\tau Q}{2\alpha} + \frac{\tau^3\,dQ}{6\alpha\,dt} + \frac{\tau^4\,ddQ}{24\alpha\,dt^2} + \frac{\tau^5\,d^3Q}{120\alpha\,dt^3} + \text{etc.}$$

$$z' = z + \tau r + \frac{\tau\tau R}{2\alpha} + \frac{\tau^3\,dR}{6\alpha\,dt} + \frac{\tau^4\,ddR}{24\alpha\,dt^2} + \frac{\tau^5\,d^3R}{120\alpha\,dt^3} + \text{etc.}$$

et par le même fondement nous aurons pour le mouvement du corps

$$p' = p + \frac{\tau P}{\alpha} + \frac{\tau^2 \, dP}{2\alpha \, dt} + \frac{\tau^3 \, ddP}{6\alpha \, dt^2} + \frac{\tau^4 \, d^3P}{24\alpha \, dt^3} + \text{etc.}$$
$$q' = q + \frac{\tau Q}{\alpha} + \frac{\tau^2 \, dQ}{2\alpha \, dt} + \frac{\tau^3 \, ddQ}{6\alpha \, dt^2} + \frac{\tau^4 \, d^3Q}{24\alpha \, dt^3} + \text{etc.}$$
$$r' = r + \frac{\tau R}{\alpha} + \frac{\tau^2 \, dR}{2\alpha \, dt} + \frac{\tau^3 \, ddR}{6\alpha \, dt^2} + \frac{\tau^4 \, d^3R}{24\alpha \, dt^3} + \text{etc.}$$

où je n'ai qu'à remarquer que les forces P, Q, R étant données, puisqu'elles dépendent en partie des coordonnées x, y, z, et en partie du lieu et du mouvement des corps dont elles résultent, leurs valeurs différentielles $\frac{dP}{dt}$, $\frac{ddP}{dt^2}$ etc. seront aussi exprimées par des quantités finies et connues; de sorte que ces séries infinies expriment exactement les quantités que nous cherchons.

Remarque 1. Si l'intervalle de tems τ est infiniment petit, ces formules nous fournissent les mêmes valeurs que la différentiation; mais, pour peu que cet intervalle τ soit considérable, on sentira aisément combien les déterminations différentielles s'écartent de la vérité.

Remarque 2. Plus cet intervalle de tems τ est pris grand, et moins les séries trouvées seront convergentes; on sera donc obligé d'en prendre d'autant plus de termes depuis le commencement, pour arriver au même point de précision. Cependant, quelque nombre de termes qu'on en veuille prendre, il ne sera jamais convenable de donner à τ une trop grande valeur, de peur que les termes négligés ne deviennent trop considérables. Car, quoique les termes suivans soient divisés par de plus grands nombres, il arrive ordinairement que les valeurs fournies par la différentiation réitérée $\frac{dP}{dt}$, $\frac{ddP}{dt^2}$, $\frac{d^3P}{dt^3}$ etc. vont aussi en augmentant, de sorte que pour la plûpart la convergence dépend plutôt de la petitesse de l'intervalle τ, que de la grandeur des dénominateurs.

Remarque 3. Or, ayant trouvé par cette méthode l'état du corps pour le tems $t + \tau$, ou bien les quantités x', y', z', p', q', r', en les substituant au lieu des primitives x, y, z, p, q, r, on passera de la même maniere encore plus loin, et on déterminera l'état du corps pour le tems $t + 2\tau$. Mais alors il faut que les forces P, Q, R, soient aussi connues pour le tems $t + \tau$, ce qu'on peut bien supposer, quand le mouvement des autres corps qui agissent sur le corps Z est connu. Mais, en cas que leur mouvement fût aussi troublé, on seroit obligé de chercher par la même méthode l'état de chacun pour le tems $t + \tau$, avant que de passer à un nouvel intervalle de tems τ. Par ce moyen, en réitérant plusieurs fois les mêmes opérations, on parviendra enfin à la connoissance du mouvement pour un tems aussi éloigné de la premiere époque qu'on voudra, et cela sans le secours d'aucune intégration.

Remarque 4. Plus on prendra les intervalles de tems τ petits pour parvenir à ce but, et plus de fois on sera obligé de répéter les mêmes opérations. Ainsi, pour le tems $t+T$, en prenant $\tau = \dfrac{T}{n}$, il faudra répéter ces opérations n fois. De là nait cette question assez importante: puisque dans chaque opération on admet une petite erreur, qui étant réitérée devient enfin considérable, s'il vaut mieux donner à τ des valeurs plus petites ou plus grandes, attendu que dans le premier cas les erreurs, quoique plus petites, sont multipliées par un plus grand nombre que dans l'autre? Pour décider cette question, supposons qu'on prenne de nos séries les trois premiers termes, de sorte que l'erreur commise puisse être estimée par le quatrieme terme, et partant $= \lambda\tau^3$. Soit maintenant le tems entier $T = n\tau$, de sorte que les opérations doivent être répétées n fois, et l'erreur totale sera $= n\lambda\tau^3 = \lambda\tau\tau T$; d'où l'on voit que, plus on prend l'intervalle τ petit, et plus sera aussi petite l'erreur totale qui en résulte, nonobstant la plus grande replication: dans la supposition qu'on n'emploie dans le calcul que les trois premiers termes, l'erreur totale sera diminuée en raison du quarré de l'intervalle τ: et si l'on vouloit se servir de quatre termes, cette diminution suivroit la raison du cube de l'intervalle τ.

Remarque 5. Il est donc toujours fort important de prendre les intervalles de tems τ aussi petits que les circonstances le permettent, quoiqu'en prenant plusieurs termes des séries on puisse en admettre d'assez considérables. Cependant il est aisé de se décider là-dessus: car, supposant l'erreur d'une opération $= \lambda\tau^3$, en employant trois termes, si l'on veut passer au tems T écoulé de la premiere époque, on n'a qu'à égaler $\lambda\tau\tau T$ à l'erreur qu'on veut éviter dans le résultat final, et de là on tirera la valeur du tems τ. Alors il seroit bien superflu de prendre cet intervalle encore plus petit. C'est ainsi qu'on pourra atteindre à un degré de précision aussi haut qu'on souhaite, et étendre cette détermination du mouvement à des tems très éloignés, sans qu'on ait à craindre des erreurs sensibles.

OBSERVATION

En considérant bien cette méthode, elle me paroit si aisée et si propre à la pratique, au moyen des précautions que je viens d'indiquer, que nous pouvons aisément renoncer à la solution complète, qui se fait par l'intégration. Car, quand même on réussiroit un jour à résoudre le fameux probleme des trois corps, de sorte qu'on pût déterminer en général par des expressions finies le mouvement de trois corps quelconques, qui s'attirent mutuellement, ces expressions seroient certainement si compliquées et enveloppées de toutes les quantités inconnues qui entrent dans le calcul, qu'il seroit peut-être impossible de les débrouiller et d'en faire l'application au calcul astronomique. Il faudroit sans doute recourir à des approximations extrèmement embarassantes, et on risqueroit toujours de se tromper beaucoup plus que suivant la méthode que je viens d'indiquer. Il est bien vrai qu'une telle solution nous montreroit également l'état du mouvement des trois corps pour tous les tems, quelque éloignés qu'ils fussent d'une certaine époque pour laquelle le mouvement seroit connu, et on ne se tromperoit gueres plus après plusieurs siecles qu'après quelques heures, supposé que le mouvement eût été une fois parfaitement bien connu. Mais la moindre incertitude à cet égard, qu'on ne sauroit jamais éviter, ôtera aussi cette préférence à une solution parfaite. Pour peu qu'on se trompât dans la détermination du mouvement pour une époque fixe, les erreurs qui en résulteroient dans la suite, iroient toujours en augmentant; et après un tems très considérable, elles rendroient les conclusions aussi incertaines que la méthode proposée. Je n'hésite donc pas à préférer cette méthode à la solution parfaite du probleme de trois corps, qu'on recherche avec tant d'empressement, vu que le calcul seroit non seulement incomparablement plus difficile, mais que nous n'en serions pas moins incertains pour des tems fort éloignés.

Mais il y a plus: cette nouvelle méthode l'emporte aussi à d'autres égards sur la solution parfaite du probleme des trois corps, quand même on seroit assez heureux pour y réussir, et que l'application au calcul n'auroit aucune difficulté; puisque, dès qu'un quatrieme corps y concourroit par son action, tout le succès en seroit anéanti, à moins qu'on ne pût étendre la solution à quatre corps et plus, ce qu'on ne sauroit jamais espérer, sans parler des difficultés insurmontables qui en réjailliroient sur le calcul. Mais la méthode que je propose, s'exécute avec la même facilité, quelque grand que soit le nombre des corps qui agissent sur celui dont on cherche le mouvement: on n'a qu'à en comprendre les forces dans les lettres P, Q, R, ce qui se fait sans la moindre difficulté; et quand même quelque comete surviendroit, on en tiendroit compte aussi aisément sans que le calcul en fût dérangé, ce qui ne sauroit jamais se pratiquer dans l'autre méthode, qu'on regarde comme parfaite.

Cependant je ne saurois disconvenir d'un assez grand inconvénient de ma méthode, qui est que, pour déterminer le lieu et le mouvement du corps pour quelque tems éloigné de l'époque établie dans le calcul, on est obligé de passer par tous les tems intermédiaires; et qu'on ne sauroit, par exemple, assigner la place de la Lune après un an sans calculer en même tems ses places pour tous les jours. C'est sans doute un très grand avantage des Tables Astronomiques, qu'elles nous découvrent d'abord pour tous les tems les lieux des corps célestes, sans que nous ayons besoin de suivre presque pas à pas leurs mouvemens. Si cet avantage pouvoit subsister avec tous les dérangemens auxquels les corps célestes sont assujettis, ce seroit sans doute tout ce qu'on pourroit souhaiter. Mais, comme cet avantage n'est attaché qu'aux mouvemens réguliers, et à ceux tout au plus qui ne s'en écartent pas sensiblement, nous devrions bien y renoncer quand il s'agit de connoitre plus exactement toutes les inégalités qui y sont causées par leur action mutuelle. D'ailleurs, il n'est rien moins que superflu de chercher pour tous les jours, et pour des intervalles plus petits encore, les lieux des corps célestes: et ceux qui s'occupent à calculer les éphémérides, suivent précisément la même route. C'est sans doute un grand travail que de calculer le lieu de la Lune par les Tables[4]

---

4 [Mayer 1753].

de feu M. MEYER, tant pour le midi que pour le minuit de chaque jour, dont M. DE LA LANDE veut bien se charger dans la *Connoissance des tems*[5]: et j'ose presque assûrer que, si l'on vouloit calculer les lieux de la Lune pour les mêmes tems suivant cette nouvelle méthode, cela se pourroit faire avec moins de peine. Quand même cela couteroit un peu davantage, n'en seroit on pas amplement récompensé par le plus haut degré de précision, qu'on atteindroit par ce moyen, en rendant tout à fait insensibles les erreurs qui dans les tables peuvent bien monter jusqu'à une minute. Mais ce n'est pas encore tout: on pourroit même, sans rendre le calcul plus pénible, tenir compte des forces que les planetes exercent sur la Lune: et il est assez vraisemblable que l'effet de Vénus et de Mars, et peut-être aussi de Jupiter, est assez sensible, lorsque ces planetes se trouvent dans leurs périgées. Comme ceux qui calculent les éphémérides, déterminent pour tous les jours les lieux de ces planetes, la considération de leurs forces sur la Lune n'augmenteroit presque point les travaux du calcul, et si l'on étoit curieux d'apprendre si la derniere comete n'a rien changé dans le mouvement de la Lune, ce seroit sans contredit le seul moyen de s'en assurer. Or, calculant pour tous les tems de suite les valeurs des trois coordonnées x, y, z, il est aisé d'en déduire les déterminations dont on se sert dans l'Astronomie: comme, si le plan OXY est celui de l'écliptique, et que la droite OI soit dirigée vers son commencement, l'angle XOY donnera la longitude, et l'angle YOZ la latitude; et je ne crois pas qu'il en valût la peine, de transformer nos formules primitives, pour en tirer immédiatement ces angles avec la distance OZ. Surtout, quand les dérangemens sont très considérables, on fera mieux de s'en tenir aux formules les plus simples. Mais, pour satisfaire à ceux qui, selon la maniere reçue parmi les Astronomes, voudroient être éclaircis sur les absides, excentricités, lignes des noeuds et inclinaisons des orbites, et les changemens causés dans ces élémens, je vais ajuster les formules primitives à ce dessein.

Sur la ligne des noeuds et l'inclinaison de l'orbite

La direction du mouvement du corps Z avec le point fixe O détermine un plan, qu'on nomme le plan où le corps se meut à présent, ou le plan de son orbite, et qui coupera le plan fixe OXY, auquel on rapporte le mouvement, selon une ligne droite ON, qu'on nomme la ligne des noeuds. Ici il y a deux choses qu'il faut introduire dans le calcul, premierement la position de cette ligne des noeuds ON, ou l'angle ION, qu'on nomme la longitude du noeud, et ensuite l'inclinaison de l'orbite au plan fixe OXY, ou bien l'angle que fait avec ce plan celui qui passe par le point Z et la ligne ON. Posons donc

la longitude du noeud, ou l'angle $ION = \psi$

et l'inclinaison de l'orbite au plan fixe $= \omega$.

---

[5] *Connoissance des tem[p]s [ou des mouvements célestes] à l'usage des astronomes et des navigateurs*, édité par Lalande de 1760 jusqu'à 1775, cf. [Lalande 1803], p. 468. AV

Outre cela, pour rapporter le lieu du corps Z à ces élémens, soit l'angle que fait la ligne OZ avec la ligne des noeuds ON qu'on nomme l'argument de latitude, ou l'angle ZON, $= \sigma$. Lorsque le mouvement du corps se fait dans le même plan, les deux angles ψ et ω demeurent invariables, ce qui arrive dans le mouvement régulier. Mais, dans le mouvement irrégulier, que j'ai ici principalement en vue, il faut considérer ces élémens comme variables, et alors leur variabilité se trouve dans un certain rapport avec l'angle σ, qu'on détermine le plus commodément par la Trigonométrie sphérique.

1. En plaçant (Fig. 2) le point fixe O dans le centre de la sphere, le plan fixe représentera sur la surface le grand cercle INP, sur lequel la ligne des noeuds marque le point N, et la direction fixe OI le point I; or Z soit le lieu apparent

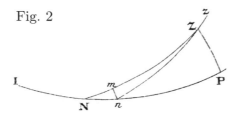

Fig. 2

du corps sur la surface de la sphere. Qu'on tire l'arc d'un grand cercle ZN, qui représente le plan de l'orbite, et cet arc sera mesuré par l'argument de latitude $\sigma = NOZ$: enfin l'angle PNZ sera le même que celui de l'inclinaison ω, de sorte que nous ayons sur la sphere

l'arc $IN = \psi$, l'arc $NZ = \sigma$ et l'angle $PNZ = \omega$.

2. Maintenant, si la ligne des noeuds avec l'inclinaison est variable, ou bien que le plan de l'orbite change, il faut bien que ce plan changé passe encore par le même point Z, puisque le lieu du corps peut être regardé comme commun à l'un et l'autre état. Supposons donc que dans un instant la ligne des noeuds passe en n, et que le plan de l'orbite soit alors l'arc nZ: nous obtiendrons par là $Nn = d\psi$ et l'inclinaison changée $PnZ = \omega + d\omega$. Qu'on tire nm perpendiculaire sur NZ; et on aura $Nm = d\psi \cos \omega$, donc $Zn = \sigma - d\psi \cos \omega$, de sorte que $-d\psi \cos \omega$ puisse être considéré comme le différentiel de σ.

3. Donc, tirant de Z sur le cercle IP l'arc ZP perpendiculairement, puisque le triangle ZNP donne $\sin ZP = \sin \sigma \sin \omega$, et le triangle ZnP donne $\sin ZP = \sin(\sigma - d\psi \cos \omega) \sin(\omega + d\omega)$, il est clair que le différentiel de la formule $\sin \sigma \sin \omega$ évanouit en posant $d\sigma = -d\psi \cos \omega$. De là nous tirons:

$$-d\psi \cos \omega \cos \sigma \sin \omega + d\omega \sin \sigma \cos \omega = 0, \quad \text{donc} \quad d\psi = \frac{d\omega \sin \sigma}{\cos \sigma \sin \omega}$$

et partant les changemens de la ligne des noeuds et de l'inclinaison dépendent de telle sorte l'un de l'autre, que connoissant l'un on détermine aisément l'autre, ce qui nous sera d'un très grand secours dans les recherches suivantes.

4. Cette représentation sur la sphère nous fournit encore d'autres déterminations, qui demanderoient sans ce moyen des calculs assez pénibles. D'abord, supposant que le corps parvienne de Z en z pendant que la ligne des noeuds avance de N en n, l'argument de latitude sera à présent l'arc nZz, et partant $= \sigma + d\sigma$: mais nous venons de trouver $nZ = \sigma - d\psi \cos\omega$, par conséquent nous aurons $Zz = d\sigma + d\psi \cos\omega$. Or Zz marque l'angle élémentaire que le corps Z décrit un instant autour du point fixe O; donc, si nous posons cet angle $= d\varphi$, nous aurons

$$d\varphi = d\sigma + d\psi \cos\omega, \quad \text{ou bien} \quad d\sigma = d\varphi - d\psi \cos\omega.$$

5. De là nous définirons aussi aisément le changement même qui se fait dans le plan de l'orbite, ou combien après un instant le plan de l'orbite est incliné à son plan précédent. Il est évident que l'angle NZn exprime ce changement élémentaire. Or cet angle se trouve $NZn = mn : \sin NZ$, qui à cause de $mn = d\psi \sin\omega$ se réduit à

$$NZn = \frac{d\psi \sin\omega}{\sin\sigma} = \frac{d\omega}{\cos\sigma},$$

de sorte que cet angle est toujours plus grand que le changement de l'inclinaison.

Introduction de ces nouveaux élémens dans le calcul

1. Posant donc (Fig. 3) l'angle $ION = \psi$, qu'on tire du point Y sur la ligne des noeuds ON, la perpendiculaire YN, et la droite ZN y étant aussi perpendiculaire, l'angle YNZ mesurera l'inclinaison de l'orbite, de sorte que $YNZ = \omega$. Ensuite, tirant la droite OZ, nous aurons l'angle $NOZ = \sigma$. Soit maintenant la

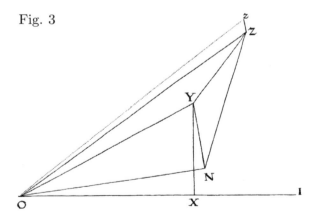

Fig. 3

distance du corps Z au point fixe O, ou OZ, $= v$, et de là nous aurons:

$$ON = v\cos\sigma \quad \text{et} \quad ZN = v\sin\sigma$$

d'où le triangle NZY fournit

$$ZY = v\sin\sigma\sin\omega \quad \text{et} \quad NY = v\sin\sigma\cos\omega.$$

De là nous déterminerons nos trois coordonnées de la maniere suivante

$$OX = x = ON\cos\psi - NY\sin\psi = v\cos\sigma\cos\psi - v\sin\sigma\cos\omega\sin\psi$$
$$XY = y = ON\sin\psi + NY\cos\psi = v\cos\sigma\sin\psi + v\sin\sigma\cos\omega\cos\psi$$
$$YZ = z = v\sin\sigma\sin\omega\,.$$

2. Que dans le tems dt le corps avance de Z en z, pour avoir $Oz = v + dv$, et puisque l'angle élémentaire $ZOz = d\varphi = d\sigma + d\psi\cos\omega$, comme nous venons de trouver, nous aurons l'élément $Zz = \sqrt{(dv^2 + vv\,d\varphi^2)}$. Mais, par les coordonnées, ce même élément est $Zz = \sqrt{(dx^2 + dy^2 + dz^2)}$, de sorte que

$$dv^2 + vv\,d\varphi^2 = dx^2 + dy^2 + dz^2$$

et partant prenant les différentiels, en écrivant pour ddx, ddy, ddz, leurs valeurs des formules primitives:

$$d\cdot(dv^2 + vv\,d\varphi^2) = \frac{2\,dt^2}{\alpha}(P\,dx + Q\,dy + R\,dz)$$

ou en indiquant seulement les intégrales:

$$dv^2 + vv\,d\varphi^2 = \frac{2\,dt^2}{\alpha}\int(P\,dx + Q\,dy + R\,dz)\,.$$

3. Mais, pour éliminer aussi les différentiels dx, dy et dz, je remarque que les différentiels qui se rapportent au changement du point Z, doivent provenir les mêmes, soit qu'on prenne les angles ψ et ω variables, soit qu'on les suppose constans, en mettant alors $d\sigma = d\varphi$, puisque le point z appartient également au plan primitif de l'orbite qu'au changé: cette remarque abrégera très considérablement les différentiations que nous avons à faire; cependant si l'on veut se donner la peine de différentier en général, on arrivera aux mêmes résultats, pourvu qu'on tienne compte de $d\psi = \frac{d\omega\sin\sigma}{\cos\sigma\sin\omega}$, et qu'on mette $d\varphi$ à la place de $d\sigma + d\psi\cos\omega$.

4. Ayant donc par les formules trouvées

$$\frac{x}{z} = \frac{\cos\sigma\cos\psi}{\sin\sigma\sin\omega} - \frac{\cos\omega\sin\psi}{\sin\omega} \quad \text{et} \quad \frac{y}{z} = \frac{\cos\sigma\sin\psi}{\sin\sigma\sin\omega} + \frac{\cos\omega\cos\psi}{\sin\omega}$$

nous en tirerons par la différentiation

$$\frac{z\,dx - x\,dz}{zz} = -\frac{d\varphi\cos\psi}{\sin\sigma^2\sin\omega} \quad \text{et} \quad \frac{z\,dy - y\,dz}{zz} = -\frac{d\varphi\sin\psi}{\sin\sigma^2\sin\omega}\,.$$

Multiplions par $zz = vv\sin\sigma^2\sin\omega^2$, et nous aurons

$$x\,dz - z\,dx = vv\,d\varphi\sin\omega\cos\psi \quad \text{et} \quad y\,dz - z\,dy = vv\,d\varphi\sin\omega\sin\psi,$$

et en combinant ces deux équations:
$$z(x\,dy - y\,dx) = vv\,d\varphi \sin\omega(y\cos\psi - x\sin\psi) = v^3\,d\varphi \sin\sigma \sin\omega \cos\omega$$

d'où s'ensuit
$$x\,dy - y\,dx = vv\,d\varphi \cos\omega\,.$$

5. Ces formules sont très propres à l'application de nos équations primitives, qui nous fournissent

$$x\,ddz - z\,ddx = d\cdot vv\,d\varphi \sin\omega \cos\psi = \frac{dt^2}{\alpha}(Rx - Pz)$$
$$y\,ddz - z\,ddy = d\cdot vv\,d\varphi \sin\omega \sin\psi = \frac{dt^2}{\alpha}(Ry - Qz)$$
$$x\,ddy - y\,ddx = d\cdot vv\,d\varphi \cos\omega = \frac{dt^2}{\alpha}(Qx - Py)$$

dont les deux premieres donnent par le développement:

$$\cos\psi\,d\cdot vv\,d\varphi \sin\omega - vv\,d\varphi\,d\psi \sin\omega \sin\psi = \frac{dt^2}{\alpha}(Rx - Pz)$$
$$\sin\psi\,d\cdot vv\,d\varphi \sin\omega + vv\,d\varphi\,d\psi \sin\omega \cos\psi = \frac{dt^2}{\alpha}(Ry - Qz)$$

d'où éliminant le membre $d\cdot vv\,d\varphi \sin\omega$

$$vv\,d\varphi\,d\psi \sin\omega = \frac{dt^2}{\alpha}\bigl(R(y\cos\psi - x\sin\psi) + z(P\sin\psi - Q\cos\psi)\bigr)$$

ou
$$vv\,d\varphi\,d\psi \sin\omega = \frac{dt^2}{\alpha}\bigl(Rv\sin\sigma \cos\omega + v\sin\sigma \sin\omega(P\sin\psi - Q\cos\psi)\bigr)$$

donc
$$d\psi = \frac{dt^2 \sin\sigma}{\alpha v\,d\varphi}(R\cot\omega + P\sin\psi - Q\cos\psi)$$

et
$$\frac{d\omega}{\sin\omega} = \frac{dt^2 \cos\sigma}{\alpha v\,d\varphi}(R\cot\omega + P\sin\psi - Q\cos\psi)\,.$$

Ces deux équations renferment les variations que la ligne des noeuds et l'inclination de l'orbite subissent.

6. Mais, en éliminant des deux équations précédentes l'élément $d\psi$, nous obtiendrons:

$$d\cdot vv\,d\varphi \sin\omega = \frac{dt^2}{\alpha}\bigl(R(x\cos\psi + y\sin\psi) - z(P\cos\psi + Q\sin\psi)\bigr)$$

qu'on combinera avec succès avec la troisieme de l'article précédent

$$d \cdot vv\, d\varphi \cos\omega = \frac{dt^2}{\alpha}(Qx - Py)\,.$$

Or, en développant ces deux différentiels, et en éliminant tantôt la différence de $vv\,d\varphi$, tantôt $d\omega$, nous trouverons enfin en substituant à x, y, z, les valeurs trouvées ci-dessus:

$$vv\,d\varphi\,d\omega = \frac{v\,dt^2 \cos\sigma}{\alpha}(R\cos\omega + P\sin\omega\sin\psi - Q\sin\omega\cos\psi)$$

et

$$d \cdot vv\,d\varphi = \frac{v\,dt^2}{\alpha}\big(R\cos\sigma\sin\omega - P(\sin\sigma\cos\psi + \cos\sigma\sin\psi\cos\omega) \\ - Q(\sin\sigma\sin\psi - \cos\sigma\cos\psi\cos\omega)\big)$$

dont celle-là convient avec la derniere que j'ai trouvée tantôt. Or celle-ci étant multipliée par $2vv\,d\varphi$ et intégrée, donne[6]:

$$v^4\,d\varphi^2 = \frac{2\,dt^2}{\alpha}\int v^3\,d\varphi\,\big(R\cos\sigma\sin\omega - P(\sin\sigma\cos\psi + \cos\sigma\sin\psi\cos\omega) \\ - Q(\sin\sigma\sin\psi - \cos\sigma\cos\psi\cos\omega)\big)$$

d'où l'on obtient la valeur de $vv\,d\varphi^2$ pour la premiere équation trouvée No. 2.

7. Il ne reste donc qu'à définir les valeurs des différentiels dx, dy et dz, pour les substituer dans la premiere équation. Or, pour dz ayant $\log z = \log v + \log\sin\sigma + \log\sin\omega$, on trouve

$$\frac{dz}{z} = \frac{dv}{v} + \frac{d\sigma \cos\sigma}{\sin\sigma} + \frac{d\omega \cos\omega}{\sin\omega}$$

qui, à cause de

$$d\omega = \frac{d\psi \cos\sigma \sin\omega}{\sin\sigma} \quad \text{et} \quad d\sigma = d\varphi - d\psi\cos\omega\,,$$

ou simplement de

$$d\sigma = d\varphi - \frac{d\omega \sin\sigma \cos\omega}{\cos\sigma \sin\omega}\,,$$

se réduit à

$$\frac{dz}{z} = \frac{dv}{v} + \frac{d\varphi \cos\sigma}{\sin\sigma} \quad \text{ou} \quad dz = dv\sin\sigma\sin\omega + v\,d\varphi\cos\sigma\sin\omega\,.$$

Ensuite[7] nous tirons des autres formules de No. 4:

$$dx = \frac{x\,dz}{z} - \frac{v\,d\varphi \cos\psi}{\sin\sigma} \quad \text{et} \quad dy = \frac{y\,dz}{z} - \frac{v\,d\varphi \sin\psi}{\sin\sigma}$$

---

6 Édition originale: s au lieu du signe d'intégration.   AV
7 Édition originale: $dx = \frac{x\,dz}{z} + \frac{v\,d\varphi \cos\psi}{\sin\sigma}$.   AV

qui se réduisent à ces formes:

$$dx = \frac{x\,dv}{v} - v\,d\varphi(\sin\sigma\cos\psi + \cos\sigma\cos\omega\sin\psi)$$

$$dy = \frac{y\,dv}{v} - v\,d\varphi(\sin\sigma\sin\psi - \cos\sigma\cos\omega\cos\psi)$$

dont on peut substituer les valeurs dans l'équation

$$d\cdot(dv^2 + vv\,d\varphi^2) = \frac{2\,dt^2}{\alpha}(P\,dx + Q\,dy + R\,dz)\,.$$

8. Les formules composées d'angles, qui entrent dans ces équations, peuvent très commodément se représenter par la Trigonométrie sphérique. Soit pour cet

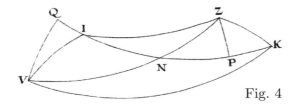

Fig. 4

effet (Fig. 4) comme ci-dessus:

l'arc $IN = \psi$, l'arc $NZ = \sigma$ et l'angle $KNZ = \omega$;

qu'on prolonge l'arc IN jusqu'en K, et l'arc ZN jusqu'en V de sorte que IK et ZV soient des quarts de cercle, et qu'on tire les arcs de grands cercles IZ, KZ, IV et KV, de même que les perpendiculaires ZP et VQ sur IK. Cela posé, on aura

$$\sin ZP = \sin\sigma\sin\omega$$
$$\sin VQ = \cos\sigma\sin\omega$$
$$\cos IZ = \cos\sigma\cos\psi - \sin\sigma\sin\psi\cos\omega$$
$$\cos KZ = \cos\sigma\sin\psi + \sin\sigma\cos\psi\cos\omega$$
$$\cos IV = \sin\sigma\cos\psi + \cos\sigma\sin\psi\cos\omega$$
$$\cos KV = \sin\sigma\sin\psi - \cos\sigma\cos\psi\cos\omega$$

d'où nous tirons:

$$x = v\cos IZ$$
$$y = v\cos KZ$$
$$z = v\sin ZP$$
$$dx = dv\cos IZ - v\,d\varphi\cos IV$$
$$dy = dv\cos KZ - v\,d\varphi\cos KV$$
$$dz = dv\sin ZP + v\,d\varphi\sin VQ\,.$$

9. Mais, sans entrer dans un plus grand détail de ces formules, qui dépendent des forces dont le corps est sollicité, je me bornerai à montrer comment on doit s'y prendre pour les résoudre par la méthode générale que je viens de proposer. Or les deux dernieres équations étant développées donnent

$$2v\,dv\,d\varphi + vv\,dd\varphi = \frac{v\,dt^2}{\alpha}(R\sin VQ - P\cos IV - Q\cos KV)$$

$$dv\,ddv + v\,dv\,d\varphi^2 + vv\,d\varphi\,dd\varphi = \frac{dt^2}{\alpha}(P\,dv\cos IZ + Q\,dv\cos KZ + R\,dv\sin ZP)$$
$$-\frac{v\,dt^2\,d\varphi}{\alpha}(P\cos IV + Q\cos KV - R\sin VQ)\,.$$

Otons de celle-ci celle-là multipliée par $d\varphi$, et divisant par dv nous aurons:

$$ddv - v\,d\varphi^2 = \frac{dt^2}{\alpha}(P\cos IZ + Q\cos KZ + R\sin ZP)$$

et divisant la premiere par v:

$$2\,dv\,d\varphi + v\,dd\varphi = \frac{dt^2}{\alpha}(R\sin VQ - P\cos IV - Q\cos KV)\,.$$

10. Soit maintenant

$$dv = p\,dt\;;\quad d\varphi = q\,dt\;;\quad d\psi = r\,dt\,,$$

et partant

$$d\omega = \frac{r\,dt\,\cos\sigma\sin\omega}{\sin\sigma}\quad\text{et}\quad d\sigma = dt\,(q - r\cos\omega)$$

de sorte que

$$dp = vqq\,dt + \frac{dt}{\alpha}(P\cos IZ + Q\cos KZ + R\sin ZP)$$

$$dq = -\frac{2pq\,dt}{v} + \frac{dt}{\alpha v}(R\sin VQ - P\cos IV - Q\cos KV)$$

et[8]

$$r = \frac{\sin\sigma}{\alpha vq}(R\cot\omega + P\sin\psi - Q\cos\psi)\,.$$

Donc, si pour une époque donnée, qui répond au tems t, on connoit les quantités $v, \varphi, p, q, \psi, \omega$ et σ, on en trouvera pour tout autre tems $t+\tau$ ces mêmes élémens $v', \varphi', p', q', \psi', \omega', \sigma'$, par la formule générale

$$z' = z + \frac{\tau\,dz}{dt} + \frac{\tau^2\,ddz}{2\,dt^2} + \frac{\tau^3\,d^3z}{6\,dt^3} + \text{etc.}$$

---

[8] Édition originale: $r = \frac{dt\sin\sigma}{\alpha vq}(R\cot\omega + P\sin\psi - Q\cos\psi)$.

en sorte que

$$v' = v + \tau p + \frac{\tau\tau\, dp}{2\, dt} + \frac{\tau^3\, ddp}{6\, dt^2} + \text{etc.}$$

$$\varphi' = \varphi + \tau q + \frac{\tau\tau\, dq}{2\, dt} + \frac{\tau^3\, ddq}{6\, dt^2} + \text{etc.}$$

$$p' = p + \frac{\tau\, dp}{dt} + \frac{\tau\tau\, ddp}{2\, dt^2} + \frac{\tau^3\, d^3 p}{6\, dt^3} + \text{etc.}$$

$$q' = q + \frac{\tau\, dq}{dt} + \frac{\tau\tau\, ddq}{2\, dt^2} + \frac{\tau^3\, d^3 q}{6\, dt^3} + \text{etc.}$$

$$\psi' = \psi + \tau r + \frac{\tau\tau\, dr}{2\, dt} + \frac{\tau^3\, ddr}{6\, dt^2} + \text{etc.}$$

$$\omega' = \omega + \frac{\tau\, d\omega}{dt} + \frac{\tau\tau\, dd\omega}{2\, dt^2} + \frac{\tau^3\, d^3\omega}{6\, dt^3} + \text{etc.}$$

$$\sigma' = \sigma + \frac{\tau\, d\sigma}{dt} + \frac{\tau\tau\, dd\sigma}{2\, dt^2} + \frac{\tau^3\, d^3\sigma}{6\, dt^3} + \text{etc.}$$

11. Je remarque ici, qu'il n'est pas nécessaire de déterminer pour chaque tems l'angle φ, qui n'existe presque que dans notre imagination; il suffit de savoir la valeur de $\frac{d\varphi}{dt} = q$, pour en trouver l'argument de latitude σ: ainsi on peut entierement se passer de l'angle φ. Cependant il n'est que trop évident que cette maniere de concevoir le mouvement du corps, est beaucoup plus embarrassante et plus pénible que celle que j'ai proposée au commencement, où j'ai calculé immédiatement les trois coordonnées qui déterminent le mouvement du corps: et on se précipiteroit encore dans un plus grand embarras, si l'on vouloit introduire dans le calcul la ligne des absides avec l'excentricité. Et partant je conseille à ceux qui voudront ce servir de cette méthode pour déterminer les dérangemens des corps célestes, de s'en tenir aux premieres regles, et d'appliquer le calcul immédiatement aux trois coordonnées.

Application de cette méthode aux forces réelles du Ciel

Soit (Fig. 5) A la masse du corps auquel on veut rapporter le mouvement des autres corps, et qu'on regarde comme étant en repos, quoi-qu'il ait un mouvement quelconque. Que B soit la masse du corps en B, dont nous cherchons principalement le mouvement; et qu'un troisieme corps qui y agit soit en C, sa masse étant $= C$. Sur un plan fixe tiré par A, on baisse de B et C les perpendiculaires BY et Cy, et de là à la droite fixe AI les perpendiculaires YX et yx, pour avoir pour le lieu de chaque corps les trois coordonnées, que je nommerai:

$$AX = x, \quad XY = y, \quad YB = z; \quad Ax = \mathfrak{x}, \quad xy = \mathfrak{y}, \quad yC = \mathfrak{z};$$

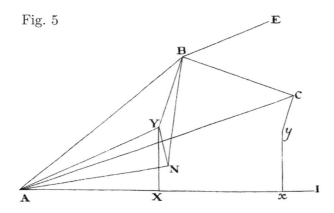

Fig. 5

soient outre cela les distances au corps A

$$AB = v \quad \text{et} \quad AC = \mathfrak{v},$$

de sorte que

$$vv = xx + yy + zz \quad \text{et} \quad \mathfrak{vv} = \mathfrak{xx} + \mathfrak{yy} + \mathfrak{zz}.$$

Ensuite, soit la distance $BC = w$ et on aura

$$ww = (x - \mathfrak{x})^2 + (y - \mathfrak{y})^2 + (z - \mathfrak{z})^2 = vv + \mathfrak{vv} - 2x\mathfrak{x} - 2y\mathfrak{y} - 2z\mathfrak{z}.$$

Cela posé, le corps B est premierement attiré par le corps A par la force $= \dfrac{A}{vv}$, et ensuite par le corps C par la force $= \dfrac{C}{ww}$, qu'on décompose selon les directions BA et BE, parallèles à AC, d'où résulte la force selon $BA = \dfrac{Cv}{w^3}$ et selon $BE = \dfrac{C\mathfrak{v}}{w^3}$. Or, le corps A étant lui-même attiré par le corps B par la force selon $AB = \dfrac{B}{vv}$, et par le corps C par la force selon $AC = \dfrac{C}{\mathfrak{vv}}$, pour maintenir le corps A en repos, il faut transporter ces deux forces en sens contraire sur le corps B, d'où les forces qui agissent sur le corps B, se réduisent à ces deux:

$$\text{selon } BA \quad = \frac{A+B}{vv} + \frac{Cv}{w^3}; \quad \text{et selon } BE \quad = \frac{C\mathfrak{v}}{w^3} - \frac{C}{\mathfrak{vv}}$$

d'où l'on tirera les forces P, Q, R, qui agissent sur le corps B selon les directions des trois coordonnées AX, XY et YB, qui seront exprimées de cette sorte:

$$P = -x\left(\frac{A+B}{v^3} + \frac{C}{w^3}\right) + \mathfrak{x}\left(\frac{C}{w^3} - \frac{C}{\mathfrak{v}^3}\right)$$

$$Q = -y\left(\frac{A+B}{v^3} + \frac{C}{w^3}\right) + \mathfrak{y}\left(\frac{C}{w^3} - \frac{C}{\mathfrak{v}^3}\right)$$

$$R = -z\left(\frac{A+B}{v^3} + \frac{C}{w^3}\right) + \mathfrak{z}\left(\frac{C}{w^3} - \frac{C}{\mathfrak{v}^3}\right)$$

et maintenant le mouvement du corps B sera contenu dans ces trois formules

$$\alpha\, ddx = P\, dt^2\,; \quad \alpha\, ddy = Q\, dt^2\,; \quad \alpha\, ddz = R\, dt^2\,.$$

*Méthode de déterminer le mouvement de trois corps
qui s'attirent mutuellement*

Puisque le mouvement du corps C est aussi bien connu que celui du corps B, il est aisé d'en exprimer le mouvement par des formules semblables; qu'on pose pour cet effet:

$$\mathfrak{P} = -\mathfrak{x}\left(\frac{A+C}{\mathfrak{v}^3} + \frac{B}{w^3}\right) + x\left(\frac{B}{w^3} - \frac{B}{v^3}\right)$$

$$\mathfrak{Q} = -\mathfrak{y}\left(\frac{A+C}{\mathfrak{v}^3} + \frac{B}{w^3}\right) + y\left(\frac{B}{w^3} - \frac{B}{v^3}\right)$$

$$\mathfrak{R} = -\mathfrak{z}\left(\frac{A+C}{\mathfrak{v}^3} + \frac{B}{w^3}\right) + z\left(\frac{B}{w^3} - \frac{B}{v^3}\right)$$

et le mouvement du corps C sera déterminé par ces trois formules

$$\alpha\, dd\mathfrak{x} = \mathfrak{P}\, dt^2\,; \quad \alpha\, dd\mathfrak{y} = \mathfrak{Q}\, dt^2\,; \quad \alpha\, dd\mathfrak{z} = \mathfrak{R}\, dt^2\,.$$

Voyons maintenant quel usage on peut tirer de ces six formules, pour déterminer le mouvement des deux corps B et C.

1.   Or d'abord il faut supposer que, pour une certaine époque qui répond au tems t, tant le lieu que le mouvement de chaque corps B et C est connu, et partant les quantités suivantes, entant qu'elles répondent au tems t sont données

$$x,\ y,\ z \quad \text{et} \quad \frac{dx}{dt} = p,\ \frac{dy}{dt} = q,\ \frac{dz}{dt} = r$$
$$\mathfrak{x},\ \mathfrak{y},\ \mathfrak{z} \quad \text{et} \quad \frac{d\mathfrak{x}}{dt} = \mathfrak{p},\ \frac{d\mathfrak{y}}{dt} = \mathfrak{q},\ \frac{d\mathfrak{z}}{dt} = \mathfrak{r}$$

et ensuite les formules trouvées nous fournissent:

$$\frac{dp}{dt} = \frac{1}{\alpha}P,\quad \frac{dq}{dt} = \frac{1}{\alpha}Q,\quad \frac{dr}{dt} = \frac{1}{\alpha}R,$$
$$\frac{d\mathfrak{p}}{dt} = \frac{1}{\alpha}\mathfrak{P},\quad \frac{d\mathfrak{q}}{dt} = \frac{1}{\alpha}\mathfrak{Q},\quad \frac{d\mathfrak{r}}{dt} = \frac{1}{\alpha}\mathfrak{R}\,.$$

2.   De là on peut passer aux différentiels plus hauts, ayant

$$\frac{dv}{dt} = \frac{xp + yq + zr}{v},\quad \frac{d\mathfrak{v}}{dt} = \frac{\mathfrak{x}\mathfrak{p} + \mathfrak{y}\mathfrak{q} + \mathfrak{z}\mathfrak{r}}{\mathfrak{v}}$$

et
$$\frac{dw}{dt} = \frac{(x-\mathfrak{x})(p-\mathfrak{p}) + (y-\mathfrak{y})(q-\mathfrak{q}) + (z-\mathfrak{z})(r-\mathfrak{r})}{w}$$

d'où l'on formera les valeurs:

$$\frac{dP}{dt}, \quad \frac{dQ}{dt}, \quad \frac{dR}{dt} \quad \text{et} \quad \frac{d\mathfrak{P}}{dt}, \quad \frac{d\mathfrak{Q}}{dt}, \quad \frac{d\mathfrak{R}}{dt}$$

qui renfermeront, outre les coordonnées x, y, z et $\mathfrak{x}$, $\mathfrak{y}$, $\mathfrak{z}$, encore les lettres p, q, r et $\mathfrak{p}$, $\mathfrak{q}$, $\mathfrak{r}$ pareillement connues. Or les différentielles de celles-ci étant aussi connues, on trouvera aussi les formules différentielles suivantes:

$$\frac{ddP}{dt^2}, \quad \frac{ddQ}{dt^2}, \quad \frac{ddR}{dt^2} \quad \text{et} \quad \frac{dd\mathfrak{P}}{dt^2}, \quad \frac{dd\mathfrak{Q}}{dt^2}, \quad \frac{dd\mathfrak{R}}{dt^2},$$

lesquelles renfermant, outre les lettres précédentes, encore les quantités P, Q, R et $\mathfrak{P}$, $\mathfrak{Q}$, $\mathfrak{R}$, dont nous avons déjà assigné les différentielles, on pourra par la différentiation réitérée parvenir aux valeurs différentielles plus hautes, aussi loin qu'on le jugera à propos.

3. Ayant déterminé toutes ces valeurs, on en tirera aisément tant les lieux que les mouvemens de nos deux corps B et C, après un tems τ écoulé depuis l'époque marquée. Car, marquant pour le lieu de l'un et de l'autre corps les coordonnées par les lettres x', y', z' et $\mathfrak{x}'$, $\mathfrak{y}'$, $\mathfrak{z}'$, et pour leur mouvement les vitesses selon ces trois directions par les lettres

$$p' = \frac{dx'}{dt}, \quad q' = \frac{dy'}{dt}, \quad r' = \frac{dz'}{dt} \quad \text{et} \quad \mathfrak{p}' = \frac{d\mathfrak{x}'}{dt}, \quad \mathfrak{q}' = \frac{d\mathfrak{y}'}{dt}, \quad \mathfrak{r}' = \frac{d\mathfrak{z}'}{dt}$$

on aura: pour le corps B

$$x' = x + \tau p + \tfrac{\tau^2 P}{2\alpha} + \tfrac{\tau^3 dP}{6\alpha\, dt} \cdots, \quad p' = p + \tfrac{\tau P}{\alpha} + \tfrac{\tau^2 dP}{2\alpha\, dt} \cdots$$
$$y' = y + \tau q + \tfrac{\tau^2 Q}{2\alpha} + \tfrac{\tau^3 dQ}{6\alpha\, dt} \cdots, \quad q' = q + \tfrac{\tau Q}{\alpha} + \tfrac{\tau^2 dQ}{2\alpha\, dt} \cdots$$
$$z' = z + \tau r + \tfrac{\tau^2 R}{2\alpha} + \tfrac{\tau^3 dR}{6\alpha\, dt} \cdots, \quad r' = r + \tfrac{\tau R}{\alpha} + \tfrac{\tau^2 dR}{2\alpha\, dt} \cdots$$

et de la même maniere pour le corps C

$$\mathfrak{x}' = \mathfrak{x} + \tau \mathfrak{p} + \tfrac{\tau^2 \mathfrak{P}}{2\alpha} + \tfrac{\tau^3 d\mathfrak{P}}{6\alpha\, dt} \cdots, \quad \mathfrak{p}' = \mathfrak{p} + \tfrac{\tau \mathfrak{P}}{\alpha} + \tfrac{\tau^2 d\mathfrak{P}}{2\alpha\, dt} \cdots$$
$$\mathfrak{y}' = \mathfrak{y} + \tau \mathfrak{q} + \tfrac{\tau^2 \mathfrak{Q}}{2\alpha} + \tfrac{\tau^3 d\mathfrak{Q}}{6\alpha\, dt} \cdots, \quad \mathfrak{q}' = \mathfrak{q} + \tfrac{\tau \mathfrak{Q}}{\alpha} + \tfrac{\tau^2 d\mathfrak{Q}}{2\alpha\, dt} \cdots$$
$$\mathfrak{z}' = \mathfrak{z} + \tau \mathfrak{r} + \tfrac{\tau^2 \mathfrak{R}}{2\alpha} + \tfrac{\tau^3 d\mathfrak{R}}{6\alpha\, dt} \cdots, \quad \mathfrak{r}' = \mathfrak{r} + \tfrac{\tau \mathfrak{R}}{\alpha} + \tfrac{\tau^2 d\mathfrak{R}}{2\alpha\, dt} \cdots$$

4. Plus on prend petit l'intervalle de tems τ, et moins on a besoin de termes dans ces expressions; et je crois même qu'on feroit fort bien de ne prendre le tems τ qu'assez grand, pour qu'on pût se passer des termes qui renferment les

différentiels des quantités P, Q, R et $\mathfrak{P}$, $\mathfrak{Q}$, $\mathfrak{R}$, sans porter aucune atteinte à la précision. Par là on sera dispensé du travail assez ennuyeux de chercher ces valeurs différentielles qui deviendroient extrèmement compliquées. Alors, ayant déterminé l'état des deux corps pour le tems $t + \tau$, on poursuivra de la même maniere le calcul pour arriver à des tems plus éloignés de la premiere époque, en prenant les précautions que j'ai indiquées ci-dessus.

5. Je crois que cette méthode est non seulement la plus simple qu'on puisse employer dans ces recherches, mais qu'elle est aussi la seule qu'on puisse pratiquer avec succès. En effet, quand même on réussiroit à trouver les intégrales des formules différentio-différentielles qui renferment le mouvement désiré, ce qu'on ne sauroit pourtant espérer, je suis assuré qu'on feroit toujours mieux de se servir de la méthode que je viens d'exposer, et qu'on pourroit même porter les recherches à un plus haut degré de précision. Outre cela, on comprend aisément qu'on peut étendre cette méthode avec le même succès à l'attraction de quatre corps et plus, sans que le calcul devienne beaucoup plus embarassé: de la même maniere que l'action du corps C a été ici introduite dans le calcul, on y introduiroit encore celle d'un corps D, et même de plusieurs E, F etc. Les regles exposées seront aussi suffisantes pour déterminer le mouvement de chacun séparément.

6. Mais ordinairement, quand on recherche les dérangemens dans le mouvement d'un corps céleste, on peut regarder comme connu le mouvement des autres corps qui causent ces dérangemens. Car, quoique leur mouvement souffre aussi par leur action mutuelle, on peut toujours le considérer comme à peu près connu, et cela suffit, puisqu'une petite erreur dans la position du corps troublant n'est presque d'aucune conséquence dans le corps troublé. Cependant, puisqu'il est aussi intéressant de connoitre en même tems les dérangemens de tous les corps, rien n'empêche qu'on ne mette d'abord en pratique la méthode que je viens de proposer.

Mais, si les dérangemens sont fort petits et qu'on veuille se contenter d'un moindre degré de précision, je ne disconviens point qu'il vaut alors mieux déterminer ces dérangemens dans les élémens, par lesquels les Astronomes ont accoutumé de représenter les orbites des corps célestes. Pour cette raison, j'ajoute les recherches suivantes.

Sur la détermination des dérangemens extrèmement petits

Outre les dénominations employées ci-dessus, soit AN (Fig. 5) la ligne des noeuds pour l'orbite du corps B, et posons:

la longitude du noeud $IAN = \psi$

l'inclinaison de l'orbite ou l'angle $BNY = \omega$

l'argument de latitude ou l'angle $NAB = \sigma$,

la distance AB étant $= v$ et l'angle élémentaire décrit par le corps B, dans le tems dt, autour de $A = d\varphi$. Cela posé, nous avons vu que les coordonnées sont exprimées ainsi:

$$x = v(\cos\sigma\cos\psi - \sin\sigma\sin\psi\cos\omega)$$
$$y = v(\cos\sigma\sin\psi + \sin\sigma\cos\psi\cos\omega)$$
$$z = v\sin\sigma\sin\omega .$$

Ensuite, pour le corps C soit

la longitude ou l'angle $IAy = \zeta$

la latitude ou l'angle $yAC = \eta$

et la distance $AC = u$, que j'ai indiquée auparavant par la lettre allemande $\mathfrak{v}$.

De là nous aurons les coordonnées:

$$\mathfrak{x} = u\cos\eta\cos\zeta ; \quad \mathfrak{y} = u\cos\eta\sin\zeta \quad \text{et} \quad \mathfrak{z} = u\sin\eta ,$$

d'où nous tirons

$$x\mathfrak{x} + y\mathfrak{y} = vu\cos\eta\bigl(\cos\sigma\cos(\zeta - \psi) + \sin\sigma\sin(\zeta - \psi)\cos\omega\bigr)$$

donc

$$x\mathfrak{x} + y\mathfrak{y} + z\mathfrak{z} = vu\bigl(\sin\eta\sin\sigma\sin\omega + \cos\eta\cos\sigma\cos(\zeta - \psi) + \cos\eta\sin\sigma\sin(\zeta - \psi)\cos\omega\bigr) ,$$

formule qui exprime le cosinus de l'angle BAC multiplié par vu: donc, posant cet angle $BAC = \theta$, de sorte que

$$\cos\theta = \sin\eta\sin\sigma\sin\omega + \cos\eta\cos\sigma\cos(\zeta - \psi) + \cos\eta\sin\sigma\sin(\zeta - \psi)\cos\omega ,$$

nous aurons $ww = vv + uu - 2vu\cos\theta$, et de là nos trois forces qui agissent sur le corps B seront:

$$P = -x\left(\frac{A+B}{v^3} + \frac{C}{w^3}\right) + u\cos\eta\cos\zeta\left(\frac{C}{w^3} - \frac{C}{u^3}\right)$$
$$Q = -y\left(\frac{A+B}{v^3} + \frac{C}{w^3}\right) + u\cos\eta\sin\zeta\left(\frac{C}{w^3} - \frac{C}{u^3}\right)$$
$$R = -z\left(\frac{A+B}{v^3} + \frac{C}{w^3}\right) + u\sin\eta\left(\frac{C}{w^3} - \frac{C}{u^3}\right) .$$

Substituons maintenant ces formules dans les équations trouvées ci-dessus, qui expriment les dérangemens de ces élémens; et nous trouvons[9]:

$$Px + Qy + Rz = -vv\left(\frac{A+B}{v^3} + \frac{C}{w^3}\right) + vu\left(\frac{C}{w^3} - \frac{C}{u^3}\right)\bigl(\sin\eta\sin\sigma\sin\omega$$
$$+ \cos\eta\cos\sigma\cos(\zeta - \psi) + \cos\eta\sin\sigma\sin(\zeta - \psi)\cos\omega\bigr)$$

---

9 Édition originale: $\left(\frac{C}{w^3} + \frac{C}{u^3}\right)$ au lieu de $\left(\frac{C}{w^3} - \frac{C}{u^3}\right)$.　　　　AV

ou bien

$$Px + Qy + Rz = -vv\left(\frac{A+B}{v^3} + \frac{C}{w^3}\right) + vu\cos\theta\left(\frac{C}{w^3} - \frac{C}{u^3}\right).$$

Ensuite[10], selon la Fig. 4,

$$R\sin VQ - P\cos IV - Q\cos KV = u\left(\frac{C}{w^3} - \frac{C}{u^3}\right)\big(\sin\eta\cos\sigma\sin\omega$$
$$-\cos\eta\sin\sigma\cos(\zeta-\psi) + \cos\eta\cos\sigma\sin(\zeta-\psi)\cos\omega\big),$$

où je remarque que cette formule provient de la précédente, si l'on y met $\cos\sigma$ au lieu de $\sin\sigma$, et $-\sin\sigma$ au lieu de $\cos\sigma$, ou bien le négatif de celle-ci résulte de celle-là, si l'on y écrit $-(90° - \sigma)$ au lieu de σ.

Enfin, la troisieme formule devient

$$R\cot\omega + P\sin\psi - Q\cos\psi = u\left(\frac{C}{w^3} - \frac{C}{u^3}\right)\left(\frac{\sin\eta\cos\omega}{\sin\omega} - \cos\eta\sin(\zeta-\psi)\right).$$

Pour comprendre mieux la nature de ces expressions, nous n'avons qu'à transporter tout à la Trigonométrie sphérique de la même maniere que ci-dessus dans la Fig. 4.

Que (Fig. 6) le grand cercle INy représente donc le plan fixe, et B et C les lieux de ces deux corps, vus du corps A, qu'on doit concevoir dans le centre de la sphere. Soit N le lieu du noeud, de sorte que $IN = \psi$, l'angle $yNB = \omega$, et l'arc

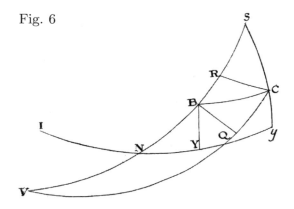

Fig. 6

$NB = \sigma$; ensuite pour l'autre corps C, on a la longitude $Iy = \zeta$ et la latitude $yC = \eta$ de sorte que $Ny = \zeta - \psi$, et il est clair que l'arc BC est représenté par l'angle θ. Qu'on prenne maintenant $NV = 90° - \sigma$, ou bien soit l'arc BNV un quart de cercle, et le cosinus de l'arc VC pris négativement sera la même

---

10 Édition originale: $-\cos\eta\cos\sigma\cos(\zeta-\psi)$ au lieu de $-\cos\eta\sin\sigma\cos(\zeta-\psi)$.   AV

expression qui se trouve dans la seconde formule: ou bien, prenant l'arc VQ aussi égal à un quart de cercle, la dite formule est exprimée par $\sin CQ$ de sorte que

$$R \sin VQ - P \cos IV - Q \cos KV = u \left(\frac{C}{w^3} - \frac{C}{u^3} \right) \sin CQ.$$

Pour la troisieme, qu'on continue les arcs NB et yC jusqu'à leur concurrence en S, et on aura[11]

$$\tan yS = \tan \omega \sin(\zeta - \psi) \quad \text{et} \quad \sin S = \frac{\cos \omega}{\cos yS}.$$

De C tirons sur l'arc NB la perpendiculaire CR, et nous aurons:

$$\sin CR = \sin CS \cdot \sin S = \sin S (\sin yS \cos \eta - \cos yS \sin \eta)$$

donc

$$\sin CR = \cos \eta \cos \omega \tan yS - \sin \eta \cos \omega,$$

ou bien

$$\sin CR = \cos \eta \sin \omega \sin(\zeta - \psi) - \sin \eta \cos \omega.$$

Par conséquent, la troisieme formule se réduit à celle-ci:

$$R \cot \omega + P \sin \psi - Q \cos \psi = -u \left(\frac{C}{w^3} - \frac{C}{u^3} \right) \frac{\sin CR}{\sin \omega}.$$

Maintenant le mouvement du corps B est déterminé par les équations suivantes:

I. $$ddv - v\, d\varphi^2 = -\frac{dt^2}{\alpha} \left(\frac{A+B}{vv} + \frac{Cv}{w^3} \right) + \frac{u\, dt^2 \cos \theta}{\alpha} \left(\frac{C}{w^3} - \frac{C}{u^3} \right)$$

II. $$2\, dv\, d\varphi + v\, dd\varphi = \frac{u\, dt^2 \sin CQ}{\alpha} \left(\frac{C}{w^3} - \frac{C}{u^3} \right)$$

III. $$d\psi = -\frac{u\, dt^2 \sin \sigma \sin CR}{\alpha v\, d\varphi \sin \omega} \left(\frac{C}{w^3} - \frac{C}{u^3} \right)$$

IV. $$d\omega = -\frac{u\, dt^2 \cos \sigma \sin CR}{\alpha v\, d\varphi} \left(\frac{C}{w^3} - \frac{C}{u^3} \right) \quad \text{et enfin}$$

V. $$d\sigma = d\varphi - d\psi \cos \omega.$$

Si la masse du corps C évanouissoit, le mouvement du corps B seroit régulier et se feroit dans le même plan. Mais les dérangemens seront peu considérables lorsque les expressions $\frac{Cv}{w^3}$ et $u\left(\frac{C}{w^3} - \frac{C}{u^3} \right)$ sont très petites par rapport à celle-ci $\frac{A+B}{vv}$:

---

11 Dans les formules suivantes, S désigne l'angle NSy.

c'est donc à ce cas principalement que j'appliquerai les recherches suivantes sur les variations que subissent les élémens Astronomiques, dont on se sert pour la détermination des orbites.

1. Ces recherches roulent principalement sur les deux premieres équations, que je représente pour abréger de cette sorte[12]:

$$1°\quad ddv - v\,d\varphi^2 = -\frac{E\,dt^2}{vv} + R\,dt^2,\quad \text{et}\quad 2°\quad 2\,dv\,d\varphi + v\,dd\varphi = S\,dt^2,$$

de sorte que

$$E = \frac{1}{\alpha}(A+B);$$
$$R = \frac{u\cos\theta}{\alpha}\left(\frac{C}{w^3} - \frac{C}{u^3}\right) - \frac{Cv}{\alpha w^3}$$
$$S = \frac{u\sin CQ}{\alpha}\left(\frac{C}{w^3} - \frac{C}{u^3}\right)$$

où les dérangemens sont causés par les quantités R et S, puisque le mouvement seroit régulier si ces quantités évanouissoient.

2. Puisque, dans le cas $S = 0$, la seconde équation donneroit $vv\,d\varphi = \beta\,dt$ la quantité β étant constante, je pose $vv\,d\varphi = r\,dt$, et parce que $dr\,dt = 2v\,dv\,d\varphi + vv\,dd\varphi$, il s'ensuit $dr = Sv\,dt$, d'où l'on connoit la variabilité de cette quantité r; et en même tems on en tire le rapport entre les différentiels dt et $d\varphi$, d'où l'on pourra éliminer l'un ou l'autre du calcul.

3. Puisque la distance v devient tantôt un *maximum*, tantôt un *minimum*, de sorte que dans l'un et l'autre cas il soit $dv = 0$, pour en tenir compte, j'introduis dans le calcul un certain angle λ, connu sous le nom d'anomalie, duquel le différentiel dv dépende en sorte qu'il évanouisse avec le sinus de cet angle λ. Pour cet effet, posant $v = \dfrac{p}{1+q\cos\lambda}$, formule semblable à celle qu'on trouve pour le mouvement régulier, de sorte que $\dfrac{1}{v} = \dfrac{1}{p} + \dfrac{q}{p}\cos\lambda$, je suppose d'abord $\dfrac{dv}{vv} = s\,d\varphi\sin\lambda$, afin qu'on obtienne $dv = 0$, quand $\sin\lambda = 0$.

4. Sur cette formule $v = \dfrac{p}{1+q\cos\lambda}$ j'observe, que la lettre p marque le demi-parametre de l'orbite, et q son excentricité, qui sont constantes dans le mouvement régulier, mais ici à cause des forces perturbatrices il les faut regarder comme variables. Ensuite, l'angle λ, qui exprime l'anomalie vraie, croîtroit également avec l'angle φ dans le mouvement régulier, mais ici leurs différentiels $d\varphi$ et $d\lambda$ seront inégaux, et leur différence $d\varphi - d\lambda$ donnera le mouvement de la ligne des absides.

---

12 Édition originale: $\frac{E\,dt^2}{vv}$ au lieu de $-\frac{E\,dt^2}{vv}$.

5. Ayant donc
$$\frac{1}{v} = \frac{1}{p} + \frac{q}{p}\cos\lambda \quad \text{et} \quad \frac{dv}{vv} = s\,d\varphi\sin\lambda,$$
nous en tirons l'égalité suivante:
$$\frac{dp}{pp} + \frac{q\,dp - p\,dq}{pp}\cos\lambda + \frac{q}{p}d\lambda\sin\lambda = s\,d\varphi\sin\lambda,$$
qui, pour le mouvement régulier, où $dq = 0$, $dq = 0$ et $d\lambda = d\varphi$, donneroit $s = \frac{q}{p}$; mais rien n'empêche que nous ne supposions aussi ici $s = \frac{q}{p}$, à cause de plusieurs nouvelles quantités variables que nous venons d'introduire dans le calcul. Posant donc $s = \frac{q}{p}$, nous aurons:
$$d\lambda = d\varphi - \frac{dp}{pq\sin\lambda} + \frac{p\,dq - q\,dp}{pq\sin\lambda}\cos\lambda.$$

6. Ensuite, ayant déjà posé $vv\,d\varphi = r\,dt$, la formule $\frac{dv}{vv} = s\,d\varphi\sin\lambda$ donne $dv = rs\,dt\sin\lambda$, d'où pour la premiere équation nous tirons
$$ddv = d\cdot rs \cdot dt\sin\lambda + rs\,dt\,d\lambda\cos\lambda;$$
cette valeur y étant substituée, en divisant par dt, nous aurons:
$$d\cdot rs\cdot\sin\lambda + rs\,d\lambda\cos\lambda - \frac{v\,d\varphi^2}{dt} = -\frac{E\,dt}{vv} + R\,dt.$$
Or, puisque $dt = \frac{vv\,d\varphi}{r}$, il en résultera
$$d\cdot rs\cdot\sin\lambda + rs\,d\lambda\cos\lambda - \frac{r\,d\varphi}{v} + \frac{E\,d\varphi}{r} - \frac{Rvv\,d\varphi}{r} = 0$$
ou bien, à cause de $\frac{1}{v} = \frac{1}{p} + \frac{q}{p}\cos\lambda$,
$$d\cdot rs\cdot\sin\lambda + rs\,d\lambda\cos\lambda - \frac{r}{p}d\varphi - \frac{qr}{p}d\varphi\cos\lambda + \frac{E\,d\varphi}{r} - \frac{Rvv\,d\varphi}{r} = 0.$$

7. Quoique nous fassions $s = \frac{q}{p}$, la multitude des lettres nous permet encore de supposer $\frac{r}{p} = \frac{E}{r}$, ou bien $r = \sqrt{Ep}$, pour faire évanouir les grands termes $-\frac{r}{p}d\varphi$ et $\frac{E\,d\varphi}{r}$. Donc, puisque[13] $s = \frac{q}{p}$, nous aurons:
$$d\cdot rs\cdot\sin\lambda + \frac{qr}{p}(d\lambda - d\varphi)\cos\lambda - \frac{Rvv\,d\varphi}{r} = 0,$$

---

13 Édition originale: $s = \frac{p}{q}$.

ou bien en conservant plutôt la lettre s au lieu de q, puisque

$$d\lambda - d\varphi = -\frac{dp}{pps\sin\lambda} + \frac{ds\cos\lambda}{s\sin\lambda}\,,$$

$$r\,ds\sin\lambda + s\,dr\sin\lambda - \frac{r\,dp\cos\lambda}{pp\sin\lambda} + \frac{r\,ds\cos\lambda^2}{\sin\lambda} - \frac{Rvv\,d\varphi}{r} = 0\,,$$

ou

$$rr\,ds\sin\lambda^2 + sr\,dr\sin\lambda^2 - \frac{rr\,dp\cos\lambda}{pp} + rr\,ds\cos\lambda^2 - Rvv\,d\varphi\sin\lambda = 0\,.$$

8. Mais, puisque $rr = Ep$, cette équation se changera en celle-ci:

$$Ep\,ds + \frac{1}{2}Es\,dp\sin\lambda^2 - \frac{E\,dp\cos\lambda}{p} - Rvv\,d\varphi\sin\lambda = 0\,.$$

Or, ayant tiré de la seconde équation: $dr = Sv\,dt = \frac{Sv^3\,d\varphi}{r}$, donc $\frac{1}{2}E\,dp = Sv^3\,d\varphi$, le rapport des différentiels ds et $d\varphi$ sera exprimé ainsi

$$Ep\,ds + Sv^3 s\,d\varphi\sin\lambda^2 - \frac{2Sv^3\,d\varphi\cos\lambda}{p} - Rvv\,d\varphi\sin\lambda = 0\,,$$

ou bien, en substituant $\frac{q}{p}$ au lieu de s

$$E\,dq - \frac{Sqv^3\,d\varphi}{p}(2 - \sin\lambda^2) - \frac{2Sv^3\,d\varphi\cos\lambda}{p} - Rvv\,d\varphi\sin\lambda = 0\,,$$

ou

$$dq = \frac{Rvv\,d\varphi\sin\lambda}{E} + \frac{Sv^3\,d\varphi}{Ep}(q + 2\cos\lambda + q\cos\lambda^2)\,.$$

9. Voilà maintenant tous nos différentiels réduits au seul différentiel $d\varphi$, dont le rapport à l'élément du tems dt est donné par la formule $vv\,d\varphi = dt\sqrt{Ep}$. Car, posant $v = \frac{p}{1+q\cos\lambda}$, nous aurons:

1. $dp = \dfrac{2Sv^3\,d\varphi}{E} = 2Sv\,dt\,\sqrt{\dfrac{p}{E}}$

2. $dq = \dfrac{Rvv\,d\varphi\sin\lambda}{E} + \dfrac{Sv^3\,d\varphi}{Ep}(q + 2\cos\lambda + q\cos\lambda^2)$ ou

    $dq = R\,dt\sin\lambda\cdot\sqrt{\dfrac{p}{E}} + \dfrac{Sv\,dt\,(q + 2\cos\lambda + q\cos\lambda^2)}{\sqrt{Ep}}$

3. $d\lambda = d\varphi + \dfrac{Rvv\,d\varphi\cos\lambda}{Eq} - \dfrac{Sv^3\,d\varphi\sin\lambda}{Epq}(2 + q\cos\lambda)$

et de là on a
$$dv = \frac{qvv\,d\varphi}{p}\sin\lambda = \frac{q}{p}dt\sin\lambda \cdot \sqrt{Ep}\,.$$

10. Enfin, pour les changemens du plan de l'orbite, à cause de $v\,d\varphi = \dfrac{dt\sqrt{Ep}}{v}$, nous aurons:

$$d\psi = -\frac{vu\,dt\,\sin\sigma\sin CR}{\alpha\sin\omega\sqrt{Ep}}\left(\frac{C}{w^3}-\frac{C}{u^3}\right)$$

$$d\omega = -\frac{vu\,dt\,\cos\sigma\sin CR}{\alpha\sqrt{Ep}}\left(\frac{C}{w^3}-\frac{C}{u^3}\right)$$

et

$$d\sigma = d\varphi - d\psi\cos\omega\,.$$

11. A l'aide de ces formules on pourra, pour chaque petit intervalle de tems, déterminer les variations causées 1. dans le demi-parametre de l'orbite p, 2. dans l'excentricité q, 3. dans la position de la ligne des absides, 4. dans la position de la ligne des noeuds, 5. dans l'inclinaison de l'orbite, c'est à dire, dans les élémens qui demeureroient constans dans le mouvement régulier. Ensuite, pour le mouvement même du corps, on a d'abord l'angle élémentaire $d\varphi$ avec le changement de la distance dv, et ensuite aussi l'accroissement de l'argument de latitude σ. Tout revient donc à l'intégration de ces formules par des approximations convenables.

Remarques sur les formules précédentes

1. Quand même l'intégration de ces formules réussiroit, ce qu'on ne sauroit pourtant espérer que par des approximations, on voit que la détermination de tous les élémens renfermeroit les mêmes élémens, de sorte qu'on n'en sauroit tirer aucun avantage, à moins que ces élémens ne soient déjà à peu près connus: ce qui est la raison pour laquelle je ne regarde cette méthode applicable qu'aux cas où les dérangemens sont extrèmement petits, ou bien où les corrections qu'on cherche, sont fort petites. Cependant, dans ces cas mêmes, il sera bon, après avoir corrigé ces élémens, de répéter les mêmes opérations sur ces élémens corrigés, pour les trouver encore plus exactement.

2. Il faudroit sans doute prendre cette précaution dans l'usage des Tables de la Lune, dont les argumens supposent déjà pour la plûpart connue la distance de la Lune au Soleil, qu'on ne sauroit pourtant savoir exactement avant que d'avoir déjà déterminé le lieu de la Lune. Je parle des Tables ordinaires de la Lune dont on se sert aujourd'hui; et je suis fort en doute encore, s'il est convenable de changer leur forme en sorte que les argumens de toutes les inégalités dépendent uniquement du mouvement moyen de la Lune.

3. Je dois encore remarquer, que les Tables de la Lune dont les Astronomes se servent, ne sont pas construites sur les formules que je viens d'exposer ici. La

différence se trouve dans l'anomalie, que je prens ici en sorte que la distance de la Lune à la Terre en résulte exactement, ou la plus grande, ou la plus petite, lorsque le sinus de l'anomalie évanouit; au lieu que dans les Tables l'anomalie tient toujours le même rapport au vrai mouvement de la Lune, ou bien on y suppose uniforme le mouvement des absides, d'où vient que les plus grandes et les plus petites distances de la Lune ne répondent pas exactement aux points où le sinus de l'anomalie évanouit. Or, suivant les formules données, le mouvement des absides devient très irrégulier, et cela d'autant plus que l'excentricité est plus petite, d'où elles ne seroient point applicables à des cas où l'excentricité évanouiroit. Pour éviter cet inconvénient, on ne devroit plus mettre $s = \frac{q}{p}$, comme j'ai fait dans le développement des formules générales.

4. Mais, quoi qu'il en soit, la premiere méthode me paroit toujours fort préférable, à moins que les dérangemens ne soient extrèmement petits, et il me paroit encore douteux s'il ne seroit pas même moins pénible de suivre cette méthode pour la détermination du mouvement de la Lune, et partant d'une époque où tant le lieu que le mouvement auroit été parfaitement connu, et de calculer, par exemple, de 6 heures en 6 heures, le lieu de la Lune suivant les formules que j'ai exposées ci-dessus. Alors, au lieu des Tables Lunaires, on auroit des éphémérides continuelles, et tout le travail tomberoit uniquement sur les premiers Calculateurs, dont l'ouvrage ne demanderoit peut-être pas plus de peine que quand on calcule par les Tables pour le midi et le minuit de chaque jour le lieu de la Lune: outre que, par cette nouvelle méthode, on pourroit arriver à un plus haut degré de précision, puisqu'on ne seroit obligé de négliger aucune force qui agit sur la Lune. C'est ce qui me fait espérer que ces nouvelles idées mériteront l'attention des Astronomes.

CONSIDÉRATIONS SUR LE PROBLEME DES TROIS CORPS

Commentatio 400 indicis ENESTROEMIANI
Mémoires de l'académie des sciences de Berlin [**19**] (1763), 1770, p. 194–220

1.   Le probleme où il s'agit de déterminer le mouvement de trois corps qui s'attirent mutuellement, selon l'hypothese NEWTONIENNE, est devenu depuis quelque tems si fameux par les soins que les plus grands Géometres y ont employés, qu'on a déjà commencé à disputer, à qui la gloire de l'avoir le premier résolu appartenoit. Mais cette dispute est fort prématurée, et il s'en faut bien encore qu'on soit parvenu à une solution parfaite du probleme. Tout ce qu'on y a fait jusqu'ici est restreint à un cas très particulier, où le mouvement de chacun des trois corps suit à peu près les regles établies par KÉPLER; et dans ce cas même on s'est borné à déterminer le mouvement par approximation. Dans tous les autres cas, on ne sauroit se vanter qu'on puisse assigner seulement à peu près le mouvement des trois corps, lequel demeure encore pour nous un aussi grand mystere, que si l'on n'avoit jamais pensé à ce probleme.

2.   Pour prouver clairement combien on est encore éloigné d'une solution complette de ce probleme, on n'a qu'à le comparer avec le cas où il n'y a que deux corps qui s'attirent mutuellement, et même avec le cas le plus simple, où il s'agit de déterminer le mouvement d'un corps pesant projetté d'une maniere quelconque dans le vuide. Et on conviendra aisément qu'il auroit été impossible de trouver la parabole qu'un tel corps décrit, sans avoir connu préalablement la loi suivant laquelle un corps pesant tombe perpendiculairement en bas. Sans la découverte de GALILÉE, que la vitesse d'un tel corps tombant croît en raison de la racine quarrée de la hauteur, on ne seroit certainement jamais arrivé à la connoissance de la parabole qu'un corps jetté obliquement décrit dans le vuide.

3.   Il en est de même du mouvement de deux corps en général qui s'attirent mutuellement, où il faut aussi commencer par déterminer le mouvement rectiligne dont ces corps s'approchent ou s'éloignent l'un de l'autre, avant qu'on puisse entreprendre de chercher les sections coniques que ces corps décriront étant jettés obliquement. Car, quoique le grand NEWTON ait suivi un ordre renversé dans ses recherches, personne ne sauroit douter qu'il n'eût jamais réussi à déterminer le mouvement curviligne, sans avoir été en état de déterminer le rectiligne.

4.   De là je tire cette conséquence incontestable, qu'on ne sauroit espérer de résoudre le probleme des trois corps en général, à moins qu'on n'ait trouvé moyen de résoudre le cas où les trois corps se meuvent sur une ligne droite; ce qui arrive lorsqu'ils ont été disposés au commencement sur une ligne droite, et

qu'ils y ont été, ou en repos, ou poussés selon la même direction. Donc, avant que d'entreprendre la solution du probleme des trois corps, tel qu'il est communément proposé, il est indispensablement nécessaire de s'appliquer au cas où le mouvement de tous les trois corps se fait sur la même ligne droite; et on peut bien être assuré que, tant que ce dernier probleme se refusera à nos recherches, on se flattera en vain de réussir dans la solution du premier. Dans des recherches si difficiles, il convient toujours de commencer par les cas les plus simples.

5.   Or le cas où les trois corps se meuvent sur une même ligne droite, est sans contredit beaucoup plus simple que si ces corps décrivoient des lignes courbes, où il pourroit même arriver que ces courbes ne se trouvassent point dans un même plan; ces circonstances doivent nécessairement rendre nos recherches beaucoup plus compliquées. Cela est si évident, qu'on sera bien surpris qu'aucun des grands Géometres qui se sont occupés de ce probleme, n'ait commencé ses recherches par le cas du mouvement rectiligne; mais la raison en est sans doute, qu'un tel mouvement ne se trouve point au monde, et que ces grands hommes se sont un peu hâtés d'appliquer le résultat de leurs travaux aux mouvemens réels du Ciel, sans vouloir entreprendre des recherches qui n'y auroient point un rapport immédiat.

6.   Peut-être sera-t-on même tenté de croire que ce cas, à cause de sa simplicité, a été trop au dessous des forces de ces Géometres, et qu'ils en ont voulu laisser le développement à des génies moins élevés: mais ce sentiment seroit bien mal fondé, puisque la solution de ce cas est assujettie à de si grandes difficultés, qu'elles semblent n'avoir pû encore être surmontées par les plus grands Analystes. Il me paroit donc très important de mettre devant les yeux toutes ces difficultés, afin que ceux qui voudront encore s'occuper du grand probleme des trois corps puissent réunir leurs forces pour les surmonter, s'il est possible. Ces efforts seront d'autant plus utiles, qu'on ne sauroit espérer de parvenir jamais à une solution parfaite de ce probleme, à moins qu'on n'ait auparavant trouvé moyen de vaincre toutes les difficultés dont le cas du mouvement rectiligne est enveloppé; et encore alors peut-être ne sera-t-on pas fort avancé à l'égard du probleme général.

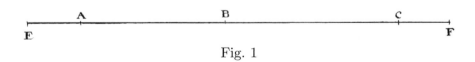

Fig. 1

7.   Que les trois corps se meuvent donc sur la ligne droite EF (Fig. 1), et qu'ils se trouvent à présent aux points A, B, C, les lettres A, B, C, étant prises en même tems pour marquer leurs masses respectives. Donc, posant les distances $AB = x$, et $BC = y$, le corps A sera poussé vers F par les forces accélératrices $\frac{B}{xx} + \frac{C}{(x+y)^2}$, le corps B sera poussé en même sens vers F par la force accélératrice $= \frac{C}{yy} - \frac{A}{xx}$, et le corps C vers E par la force $= \frac{B}{yy} + \frac{A}{(x+y)^2}$. Considérons le corps

B comme en repos, ou bien cherchons le mouvement respectif des deux autres A et C par rapport à celui-ci; et puisqu'il faut transporter en sens contraire les forces qui agissent sur B, aux deux autres, le corps A sera poussé vers B par la force $= \dfrac{A+B}{xx} - \dfrac{C}{yy} + \dfrac{C}{(x+y)^2}$, et le corps C vers B par la force $= \dfrac{B+C}{yy} - \dfrac{A}{xx} + \dfrac{A}{(x+y)^2}$.

8. Supposons maintenant l'élément du tems $= dt$, en le prenant constant, et les principes de mécanique nous fournissent d'abord ces deux équations:

$$\text{I.} \quad \frac{ddx}{dt^2} = \frac{-A-B}{xx} + \frac{C}{yy} - \frac{C}{(x+y)^2}$$

$$\text{II.} \quad \frac{ddy}{dt^2} = \frac{-B-C}{yy} + \frac{A}{xx} - \frac{A}{(x+y)^2}$$

où je ne m'embarrasse point du coëfficient qu'il faudroit donner à l'élément dt, qui dépend de la maniere dont on veut exprimer le tems. C'est donc uniquement de la résolution de ces deux équations différentielles du second degré que dépend la détermination du mouvement des corps A et C, par rapport au corps B; de sorte que le probleme est réduit à une question purement analytique.

9. Avant que d'entreprendre la résolution de ces équations, je remarque qu'il y a un cas où toutes les difficultés s'évanouissent; car il est aisé de voir qu'un cas seroit possible où les distances x et y conserveroient toujours le même rapport entr'elles. Pour trouver ce cas, posons $y = nx$, et nous aurons

$$-n(A+B) + \frac{C}{n} - \frac{Cn}{(1+n)^2} = \frac{-B-C}{nn} + A - \frac{A}{(n+1)^2},$$

ou bien

$$n^3(nn+3n+3)A + (n^5+2n^4+n^3-nn-2n-1)B - (3nn+3n+1)C = 0,$$

d'où il est aisé de trouver entre les masses A, B, C, le juste rapport, le nombre n étant donné, pour que ce cas puisse avoir lieu. Mais, si les masses sont données, pour trouver le nombre n il faut résoudre cette équation du cinquieme degré:

$$(A+B)n^5 + (3A+2B)n^4 + (3A+B)n^3 - (B+3C)nn - (2B+3C)n - B - C = 0,$$

et alors, posant

$$A + B - \frac{C}{nn} + \frac{C}{(1+n)^2} = E,$$

on aura pour le mouvement

$$\frac{dx^2}{2\,dt^2} = E\left(\frac{1}{x} - \frac{1}{a}\right) \quad \text{et} \quad dt\sqrt{2E} = -\frac{dx\sqrt{ax}}{\sqrt{(a-x)}}.$$

10. Ayant donc trouvé la juste valeur du nombre n, de sorte qu'on ait toujours $y = nx$, ce cas aura lieu quand au commencement les distances BA et

BC auront été comme 1 à n, et que les vitesses imprimées alors vers B auront eu le même rapport. Alors le mouvement du corps A vers B sera le même que celui d'un corpuscule infiniment petit vers un corps dont la masse seroit $= E$; et pour mieux déterminer ce mouvement, on n'a qu'à mettre

$$x = a \cos \varphi^2,$$

pour avoir

$$dt \sqrt{2E} = 2a^{3/2} \, d\varphi \cos \varphi^2,$$

et partant

$$t\sqrt{2E} = a^{3/2}(\varphi + \sin \varphi \cos \varphi),$$

où a marque la distance AB au commencement, lorsqu'il étoit $t = 0$ et $\varphi = 0$, en supposant que le corps A s'est trouvé alors en repos. Il arrivera donc jusqu'en B, faisant $\varphi = 90° = \dfrac{\pi}{2}$, après le tems t déterminé par cette égalité:

$$t\sqrt{2E} = a^{3/2} \, \frac{\pi}{2}.$$

Cette maniere de représenter le mouvement, en y introduisant des arcs de cercle, semble être la plus propre à ce dessein.

11. Mais retournons à nos deux équations générales du §8, et je remarque qu'on en peut former une troisieme équation, qui admette l'intégration. Pour cet effet, multiplions la premiere par $\alpha \, dx + \beta \, dy$ et l'autre par $\beta \, dx + \gamma \, dy$, et leur somme sera[1]:

$$\begin{aligned}
&\frac{\alpha \, dx \, ddx + \beta \, dy \, ddx + \beta \, dx \, ddy + \gamma \, dy \, ddy}{dt^2} \\
&= -\frac{\alpha(A+B) \, dx}{xx} + \frac{\alpha C \, dx}{yy} - \frac{\alpha C \, dx + \beta C \, dy}{(x+y)^2} \\
&\quad -\frac{\beta(A+B) \, dy}{xx} + \frac{\beta C \, dy}{yy} - \frac{\beta A \, dx + \gamma A \, dy}{(x+y)^2} \\
&\quad +\frac{\beta A \, dx}{xx} - \frac{\beta(B+C) \, dx}{yy} + \frac{\gamma A \, dy}{xx} - \frac{\gamma(B+C) \, dy}{yy}
\end{aligned}$$

dont le premier membre est intégrable, son intégrale étant

$$\frac{\alpha \, dx^2 + 2\beta \, dx \, dy + \gamma \, dy^2}{2 \, dt^2}.$$

12. Pour rendre aussi intégrable l'autre membre, faisons

$$\gamma A = \beta(A+B); \quad \alpha C = \beta(B+C) \quad \text{et} \quad \alpha C + \beta A = \beta C + \gamma A,$$

dont la derniere égalité est déjà renfermée dans les deux précédentes: prenant donc $\beta = AC$, nous aurons $\gamma = C(A+B)$ et $\alpha = A(B+C)$, et l'intégrale de

---

1 Édition originale: $\ldots - \dfrac{\alpha(A+C) \, dx}{xx} + \ldots - \dfrac{\alpha C \, dx - \beta C \, dy}{(x+y)^2} \ldots - \dfrac{\beta A \, dx - \gamma A \, dy}{(x+y)^2} \ldots$ AV

l'autre membre se trouvera:
$$\frac{\alpha(A+B)-\beta A}{x}+\frac{\gamma(B+C)-\beta C}{y}+\frac{\alpha C+\beta A}{x+y},$$
puis, substituant pour α, β, γ, les valeurs trouvées se changent en cette forme:
$$\frac{AB(A+B+C)}{x}+\frac{BC(A+B+C)}{y}+\frac{AC(A+B+C)}{x+y},$$
et partant notre équation intégrale sera:
$$\frac{A(B+C)\,dx^2+2AC\,dx\,dy+C(A+B)\,dy^2}{2\,dt^2}=$$
$$(A+B+C)\left(\varGamma+\frac{AB}{x}+\frac{BC}{y}+\frac{AC}{x+y}\right),$$
où $\varGamma$ est la quantité constante, introduite par l'intégration.

13. Si, d'une maniere semblable, nous pouvions trouver encore une autre équation intégrale, on n'auroit alors qu'à en éliminer l'élément dt, pour avoir une équation différentielle du premier degré entre les deux variables x et y; et on seroit certainement bien avancé dans la solution de ce probleme, quand même cette équation seroit encore assujettie à de très grandes difficultés. Mais il y a peu d'espérance de parvenir seulement à ce point; au moins toutes les peines que je me suis données pour découvrir encore une autre combinaison, qui conduisît à une équation intégrable, ont été inutiles. Je ne vois donc pas d'autre route que d'éliminer dans les équations différentielles du second degré l'élément dt^2, par le moyen de sa valeur trouvée ici:
$$\frac{1}{dt^2}=\frac{2(A+B+C)\left(\varGamma+\frac{AB}{x}+\frac{BC}{y}+\frac{AC}{x+y}\right)}{A(B+C)\,dx^2+2AC\,dx\,dy+C(A+B)\,dy^2}.$$

14. Mais il faut bien remarquer qu'il n'est pas permis de substituer simplement cette valeur dans l'une ou l'autre des équations du §8; car, puisque l'élément dt y est supposé constant, on ne gagneroit rien, parce que cette supposition y demeureroit toujours enveloppée. Pour cette raison il convient auparavant de délivrer les dites équations de cette condition, que l'élément du tems dt y est supposé constant. Pour cet effet, puisque la formule $\frac{ddx}{dt}$ y est posée pour $d\cdot\frac{dx}{dt}$, en ne prenant aucun élément constant, au lieu de $\frac{ddx}{dt}$ il faut écrire $\frac{ddx}{dt}-\frac{dx\,ddt}{dt^2}$, d'où les équations du §8 seront exprimées ainsi:

$$\text{I.}\quad \frac{ddx}{dt^2}-\frac{dx\,ddt}{dt^3}=\frac{-A-B}{xx}+\frac{C}{yy}-\frac{C}{(x+y)^2}$$

$$\text{II.}\quad \frac{ddy}{dt^2}-\frac{dy\,ddt}{dt^3}=\frac{-B-C}{yy}+\frac{A}{xx}-\frac{A}{(x+y)^2},$$

où aucun différentiel n'est supposé constant.

15. De ces deux équations éliminons d'abord le second différentiel ddt, pour avoir cette équation[2]:

$$\frac{dy\,ddx - dx\,ddy}{dt^2} = \frac{-(A+B)\,dy - A\,dx}{xx} + \frac{(B+C)\,dx + C\,dy}{yy} + \frac{A\,dx - C\,dy}{(x+y)^2},$$

où il est maintenant permis d'écrire, au lieu de dt^2, sa valeur trouvée ci-dessus, ce qui nous conduit à cette équation:

$$\frac{2(A+B+C)\left(\Gamma + \frac{AB}{x} + \frac{BC}{y} + \frac{AC}{x+y}\right)(dy\,ddx - dx\,ddy)}{A(B+C)\,dx^2 + 2AC\,dx\,dy + C(A+B)\,dy^2}$$
$$= \frac{-(A+B)\,dy - A\,dx}{xx} + \frac{(B+C)\,dx + C\,dy}{yy} + \frac{A\,dx - C\,dy}{(x+y)^2}.$$

Voilà donc une seule équation différentielle du second degré entre les deux variables x et y, qui contient la solution de notre probleme, et tout se réduit à la découverte d'une méthode par laquelle on puisse rendre cette équation intégrable.

16. Quelque compliquée que paroisse cette équation, je pourrois produire des exemples assez semblables, où l'intégration a réussi; je crois donc qu'on ne doit point désespérer du succès. On peut rendre cette équation plus simple, et la délivrer des différentiels du second degré, en posant $dx = p\,dy$, pour avoir $dy\,ddx - dx\,ddy = dy^2\,dp$, et notre équation prendra cette forme[3]:

$$\frac{2(A+B+C)\left(\Gamma + \frac{AB}{x} + \frac{BC}{y} + \frac{AC}{x+y}\right)dp}{A(B+C)pp + 2ACp + C(A+B)}$$
$$+ \frac{A + B + Ap}{xx}\,dy - \frac{(B+C)p + C}{yy}\,dy + \frac{C - Ap}{(x+y)^2}\,dy = 0,$$

à laquelle satisfait, comme on le voit dabord, une certaine valeur constante prise pour p. Car, supposant $p = n$, ou bien $x = ny$, on aura

$$\frac{A + B + An}{nn} - (B+C)n - C + \frac{C - An}{(n+1)^2} = 0,$$

d'où l'on tire le même cas d'intégrabilité que j'ai déjà développé ci-dessus, où la valeur du nombre n doit être d'une équation du cinquieme degré.

17. Pour mieux approfondir la nature de cette équation, développons quelques cas dont la résolution est déjà connue d'ailleurs, ce qui arrive lorsque la masse d'un des trois corps est presque infinie par rapport aux autres, puisqu'alors chacun des deux autres y est porté tout comme si l'autre n'existoit point; de sorte que ce cas doit revenir à celui où il n'y auroit que deux corps. Supposons donc infinie la masse du corps B, et écrivant ΔB au lieu de Γ, nous aurons à résoudre

---

[2] Édition originale: $\cdots + \frac{(B+C)\,dx - C\,dy}{yy} + \cdots$ AV

[3] Édition originale: $\cdots - \frac{(B+C)p - C}{yy}\,dy + \cdots$ AV

cette équation:
$$\frac{2\left(\Delta + \frac{A}{x} + \frac{C}{y}\right)dp}{App+C} + \frac{dy}{xx} - \frac{p\,dy}{yy} = 0$$

(ayant posé $dx = p\,dy$) ce qui nous assure que l'intégration ne sauroit se refuser à nos recherches, quoique les méthodes ordinaires nous prêtent peu de secours pour y arriver. Je reviens donc à la méthode que j'ai expliquée autrefois[4], où il s'agit de trouver un multiplicateur qui rende cette équation intégrable.

18. Quelques circonstances me font juger qu'un tel multiplicateur pourroit être une fonction de la seule quantité p, qui soit $= P$, et partant cette équation intégrable:
$$\frac{2\left(\Delta + \frac{A}{x} + \frac{C}{y}\right)P\,dp}{App+C} + \frac{P\,dy}{xx} - \frac{Pp\,dy}{yy} = 0 \; :$$

soit donc
$$2\int \frac{P\,dp}{App+C} = Q\,,$$

aussi fonction de p, et le premier membre de l'intégrale sera $\left(\Delta + \frac{A}{x} + \frac{C}{y}\right)Q$. Soit donc l'équation intégrale entiere
$$\left(\Delta + \frac{A}{x} + \frac{C}{y}\right)Q + V = 0\,,$$

où il est évident que la partie V ne sauroit renfermer p, mais qu'elle est fonction des seules quantités x et y. De là nous aurons:
$$\frac{P\,dy}{xx} - \frac{Pp\,dy}{yy} = -\frac{AQp\,dy}{xx} - \frac{CQ\,dy}{yy} + dV\,,$$

où
$$dV = \frac{(P+AQp)\,dy}{xx} + \frac{(CQ-Pp)\,dy}{yy}\,,$$

et partant intégrable; ce qui ne sauroit arriver à moins qu'il ne fût
$$P + AQp = \alpha p\,, \quad \text{et} \quad CQ - Pp = \beta\,,$$

ou bien
$$dV = \frac{\alpha\,dx}{xx} + \frac{\beta\,dy}{yy}\,,$$

et par conséquent[5]
$$V = \gamma - \frac{\alpha}{x} - \frac{\beta}{y}\,.$$

---

4 Cf. [E 265]; [E 269]; [E 342], Lib. I, Pars I, Sec. II, Cap. II; [E 366], Lib. I, Pars II, Sec. I, Cap. V. AV

5 Édition originale: $\frac{\beta}{y}$ au lieu de $-\frac{\beta}{y}$. AV

19. Ces deux conditions nous fournissent:
$$Q = \frac{\alpha p - P}{Ap} = \frac{\beta + Pp}{C} ;$$

donc
$$(\alpha C - \beta A)p = P(App + C), \quad \text{et} \quad P = \frac{(\alpha C - \beta A)p}{App + C} ;$$

par conséquent
$$Q = \frac{\alpha pp + \beta}{App + C}.$$

Or il faut qu'il soit
$$Q = 2 \int \frac{P\, dp}{App + C},$$

ou bien
$$dQ = \frac{2P\, dp}{App + C} = \frac{2(\alpha C - \beta A)p\, dp}{(App + C)^2},$$

ce qui étant précisément d'accord avec la valeur de Q, l'équation intégrale cherchée sera:
$$\left(\Delta + \frac{A}{x} + \frac{C}{y}\right) \cdot \frac{\alpha pp + \beta}{App + C} + \gamma - \frac{\alpha}{x} - \frac{\beta}{y} = 0,$$

ou bien
$$\Delta(\alpha pp + \beta) + \gamma(App + C) + \frac{\beta A - \alpha C}{x} + \frac{(\alpha C - \beta A)pp}{y} = 0$$

où le constantes α, β, γ, de même que Δ, peuvent être prises à volonté, et partant l'intégrale aura cette forme:
$$E + Fpp + \frac{1}{x} - \frac{pp}{y} = 0,$$

où
$$\Delta = AE - CF.$$

20. Or, pour ce cas, ayant $\Gamma = \Delta B = B(AE - CF)$, l'élément du tems dt doit être déterminé par cette équation[6]:
$$dt^2 = \frac{A\, dx^2 + C\, dy^2}{2B\left(AE - CF + \frac{A}{x} + \frac{C}{y}\right)} = \frac{(App + C)\, dy^2}{2B\left(AE - CF + \frac{A}{x} + \frac{C}{y}\right)} ;$$

mais l'équation trouvée donne
$$pp = \left(E + \frac{1}{x}\right) : \left(\frac{1}{y} - F\right) ;$$

---

6 Édition originale: dx au lieu de dx^2.

cette valeur y étant substituée fournit celle-ci:
$$dt^2 = dy^2 : 2B\left(\frac{1}{y} - F\right), \quad \text{ou} \quad dt\sqrt{2B} = \frac{dy\sqrt{y}}{\sqrt{(1-Fy)}}.$$

Ensuite, puisque $pp = \frac{dx^2}{dy^2}$, on aura:
$$\frac{x\,dx^2}{1+Ex} = \frac{y\,dy^2}{1-Fy} \quad \text{ou} \quad \frac{dx\sqrt{x}}{\sqrt{(1+Ex)}} = \frac{dy\sqrt{y}}{\sqrt{(1-Fy)}} = dt\sqrt{2B},$$

d'où l'on voit clairement que l'un et l'autre des corps A et C suit le même mouvement vers le corps B, tout comme si l'autre n'existoit point. De la même maniere, on développera les cas où la masse A, ou C, seroit presque infiniment grande par rapport aux autres, de sorte qu'il seroit superflu d'en faire le calcul.

21. Essayons donc la même méthode pour intégrer l'équation générale du §16; pour cet effet multiplions-la par une fonction de p qui soit $= P$, pour avoir cette équation:
$$\frac{2(A+B+C)\left(\Gamma + \frac{AB}{x} + \frac{BC}{y} + \frac{AC}{x+y}\right)P\,dp}{A(B+C)pp + 2ACp + C(A+B)}$$
$$+ \frac{(A+B+Ap)P\,dy}{xx} - \frac{(C+(B+C)p)P\,dy}{yy} + \frac{(C-Ap)P\,dy}{(x+y)^2} = 0,$$

que nous supposerons intégrable. Posons l'intégrale
$$2(A+B+C)\int \frac{P\,dp}{A(B+C)pp + 2ACp + C(A+B)} = Q,$$

et soit l'équation intégrale cherchée
$$\left(\Gamma + \frac{AB}{x} + \frac{BC}{y} + \frac{AC}{x+y}\right)Q + V = 0,$$

d'où nous aurons:
$$dV - \frac{ABQp\,dy}{xx} - \frac{BCQ\,dy}{yy} - \frac{ACQ(1+p)\,dy}{(x+y)^2}$$
$$= \frac{(A+B+Ap)P\,dy}{xx} - \frac{(C+(B+C)p)P\,dy}{yy} + \frac{(C-Ap)P\,dy}{(x+y)^2}.$$

22. Comme la lettre V ne sauroit renfermer p, posons
$$V = \frac{\alpha}{x} + \frac{\beta}{y} + \frac{\gamma}{x+y} + \delta,$$

et nous aurons à remplir les conditions suivantes:

$$-\alpha p = (A + B + Ap)P + ABQp$$
$$-\beta = -(C + (B + C)p)P + BCQ$$
$$-\gamma(1 + p) = (C - Ap)P + ACQ(1 + p) .$$

Eliminons-en Q, ce qui peut se faire en deux manieres:

$$(\beta A - \alpha C)p = (A(B + C)pp + 2ACp + C(A + B))P$$
$$(\beta A - \gamma B)(1 + p) = (A(B + C)pp + 2ACp + C(A + B))P ,$$

d'où l'on voit qu'on ne sauroit satisfaire à la fois à ces deux conditions, ce qui est une marque évidente, que cette méthode ne réussit point pour l'équation générale. Ou bien le multiplicateur qui la rend intégrable, n'est pas simplement une fonction de la quantité p.

23. Comme dans le cas $B = \infty$, l'intégrale a été réduite à cette forme:

$$E + Fpp + \frac{1}{x} - \frac{pp}{y} = 0 ,$$

on pourroit penser que l'intégrale de notre équation générale auroit peut-être une telle forme:

$$\frac{1}{x + y} = \frac{P}{x} + \frac{Q}{y} + R ,$$

où P, Q et R seroient de certaines fonctions de la quantité p. Mais, en substituant pour $\frac{1}{x+y}$ cette valeur, et pour $\frac{dy}{(x+y)^2}$ celle-ci

$$\frac{Pp\,dy}{(1+p)xx} + \frac{Q\,dy}{(1+p)yy} - \frac{1}{1+p}\left(\frac{dP}{x} + \frac{dQ}{y} + dR\right) ,$$

on s'appercevra aisément qu'il n'est pas possible de satisfaire à l'équation différentielle de cette maniere. D'où l'on peut conclure que l'intégrale ne sauroit être exprimée d'une façon si simple, et que sa forme sera beaucoup plus compliquée et renfermera peut-être des quantités transcendantes.

24. En employant de cette sorte la méthode des multiplicateurs on voit bien que ce n'est pas la constante Γ qui en empêche le succès: cependant il n'y a aucun doute que, posant cette constante $\Gamma = 0$, l'équation ne doive devenir beaucoup plus facile à résoudre, et partant il sera toujours très raisonnable de commencer par ce cas, puisque, tant qu'on ne trouve pas moyen de le résoudre, on entreprendroit en vain la résolution de l'équation générale. Posons donc $\Gamma = 0$,

pour avoir à résoudre cette équation[7]:

$$\frac{2(A+B+C)\left(\frac{AB}{x}+\frac{BC}{y}+\frac{AC}{x+y}\right)dp}{A(B+C)pp+2ACp+C(A+B)}+\frac{A+B+Ap}{xx}dy$$
$$-\frac{(B+C)p+C}{yy}dy+\frac{(C-Ap)}{(x+y)^2}dy=0,$$

qui a cette belle propriété, que les deux variables x et y y remplissent partout le même nombre de dimensions, ou bien que cette équation est du nombre de celles qu'on nomme homogenes.

25. Ayant déjà posé $dx = p\,dy$, posons outre cela $x = sy$, et puisque $p\,dy = s\,dy + y\,ds$, nous en tirons $\dfrac{dy}{y} = \dfrac{ds}{p-s}$. Or l'équation elle-même à résoudre prendra cette forme:

$$\frac{2(A+B+C)\left(\frac{AB}{s}+BC+\frac{AC}{s+1}\right)dp}{A(B+C)pp+2ACp+C(A+B)}+\frac{A+B+Ap}{ss}\cdot\frac{dy}{y}$$
$$-(C+(B+C)p)\frac{dy}{y}+\frac{C-Ap}{(s+1)^2}\cdot\frac{dy}{y}=0,$$

où l'on n'a qu'à substituer pour $\dfrac{dy}{y}$ sa valeur $\dfrac{ds}{p-s}$, pour obtenir une équation différentielle du premier degré entre les deux variables p et s, qui est:

$$\frac{2(A+B+C)\left(\frac{AB}{s}+BC+\frac{AC}{s+1}\right)dp}{A(B+C)pp+2ACp+C(A+B)}$$
$$+\frac{ds}{p-s}\left(\frac{A+B+Ap}{ss}-C-(B+C)p+\frac{C-Ap}{(s+1)^2}\right)=0,$$

et se réduit à cette forme:

$$\frac{2(A+B+C)s(s+1)(p-s)\,dp}{A(B+C)pp+2ACp+C(A+B)}+ds\bigl((A+B)(s+1)^2-Cs^3(s+2)\bigr)$$
$$+\frac{p\,ds\bigl(A(2s+1)-(B+C)ss(s+1)^2\bigr)}{BCss+(AB+BC+AC)s+AB}=0.$$

26. Partageons cette équation dans les deux membres suivans:

$$\frac{2(A+B+C)p\,dp}{A(B+C)pp+2ACp+C(A+B)}$$
$$+\frac{ds\bigl((A+B)(s+1)^2-Cs^3(s+2)\bigr)}{s(s+1)\bigl(BCss+(AB+BC+AC)s+AB\bigr)}$$

---

[7] Édition originale: $\ldots -\dfrac{(B+C)p-C}{yy}dy+\ldots$

$$= \frac{2(A+B+C)s\,dp}{A(B+C)pp + 2ACp + C(A+B)}$$
$$+ \frac{p\,ds\left((B+C)ss(s+1)^2 - A(2s+1)\right)}{s(s+1)\bigl(BCss + (AB+BC+AC)s + AB\bigr)}\,,$$

dont le premier est intégrable de lui-même, et le dernier le devient en le divisant par ps. Cette équation, quoique différentielle du premier degré, semble être assujettie à de plus grandes difficultés que la précédente du second degré; puisqu'ici même, dans le cas où l'on fait $B = \infty$, l'équation n'en devient presque point plus traitable. Car on aura bien:

$$\frac{2(p-s)\,dp}{App + C} + \frac{(1-pss)\,ds}{s(Cs+A)} = 0\,,$$

qui est certainement intégrable, quoique la route pour la résoudre paroisse fort cachée. Cependant on verra que cette valeur $s = \dfrac{1}{pp}$ y satisfait, ou en est une intégrale particuliere.

27. Mais c'est d'une maniere bien singuliere que nous connoissons l'intégrale de cette équation[8]
$$\frac{2(p-s)\,dp}{App + C} + \frac{(1-pss)\,ds}{s(Cs+A)} = 0\,;$$

nous ne savons autre chose sinon que, posant $x = sy$ ou $s = \dfrac{x}{y}$, de sorte que $\dfrac{dy}{y} = \dfrac{ds}{p-s}$, on aura par le §19

$$\frac{1}{x} - \frac{pp}{y} = n(App + C)$$

à cause de $AE - CF = 0$, et de là

$$\int \frac{dx\sqrt{x}}{\sqrt{(1 - nCx)}} = \int \frac{dy\sqrt{y}}{\sqrt{(1 + nAy)}}\,.$$

Mais nous ne saurions développer de cette équation le rapport entre les quantités p et s. Voilà donc un exemple bien remarquable d'une équation différentielle dont nous connoissons la construction, quoiqu'une méthode directe pour l'en déduire nous semble manquer, de sorte qu'on ne sauroit douter de ce côté que l'analyse ne soit encore susceptible d'un progrès très considérable.

---

8 Édition originale: $App - C$ au lieu de $App + C$.

28. Il est bon d'observer aussi que, quoiqu'on suppose ou $A = 0$ ou $C = 0$, la résolution de cette équation ne se trouve pas dégagée de tout embarras. Car soit $A = 0$ pour avoir cette équation:
$$2p\,dp - 2s\,dp - p\,ds + \frac{ds}{ss} = 0,$$
dont la solution ne saute pas certainement d'abord aux yeux, quoiqu'on sache que la valeur $pps = 1$ lui convienne. Cependant on arrivera au but en posant $p = \dfrac{z}{\sqrt{s}}$, d'où l'on tire
$$\frac{2z\,dz}{s} + \frac{ds}{ss}(1 - zz) - 2\,dz\sqrt{s} = 0,$$
ou bien
$$\frac{ds}{ss\sqrt{s}} + \frac{2z\,dz}{(1-zz)s\sqrt{s}} = \frac{2\,dz}{1-zz},$$
qui étant multipliée par $(1-zz)^{3/2}$ donne l'intégrale
$$-\frac{2}{3}s^{-\frac{3}{2}}(1-zz)^{\frac{3}{2}} = 2\int dz\,\sqrt{(1-zz)},$$
ou
$$s^{\frac{3}{2}} = -\frac{(1-zz)\sqrt{(1-zz)}}{3\int dz\,\sqrt{(1-zz)}},$$
et
$$\sqrt{s} = -\frac{\sqrt{(1-zz)}}{\sqrt[3]{3\int dz\,\sqrt{(1-zz)}}},$$
et[9]
$$p = -\frac{z\,\sqrt[3]{3\int dz\,\sqrt{(1-zz)}}}{\sqrt{(1-zz)}}.$$
De là, à cause de
$$\frac{1}{x} - \frac{pp}{y} = \text{Const.}$$
ou
$$\frac{1}{y}\left(\frac{1}{s} - pp\right) = \alpha,$$
on aura[10]
$$y = \frac{1}{\alpha}\left(\sqrt[3]{3\int dz\,\sqrt{(1-zz)}}\right)^2,$$
et
$$x = sy = \frac{1-zz}{\alpha}.$$

---

9 Édition originale: $p = -\dfrac{z\,\sqrt[3]{3\int dz\,\sqrt{(1-zz)}}}{\sqrt{(1-zz)}}$.   AV

10 Édition originale: $y = \dfrac{1}{\alpha}\sqrt[3]{\left(3\int dz\,\sqrt{(1-zz)}\right)^2}$.   AV

29.   A cause de cet embarras, nonobstant que la chose en elle-même soit fort aisée, je conclus qu'il ne convient en aucune maniere de conduire la solution de notre probleme de la façon que je viens de faire. Soit que la constante Γ évanouisse ou non, il n'est jamais à propos de poser $x = sy$, et d'introduire cette quantité s dans le calcul; aussi, pour peu qu'on réflêchisse sur la nature de la question, on verra que les deux distances x et y sont trop peu liées entr'elles pour qu'on puisse faire entrer leur rapport dans le calcul. Chacune de ces distances est plutôt immédiatement liée avec le tems t, et par cette raison je ne sais pas si l'on ne feroit pas beaucoup mieux de ne point bannir du calcul l'élément du tems dt. Il est vrai qu'on ne voit pas alors comment on pourroit parvenir à une solution; mais c'est principalement aux Géometres à employer tous leurs efforts pour trouver une autre route, qui conduise à la solution du probleme.

30.   On voit par-là qu'on est encore bien éloigné de la solution du cas le plus simple du probleme des trois corps, qui a lieu sans doute lorsque leur mouvement se fait sur la même ligne droite; et partant à plus forte raison il s'en faut beaucoup qu'on soit déjà arrivé à une solution parfaite de ce grand probleme. On comprend plutôt qu'on est encore à peine avancé au delà du premier pas. Ce premier pas renferme quelques propriétés générales, qui conviennent non seulement au mouvement de trois corps qui s'attirent mutuellement, mais qui ont également lieu, quelque grand que soit le nombre des corps. Comme il est très important de connoitre ces propriétés générales, quoiqu'elles ne suffisent pas à la détermination du mouvement, dès que le nombre des corps va au delà de deux, je vai les déduire des premieres formules que les principes mécaniques nous fournissent, afin qu'on voie clairement jusqu'à quel point on est déjà avancé dans ces recherches.

Propriétés générales du mouvement des corps qui s'attirent mutuellement, quelque grand que soit leur nombre

31.   Considérons (Fig. 2) quatre corps, dont les masses soient A, B, C, D, et qui se trouvent à présent aux points A, B, C, D représentés dans la Figure; et qui par leur mouvement soient transportés en a, b, c, d pendant l'élément du tems dt, en parcourant les espaces infiniment petits Aa, Bb, Cc, Dd. Or, en vertu de l'attraction mutuelle, le corps A est poussé à la fois par les forces accélératrices suivantes:

$$\text{selon } AB = \frac{B}{AB^2} \, ; \quad \text{selon } AC = \frac{C}{AC^2} \, ; \quad \text{selon } AD = \frac{D}{AD^2} \, ,$$

et de la même maniere chacun des autres corps est sollicité par trois semblables forces accélératrices. Ce que je dis ici de quatre corps s'appliquera sans aucune difficulté aux cas où le nombre des corps seroit ou plus grand ou plus petit; aussi n'envisage-je point ces quatre corps comme existans dans un même plan, pour rendre ces recherches aussi générales qu'il est possible.

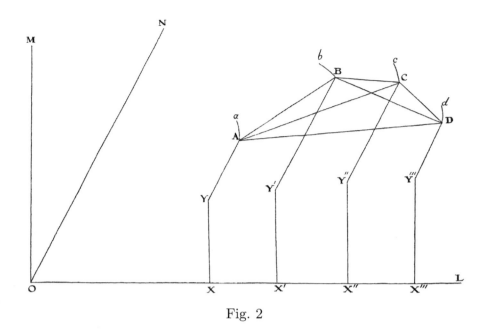

Fig. 2

32. Quel que puisse être le mouvement de ces quatre corps, je le rapporte à un point fixe O, pris à volonté dans l'espace absolu, par lequel je fais passer trois lignes droites, pareillement fixes, OL, OM, ON, perpendiculaires entr'elles, pour représenter par-là trois plans fixes LOM, LON et MON, et y rapporter les lieux de nos corps à chaque instant; ce qui se fait pour chaque corps par trois coordonnées parallèles aux trois directions fixes OL, OM et ON. Nommons donc ces coordonnées

pour le corps A $OX = x$; $XY = y$; $YA = z$
pour le corps B $OX' = x'$; $X'Y' = y'$; $Y'B = z'$
pour le corps C $OX'' = x''$; $X''Y'' = y''$; $Y''C = z''$
pour le corps D $OX''' = x'''$; $X'''Y''' = y'''$; $Y'''D = z'''$.

Soient de plus les espaces infiniment petits parcourus dans l'élément du tems dt, $Aa = ds$; $Bb = ds'$; $Cc = ds''$; $Dd = ds'''$.

33. Cela posé, il est clair dabord qu'on aura

$$ds\,dds = dx\,ddx + dy\,ddy + dz\,ddz = \tfrac{1}{2}d \cdot Aa^2$$
$$ds'\,dds' = dx'\,ddx' + dy'\,ddy' + dz'\,ddz' = \tfrac{1}{2}d \cdot Bb^2$$
$$ds''\,dds'' = dx''\,ddx'' + dy''\,ddy'' + dz''\,ddz'' = \tfrac{1}{2}d \cdot Cc^2$$
$$ds'''\,dds''' = dx'''\,ddx''' + dy'''\,ddy''' + dz'''\,ddz''' = \tfrac{1}{2}d \cdot Dd^2 \ .$$

Ensuite les distances entre les corps seront déterminées par les formules suivantes:

$$AB^2 = (x' - x)^2 + (y' - y)^2 + (z' - z)^2$$
$$AC^2 = (x'' - x)^2 + (y'' - y)^2 + (z'' - z)^2$$
$$AD^2 = (x''' - x)^2 + (y''' - y)^2 + (z''' - z)^2$$
$$BC^2 = (x'' - x')^2 + (y'' - y')^2 + (z'' - z')^2$$
$$BD^2 = (x''' - x')^2 + (y''' - y')^2 + (z''' - z')^2$$
$$CD^2 = (x''' - x'')^2 + (y''' - y'')^2 + (z''' - z'')^2 \,,$$

d'où l'on tire les différentiels de ces distances:

$$d \cdot AB = \frac{(x' - x)(dx' - dx) + (y' - y)(dy' - dy) + (z' - z)(dz' - dz)}{AB} \,,$$

et pareillement les autres.

34. Considérons d'abord la force accélératrice $\frac{B}{AB^2}$, dont le corps A est attiré par le corps B selon la direction AB, et décomposant cette force selon les trois directions fixes OL, OM, ON, on trouvera que le corps A est sollicité selon ces directions par les forces accélératrices suivantes,

$$\text{selon } OL = \frac{B(x' - x)}{AB^3} \,; \quad \text{selon } OM = \frac{B(y' - y)}{AB^3} \,; \quad \text{selon } ON = \frac{B(z' - z)}{AB^3} \,.$$

On n'a qu'à y ajouter les forces, selon les mêmes directions, qui résultent de l'attraction des autres corps, exercées sur le corps A, pour avoir toutes les forces qui y agissent. Ensuite on fera la même chose pour chacun des autres corps; et les principes du mouvement fourniront autant d'équations qu'il y a de forces qui agissent sur chaque corps.

35. De là, prenant constant l'élément du tems dt, on tirera les équations suivantes:

$$\left. \begin{array}{rl} \text{I.} & \dfrac{ddx}{dt^2} = \dfrac{B(x' - x)}{AB^3} + \dfrac{C(x'' - x)}{AC^3} + \dfrac{D(x''' - x)}{AD^3} \\[1ex] \text{II.} & \dfrac{ddy}{dt^2} = \dfrac{B(y' - y)}{AB^3} + \dfrac{C(y'' - y)}{AC^3} + \dfrac{D(y''' - y)}{AD^3} \\[1ex] \text{III.} & \dfrac{ddz}{dt^2} = \dfrac{B(z' - z)}{AB^3} + \dfrac{C(z'' - z)}{AC^3} + \dfrac{D(z''' - z)}{AD^3} \end{array} \right\} \text{pour le corps } A$$

$$\left. \begin{array}{rl} \text{IV.} & \dfrac{ddx'}{dt^2} = \dfrac{C(x'' - x')}{BC^3} + \dfrac{D(x''' - x')}{BD^3} + \dfrac{A(x - x')}{BA^3} \\[1ex] \text{V.} & \dfrac{ddy'}{dt^2} = \dfrac{C(y'' - y')}{BC^3} + \dfrac{D(y''' - y')}{BD^3} + \dfrac{A(y - y')}{BA^3} \\[1ex] \text{VI.} & \dfrac{ddz'}{dt^2} = \dfrac{C(z'' - z')}{BC^3} + \dfrac{D(z''' - z')}{BD^3} + \dfrac{A(z - z')}{BA^3} \end{array} \right\} \text{pour le corps } B$$

$$\text{VII.} \quad \frac{ddx''}{dt^2} = \frac{D(x'''-x'')}{CD^3} + \frac{A(x-x'')}{CA^3} + \frac{B(x'-x'')}{CB^3}$$

$$\text{VIII.} \quad \frac{ddy''}{dt^2} = \frac{D(y'''-y'')}{CD^3} + \frac{A(y-y'')}{CA^3} + \frac{B(y'-y'')}{CB^3} \quad \Bigg\} \text{ pour le corps } C$$

$$\text{IX.} \quad \frac{ddz''}{dt^2} = \frac{D(z'''-z'')}{CD^3} + \frac{A(z-z'')}{CA^3} + \frac{B(z'-z'')}{CB^3}$$

$$\text{X.} \quad \frac{ddx'''}{dt^2} = \frac{A(x-x''')}{DA^3} + \frac{B(x'-x''')}{DB^3} + \frac{C(x''-x''')}{DC^3}$$

$$\text{XI.} \quad \frac{ddy'''}{dt^2} = \frac{A(y-y''')}{DA^3} + \frac{B(y'-y''')}{DB^3} + \frac{C(y''-y''')}{DC^3} \quad \Bigg\} \text{ pour le corps } D\,.$$

$$\text{XII.} \quad \frac{ddz'''}{dt^2} = \frac{A(z-z''')}{DA^3} + \frac{B(z'-z''')}{DB^3} + \frac{C(z''-z''')}{DC^3}$$

Voilà donc douze équations par lesquelles le mouvement de tous les quatre corps est déterminé, d'où l'on voit que pour tout autre nombre de corps on auroit toujours trois fois autant d'équations, ayant outre le tems t autant de quantités inconnues et variables.

36. Comme aucune de ces équations n'est inégrable, tout revient à en former, par certaines combinaisons, de nouvelles équations qui admettent l'intégration, et si l'on en pouvoit tirer douze équations de cette nature, le probleme seroit parfaitement résolu. Mais il s'en faut beaucoup qu'on puisse pousser la solution à ce point de perfection: et il faut bien se contenter du nombre d'équations intégrales que les méthodes connues peuvent fournir. Or d'abord des équations I, IV, VII, X on tirera celle-ci:

$$\frac{A\,ddx + B\,ddx' + C\,ddx'' + D\,ddx'''}{dt^2} = 0\,,$$

où les autres membres se détruisent tous mutuellement. Cette équation donne donc par l'intégration:

$$A\,dx + B\,dx' + C\,dx'' + D\,dx''' = \alpha\,dt\,,$$

et ensuite:

$$Ax + Bx' + Cx'' + Dx''' = \alpha t + \mathfrak{A}\,,$$

laquelle équation renferme un très beau rapport entre les coordonnées paralleles à la direction OL.

37. La même chose réussit pour les coordonnées paralleles aux deux autres directions OM et ON, de sorte que nous aurons en tout d'abord ces trois formules différentielles du premier degré:

$$A\,dx + B\,dx' + C\,dx'' + D\,dx''' = \alpha\,dt$$
$$A\,dy + B\,dy' + C\,dy'' + D\,dy''' = \beta\,dt$$
$$A\,dz + B\,dz' + C\,dz'' + D\,dz''' = \gamma\,dt\,,$$

et de là ces trois formules algébriques:

$$Ax + Bx' + Cx'' + Dx''' = \alpha t + \mathfrak{A}$$
$$Ay + By' + Cy'' + Dy''' = \beta t + \mathfrak{B}$$
$$Az + Bz' + Cz'' + Dz''' = \gamma t + \mathfrak{C},$$

qui nous donnent à connoitre que le commun centre d'inertie des quatre corps se meut uniformément suivant chacune des trois directions OL, OM, ON, et partant que son mouvement se fait uniformément sur une ligne droite, comme on le sait déjà depuis longtems.

38. Formons maintenant les équations suivantes:

$$\frac{y\,ddx - x\,ddy}{dt^2} = \frac{B(x'y - y'x)}{AB^3} + \frac{C(x''y - y''x)}{AC^3} + \frac{D(x'''y - y'''x)}{AD^3}$$
$$\frac{y'\,ddx' - x'\,ddy'}{dt^2} = \frac{C(x''y' - y''x')}{BC^3} + \frac{D(x'''y' - y'''x')}{BD^3} + \frac{A(xy' - yx')}{BA^3}$$
$$\frac{y''\,ddx'' - x''\,ddy''}{dt^2} = \frac{D(x'''y'' - y'''x'')}{CD^3} + \frac{A(xy'' - yx'')}{CA^3} + \frac{B(x'y'' - y'x'')}{CB^3}$$
$$\frac{y'''\,ddx''' - x'''\,ddy'''}{dt^2} = \frac{A(xy''' - yx''')}{DA^3} + \frac{B(x'y''' - y'x''')}{DB^3} + \frac{C(x''y''' - y''x''')}{DC^3},$$

où l'on pourra faire encore en sorte que les derniers membres se détruisent tous entr'eux, et il en résultera cette équation intégrable:

$$\frac{A(y\,ddx - x\,ddy)}{dt^2} + \frac{B(y'\,ddx' - x'\,ddy')}{dt^2}$$
$$+ \frac{C(y''\,ddx'' - x''\,ddy'')}{dt^2} + \frac{D(y'''\,ddx''' - x'''\,ddy''')}{dt^2} = 0.$$

39. De cette maniere on obtiendra encore trois équations intégrales, qui seront:

$$A(y\,dx - x\,dy) + B(y'\,dx' - x'\,dy')$$
$$+ C(y''\,dx'' - x''\,dy'') + D(y'''\,dx''' - x'''\,dy''') = \delta\,dt$$
$$A(z\,dy - y\,dz) + B(z'\,dy' - y'\,dz')$$
$$+ C(z''\,dy'' - y''\,dz'') + D(z'''\,dy''' - y'''\,dz''') = \varepsilon\,dt$$
$$A(x\,dz - z\,dx) + B(x'\,dz' - z'\,dx')$$
$$+ C(x''\,dz'' - z''\,dx'') + D(x'''\,dz''' - z'''\,dx''') = \zeta\,dt,$$

dont les intégrales peuvent encore être représentées par les aires des projections faites sur les trois plans fixes LOM, MON et NOL, de la route que chaque corps décrit, ces aires étant terminées par l'arc de chaque projection décrit dans le tems t, et les deux rayons vecteurs tirés au point O. Quelque plan donc qu'on prenne pour y faire ces projections, on multiplie chaque aire indiquée par la masse du corps auquel elle appartient, et la somme de tous ces produits est toujours proportionelle au tems pendant lequel ces aires ont été décrites. Cette propriété générale est analogue à celle que NEWTON a démontrée pour le mouvement d'un corps qui est sollicité vers un point fixe.[11]

40. Cette propriété devient encore infiniment plus générale en considérant que, tant le point O, que la position des plans, dépend entierement de notre bon plaisir: d'où nous tirons le Théoreme suivant:

> *Quelque grand que soit le nombre des corps qui s'attirent mutuellement, et de quelque mouvement qu'ils soient portés, quand on décrit sur un plan quelconque les projections orthogonales des courbes que les corps décrivent, et qu'on en prend les aires décrites autour d'un point pris à volonté sur ce plan pour un tems quelconque, en multipliant chacune de ces aires par la masse du corps auquel elle convient, la somme de tous ces produits sera proportionelle au tems.*

Ce beau Théoreme a lieu non seulement quand les corps s'attirent mutuellement en raison réciproque du quarré des distances, mais aussi quand l'attraction suit toute autre raison des distances: pourvu qu'à distances égales l'attraction soit proportionelle à la masse du corps attirant.

41. Voilà donc déjà six équations intégrales pour un nombre quelconque de corps qui s'attirent mutuellement: mais on peut encore en trouver une septieme de la maniere suivante. Puisque

$$dx\,ddx + dy\,ddy + dz\,ddz = ds\,dds = \frac{1}{2}d \cdot Aa^2\,,$$

on verra qu'en assemblant des équations du §35 la valeur de la formule

$$\frac{A\,ds\,dds + B\,ds'\,dds' + C\,ds''\,dds'' + D\,ds'''\,dds'''}{dt^2}\,,$$

les parties qui ont AB^3 pour dénominateur produiront cette forme:

$$\frac{A \cdot B}{AB^3}\bigl(-(x'-x)(dx'-dx) - (y'-y)(dy'-dy) - (z'-z)(dz'-dz)\bigr)\,,$$

qui par le §33 se changera en celle-ci:

$$\frac{A \cdot B}{AB^3}(-AB \cdot d \cdot AB) = -\frac{A \cdot B \cdot d \cdot AB}{AB^2} = A \cdot B \cdot d \cdot \frac{1}{AB}\,,$$

dont l'intégrale est par conséquent $= \dfrac{A \cdot B}{AB}$, où le numérateur est le produit des deux masses A et B, et le dénominateur leur distance AB.

---

11 Cf. [Newton 1687], [Newton 1713], [Newton 1726], Lib. I, Prop. I, Theor. I.   AV

42. Comme l'intégration réussit pareillement dans les autres parties divisées par AC^3, AD^3, BC^3, BD^3, CD^3, en introduisant une constante arbitraire Δ, on obtiendra cette équation intégrale renfermant les espaces élémentaires Aa, Bb, Cc, Dd, parcourus dans le tems infiniment petit dt:

$$\frac{A \cdot Aa^2 + B \cdot Bb^2 + C \cdot Cc^2 + D \cdot Dd^2}{2\, dt^2}$$
$$= \Delta + \frac{A \cdot B}{AB} + \frac{A \cdot C}{AC} + \frac{A \cdot D}{AD} + \frac{B \cdot C}{BC} + \frac{B \cdot D}{BD} + \frac{C \cdot D}{CD},$$

où il faut remarquer que, dans le premier membre, $\frac{Aa}{dt}$ exprime la vitesse du corps A; $\frac{Bb}{dt}$ celle du corps B; $\frac{Cc}{dt}$ celle du corps C, et $\frac{Dd}{dt}$ celle du corps D; de sorte que le premier membre tout entier représente la somme des forces vives de tous les corps ensemble.

43. On observera donc que la force vive totale de tous les corps qui agissent les uns sur les autres par leurs forces attractives, est toujours proportionelle à une expression composée d'une quantité constante Δ, et d'autres termes, dont chacun est le produit des masses de deux corps divisés par leur distances: il y aura donc autant de tels termes, qu'il y a de combinaisons de deux à deux des corps proposés, de sorte que si en général le nombre des corps est $= n$, le nombre de ces termes sera $= \frac{n(n-1)}{2}$; qui dans le cas de quatre corps est donc $= 6$, comme on voit par l'expression trouvée. Pour la quantité constante Δ, on voit bien qu'elle dépend de l'état primitif imprimé aux corps. Ensuite on voit aussi en général que, plus les corps s'approchent entr'eux, plus la somme de leurs forces vives doit devenir grande. Or, au contraire, à mesure que les corps s'éloignent entr'eux, la somme de leurs forces vives diminuera.

44. Voilà donc en tout sept équations intégrales qu'on a pu découvrir jusqu'ici en général, quelque grand que soit le nombre des corps. Pour le cas de deux corps, où l'on n'a que six équations principales, il semble qu'on pourroit se passer de la septieme équation intégrale, et que les six premieres devroient suffire pour déterminer le mouvement; mais alors il arrive que ces six ne renferment que cinq déterminations, et que la sixieme devient identique, de sorte qu'on est obligé de se servir principalement de la septieme pour résoudre le probleme. La chose est aussi fort claire d'elle-même; car, puisque les six premieres équations intégrales auroient également lieu quand même l'attraction ne suivroit pas la raison inverse quarrée des distances, il est évident qu'elles ne sauroient jamais être suffisantes pour procurer une solution.

45. Mais, dès qu'il est question de trois corps, dont le mouvement est déterminé par neuf équations, les sept équations intégrales que je viens de trouver ne suffisent plus pour en tirer une solution parfaite; il faudroit encore au moins en découvrir deux nouvelles, auxquelles on n'a pu encore parvenir, malgré tous

les soins que les plus grands Géometres se sont donnés. La méthode dont je me suis servi ici, en cherchant certaines combinaisons entre les équations principales détaillées dans le §35, qui conduisent à quelque équation intégrable, semble entierement épuisée, et il faudra sans doute chercher une route tout à fait nouvelle. Dans l'état où l'Analyse se trouve, il semble même impossible de dire si l'on en est encore fort éloigné ou non; mais il est bien certain que, dès qu'on sera arrivé à ce point, l'Analyse en retirera de beaucoup plus grands avantages, que l'Astronomie ne sauroit s'en promettre, à cause de la grande complication dont tous les élémens seront entrelacés selon toute apparence, de sorte que pour la pratique on ne pourra presque en espérer aucun secours.

DU MOUVEMENT DES ABSIDES DES SATELLITES DE JUPITER

Commentatio 402 indicis ENESTROEMIANI
Mémoires de l'académie des sciences de Berlin **19** (1763), 1770, p. 311–338

1. En comparant le mouvement des Satellites de Jupiter avec celui de la Lune, il semble d'abord que celui-ci doit être assujetti à de plus grandes irrégularités que celui-là. La force du Soleil, qui agit sur la Lune et en trouble le mouvement, qu'elle poursuivroit en vertu de la force de la Terre, y tient un beaucoup plus grand rapport, que celui de la force dont le Soleil agit sur les Satellites de Jupiter à celle de Jupiter même. Trois raisons concourent à nous persuader que le mouvement des Satellites de Jupiter doit être moins irrégulier que le mouvement de la Lune. La premiere est la grande masse du corps de Jupiter, laquelle surpasse environ 200 fois celle de la Terre; si donc les autres circonstances étoient semblables, les dérangemens causés par la force du Soleil devroient être autant de fois plus petits dans les Satellites de Jupiter que dans la Lune. La seconde raison est la distance plus grande de Jupiter au Soleil; et il est certain que si la Terre se trouvoit à la distance de Jupiter, les inégalités dans le mouvement de la Lune seroient presque imperceptibles. La troisieme raison est que la distance des Satellites au centre de Jupiter est plus petite que celle de la Lune au centre de la Terre, au moins par rapport à la grosseur de cette planete; puisque le quatrieme Satellite n'en est éloigné que de 25 demi-diametres de Jupiter, pendant que la distance de la Lune égale environ soixante demi-diametres de la Terre; et le premier Satellite n'en étant éloigné que de $5\frac{2}{3}$ demi-diametres de Jupiter, se trouve même à une distance moindre que celle de la Lune à la Terre. D'où il s'ensuit que, selon le systeme commun d'attraction, le mouvement des Satellites de Jupiter devroit être beaucoup moins irrégulier que le mouvement de la Lune.

2. Aiant donc assez heureusement déterminé par la Théorie les inégalités du mouvement de la Lune, il semble que la même Théorie nous devroit découvrir les inégalités dans le mouvement des Satellites de Jupiter. Pour cet effet, nous n'aurions qu'à supposer 1° la masse de la Terre environ 200 fois plus grande qu'elle n'est effectivement, 2° sa distance au Soleil égale à celle de Jupiter, et 3° la distance de la Lune à la Terre égale à celle de quelque Satellite au centre de Jupiter; alors le calcul tiré de la Théorie devroit donner toutes les inégalités du mouvement des Satellites. Or, en faisant cette application du calcul, on s'appercevra aisément que toutes les inégalités se réduiroient presque à rien, de sorte qu'il en faudroit conclure que le mouvement des Satellites, et surtout du premier, seroit presque entierement conforme aux loix découvertes par KÉPLER. Le mouvement

des absides, dont la détermination a été si embarassante pour la Lune, n'auroit presque plus de difficultés en faisant l'application aux Satellites de Jupiter, et le calcul montrera presque immobiles les lignes des absides de chaque Satellite, pendant que l'apogée de la Lune avance par an d'environ 40°. Il est vrai que les Satellites de Jupiter, entant qu'ils s'attirent mutuellement, doivent causer quelque dérangement dans leur mouvement, dont les lignes des absides se ressentent le plus sensiblement; mais, puisque les masses des Satellites sont fort petites par rapport à celle de Jupiter, et qu'ils ne s'approchent jamais tant entr'eux, que leur distance devienne assez petite par rapport à celle de Jupiter même, pour qu'il en résulte un effet considérable, il s'ensuit que l'action mutuelle ne sauroit être regardée comme une source considérable d'inégalité.

3. Nonobstant toutes ces raisons, je crois qu'on se tromperoit beaucoup, si l'on vouloit assurer que le mouvement des Satellites de Jupiter fût à peu près régulier, et que les anomalies qu'on y observe ne provinssent que de l'excentricité de leurs orbites et d'un petit mouvement de leurs absides. Les observations semblent plutôt prouver que le mouvement des Satellites, et particulierement du premier, qui, par les raisons alléguées, devroit être le plus régulier, est assujetti à quelques inégalités très considérables, qui se découvrent surtout dans un mouvement extrèmement rapide de la ligne des absides, qui surpasse même de beaucoup celui de l'apogée de la Lune. Cette circonstance, qui paroit d'abord contraire à l'hypothese de la gravitation universelle, en est plutôt une conséquence aussi nécessaire que remarquable, comme je le prouverai incontestablement par les recherches suivantes. En effet, il doit paroitre fort étrange que ce mouvement rapide des absides dans les orbites des Satellites de Jupiter se trouve en contradiction avec la Théorie sur laquelle le mouvement de la Lune est fondé, et qu'il soit néanmoins une suite nécessaire de la gravitation universelle: mais une seule considération levera tous les doutes. En déterminant le mouvement de la Lune on suppose que les corps célestes s'attirent mutuellement en raison réciproque du quarré de leurs distances, conformément à la loi générale suivant laquelle toutes les parties de la matiere agissent les unes sur les autres. Mais cette même loi ne sauroit avoir lieu dans les corps finis, qu'entant qu'ils sont sphériques, ou qu'ils ont leurs momens d'inertie égaux entr'eux. Donc le corps de la Terre n'étant pas parfaitement sphérique, la loi supposée en souffre bien quelque altération, mais qui n'est d'aucune conséquence dans le mouvement de la Lune. Or on sait que le corps de Jupiter differe très considérablement de la figure sphérique, et je ferai voir que cette circonstance altere la raison réciproque doublée des distances, au point que le phénomene mentionné en doit être produit.

4. Il faut donc bien remarquer que les corps célestes ne s'attirent mutuellement en raison réciproque quarrée des distances qu'entant que leurs corps peuvent être regardés comme sphériques, ou que leurs distances sont plusieurs fois plus grandes que leurs diametres. C'est la raison pour laquelle, quoique la Terre ne soit pas sphérique, il n'en résulte aucune altération sensible à la distance de la Lune,

qui surpasse trente fois le diametre de la Terre: or, si la Lune n'en étoit éloignée que de deux ou trois diametres, l'altération dans la loi d'attraction causeroit un mouvement assez sensible dans la ligne des absides, bien que la figure de la Terre differe fort peu d'une sphere parfaite. Mais le cas de Jupiter avec ses Satellites est bien différent, le diametre de son équateur étant à l'axe de rotation comme 9 à 8, pendant que dans la Terre ce rapport n'est que de 201 à 200; d'où la loi d'attraction de Jupiter doit différer beaucoup plus considérablement de la raison réciproque quarrée des distances, et cela d'autant plus que la distance sera plus petite. Outre cela, les distances des Satellites au centre de Jupiter sont à proportion beaucoup plus petites que celle de la Lune à la Terre, attendu que le premier Satellite n'est éloigné du centre de Jupiter que de trois de ses diametres, et le quatrieme encore moins que de treize. Ces deux circonstances jointes ensemble causeront une assez grande altération dans la force attractive de Jupiter pour en produire une très considérable dans le mouvement de la ligne des absides, surtout pour le premier Satellite, dont le mouvement devroit être le plus régulier, si le corps de Jupiter étoit sphérique. Voilà donc une nouvelle source d'inégalité qu'on découvre dans le mouvement des corps célestes, et qu'on ne sauroit expliquer par l'hypothese commune, où l'on suppose les forces réciproquement proportionelles aux quarrés des distances: mais cette même circonstance sert à porter le principe de l'attraction universelle au plus haut degré de certitude.

5.   Pour mettre cela dans tout son jour, il faut commencer par chercher la force dont un corps non sphérique agit sur un autre corps situé à un endroit quelconque, en supposant que tous les élémens de matiere s'attirent mutuellement en raison réciproque quarrée des distances. J'ai déjà donné autrefois[1] la solution de ce probleme, et ainsi je me contenterai d'en rapporter ici le résultat. Soit donc (Fig. 1) I le centre d'inertie du corps dont nous cherchons la force attractive, et

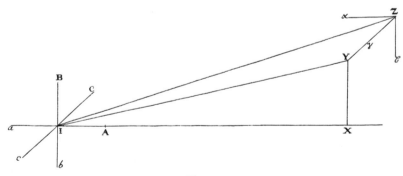

Fig. 1

que les lignes Aa, Bb, Cc soient ses trois axes principaux, selon les principes de la connoissance mécanique des corps, que j'ai établis dans un Mémoire particulier[2].

---

1 Cf. [E 289], §818; [A 6], §71; [A 18].   AV
2 [E 291].   AV

Que la lettre M exprime la masse entiere de ce corps, et que les momens d'inertie par rapport aux trois axes principaux respectivement soient Maa, Mbb, Mcc. Soit maintenant une molécule de matiere dans un lieu quelconque Z, où au lieu d'une molécule il est permis de supposer un corps sphérique quelconque, dont le centre soit en Z; et même une autre figure quelconque n'influeroit pas sensiblement sur la force dont ce corps est attiré vers le premier, de sorte que dans la suite ce corps nous puisse représenter les Satellites de Jupiter, pendant que le premier est pris pour le corps de Jupiter. Pour tenir compte du lieu de ce corps, qu'on abaisse de Z au plan formé par les deux axes principaux Aa, Bb la perpendiculaire ZY, et de Y à l'axe Aa prolongé à angles droits la droite YX. Qu'on nomme alors ces trois coordonnées $TX = x$, $XY = y$, et $YZ = z$, et outre cela la distance $IZ = v$, de sorte que $v = \sqrt{(xx + yy + zz)}$. Cela posé, la force dont le corps en I agit sur le corps en Z, se réduit à trois forces appliquées au point Z selon les directions $Z\alpha$, $Z\beta$, $Z\gamma$ paralleles aux trois axes principaux Aa, Bb, Cc, et posant N la masse du corps en Z, ces trois forces ont été trouvées

force selon $Z\alpha$
$$= \frac{MNx}{v^3}\left(1 + \frac{3aa}{2vv}\left(3 - \frac{5xx}{vv}\right) + \frac{3bb}{2vv}\left(1 - \frac{5yy}{vv}\right) + \frac{3cc}{2vv}\left(1 - \frac{5zz}{vv}\right)\right)$$

force selon $Z\beta$
$$= \frac{MNy}{v^3}\left(1 + \frac{3bb}{2vv}\left(3 - \frac{5yy}{vv}\right) + \frac{3cc}{2vv}\left(1 - \frac{5zz}{vv}\right) + \frac{3aa}{2vv}\left(1 - \frac{5xx}{vv}\right)\right)$$

force selon $Z\gamma$
$$= \frac{MNz}{v^3}\left(1 + \frac{3cc}{2vv}\left(3 - \frac{5zz}{vv}\right) + \frac{3aa}{2vv}\left(1 - \frac{5xx}{vv}\right) + \frac{3bb}{2vv}\left(1 - \frac{5yy}{vv}\right)\right).$$

6. Dans ces formules, qu'une approximation a fournies, on suppose que la distance v est considérablement plus grande que les quantités a, b, c, de sorte que les termes négligés, qui sont divisés par de plus hautes puissances de v, ne soient d'aucune conséquence, d'où il semble que ces formules pourroient être défectueuses quand il s'agit des Satellites de Jupiter et surtout du premier où la distance v n'excede les quantités a, b, c qu'environ $9\frac{1}{2}$ fois. Mais il faut aussi remarquer que ces mêmes formules seroient tout à fait exactes, si les trois momens d'inertie Maa, Mbb, Mcc étoient égaux entr'eux, d'où l'on comprend que plus ces momens approchent de l'égalité, moins ils s'écarteront de la vérité, quand même la distance v ne seroit pas assez considérable. Donc, puisque dans le corps de Jupiter les quantités a, b, c ne s'écartent pas beaucoup de la raison d'égalité, l'erreur de nos formules deviendra tout à fait insensible, de sorte que quand même la distance v excéderoit moins de 9 fois les quantités a, b, c, il n'y auroit rien à craindre pour la justesse du calcul.

7. Si tous les trois momens principaux d'inertie du corps de Jupiter étoient inégaux entr'eux, il faudroit pour chaque instant connoitre la situation des trois axes principaux pour y rapporter le lieu du Satellite Z, et partant le mouvement de rotation de Jupiter entreroit dans le calcul. Mais, puisque l'inégalité de ces momens est causée par le mouvement de rotation, si nous supposons que Jupiter tourne autour de l'axe CIc, les deux autres axes Aa et Bb se trouveront dans le plan de son équateur où la force centrifuge étant partout la même, il faut conclure que les momens d'inertie par rapport à ces deux axes Aa et Bb sont égaux entr'eux, et la même égalité de momens aura aussi lieu pour tous les axes pris dans le plan de l'équateur. Il n'y aura donc plus de distinction entre les axes tirés dans le plan de l'équateur; et partant, pourvu que l'axe de rotation Cc conserve toujours la même direction, comme on peut le supposer, le plan de l'équateur déterminé par les axes Aa, Bb sera fixe, et les lignes Aa et Bb pourront être regardées comme fixes et indépendantes du mouvement de rotation; ce qui nous procure la commodité de rapporter le lieu des Satellites de Jupiter au plan de son équateur, en y prenant à volonté une ligne IA pour fixe, sans aucun égard au mouvement de rotation.

8. Ayant donc pour le corps de Jupiter $aa = bb$, les trois forces dont le Satellite en Z est sollicité seront exprimées ainsi[3]:

$$\text{force selon } Z\alpha = \frac{MNx}{v^3}\left(1 + \frac{3aa}{2vv}\left(4 - \frac{5xx+5yy}{vv}\right) + \frac{3cc}{2vv}\left(1 - \frac{5zz}{vv}\right)\right)$$

$$\text{force selon } Z\beta = \frac{MNy}{v^3}\left(1 + \frac{3aa}{2vv}\left(4 - \frac{5xx+5yy}{vv}\right) + \frac{3cc}{2vv}\left(1 - \frac{5zz}{vv}\right)\right)$$

$$\text{force selon } Z\gamma = \frac{MNz}{v^3}\left(1 + \frac{3aa}{2vv}\left(2 - \frac{5xx+5yy}{vv}\right) + \frac{3cc}{2vv}\left(3 - \frac{5zz}{vv}\right)\right).$$

Or, puisque $xx + yy = vv - zz$, ces formules se réduisent aux suivantes:

$$\text{force selon } Z\alpha = \frac{MNx}{v^3}\left(1 + \frac{3(cc-aa)}{2vv}\left(1 - \frac{5zz}{vv}\right)\right)$$

$$\text{force selon } Z\beta = \frac{MNy}{v^3}\left(1 + \frac{3(cc-aa)}{2vv}\left(1 - \frac{5zz}{vv}\right)\right)$$

$$\text{force selon } Z\gamma = \frac{MNz}{v^3}\left(1 + \frac{3(cc-aa)}{2vv}\left(3 - \frac{5zz}{vv}\right)\right)$$

d'où l'on voit que, si le corps de Jupiter étoit sphérique, ou $cc = aa$, ces trois forces se réuniroient dans une seule suivant la direction ZI qui seroit $= \dfrac{MN}{vv}$,

---

[3] Édition originale: $5xx - 5yy$ au lieu de $5xx + 5yy$.

ou réciproquement proportionelle au quarré de la distance, comme on le suppose ordinairement. Mais il est aussi clair qu'entant que le corps de Jupiter n'est pas sphérique, la force dont il agit sur les Satellites s'écarte un peu de la raison réciproque du quarré des distances, et cela d'autant plus que le Satellite en est moins éloigné. Or, pour de grandes distances, cette aberration s'évanouit entièrement.

9. Puisque cette aberration dépend de l'inégalité des quantités aa et cc, voyons à combien elle peut monter effectivement. Considérons donc le corps de Jupiter comme un sphéroïde applati, et soit f la moitié de son axe IC, et h le demi-diametre de son équateur $IA = IB$. Cela posé, NEWTON a conclu par la rapidité du mouvement de rotation[4] que $f : h = 8 : 9$, ou bien $f = \frac{8}{9}h$, en supposant le corps de Jupiter composé d'une matiere homogene. De là, si nous cherchons les momens d'inertie, nous trouvons

$$cc = \frac{2}{5}hh \quad \text{et} \quad aa = bb = \frac{1}{5}(ff + hh)$$

donc

$$cc - aa = \frac{1}{5}(hh - ff)$$

et partant

$$cc - aa = \frac{17}{405}hh$$

ou

$$cc - aa = \frac{1}{24}hh$$

à peu près. Or, puisque h est le demi-diametre de l'équateur de Jupiter, il est en même tems la mesure des distances moyennes des Satellites, et les Astronomes ont déterminé ces distances de cette sorte:

Distances moyennes au centre de Jupiter

du premier Satellite $\quad = 5\frac{2}{3}h$

du second Satellite $\quad = 9h$

du troisieme Satellite $\quad = 14\frac{1}{3}h$

du quatrieme Satellite $\quad = 25\frac{1}{4}h$.

10. Je n'ai pas ici dessein de déterminer exactement le mouvement des Satellites de Jupiter, mais je me propose uniquement d'en rechercher les inégalités qui doivent résulter de la figure non sphérique du corps de Jupiter. Dans cette vue

---

4 Cf. [Newton 1687], Lib. III, Prop. XIX.

je ne tiendrai compte, ni de la force du Soleil, ni de celle dont les Satellites agissent mutuellement les uns sur les autres: et partant je ne considérerai que les trois forces selon $Z\alpha$, $Z\beta$ et $Z\gamma$, dont chaque Satellite est sollicité par l'attraction de Jupiter. Supposons donc un Satellite quelconque en Z, dont le lieu est déterminé par les trois coordonnées $IX = x$, $XY = y$ et $XZ = z$.

Prenant l'élément du tems dt constant, le mouvement du Satellite sera déterminé par les trois équations suivantes

$$ddx = -\frac{2Mgx\,dt^2}{v^3}\left(1 + \frac{3(cc-aa)}{2vv}\left(1 - \frac{5zz}{vv}\right)\right)$$

$$ddy = -\frac{2Mgy\,dt^2}{v^3}\left(1 + \frac{3(cc-aa)}{2vv}\left(1 - \frac{5zz}{vv}\right)\right)$$

$$ddz = -\frac{2Mgz\,dt^2}{v^3}\left(1 + \frac{3(cc-aa)}{2vv}\left(3 - \frac{5zz}{vv}\right)\right)$$

où il faut remarquer que g est une telle constante que, si nous supposons la masse du Soleil $= L$, la distance moyenne de la Terre au Soleil $= e$, et l'angle que la Terre décrit autour du Soleil pendant le tems dt par son mouvement moyen $= d\zeta$, on aura

$$2g\,dt^2 = \frac{e^3\,d\zeta^2}{L}\,.$$

11. Donc, si au lieu de l'élément du tems dt, nous introduisons dans le calcul le mouvement moyen du Soleil $d\zeta$ qui répond à ce tems, et que nous posions le rapport de la masse de Jupiter M à celle du Soleil L comme 1 à n, nous aurons $M = nL$ et $2Mg\,dt^2 = ne^3\,d\zeta^2$; nos équations différentio-différentielles pour le mouvement du Satellite seront:

$$ddx = -\frac{ne^3 x\,d\zeta^2}{v^3}\left(1 + \frac{3(cc-aa)}{2vv}\left(1 - \frac{5zz}{vv}\right)\right)$$

$$ddy = -\frac{ne^3 y\,d\zeta^2}{v^3}\left(1 + \frac{3(cc-aa)}{2vv}\left(1 - \frac{5zz}{vv}\right)\right)$$

$$ddz = -\frac{ne^3 z\,d\zeta^2}{v^3}\left(1 + \frac{3(cc-aa)}{2vv}\left(3 - \frac{5zz}{vv}\right)\right)\,.$$

Ou bien on pourra aussi réduire ces déterminations au mouvement moyen du même Satellite, en posant $n = 1$, et prenant e égale à la distance moyenne du Satellite au centre de Jupiter: alors ζ marquera l'angle décrit par le mouvement moyen, pendant un tems proposé: et il faut se souvenir que le tems périodique de chaque Satellite qui répond à $\zeta = 360°$ est[5]

$$\begin{aligned}\text{pour le I. Satellite} &= 1^j\,18^h\,27'\,34''\\\text{pour le II. Satellite} &= 3^j\,13^h\,13'\,42''\\\text{pour le III. Satellite} &= 7^j\,3^h\,42'\,36''\\\text{pour le IV. Satellite} &= 16^j\,16^h\,32'\,9''\,.\end{aligned}$$

12. Le cas le plus aisé à résoudre est sans doute lorsque le Satellite se meut dans le plan de l'équateur de Jupiter, ou qu'il se trouve en Y. Alors, puisque $z = 0$, nous aurons ces deux équations:

$$ddx = -\frac{ne^3 x\, d\zeta^2}{v^3}\left(1 + \frac{3(cc-aa)}{2vv}\right)$$
$$ddy = -\frac{ne^3 y\, d\zeta^2}{v^3}\left(1 + \frac{3(cc-aa)}{2vv}\right)$$

où $vv = xx + yy$. De là nous tirons premierement $y\,ddx - x\,ddy = 0$ et partant $y\,dx - x\,dy = -C\,d\zeta$. Ensuite, à cause de $x\,dx + y\,dy = v\,dv$,

$$2\,dx\,ddx + 2\,dy\,ddy = -\frac{2ne^3\,dv\,d\zeta^2}{vv}\left(1 + \frac{3(cc-aa)}{2vv}\right)$$

dont l'intégration fournit

$$dx^2 + dy^2 = 2ne^3\,d\zeta^2\left(D + \frac{1}{v} + \frac{(cc-aa)}{2v^3}\right)\,.$$

Soit l'angle $XIY = \varphi$ pour avoir $x = v\cos\varphi$ et $y = v\sin\varphi$ et partant $dx = dv\cos\varphi - v\,d\varphi\sin\varphi$ et $dy = dv\sin\varphi + v\,d\varphi\cos\varphi$; cette substitution nous conduit à ces deux équations

$$-vv\,d\varphi = -C\,d\zeta \quad\text{et}\quad dv^2 + vv\,d\varphi^2 = 2ne^3\,d\zeta^2\left(D + \frac{1}{v} + \frac{cc-aa}{2v^3}\right)\,.$$

Posons $C = \sqrt{2ne^3 E}$ pour avoir $d\zeta = \dfrac{vv\,d\varphi}{\sqrt{2ne^3 E}}$, et de là

$$dv^2 + vv\,d\varphi^2 = \frac{v^4\,d\varphi^2}{E}\left(D + \frac{1}{v} + \frac{(cc-aa)}{2v^3}\right)\,,$$

ou

$$\frac{dv^2}{v^4} = \frac{d\varphi^2}{E}\left(D + \frac{1}{v} - \frac{E}{vv} + \frac{(cc-aa)}{2v^3}\right)\,.$$

---

5 Cf. [Newton 1726], Lib. III, Phaenom. I.

13. Introduisons l'anomalie vraie, qui soit $= s$, et posons $v = \dfrac{p}{1 + q\cos s}$, où par la nature de l'anomalie l'élément dv doit s'évanouir en posant tant $s = 0$ que $s = 180°$. Cette double condition donne

$$D + \frac{1+q}{p} - \frac{E(1+q)^2}{pp} + \frac{(cc-aa)(1+q)^3}{2p^3} = 0$$

et

$$D + \frac{1-q}{p} - \frac{E(1-q)^2}{pp} + \frac{(cc-aa)(1-q)^3}{2p^3} = 0$$

et en prenant tant la différence que la somme

$$\frac{2q}{p} - \frac{4Eq}{pp} + \frac{(cc-aa)(6q+2q^3)}{2p^3} = 0$$

$$2D + \frac{2}{p} - \frac{2E(1+qq)}{pp} + \frac{(cc-aa)(1+3qq)}{p^3} = 0 \, .$$

Au lieu de chercher de là les quantités p et q, déterminons en plutôt les constantes D et E, que nous trouverons

$$E = \frac{1}{2}p + \frac{(cc-aa)(3+qq)}{4p}$$

et

$$D = \frac{-1+qq}{2p} + \frac{(cc-aa)(1-qq)^2}{4p^3} \, .$$

Par ces substitutions notre équation prendra cette forme

$$\frac{dv^2}{v^4} = \frac{d\varphi^2}{E} \cdot \frac{qq \sin s^2}{2p} \left(1 + \frac{cc-aa}{2pp}(-3 - 2q\cos s + qq) \right)$$

donc

$$\frac{dv}{vv} = \frac{q\,d\varphi \sin s}{\sqrt{2Ep}} \sqrt{\left(1 - \frac{(cc-aa)(3+2q\cos s - qq)}{2pp} \right)}$$

et

$$d\zeta = \frac{vv\,d\varphi}{\sqrt{2ne^3 E}} \quad \text{ou} \quad d\varphi = \frac{d\zeta\sqrt{2ne^3 E}}{vv} \, .$$

14. De là il est clair que les quantités p et q sont constantes, dont celle-là marque le demi-paramètre de l'orbite et celle-ci l'excentricité. Donc, puisque

$$\frac{dv}{vv} = \frac{q\,ds\sin s}{p},$$

nous aurons

$$ds = \frac{p\,d\varphi}{\sqrt{2Ep}} \sqrt{\left(1 - \frac{(cc-aa)(3+2q\cos s - qq)}{2pp} \right)} ,$$

ou bien
$$d\varphi = \frac{ds \sqrt{\left(pp + \tfrac{1}{2}(cc-aa)(3+qq)\right)}}{\sqrt{\left(pp - \tfrac{1}{2}(cc-aa)(3+2q\cos s - qq)\right)}}\,.$$

Or nous avons vu que $cc - aa = \frac{1}{24}hh$, prenant h pour le demi-diametre de l'équateur de Jupiter, et partant nous aurons assez exactement

$$d\varphi = ds\left(1 + \frac{(cc-aa)(3+q\cos s)}{2pp}\right)$$

d'où nous tirons par l'intégration

$$\varphi = \text{Const.} + \left(1 + \frac{3(cc-aa)}{2pp}\right)s + \frac{(cc-aa)q\sin s}{2pp}\,.$$

Supposons que le Satellite ait passé par l'endroit où il est le plus proche de Jupiter; il s'en éloignera le plus qu'il est possible après avoir parcouru l'angle $\varphi = \left(1 + \frac{3(cc-aa)}{2pp}\right)180°$, et il ne retournera à l'endroit le plus proche qu'après avoir parcouru l'angle $= \left(1 + \frac{3(cc-aa)}{2pp}\right)360°$.

15. Ici il faut considérer que $\varphi - s$ exprime la longitude de la ligne des absides, de sorte que nous ayons en regardant seulement le mouvement moyen

$$\varphi - s = \text{Const.} + \frac{3(cc-aa)}{2pp}s$$

ou

$$\varphi - s = \text{Const.} + \frac{3(cc-aa)}{2pp + 3(cc-aa)}\varphi\,.$$

Donc, pendant une révolution entiere du Satellite, où $\varphi = 360°$, les absides avanceront par un angle qui est $= \frac{3(cc-aa)}{2pp + 3(cc-aa)} \cdot 360°$, et posant maintenant $cc - aa = \frac{1}{24}hh$, cet avancement périodique sera $= \frac{hh}{8pp + hh} \cdot 360°$, où p exprime à peu près la distance moyenne du Satellite au centre de Jupiter[6].

16. Appliquons cette formule à chaque Satellite séparément, et pour le premier Satellite ayant $p = 5\frac{2}{3}h$ et partant $8pp = 257hh$, ses absides avanceront pendant chaque révolution ou dans l'espace de $1^j\,18^h\,27'\,34''$, par l'angle

$$\frac{1}{258} \cdot 360° = 1°\,23'\,45''$$

d'où l'on conclut le mouvement pour un an entier de $288°$.

---

6 Valeur correcte: $= \dfrac{hh}{16pp + hh} \cdot 360°$. AV

Pour le second Satellite ayant $p = 9h$ et $8pp = 648hh$, ses absides avanceront pendant chaque révolution, ou dans l'espace de $3^j\, 13^h\, 13'\, 42''$, par l'angle

$$\frac{1}{649} \cdot 360° = 33'\, 17''$$

et partant pendant un an entier par $57°\, 3'$.

Pour le troisieme Satellite nous avons $p = 14\frac{1}{3}h$, donc $8pp = 1643hh$, et partant ses absides avanceront pendant chaque révolution, qui est de $7^j\, 3^h\, 42'\, 36''$, par l'angle

$$\frac{1}{1644} \cdot 360° = 13'\, 8''$$

et partant pendant un an entier par $11°\, 11'$.

Pour le quatrieme Satellite ayant $p = 25\frac{1}{4}h$, et $8pp = 5100hh$, ses absides avanceront pendant chaque révolution, qui est de $16^j\, 16^h\, 32'\, 9''$, par l'angle

$$\frac{1}{5101} \cdot 360° = 4'\, 14''$$

et donc pendant un an entier par $1°\, 32'\, 40''$.

17. Quoique nous n'ayons pas assez de certitude sur le degré d'applatissement du corps de Jupiter, et qu'une petite erreur puisse très considérablement altérer ces déterminations, il est toujours certain que le mouvement des absides, qui est produit par cette cause, doit être très rapide, surtout pour le premier Satellite, dont les absides avancent chaque année par[7] $288°$. Cette rapidité devroit produire un effet bien étrange, si l'orbite de ce Satellite n'étoit pas à peu près circulaire, car, dans le cas où l'orbite est circulaire, ou $q = 0$, le mouvement ne laisse pas d'être uniforme, tout comme dans l'hypothese ordinaire, et l'applatissement du corps de Jupiter n'y produira aucun dérangement. Mais dès que l'orbite d'un Satellite a une excentricité assez considérable, ce mouvement des absides doit causer de grandes irrégularités dans le mouvement du Satellite, et on n'en sauroit calculer les apparitions, à moins qu'on n'ait une exacte connoissance de cet élément. Il est aussi bien remarquable que ce mouvement des absides diminue si subitement pour de plus grandes distances, de sorte que s'il y avoit un Satellite éloigné du centre de Jupiter de 60 demi-diametres, le mouvement des absides seroit presque imperceptible, au lieu que les autres causes qui font avancer les absides produisent un effet tout à fait contraire.

18. Mais voyons aussi comment le vrai lieu du Satellite peut être déterminé; pour cet effet on n'a qu'à chercher l'anomalie vraie s pour un tems proposé quelconque, et indiqué par l'angle ζ qui lui est proportionnel. Or ayant trouvé

$$d\varphi = \frac{d\zeta\, \sqrt{2ne^3 E}}{vv} = \frac{d\zeta\, (1 + q\cos s)^2 \sqrt{ne^3 \left(pp + \frac{1}{2}(cc - aa)(3 + qq)\right)}}{pp\sqrt{p}}$$

---

[7] Valeur correcte: $144°$.

et aussi
$$d\varphi = \frac{ds\sqrt{(pp + \frac{1}{2}(cc-aa)(3+qq))}}{\sqrt{(pp - \frac{1}{2}(cc-aa)(3+2q\cos s - qq))}}$$

le rapport entre ζ et s sera exprimé par cette équation
$$d\zeta = \frac{pp\sqrt{p}}{\sqrt{ne^3}} \cdot \frac{ds}{(1+q\cos s)^2 \sqrt{(pp - \frac{1}{2}(cc-aa)(3+2q\cos s - qq))}}$$

laquelle, à cause de $cc - aa$ très petit par rapport à pp, se réduit à
$$d\zeta = \frac{\sqrt{p^3}}{\sqrt{ne^3}} \cdot \frac{ds}{(1+q\cos s)^2} \left(1 + \frac{(cc-aa)(3+2q\cos s - qq)}{4pp}\right)$$

pour l'équation de laquelle on a
$$\int \frac{ds}{(1+q\cos s)^2} = \frac{1}{(1-qq)^{\frac{3}{2}}} \operatorname{Arc\,cos} \frac{q+\cos s}{1+q\cos s} - \frac{q\sin s}{(1-qq)(1+q\cos s)}$$

et
$$\int \frac{ds\cos s}{(1+q\cos s)^2} = \frac{\sin s}{(1-qq)(1+q\cos s)} - \frac{q}{(1-qq)^{\frac{3}{2}}} \operatorname{Arc\,cos} \frac{q+\cos s}{1+q\cos s}$$

d'où l'on trouve[8]
$$\zeta\sqrt{\frac{ne^3}{p^3}} = \text{Const.} + \frac{1}{(1-qq)^{\frac{3}{2}}} \operatorname{Arc\,cos} \frac{q+\cos s}{1+q\cos s} - \frac{q\sin s}{(1-qq)(1+q\cos s)}$$
$$+ \frac{(3+q)(cc-aa)}{4pp(1+q)\sqrt{(1-qq)}} \operatorname{Arc\,cos} \frac{q+\cos s}{1+q\cos s} - \frac{(cc-aa)q\sin s}{4pp(1+q\cos s)}.$$

Ensuite posant la longitude de l'abside pour le tems proposé $= \eta$, on aura la longitude de Satellite
$$\varphi = \eta + s + \frac{(cc-aa)q\sin s}{2pp}.$$

19. Puisque l'excentricité q est très petite, le calcul se fait plus commodément par approximation. Ayant donc
$$\frac{1}{(1+q\cos s)^2} = \frac{1}{(1-qq)^{\frac{3}{2}}} \left(1 - 2q\cos s + \frac{3}{2}qq\cos 2s - q^3\cos 3s\right).$$

Si nous posons $\frac{p}{1-qq} = r$, de sorte que r signifie le demi-axe de l'orbite, et pour

---

[8] Édition originale: $\frac{3(cc-aa)}{4pp\sqrt{(1-qq)}}$ au lieu de $\frac{(3+q)(cc-aa)}{4pp(1+q)\sqrt{(1-qq)}}$.

abréger $\frac{cc-aa}{4pp} = m$, nous aurons[9]

$$d\zeta = \frac{\sqrt{r^3}}{\sqrt{ne^3}} \cdot ds \left(1 - 2q\cos s + \frac{3}{2}qq\cos 2s - q^3 \cos 3s \right.$$
$$+ m(3 - qq) - 2mq(3 - qq)\cos s + \frac{9}{2}mqq\cos 2s - 3mq^3 \cos 3s$$
$$\left. - 2mqq + 2mq\cos s - 2mqq\cos 2s + \frac{3}{2}mq^3 \cos 3s + \frac{3}{2}mq^3 \cos s \right)$$

ou bien

$$d\zeta \sqrt{\frac{ne^3}{r^3}} = ds \left(1 + 3m(1-qq) - 2q\cos s + \frac{3}{2}qq\cos 2s - q^3 \cos 3s \right.$$
$$\left. - 4mq\left(1 - \frac{7}{8}qq\right)\cos s + \frac{5}{2}mqq\cos 2s - \frac{3}{2}mq^3 \cos 3s \right)$$

donc prenant les intégrales

$$\zeta \sqrt{\frac{ne^3}{r^3}} = s\bigl(1 + 3m(1-qq)\bigr) - 2q\sin s + \frac{3}{4}qq\sin 2s - \frac{1}{3}q^3 \sin 3s$$
$$- 4mq\sin s + \frac{5}{4}mqq\sin 2s - \frac{1}{2}mq^3 \sin 3s \left[+\frac{7}{2}mq^3 \sin s \right]$$

ou bien à peu près

$$\frac{\zeta}{1+3m} \sqrt{\frac{ne^3}{r^3}} = s - \frac{2(1+2m)}{1+3m}q\sin s + \frac{(3+5m)}{4(1+3m)}qq\sin 2s - \frac{(2+3m)}{6(1+3m)}q^3 \sin 3s$$

où $\frac{\zeta}{1+3m}\sqrt{\frac{ne^3}{r^3}}$ peut être regardée comme l'anomalie moyenne, qui croît uniformément avec le tems; si nous la posons $= \tau$ nous aurons:

$$\tau = s - \frac{2(1+2m)}{1+3m}q\sin s + \frac{(3+5m)}{4(1+3m)}qq\sin 2s - \frac{(2+3m)}{6(1+3m)}q^3 \sin 3s$$

d'où l'on connoit l'anomalie vraie s, qui convient à la moyenne τ, l'équation du centre étant

$$\frac{2(1+2m)}{1+3m}q\sin s - \frac{(3+5m)}{4(1+3m)}qq\sin 2s + \frac{(2+3m)}{6(1+3m)}q^3 \sin 3s$$

et

$$s = \tau + \text{Equation du centre}.$$

---

[9] Édition originale: $\frac{3}{2}$ au lieu de $\frac{9}{2}$.

Ensuite on aura
$$\varphi = \eta + \tau + \text{Equation du centre} + 2mq\sin s$$
où $\eta+\tau$ marque la longitude moyenne et φ la vraie. Enfin la distance du Satellite au centre de Jupiter est
$$v = \frac{p}{1+q\cos s}.$$

20. Jusqu'ici j'ai supposé que le Satellite se meuve exactement dans le plan de l'équateur de Jupiter; je m'en vai donc aussi déterminer les dérangemens qui proviennent de la figure applatie du corps de Jupiter, lorsque l'orbite du Satellite est inclinée au plan de l'équateur de Jupiter, ou lorsque la coordonnée z n'est pas évanouissante. Pour ce cas nous n'avons qu'à considérer les trois équations différentio-différentielles rapportées au § 11 d'où nous tirons dabord en les combinant ces équations:

$$\text{I.} \quad y\,ddx - x\,ddy = 0$$

$$\text{II.} \quad z\,ddy - y\,ddz = \frac{3n(cc-aa)e^3\,d\zeta^2}{v^5}\cdot yz$$

$$\text{III.} \quad z\,ddx - x\,ddz = \frac{3n(cc-aa)e^3\,d\zeta^2}{v^5}\cdot xz,$$

et encore celle-ci:

$$2\,dx\,ddx + 2\,dy\,ddy + 2\,dz\,ddz$$
$$= -2ne^3\,d\zeta^2\left(\frac{dv}{vv} + \frac{3(cc-aa)\,dv}{2v^4} + \frac{3}{2}(cc-aa)\left(\frac{2z\,dz}{v^5} - \frac{5zz\,dv}{v^6}\right)\right),$$

qui donne par l'intégration:

$$dx^2 + dy^2 + dz^2 = 2ne^3\,d\zeta^2\left(C + \frac{1}{v} + \frac{cc-aa}{2v^3} - \frac{3(cc-aa)zz}{2v^5}\right).$$

21. Pour ramener (Fig. 2) ces quantités aux élémens dont on se sert en Astronomie, soit Zz l'espace que le Satellite parcourt dans le tems dt, auquel répond l'angle $d\zeta$, et on aura $Zz^2 = dx^2 + dy^2 + dz^2$. Or ayant $Iz = v + dv$, si nous posons l'angle élémentaire $ZIz = d\varphi$, nous aurons aussi $Zz^2 = dv^2 + vv\,d\varphi^2$, d'où notre derniere équation prendra cette forme:

$$dv^2 + vv\,d\varphi^2 = 2ne^3\,d\zeta^2\left(C + \frac{1}{v} + \frac{cc-aa}{2v^3} - \frac{3(cc-aa)zz}{2v^5}\right).$$

Que le plan ZIz, dans lequel le Satellite se meut actuellement, coupe le plan de l'équateur de Jupiter par la droite IN qui sera la ligne des noeuds, dont la

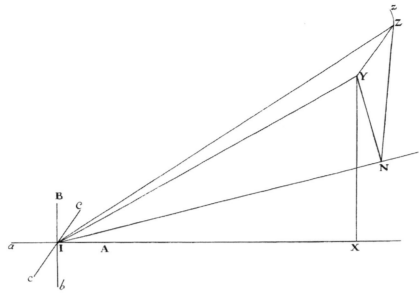

Fig. 2

longitude soit[10] l'angle $XIN = \psi$, l'inclinaison $= \omega$, et l'angle $NIZ = u$, qui sera l'argument de latitude. Qu'on tire de Z et Y à la ligne IN les perpendiculaires ZN et YN, et l'angle ZNY sera égal à l'inclinaison ω. Donc, ayant tiré du triangle ZIN les lignes $IN = v\cos u$, et $ZN = v\sin u$, nous aurons $YN = v\sin u \cos\omega$ et $ZY = v\sin u \sin\omega = z$. Ensuite l'angle $XIN = \psi = XYN$ fournit

$$IX = x = v\cos u \cos\psi - v\sin u \cos\omega \sin\psi$$

et

$$XY = y = v\cos u \sin\psi + v\sin u \cos\omega \cos\psi .$$

22. Puisque la différentiation transporte le point Z en z, il est clair qu'on doit trouver les mêmes valeurs des différentiels dx, dy et dz, soit qu'on regarde la ligne des noeuds IN avec l'inclinaison comme constantes, soit qu'on tienne compte de leur variabilité. Or, en considérant les angles ψ et ω comme constants, l'angle $NIZ = u$ croit de l'angle $ZIz = d\varphi$, de sorte que dans ce cas il faut mettre $du = d\varphi$, et partant nous aurons[11] :

$$dz = dv \sin u \sin\omega + v\,d\varphi \cos u \sin\omega = \frac{z\,dv}{v} + v\,d\varphi \cos u \sin\omega$$

$$dx = \frac{x\,dv}{v} - v\,d\varphi(\sin u \cos\psi + \cos u \cos\omega \sin\psi)$$

$$dy = \frac{y\,dv}{v} - v\,d\varphi(\sin u \cos\psi - \cos u \cos\omega \cos\psi) .$$

---

10 Édition originale: ...la longitude soit ou l'angle $XIN = \psi$ ...   AV

11 Édition originale: $dx = \frac{x\,dv}{v} - v\,d\varphi(\sin u \cos\psi - \cos u \cos\omega \sin\psi)$.   AV

De là nous tirons

$$y\,dx - x\,dy = -vv\,d\varphi \cos\omega \qquad \text{ou} \quad x\,dy - y\,dx = vv\,d\varphi \cos\omega$$
$$z\,dy - y\,dz = -vv\,d\varphi \sin\omega \sin\psi \qquad \text{ou} \quad y\,dz - z\,dy = vv\,d\varphi \sin\omega \sin\psi$$
$$z\,dx - x\,dz = -vv\,d\varphi \sin\omega \cos\psi \qquad \text{ou} \quad x\,dz - z\,dx = vv\,d\varphi \sin\omega \cos\psi\,.$$

23. Si nous substituons ces valeurs dans nos équations précédentes, nous trouverons:

I. $\quad d\cdot(vv\,d\varphi \cos\omega) = 0$

II. $\quad d\cdot(vv\,d\varphi \sin\omega \sin\psi)$
$$= -\frac{3n(cc-aa)e^3\,d\zeta^2}{v^3}\sin u \sin\omega(\cos u \sin\psi + \sin u \cos\omega \cos\psi)$$

III. $\quad d\cdot(vv\,d\varphi \sin\omega \cos\psi)$
$$= -\frac{3n(cc-aa)e^3\,d\zeta^2}{v^3}\sin u \sin\omega(\cos u \cos\psi - \sin u \cos\omega \sin\psi)$$

dont les deux dernieres donnent par leur combinaison

$$d\cdot(vv\,d\varphi \sin\omega) = -\frac{3n(cc-aa)e^3\,d\zeta^2}{v^3}\sin u \cos u \sin\omega$$

et

$$vv\,d\varphi\,d\psi \sin\omega = -\frac{3n(cc-aa)e^3\,d\zeta^2}{v^3}\sin u^2 \sin\omega \cos\omega\,.$$

Or celle-là étant combinée avec la premiere donne

$$d\cdot(vv\,d\varphi) = -\frac{3n(cc-aa)e^3\,d\zeta^2}{v^3}\sin u \cos u \sin\omega^2$$

et

$$vv\,d\varphi\,d\omega = -\frac{3n(cc-aa)e^3\,d\zeta^2}{v^3}\sin u \cos u \sin\omega \cos\omega\,,$$

de sorte que

$$d\psi = -\frac{3n(cc-aa)e^3\,d\zeta^2 \sin u^2 \cos\omega}{v^5\,d\varphi}$$

et

$$d\omega = -\frac{3n(cc-aa)e^3\,d\zeta^2 \sin u \cos u \sin\omega \cos\omega}{v^5\,d\varphi}\,.$$

Mais l'équation déjà une fois intégrée fournit

$$dv^2 + vv\,d\varphi^2 = 2ne^3\,d\zeta^2\left(C + \frac{1}{v} + \frac{cc-aa}{2v^3}(1 - 3\sin u^2 \sin\omega^2)\right)\,.$$

24. Or, si nous tenons compte de la variabilité des angles ψ et ω, où du n'est plus égal à $d\varphi$, il faut que les mêmes valeurs pour dx, dy et dz en résultent. Trouvant donc

$$dz = dv \sin u \sin \omega + v\, du \cos u \sin \omega + v\, d\omega \sin u \cos \omega$$

puisque

$$dz = dv \sin u \sin \omega + v\, d\varphi \cos u \sin \omega\,,$$

nous en concluons

$$d\varphi = du + \frac{d\omega \sin u \cos \omega}{\cos u \sin \omega}\,.$$

En comparant de la même maniere les différentiels dx et dy avec les valeurs précédentes, nous obtiendrons[12]

$$(d\varphi - du)(\sin u \cos \psi + \cos u \cos \omega \sin \psi)$$
$$- d\psi\,(\cos u \sin \psi + \sin u \cos \omega \cos \psi) + d\omega \sin u \sin \omega \sin \psi = 0$$
$$(d\varphi - du)(\sin u \sin \psi - \cos u \cos \omega \cos \psi)$$
$$+ d\psi\,(\cos u \cos \psi - \sin u \cos \omega \sin \psi) - d\omega \sin u \sin \omega \cos \psi = 0\,.$$

Donc, puisque

$$d\varphi - du = \frac{d\omega \sin u \cos \omega}{\cos u \sin \omega}\,,$$

l'une et l'autre donne

$$d\psi = \frac{d\omega \sin u}{\cos u \sin \omega}\,,$$

donc

$$d\varphi = du + d\psi \cos \omega$$

et c'est le même rapport qui a été trouvé dans l'article précédent[13].

25. Considérons l'équation $d\cdot(vv\, d\varphi) = \left[-\dfrac{3n(cc-aa)e^3\, d\zeta^2}{v^3} \sin u \cos u \sin \omega^2\right]$ qui étant multipliée par $2vv\, d\varphi$ et intégrée donne:

$$v^4\, d\varphi^2 = 2ne^3\, d\zeta^2 \left(D - 3(cc-aa)\int \frac{d\varphi}{v} \sin u \cos u \sin \omega^2\right)$$

ou posant pour abréger $\int \dfrac{d\varphi}{v} \sin u \cos u \sin \omega^2 = P$, et $cc - aa = mhh$, où la valeur de m est environ $\dfrac{1}{24}$, prenant h pour le demi-diametre de l'équateur de

---

12 Édition originale: $-d\psi\,(\cos u \cos \psi - \sin u \cos \omega \sin \psi)$ au lieu de
$+ d\psi\,(\cos u \cos \psi - \sin u \cos \omega \sin \psi)$.   AV
13 Cf. [E 398], Probl. 2, §3 et §4.   AV

Jupiter, nous aurons
$$v^4\, d\varphi^2 = 2ne^3\, d\zeta^2(D - 3mhhP)$$

et partant l'équation intégrale:
$$dv^2 = 2ne^3\, d\zeta^2 \left(C + \frac{1}{v} - \frac{(D - 3mhhP)}{vv} + \frac{mhh(1 - 3\sin u^2 \sin \omega^2)}{2v^3} \right).$$

Posons maintenant $v = \dfrac{p}{1 + q\cos s}$, de sorte que s soit l'anomalie vraie, et cette circonstance nous fournit ces deux équations
$$C + \frac{1+q}{p} - \frac{(D-3mhhP)(1+q)^2}{pp} + \frac{mhh(1-3\sin u^2 \sin\omega^2)(1+q)^3}{2p^3} = 0$$
$$C + \frac{1-q}{p} - \frac{(D-3mhhP)(1-q)^2}{pp} + \frac{mhh(1-3\sin u^2 \sin\omega^2)(1-q)^3}{2p^3} = 0$$

d'où nous tirons:
$$\frac{2q}{p} - \frac{4q(D-3mhhP)}{pp} + \frac{mhh(1-3\sin u^2 \sin\omega^2)q(3+qq)}{p^3} = 0$$

et partant
$$D - 3mhhP = \frac{1}{2}p + \frac{mhh(1-3\sin u^2 \sin\omega^2)(3+qq)}{4p}.$$

Ensuite, puisque
$$C + \frac{1}{p} - \frac{(D-3mhhP)(1+qq)}{pp} + \frac{mhh(1-3\sin u^2 \sin\omega^2)(1+3qq)}{2p^3} = 0$$
nous aurons
$$C = -\frac{(1-qq)}{2p} + \frac{mhh(1-qq)^2(1-3\sin u^2 \sin\omega^2)}{4p^3}.$$

26. Ces valeurs étant substituées produisent
$$dv^2 = 2ne^3\, d\zeta^2 \bigg(\frac{qq \sin s^2}{2p}$$
$$- \frac{mhh(1-3\sin u^2 \sin\omega^2)}{4p^3}\left(3qq\sin s^2 + 2q^3 \sin s^2 \cos s - q^4 \sin s^2\right)\bigg)$$

ou bien
$$dv^2 = \frac{ne^3 qq\, d\zeta^2 \sin s^2}{p}\left(1 - \frac{mhh(1-3\sin u^2 \sin\omega^2)}{2pp}(3 + 2q\cos s - qq)\right)$$

et par ce que j'ai montré ci-dessus:
$$d\varphi^2 = \frac{ne^3\,d\zeta^2}{v^4}\left(p + \frac{mhh(1-3\sin u^2\sin\omega^2)(3+qq)}{2p}\right)$$

donc:
$$dv = \frac{q\,d\zeta\sin s}{p}\sqrt{ne^3}\left(p - \frac{mhh(1-3\sin u^2\sin\omega^2)(3+2q\cos s - qq)}{2p}\right)$$

ou
$$\frac{dv}{vv} = \frac{q\,d\varphi\sin s}{p}\sqrt{\frac{2pp - mhh(1-3\sin u^2\sin\omega^2)(3+2q\cos s - qq)}{2pp + mhh(1-3\sin u^2\sin\omega^2)(3+qq)}}$$

et
$$d\zeta\sqrt{ne^3} = \frac{vv\,d\varphi\sqrt{2p}}{\sqrt{(2pp + mhh(1-3\sin u^2\sin\omega^2)(3+qq))}}\,.$$

27. La différentiation des quantités constantes D et C donne:
$$-\frac{3mhh\,d\varphi\sin u\cos u\sin\omega^2}{v} = \frac{1}{2}dp + \frac{1}{4}mhh\left(1-3\sin u^2\sin\omega^2\right)d\cdot\frac{3+qq}{p}$$
$$-\frac{3mhh\,d\varphi\sin u\cos u\sin\omega^2}{2p}(3+qq)$$

ou bien
$$3mhh\,d\varphi\sin u\cos u\sin\omega^2\cdot\frac{1-2q\cos s + qq}{p}$$
$$= dp + \frac{1}{2}mhh\left(1-3\sin u^2\sin\omega^2\right)d\cdot\frac{3+qq}{p}$$

et ensuite celle de C:
$$-d\cdot\frac{1-qq}{p} + \frac{1}{2}mhh\left(1-3\sin u^2\sin\omega^2\right)d\cdot\frac{(1-qq)^2}{p^3}$$
$$-\frac{3mhh(1-qq)^2\,d\varphi\sin u\cos u\sin\omega^2}{p^3} = 0$$

d'où l'on pourroit déterminer tant dp que dq par l'élément $d\varphi$. Mais, puisque les quantités p et q sont fort peu variables, devenant même constantes si $\omega = 0$, on aura assez exactement:
$$p\,dp = 3mhh\,d\varphi(1-2q\cos s + qq)\sin u\cos u\sin\omega^2$$

et posant le demi axe $\frac{p}{1-qq} = r$

$$\frac{dr}{rr} = \frac{3mhh\,d\varphi \sin u \cos u \sin \omega^2}{prr}$$

ou bien

$$p\,dr = 3mhh\,d\varphi \sin u \cos u \sin \omega^2 \,.$$

Or

$$2rq\,dq = dr\,(1-qq) - dp\,,$$

d'où nous trouverons

$$pr\,dq = 3mhh\,d\varphi\,(\cos s - q) \sin u \cos u \sin \omega^2 \,.$$

28. Ensuite, puisque $\frac{1}{v} = \frac{1 + q\cos s}{p}$, nous aurons

$$\frac{dv}{vv} = \frac{dp\,(1+q\cos s)}{pp} - \frac{dq\cos s}{p} + \frac{q\,ds \sin s}{p}\,,$$

et partant

$$\frac{dv}{vv} = \frac{q\,ds \sin s}{p} + \frac{3mhh\,d\varphi\,(1+qq) \sin u \cos u \sin \omega^2 \sin s^2}{p^3} \,.$$

Or la valeur de $\frac{dv}{vv}$ trouvée ci-dessus se réduit[14] à cette forme

$$\frac{dv}{vv} = \frac{q\,d\varphi \sin s}{p}\left(1 - \frac{mhh(3 + q\cos s)(1 - 3\sin u^2 \sin \omega^2)}{2pp}\right)$$

ce qui donne

$$ds = d\varphi - \frac{mhh(3 + q\cos s)(1 - 3\sin u^2 \sin \omega^2)}{2pp}\,d\varphi$$
$$- \frac{3mhh(1+qq) \sin u \cos u \sin \omega^2 \sin s}{ppq}\,d\varphi\,.$$

Enfin, en négligeant les petits termes, et en substituant pour $ne^3\,d\zeta^2$ sa valeur, nous aurons

$$d\psi = -\frac{3mhh(1 + q\cos s)}{pp}\,d\varphi \sin u^2 \cos \omega$$

et

$$d\omega = +\frac{d\psi \sin \omega}{\tan u} = -\frac{3mhh(1 + q\cos s)}{pp}\,d\varphi \sin u \cos u \sin \omega \cos \omega$$

---

14 Par approximation.

et[15]
$$du = d\varphi - d\psi \cos \omega$$

de sorte que les différentiels de tous nos élémens sont déterminés par $d\varphi$.

29.   On peut parvenir à d'autres solutions dont la plus simple paroit être celle qu'on tire de l'équation

$$d \cdot (vv\, d\varphi \cos \omega) = 0,$$

qui donne

$$v^4\, d\varphi^2 \cos \omega^2 = 2ne^3 E\, d\zeta^2$$

et partant

$$vv\, d\varphi^2 = \frac{2ne^3 E\, d\zeta^2}{vv \cos \omega^2},$$

sans qu'on ait besoin d'une quantité intégrale. Or cette formule ne sauroit avoir lieu quand l'inclinaison ω approche fort d'un angle droit. De là nous aurons:

$$dv^2 = 2ne^3\, d\zeta^2 \left(C + \frac{1}{v} - \frac{E}{vv \cos \omega^2} + \frac{mhh(1 - 3\sin u^2 \sin \omega^2)}{2v^3} \right)$$

et posant comme ci-dessus $v = \dfrac{p}{1 + q \cos s}$,

$$\frac{E}{\cos \omega^2} = \frac{1}{2}p + \frac{mhh(1 - 3\sin u^2 \sin \omega^2)(3 + qq)}{4p}$$

et

$$C = -\frac{(1 - qq)}{2p} + \frac{mhh(1 - qq)^2(1 - 3\sin u^2 \sin \omega^2)}{4p^3}$$

d'où l'on déduit ensuite comme ci-dessus:

$$\frac{dv}{vv} = \frac{q\, d\varphi \sin s}{p} \sqrt{\frac{2pp - mhh(3 + 2q \cos s - qq)(1 - 3\sin u^2 \sin \omega^2)}{2pp + mhh(3 + qq)(1 - 3\sin u^2 \sin \omega^2)}}$$

et

$$d\zeta \sqrt{ne^3} = \frac{vv\, d\varphi \sqrt{2p}}{\sqrt{(2pp + mhh(3 + qq)(1 - 3\sin u^2 \sin \omega^2))}}$$

$$d\psi = -\frac{3mhh(1 + q \cos s)}{pp} d\varphi \sin u^2 \cos \omega$$

$$d\omega = \frac{d\psi \sin \omega}{\tan u}$$

---

15 Édition originale: $du = d\varphi + d\psi \cos \omega$ au lieu de $du = d\varphi - d\psi \cos \omega$.

et[16]
$$du = d\varphi - d\psi \cos \omega .$$

30. De là on peut d'abord déterminer les quantités p et q, et puisque leur variabilité est très petite, nous les pourrons regarder comme constantes dans les petits termes affectés par mhh. Donc, si nous posons pour abréger

$$\frac{mhh(1 - 3\sin u^2 \sin \omega^2)}{2pp} = U ,$$

nous aurons:
$$p\cos\omega^2 + p(3 + qq)U\cos\omega^2 = f\cos\varepsilon^2$$

et
$$\frac{1-qq}{p} - \frac{(1-qq)^2 U}{p} = \frac{1-kk}{f}$$

ou
$$1 - qq = \frac{(1-kk)p}{f} + (1-qq)^2 U$$

où f, k et ε sont presque les valeurs moyennes de p, q et ω, et puisque U est une quantité très petite, il sera permis d'y mettre au lieu de p, q et ω, leurs valeurs moyennes, et en passant aux différentiels nous aurons:

$$dU = -\frac{3mhh\, d\varphi \sin u \cos u \sin \omega^2}{pp}$$

et
$$d\omega = -\frac{3mhh(1 + q\cos s)\, d\varphi \sin u \cos u \sin \omega \cos \omega}{pp}$$

et partant
$$dp\cos\omega^2 + \frac{6mhh(1+q\cos s)\, d\varphi \sin u \cos u \sin \omega^2 \cos \omega^2}{p}$$
$$- \frac{3mhh(3+qq)\, d\varphi \sin u \cos u \sin \omega^2 \cos \omega^2}{p} = 0$$

ou[17]
$$dp = \frac{3mhh(1 - 2q\cos s + qq)\, d\varphi \sin u \cos u \sin \omega^2}{p}$$

et
$$2q\, dq = \frac{3mhh(1-qq)^2\, d\varphi \sin u \cos u \sin \omega^2}{pp} - \frac{(1-kk)\, dp}{f}$$

---

16 Voir note précédente. AV
17 Édition originale: $d\varphi$ au lieu de dp. AV

donc, à cause de[18]
$$\frac{dv}{vv} = \frac{dp\,(1+q\cos s)}{pp} - \frac{dq\cos s}{p} + \frac{q\,ds\sin s}{p}\ .$$

Or[19]
$$\frac{dv}{vv} = \frac{q\,d\varphi\sin s}{p}\sqrt{\frac{1-U(3+2q\cos s - qq)}{1+U(3+qq)}} = \frac{q\,d\varphi\sin s}{p}(1-U(3+q\cos s))$$

d'où l'on tire
$$\frac{q\,d\varphi\sin s}{p}(1-U(3+q\cos s)) = \frac{q\,ds\sin s}{p} + \frac{3mhh(1+qq)\,d\varphi\sin u\cos u\sin\omega^2\sin s^2}{p^3}$$

ou bien
$$ds = d\varphi - U\,d\varphi\,(3+q\cos s) - \frac{3mhh(1+qq)\,d\varphi\,\sin u\sin u\sin\omega^2\sin s}{ppq}$$

comme ci-dessus, et enfin[20]:
$$vv\,d\varphi^2 = \frac{ne^3 f\,d\zeta^2\cos\varepsilon^2}{vv\cos\omega^2}$$

ou[21]
$$d\zeta\sqrt{ne^3 f} = \frac{vv\,d\varphi\cos\omega}{\cos\varepsilon}\ .$$

31. Comme je me borne ici à déterminer le mouvement de la ligne des absides, dont la longitude dans l'orbite est[22] $= \varphi - s$, je pourrai considérer dans les petits termes les quantités p, q et ω comme constantes, et $du = d\varphi$. Donc, puisque
$$U = \frac{mhh}{2pp}\left(1 - \frac{3}{2}\sin\omega^2 + \frac{3}{2}\cos 2u\sin\omega^2\right)\ ,$$

nous aurons[23] pour le mouvement moyen:
$$ds = d\varphi - \frac{3mhh\,d\varphi}{2pp}\left(1 - \frac{3}{2}\sin\omega^2\right)$$

donc
$$\varphi - s = \frac{3mhh}{2pp}\left(1 - \frac{3}{2}\sin\omega^2\right)\varphi$$

---

18 Lacune dans l'édition originale. AV
19 Par approximation. AV
20 Édition originale: $\sin s^2$ au lieu de $\cos\varepsilon^2$. AV
21 Édition originale: $\sin\varepsilon$ au lieu de $\cos\varepsilon$. AV
22 Édition originale: $= \varphi = s$. AV
23 Par approximation. AV

d'où nous voyons que, pendant chaque révolution du Satellite, la ligne des absides avance par un angle

$$= \frac{3mhh}{2pp}\left(1 - \frac{3}{2}\sin\omega^2\right) 360° = \frac{mhh}{pp}\left(1 - \frac{3}{2}\sin\omega^2\right) 540°.$$

Ce mouvement est donc plus lent, si l'orbite du Satellite est inclinée à l'équateur de Jupiter, que si elle est située dans le même plan: et si l'inclinaison ω étoit $= 54°\,44'$, la ligne des absides perdroit tout son mouvement, qui iroit même en arriere si $\omega > 54°\,44'$.

Donc, si l'orbite d'un Satellite est inclinée au plan de l'équateur de Jupiter d'un angle $= \varepsilon$, le mouvement de sa ligne des absides, déterminé ci-dessus, doit être diminué dans la raison de 1 à $1 - \frac{3}{2}\sin\varepsilon^2$.

32. Au reste il est aussi évident que dans ce cas la ligne des noeuds doit avoir un mouvement en arriere. Car, ayant[24]

$$d\psi = -\frac{3mhh(1 + q\cos s)}{pp} d\varphi \frac{1}{2}(1 - \cos 2u)\cos\omega,$$

son mouvement moyen sera[25]

$$d\psi = -\frac{3mhh}{2pp} d\varphi \cos\omega,$$

et partant, pendant chaque révolution où $\varphi = 360°$, la ligne des noeuds reculera par un angle[26] $= \frac{3mhh\cos\omega}{2pp} \cdot 360°$. Donc, si l'inclinaison ω est fort petite, le mouvement de la ligne des noeuds est deux fois plus rapide que celui de la ligne des absides. Il sera donc bien utile de déterminer exactement la position des orbites de chaque Satellite à l'égard de l'équateur de Jupiter, pour s'assurer combien ces déterminations sont d'accord avec les observations, et si en effet l'applatissement du corps de Jupiter a une si grande influence dans le mouvement de ses Satellites. Ce sera le plus sûr moyen de connoitre jusqu'à quel point la théorie de l'attraction universelle s'accorde avec les vrais mouvemens des corps célestes.

---

24 Édition originale: $(1 - \frac{1}{2}\cos 2u)\cos\omega$ au lieu de $\frac{1}{2}(1 - \cos 2u)\cos\omega$.   AV
25 Édition originale: pp au lieu de $2pp$.   AV
26 Idem.   AV

INVESTIGATIO PERTURBATIONUM

Quibus Planetarum motus ob actionem eorum mutuam afficiuntur.

Autore Leonardo Eulero, Matheseos Professore, Academiarum Parisiensis, Berolinensis & Petropolitanæ Socio.

Sidera quod tantis cieant se viribus æquis
In motu terræ plurima signa docent.

Hæc Dissertatio meruit Præmium duplicatum anno M.DCC.LVI.

Prix de 1756.

A

Commentatio 414 indicis ENESTROEMIANI
Recueil des pièces qui ont remporté les prix de l'académie royale des sciences 8, 1771
Troisième pièce, 138 p.

INVESTIGATIO PERTURBATIONUM QUIBUS PLANETARUM MOTUS OB ACTIONEM EORUM MUTUAM AFFICIUNTUR

PRAEFATIO

Planetas non solum ad Solem secundum inversam distantiarum rationem duplicatam impelli, sed etiam simili ratione se mutuo incitare ex perturbationibus motuum Saturni et Jovis manifesto est perspectum. Cum enim Tabulae Astronomicae ita construi soleant, quasi planetae ad solum Solem sollicitati secundum regulas KEPLERIANAS in ellipsibus revolverentur, si ex iis loca Saturni vel etiam Jovis definiantur, ea nonnunquam ad plura minuta prima a veritate aberrare deprehenduntur; neque iam ullum est dubium, quin isti errores ab actione mutua, qua hi duo planetae se invicem impellunt, proficiscantur. Reliquorum quidem planetarum motus ac praecipue Terrae regulis illis KEPLERIANIS magis est conformis, ac si quando errores in eorum motu a Tabulis occurrunt, incertum plerumque est, utrum illi vel non recte constitutis Tabularum elementis, vel ipsarum observationum imperfectioni cuipiam potius sint tribuendi quam ipsi theoriae, cui Tabulae innituntur. Interim tamen iam ipsa tabularum ratio, qua pro quolibet planeta tam lineae absidum quam lineae nodorum motus peculiaris assignatur, manifestum indicium aberrationis cuiusdam a theoria continet: si enim planetae nullam aliam impulsionem praeter eam, qua secundum rationem quadrati distantiarum inversam ad Solem urgentur, sustinerent, non solum circa Solem tanquam focum perfectas describerent ellipses, sed etiam perpetuo in eodem plano ferrentur, axesque istarum ellipsium omnino fixi manerent; neque idcirco linea absidum neque linea nodorum ulli obnoxia foret mutationi, saltem respectu stellarum fixarum. Ad hanc quoque normam computatae sunt a STRETIO Tabulae Carolinae[1], in quibus tam apheliis quam nodis singulorum planetarum in coelo sidereo loca fixa assignantur; at vero insignis harum tabularum a veritate dissensus mox luculenter monstravit huic hypothesi locum concedi non posse. Cum igitur certum sit tam aphelium quam linea nodorum cuiusque planetae motu peculiari per coelum proferri, atque etiam respectu stellarum fixarum continuo mutari; minime amplius dubitare licet, quin praeter eam vim constantem, qua singuli planetae ad Solem

---

1 [Streete 1661]; [Streete 1705].

pelluntur, aliae quoque vires in eos effectum quempiam exerant. Quemadmodum enim in Saturno et Jove praeter alias perturbationes ab eorum actione mutua utriusque lineae absidum et nodorum certus imprimi motus est inventus observationibus satis consentaneus, ita multo minus dubitare poterimus, quin similis variatio in apheliis et nodis reliquorum quoque planetarum ab eorum actione mutua proficiscatur, etiamsi in ceteris motus horum planetarum elementis nulla alteratio perciperetur. Sunt autem effectus talium virium in loca apheliorum et nodorum ita comparati, ut etiamsi sint minimi, tamen cum tempore continuo crescant, et post satis longum intervallum sensibiles evadant, dum reliquae perturbationes inde oriundae sunt periodicae, et post certas revolutiones iterum penitus in nihilum redigantur, unde fit, ut si sint minimae, percipi omnino non possint. Interim tamen theoria motus telluris, cuius elementa per observationes Solis multo accuratius definire licet quam reliquorum planetarum, haud obscura talium minimarum perturbationum signa exhibet, dum excentricitas eius orbitae, prouti alia atque alia tempestate per observationes investigatur, modo aliquantum maior modo minor deprehenditur, quae inconstantia ad integrum minutum assurgere videtur. Quibus perpensis palam omnino est non solum motum Saturni ac Jovis, sed etiam reliquorum planetarum ab aliis viribus praeter eam, qua lege constanti ad Solem pelluntur, perturbari, earumque adeo effectum ab Astronomis manifesto esse observatum. Quamvis enim Astronomorum Princeps HALLEYUS Mercurii motum ab huiusmodi perturbationibus prorsus immunem sit arbitratus, propterea quod ob summam Solis vicinitatem reliquorum planetarum vires prae vi Solis quasi evanescere crediderit, qua sententia fretus in tabulis suis etiam neque aphelio Mercurii neque eius lineae nodorum motum ullum respectu stellarum fixarum adscripsit: tamen ex postremo potissimum transitu huius planetae per Solem Astronomi didicerunt HALLEYI Tabulas[2] insigni emendatione ex hac parte indigere, dum aphelio Mercurii motum annuum quasi 55″, eiusque nodo 45″ ratione aequinoctii tribui debere est compertum; ex quo manifestum est etiam Mercurium actiones reliquorum planetarum sentire ob easque certis perturbationibus esse obnoxium.

Cum igitur extra dubium sit positum planetas in se invicem attrahendo agere, dispiciendum est, quamnam rationem eorum vires respectu ad distantias habito sequantur. Ac praeterquam quod constantia naturae eandem legem quadratis distantiarum reciproce proportionalem, quam in Sole stabilitam cernimus, exigere videtur, theoria Lunae atque Satellitum Jovis et Saturni hanc suspicionem plenissime confirmat, ita ut amplius dubitare non liceat, quin Jupiter Saturnusque suos Satellites, et Terra Lunam ad se alliciant viribus quadratis distantiarum reciproce proportionalibus; et quamquam motus Apogei Lunae aberrationem tantillam ab hac lege innuere esset visus, tamen a celeberrimo CLAIRAUT primum pulcherrimus consensus est evictus[3], ita ut iam audacter asseverare queamus non

---

2 [Halley 1749]; [Halley 1754]; [Halley 1759]. AV
3 [Clairaut 1752a]; [Clairaut 1752b]; [Clairaut 1752c]. AV

solum Solem, sed etiam cunctos planetas vi attractrice esse praedictos, qua omnia corpora ad maximas etiam distantias remota ad se praecise secundum illam constantem legem attrahant. Quin etiam pari fere fiducia pronunciare licet singulorum planetarum vires, quas ad distantias aequales exerunt, ipsorum massis esse proportionales, id quod communis centri gravitatis status postulare videtur: de cetero massam seu quantitatem materiae, quam quisque planeta continet, aliunde nobis cognoscere non datur; nihilque impedit quominus id, cui vis absoluta cuiusque planetae revera est proportionalis, nomine massae eius designemus; hinc saltem nullus certe error est pertimescendus. Terra igitur perinde ac reliqui planetae omnes non solum versus Solem, sed etiam versus singulos reliquos planetas viribus legi isti sacrae conformibus sollicitatur, a quibus sine dubio praeter promotionem illam apheliorum et nodorum aliae vehementer exiguae perturbationes efficiuntur, quarum inventio in Astronomia sine dubio maximi est momenti.

Hinc nascitur quaestio latissime patens ad Mechanicam referenda, qua determinatio motus plurium corporum, quae se mutuo attrahant in ratione reciproca duplicata distantiarum, requiritur; cuius solutio eo ardentius est expetenda, quod omnia incrementa Astronomiae, quae adhuc desiderantur, ex ea derivanda videantur. Verum enodatio huius quaestionis tot tantisque difficultatibus est involuta, ut si in genere spectetur, vires ingenii humani longe superare videatur; etsi enim casus duorum corporum facilem habeat solutionem, tamen statim ac tria assumuntur, nulla adhuc inventa sunt artificia, quorum ope ad motus determinationem pervenire licuerit, unde multo minus pro casu plurium corporum quicquam sperare possumus. Interim tamen cum perturbationes, quas planetae sibi mutuo inferunt, sint perquam exiguae, neque eae, quae ab actione unius oriuntur, a reliquis affici sint censendae, hinc non contemnendum subsidium impetramus aliquid saltem in hoc arduo negotio praestandi, dum effectus singulorum planetarum seorsim investigare licebit, et quoniam sunt minimi, consuetis calculi approximationibus, quarum in huiusmodi quaestionibus uberrimus solet esse usus, totum negotium confici debebit. In hunc etiam modum ILLUSTRIS ACADEMIA REGIA PARISINA istam quaestionem tractandam iudicavit, cuius praeceptis ut pro viribus satisfaciam, operam dabo, ut primo hoc abstrusissimum argumentum ex primis Mechanicae fontibus dilucide evolvam atque ad aequationes analyticas perducam. Tum vero, quibusnam modis ex iis aliquid per approximationes concludi queat, accuratius investigabo. Denique praecepta, quae elicuero, ad perturbationes motus Terrae accommodabo, examinaturus, quantum singula huius motus elementa ab actione reliquorum planetarum continuo immutentur, quod institutum sequentibus sectionibus absolvere conabor.

SECTIO I

Generalis investigatio motus corporis a viribus quibuscunque impulsi

1. Sumatur (Fig. 1) pro lubitu cum planum, ad quod motus corporis referatur, quodque plano tabulae repraesentari concipiatur, tum vero in hoc plano linea recta fixa CA, atque in hac ipsa punctum fixum C, ubi quasi motus spectator sit constitutus. Iam ad quodvis tempus, ubicunque corpus motum versetur veluti in

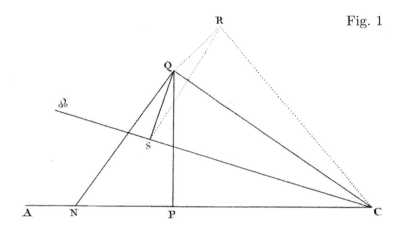

Fig. 1

R, de eius loco R in illud planum demittatur perpendiculum RQ, ita ut punctum Q eius locum ad hoc planum relatum exhibeat, deinde etiam ex puncto fixo C ad ambo loca R et Q ducantur rectae CR et CQ. Quo facto perspicuum est, si ad quodvis tempus assignare valeamus cum angulos ACQ et QCR tum magnitudinem sive rectae CQ sive CR, locum corporis R perfecte fore cognitum, indeque verum corporis motum innotescere; ita ut plena motus cognitio determinatione horum trium elementorum contineatur.

2. Hoc autem potissimum modo investigationem motus instituo, cum quod videtur maxime naturalis, tum vero praecipue quod ad consuetudinem Astronomorum, qua motus corporum coelestium considerare solent, imprimis est accommodatus. Namque si planum fixum tanquam planum eclipticae spectemus rectamque CA tanquam rectam ad eius quodpiam punctum fixum directam, corpore moto in R existente, angulus ACQ eius longitudinem, angulus vero QCR eius latitudinem referet; et quemadmodum recta CR eius distantiam veram a puncto C denotat, ita recta CQ distantiam eius curtatam designabit, quarum alteram tantum in calculum introduxisse sufficiet. Vocemus igitur pro quovis tempore proposito:

    I.   Longitudinem corporis seu angulum $ACQ\ =\varphi$
    II. Latitudinem eius seu angulum $QCR\ =\psi$
    III. Distantiam curtatam seu rectam $CQ\ =x$.

3. Cognitis vero his tribus elementis, omnia, quae ad motus notitiam pertinent, definiri poterunt. Primo enim ex distantia curtata $CQ = x$ et latitudine $QCR = \psi$ habetur distantia vera $CR = \psi$ seu $CR = \dfrac{x}{\cos \psi}$ posito sinu toto constanter $= 1$. Tum vero ipsa distantia corporis a plano erit $QR = x \tan \psi$. Deinde si a puncto Q ad rectam fixam CA ducatur normalis QP, ex distantia curtata $CQ = x$ et longitudine $ACQ = \varphi$ elicitur $CP = x \cos \varphi$ et $PQ = x \sin \varphi$; atque hoc modo pro loco puncti R, uti in Geometria fieri solet, ternas obtinemus coordinatas inter se rectangulas CP, PQ et QR. A quibus cum etiam investigatio mechanica incipiat, has lineas tantisper peculiaribus signis indicemus, quoad calculum ad illa primaria elementa perducere licuerit. Sit igitur

$$CP = x \cos \varphi = p, \quad PQ = x \sin \varphi = q \quad \text{et} \quad QR = x \tan \psi = r \ ;$$

sicque habebimus

$$x = \sqrt{(pp+qq)},$$
$$\cos \varphi = \frac{p}{\sqrt{(pp+qq)}},$$
$$\sin \varphi = \frac{q}{\sqrt{(pp+qq)}},$$
$$\tan \psi = \frac{r}{\sqrt{(pp+qq)}}.$$

4. Haec autem motus elementa ex sollicitatione virium, quarum actioni corpus fuerit subiectum, secundum praecepta mechanica determinari oportet. A quibuscunque autem viribus corpus impellatur, eas semper per notam resolutionem ad ternas directiones determinatas revocare licet. Concipiamus igitur corpus a tribus viribus sollicitari, quarum prima urgeat secundum directionem RQ ad planum fixum normalem, binarum autem reliquarum directiones sint ipsi plano parallelae; altera quidem habeat directionem distantiae curtatae QC parallelam, altera vero huic normalem, cui in plano fixo parallela sit recta QN ad CQ normalis. Istas vires statuamus acceleratrices, sive iam ad corporis massam applicatas, easque denotemus:

I. Vim acceleratricem secundum $QC \ = V$
II. Vim acceleratricem secundum $QN \ = T$
III. Vim acceleratricem secundum $RQ \ = R$.

Ita ut, quomodo per has vires terna illa elementa φ, ψ et x determinentur, sit investigandum.

5. Cum autem regulae mechanicae ad ternas coordinatas normales, quarum directiones perpetuo maneant fixae, accommodatae esse soleant, harum autem virium tertia tantum RQ cum una coordinatarum conveniat, dum duarum reliquarum directiones QC et QN maxime sunt variabiles, et has ad directiones

fixas revocari conveniet. Dabit igitur vis V resoluta secundum directionem $PC = V\cos\varphi$ et secundum QP vim $= V\sin\varphi$; vis vero T simili modo resoluta secundum directionem $PC = -T\sin\varphi$ et secundum QP vim $= T\cos\varphi$.

Hinc itaque pro directionibus nostrarum ternarum coordinatarum PC, QP et RQ obtinebimus tres vires acceleratrices sequentes, quae sunt:

    I. Vis acceleratrix secundum $PC = V\cos\varphi - T\sin\varphi$
    II. Vis acceleratrix secundum $QP = V\sin\varphi + T\cos\varphi$
    III. Vis acceleratrix secundum $RQ = R$.

6. Quoniam actio harum ternarum virium ad diminutionem coordinatarum respondentium tendit, accelerationes quae corpori inde secundum easdem coordinatas inducuntur negativae sunt concipiendae. Cum igitur posito temporis elemento $= dt$, sint corporis celeritates secundum has coordinatas $\frac{dp}{dt}$, $\frac{dq}{dt}$ et $\frac{dr}{dt}$; si elementum temporis dt pro constanti assumamus, erunt ipsae accelerationes secundum istas directiones $\frac{ddp}{dt^2}$, $\frac{ddq}{dt^2}$ et $\frac{ddr}{dt^2}$, quae viribus illis acceleratricibus negative sumtis debent esse proportionales. Proportionalitate ergo, uti fieri solet, stabilita obtinebimus ternas sequentes aequationes:

    I. $ddp = -\frac{1}{2} dt^2 (V\cos\varphi - T\sin\varphi)$
    II. $ddq = -\frac{1}{2} dt^2 (V\sin\varphi + T\cos\varphi)$
    III. $ddr = -\frac{1}{2} R\, dt^2$,

quarum aequationum resolutione tota motus determinatio continetur.

7. Iam iterum ambas vires V et T commode a se invicem separare licet, ut pateat, quid utraque seorsim praestet. Nam I $\times \cos\varphi$ + II $\times \sin\varphi$ dat

$$ddp\, \cos\varphi + ddq\, \sin\varphi = -\frac{1}{2} V\, dt^2.$$

Deinde II $\times \cos\varphi$ − I $\times \sin\varphi$ praebet hanc aequationem:

$$ddq\, \cos\varphi - ddp\, \sin\varphi = -\frac{1}{2} T\, dt^2,$$

at ex tertia vi R nascitur aequatio

$$ddr = -\frac{1}{2} R\, dt^2.$$

Nunc igitur recordandum est nos supra posuisse

$$p = x\cos\varphi, \quad q = x\sin\varphi \quad \text{et} \quad r = x\tan\psi,$$

unde loco quantitatum subsidiariarum p, q, r, elementa nostra principalia φ, ψ et x in calculum introduci poterunt. Tres autem emergent aequationes, quae propterea his tribus elementis definiendis sufficient: atque ita tota investigatio a principiis mechanicis ad Analysin puram traducetur.

8. Cum sit $p = x\cos\varphi$ et $q = x\sin\varphi$, erit differentiando

$$dp = dx\cos\varphi - x\,d\varphi\sin\varphi \quad \text{et} \quad dq = dx\sin\varphi + x\,d\varphi\cos\varphi\,,$$

denuoque differentiando

$$ddp = ddx\cos\varphi - 2\,dx\,d\varphi\sin\varphi - x\,d\varphi^2\cos\varphi - x\,dd\varphi\sin\varphi$$
$$ddq = ddx\sin\varphi + 2\,dx\,d\varphi\cos\varphi - x\,d\varphi^2\sin\varphi + x\,dd\varphi\cos\varphi\,,$$

unde per combinationem elicitur

$$ddp\cos\varphi + ddq\sin\varphi = ddx - x\,d\varphi^2$$
$$ddq\cos\varphi - ddp\sin\varphi = 2\,dx\,d\varphi + x\,dd\varphi\,.$$

Valorem autem ipsius $r = x\tan\psi$ nulla adhibita evolutione tantisper retineamus, donec compererimus, quomodo aptissime eum tractari conveniat. Hoc itaque pacto totum negotium ad resolutionem trium sequentium aequationum erit perductum:

$$\text{I.} \qquad ddx - x\,d\varphi^2 = -\frac{1}{2}V\,dt^2$$

$$\text{II.} \qquad 2\,dx\,d\varphi + x\,dd\varphi = -\frac{1}{2}T\,dt^2$$

$$\text{III.} \qquad dd\cdot x\tan\psi = -\frac{1}{2}R\,dt^2\,.$$

9. Cum hae aequationes sint differentiales secundi gradus, temporis differentiali dt sumto constante, primum dispiciendum est, quamnam proportionem differentialia prima $d\varphi$, $d\psi$ et dx cum inter se tum ad temporis differentiale dt teneant, quod etsi sine introductione formularum integralium fieri nequit, quamdiu vires sollicitantes V, T et R in genere consideramus, tamen eae proportionem quaesitam minus perturbare sunt censendae. Quin etiam in negotio, quod suscipimus, ipsae vires V, T et R quantitates incognitas φ, ψ et x cum tempore t implicare reperientur, quominus earum separatio perfecta expectari poterit. Pro initio igitur contenti esse debebimus formulas nostras a contemplatione differentialium secundorum liberasse, et quocunque modo relationem differentialium primorum determinasse, ut deinceps, approximationum artificio in subsidium vocato, ipsarum quantitatum finitarum relationem inde colligere valeamus.

10. Tertiam quidem aequationem $dd\cdot x\tan\psi = -\frac{1}{2}R\,dt^2$ tantisper seponamus, postmodum investigaturi, quo modo eius ratio convenientissime haberi

queat; ambas igitur priores, quae sunt:

$$\text{I.} \qquad ddx - x\,d\varphi^2 = -\frac{1}{2}V\,dt^2$$

$$\text{II.} \quad 2\,dx\,d\varphi + x\,dd\varphi = -\frac{1}{2}T\,dt^2\,,$$

accuratius perpendamus, ut inde relationem differentialium primorum dx, $d\varphi$ et dt eliciamus. Ac primo quidem prius membrum secundae aequationis, si per x multiplicetur, redditur integrale, proditque

$$d\,(xx\,d\varphi) = -\frac{1}{2}Tx\,dt^2$$

seu

$$xx\,d\varphi = \frac{1}{2}dt\left(C - \int Tx\,dt\right),$$

unde, si vis T secundum directionem QN trahens evanescat, oritur aequabilis arearum descriptio. Hinc autem patet eandem illam aequationem integrabilem reddi, si multiplicetur non solum per x, sed etiam insuper per functionem quamcunque ipsius $xx\,d\varphi$. Multiplicetur ergo per $xx\,d\varphi$ eritque integrale

$$\frac{1}{2}x^4\,d\varphi^2 = -\frac{1}{2}dt^2\int Tx^3\,d\varphi$$

seu

$$x^4\,d\varphi^2 = dt^2\left(A - \int Tx^3\,d\varphi\right),$$

unde invenitur

$$dt^2 = \frac{x^4\,d\varphi^2}{A - \int Tx^3\,d\varphi} \quad \text{et} \quad dt = \frac{xx\,d\varphi}{\sqrt{(A - \int Tx^3\,d\varphi)}}\,.$$

11. Cum igitur sit

$$x\,d\varphi^2 = \frac{dt^2}{x^3}\left(A - \int Tx^3\,d\varphi\right),$$

hoc valore in prima aequatione substituto habebimus:

$$ddx = dt^2\left(\frac{A}{x^3} - \frac{1}{x^3}\int Tx^3\,d\varphi - \frac{1}{2}V\right),$$

quae per $2\,dx$ multiplicata et integrata praebet:

$$dx^2 = dt^2\left(B - \frac{A}{xx} - 2\int\frac{dx}{x^3}\int Tx^3\,d\varphi - \int V\,dx\right).$$

At est
$$-2\int \frac{dx}{x^3}\int Tx^3\,d\varphi = \frac{1}{xx}\int Tx^3\,d\varphi - \int Tx\,d\varphi,$$
quo valore introducto erit:
$$dx^2 = dt^2\left(B - \frac{A}{xx} + \frac{1}{xx}\int Tx^3\,d\varphi - \int Tx\,d\varphi - \int V\,dx\right),$$
vel
$$x^2\,dx^2 = dt^2\left(Bxx - A + \int Tx^3\,d\varphi - xx\int(Tx\,d\varphi + V\,dx)\right),$$
unde nanciscimur
$$dt = \frac{\pm x\,dx}{\sqrt{(Bxx - A + \int Tx^3\,d\varphi - xx\int(Tx\,d\varphi + V\,dx))}}$$
$$d\varphi = \frac{\pm dx\,\sqrt{(A - \int Tx^3\,d\varphi)}}{x\,\sqrt{(Bxx - A + \int Tx^3\,d\varphi - xx\int(Tx\,d\varphi + V\,dx))}}.$$

12. Ambiguitas signorum, quam motus natura involvit, ita ab arbitrio nostro pendet, ut positivum valeat, si motum ab eo loco, ubi corpus puncto fuit proximum, definire velimus, negativum vero si a distantia maxima discesserit. Quoniam igitur in Astronomia usus est motum corporum a maxima distantia computare, valeat signum negativum, ut habeamus has duas aequationes:
$$dt = \frac{-x\,dx}{\sqrt{(Bxx - A + \int Tx^3\,d\varphi - xx\int(Tx\,d\varphi + V\,dx))}}$$
$$d\varphi = \frac{-dx\,\sqrt{(A - \int Tx^3\,d\varphi)}}{x\,\sqrt{(Bxx - A + \int Tx^3\,d\varphi - xx\int(Tx\,d\varphi + V\,dx))}},$$
cuius posterioris loco et haec primum inventa
$$d\varphi = \frac{dt}{xx}\sqrt{\left(A - \int Tx^3\,d\varphi\right)}$$
usurpari potest. Sunt autem A et B quantitates constantes per duplicem integrationem invectae, quae deinceps ad quemvis casum oblatae accommodari debent.

13. Quando vis normalis T evanescit, alteraque vis V ad C tendens per solam distantiam x determinatur, utraque aequatio habebit variabiles separatas, ita ut non solum differentialium dt et $d\varphi$ ratio ad dx absolute possit assignari, sed etiam per integrationem ipsae quantitates finitae t et φ per distantiam x definiri: hocque ergo casu problematis solutio perfecta poterit exhiberi. Neque vero in genere hae formulae magis ad usum accommodari posse videntur, sed contentos nos esse oportet hoc pacto rationem differentialium dt, $d\varphi$ et dx elicuisse. Quamvis enim adsint formulae integrales $\int Tx\,d\varphi$, $\int Tx^3\,d\varphi$, et $\int V\,dx$

hanc ipsam rationem involventes, eae tamen negotium approximationis non multum turbant, dummodo earum valores sint perquam exigui, propterea quod tunc sufficit rationes differentialium prope veras nosse. Verum ipsum approximationis negotium alias requirit considerationes, antequam cum successu suscipi queat, quas deinceps evolvemus.

14. Perductis igitur binis prioribus aequationibus differentio-differentialibus ad formulas simpliciter differentiales, quae ad usum maxime videntur accommodatae, tertiam quoque aequationem $ddr = -\frac{1}{2} R\,dt^2$ instituto convenientius transformare conemur. Quae cum latitudinis ψ determinationem ob $r = x \tan \psi$ contineat commodissime ea instituetur, si more apud Astronomos recepto lineam nodorum cum inclinatione orbitae ad planum assumtum in calculum introducamus. Hunc in finem consideretur quovis momento planum, quod puncto fixo C et spatiolo a corpore iamiam percurrendo determinetur, quodque pro isto saltem momento planum orbitae appellare liceat. Sit igitur, dum corpus versatur in R, recta $C\Omega$ intersectio plani orbitae et plani assumti, quae linea nodorum vocari solet; atque ad latitudinem ψ commodius investigandam ponamus:

I. Longitudinem lineae nodorum seu angulum $AC\Omega = \pi$,

II. Inclinationem plani orbitae ad planum assumtum $= G$,

quae duo nova elementa tanquam utcunque variabilia contemplor.

15. Ad inclinationem autem definiendam ex punctis R et Q ad lineam nodorum $C\Omega$ ducantur normales RS et QS, quarum inclinatio seu angulus QSR inclinationem metietur, ita ut sit $QSR = G$. Deinde ob angulum $\Omega C Q = \varphi - \pi$ et $CQ = x$ erit

$$QS = x \sin(\varphi - \pi),$$

unde fit

$$QR = x \sin(\varphi - \pi) \tan G.$$

Cum igitur habeamus

$$QR = r = x \tan \psi,$$

erit

$$\tan \psi = \sin(\varphi - \pi) \tan G;$$

sicque ex elementis φ, π et G latitudo quaesita ψ reperietur. Quoniam autem loco latitudinis ψ duo nova elementa π et G aeque ad locum corporis sequentem pertineant, unde differentiale ipsius ψ seu $\tan \psi$ idem prodire debet sive elementa ambo π et G sumantur constantia sive ambo variabilia, ex qua proprietate relatio inter π et G innotescet, quae locum quartae aequationis sustinebit, si quidem iam quatuor elementa x, φ, π et G in calculo habemus.

16. Cum igitur positis π et G constantibus sit

$$d \cdot \tan \psi = d\varphi \cos(\varphi - \pi) \tan G,$$

iisdem autem tanquam variabiles tractatis prodeat

$$d \cdot \tan \psi = (d\varphi - d\pi) \cos(\varphi - \pi) \tan G + \sin(\varphi - \pi) \, d \cdot \tan G \; ;$$

his valoribus inter se aequatis obtinebimus

$$d \cdot \tan G = \frac{d\pi \, \cos(\varphi - \pi)}{\sin(\varphi - \pi)} \tan G \, ,$$

seu

$$\frac{d \cdot \tan G}{\tan G} = \frac{d\pi \, \cos(\varphi - \pi)}{\sin(\varphi - \pi)} \, .$$

Sufficit igitur longitudinem nodi π eiusque variationem determinavisse, indeque facile inclinatio orbitae G definietur; est enim $\frac{d \cdot \tan G}{\tan G}$ differentiale logarithmi ipsius $\tan G$, quod, si ita indicemus $d \cdot l \tan G$, erit

$$d \cdot l \tan G = \frac{d\pi \, \cos(\varphi - \pi)}{\sin(\varphi - \pi)} = d\pi \, \cot(\varphi - \pi) \, .$$

Patet igitur, nisi linea nodorum sit fixa ideoque $d\pi = 0$, inclinationem orbitae continuis variationibus esse obnoxiam, quarum autem alterae ex alteris facile definiri poterunt.

17. Propositum autem est invenire ddr, cuius valor ob $r = x \tan \psi$ est:

$$ddx \tan \psi + 2 \, dx \, d \cdot \tan \psi + x \, dd \cdot \tan \psi = -\frac{1}{2} R \, dt^2 \, .$$

Verum invenimus:

$$\tan \psi = \sin(\varphi - \pi) \tan G \, ,$$

atque

$$d \cdot \tan \psi = d\varphi \cos(\varphi - \pi) \tan G \; ;$$

unde ob

$$d \cdot \tan G = \frac{d\pi \, \cos(\varphi - \pi)}{\sin(\varphi - \pi)} \tan G$$

erit porro differentiando

$$dd \cdot \tan \psi = dd\varphi \cos(\varphi - \pi) \tan G - d\varphi \, (d\varphi - d\pi) \sin(\varphi - \pi) \tan G$$
$$+ \frac{d\varphi \, d\pi \, \cos(\varphi - \pi)^2}{\sin(\varphi - \pi)} \tan G \, ,$$

sive

$$dd \cdot \tan \psi = \left(dd\varphi \cos(\varphi - \pi) - d\varphi^2 \sin(\varphi - \pi) + \frac{d\varphi \, d\pi}{\sin(\varphi - \pi)} \right) \tan G \, .$$

Quibus valoribus substitutis tertia aequatio induet hanc formam:

$$\left(\begin{array}{l}+\,ddx\,\sin(\varphi-\pi)+2\,dx\,d\varphi\,\cos(\varphi-\pi)\\+\,x\,dd\varphi\,\cos(\varphi-\pi)-x\,d\varphi^2\sin(\varphi-\pi)+\dfrac{x\,d\varphi\,d\pi}{\sin(\varphi-\pi)}\end{array}\right)\tan G=-\frac{1}{2}R\,dt^2\;.$$

At ex binis prioribus aequationibus erat

$$ddx - x\,d\varphi^2 = -\frac{1}{2}V\,dt^2 \quad\text{et}\quad 2\,dx\,d\varphi + x\,dd\varphi = -\frac{1}{2}T\,dt^2\;;$$

sicque fiet

$$\left(-\frac{1}{2}V\,dt^2\sin(\varphi-\pi)-\frac{1}{2}T\,dt^2\cos(\varphi-\pi)+\frac{x\,d\varphi\,d\pi}{\sin(\varphi-\pi)}\right)\tan G=-\frac{1}{2}R\,dt^2\;,$$

seu

$$\frac{x\,d\varphi\,d\pi}{\sin(\varphi-\pi)}=\frac{1}{2}dt^2\left(V\sin(\varphi-\pi)+T\cos(\varphi-\pi)-\frac{R}{\tan G}\right)\;.$$

18. Ex viribus igitur sollicitantibus V, T et R quaterna nostra elementa x, φ, π et G ad quodvis tempus t per sequentes quaternas aequationes differentiales primi gradus determinantur:

$$\text{I.}\qquad dt=\frac{-x\,dx}{\sqrt{(Bxx-A+\int Tx^3\,d\varphi - xx\int(Tx\,d\varphi+V\,dx))}}$$

$$\text{II.}\qquad d\varphi=\frac{dt}{xx}\sqrt{\left(A-\int Tx^3\,d\varphi\right)}$$

$$\text{III.}\qquad d\pi=\frac{dt^2\sin(\varphi-\pi)}{2x\,d\varphi}\left(V\sin(\varphi-\pi)+T\cos(\varphi-\pi)-\frac{R}{\tan G}\right)$$

$$\text{IV.}\qquad d\cdot l\tan G=\frac{d\pi\,\cos(\varphi-\pi)}{\sin(\varphi-\pi)}\;,$$

seu

$$d\cdot l\tan G=\frac{dt^2\cos(\varphi-\pi)}{2x\,d\varphi}\left(V\sin(\varphi-\pi)+T\cos(\varphi-\pi)-\frac{R}{\tan G}\right)\;,$$

quae aequationes in genere vix tractabiliores reddi posse videntur, nisi certa quaedam virium sollicitantium relatio accedat.

SECTIO II
Reductio harum formularum ad casum quo corpus imprimis ad punctum fixum urgetur vi in quadratis distantiarum reciproce proportionali, cuius respectu reliquae vires sunt valde parvae

19. Quoniam nobis est propositum in perturbationes motus planetarum, quatenus ab eorum actione mutua oriuntur inquirere, tantum iam pro certo assumere licet, eorum motum, proxime saltem, regulis KEPPLERIANIS esse conformem ac perturbationes, quas definiri oportet, vehementer esse exiguas. Moderatio igitur praecipua motus eorum efficitur a vi quadam ad punctum fixum secundum rationem reciprocam duplicatam distantiarum tendente, prae qua reliquae vires quasi evanescant. Diserte enim fateri cogor, nisi huiusmodi vis inter reliquas vires sollicitantes longe emineat, nullo plane modo me perspicere, qua ratione ad aliqualem saltem motus cognitionem pertingere nobis liceat. Minime autem casui tribuendum videtur, quod huiusmodi motus, quorum investigatio vires nostras penitus superaret, etiamsi aeque facile existere potuissent, in mundo non deprehendantur.

20. Sit igitur (Fig. 1) C id punctum, ad quod vis illa principalis quadratis distantiarum reciproce proportionalis dirigatur, si quidem hactenus hoc punctum ab arbitrio nostro pendebat. Neque tamen hanc vim quadrato distantiae verae RC reciproce proportionalem statuamus, quoniam eius reductio ad nostras formulas denuo latitudinem involveret. Sed quoniam planum fixum semper ita assumere licet, ut corpus ab eo non nisi quam minime recedat, angulusque ψ perpetuus sit valde exiguus, casum ita stabiliamus, ut vis V secundum directionem QC sollicitans habeat partem eximiam quadrato distantiae $QC = x$ reciproce proportionalem, cuius respectu tam reliqua pars quam binae reliquae vires T et R pro minimis haberi queant. Statuamus igitur $V = \frac{ff}{xx} + S$, ita ut vires S, T et R prae vi $\frac{ff}{xx}$ quasi evanescant.

21. Posito autem $V = \frac{ff}{xx} + S$ erit

$$\int V\,dx = -\frac{ff}{x} + \int S\,dx \quad \text{et} \quad xx\int V\,dx = -ffx + xx\int S\,dx,$$

quo valore in nostris formulis surrogato habebimus,

$$\text{I.} \quad dt = -\frac{x\,dx}{\sqrt{(Bxx + ffx - A + \int Tx^3\,d\varphi - xx(\int Tx\,d\varphi + \int S\,dx))}}$$

$$\text{II.} \quad d\varphi = \frac{dt}{xx}\sqrt{\left(A - \int Tx^3\,d\varphi\right)}, \text{ seu}$$

$$d\varphi = -\frac{dx\,(A - \int Tx^3\,d\varphi)}{x\sqrt{(Bxx + ffx - A + \int Tx^3\,d\varphi - xx(\int Tx\,d\varphi + \int S\,dx))}}$$

III. $\quad d\pi = \dfrac{dt^2 \sin(\varphi - \pi)}{2x\, d\varphi} \left(\dfrac{ff}{xx} \sin(\varphi - \pi) + S \sin(\varphi - \pi) \right.$
$$\left. + T \cos(\varphi - \pi) - \dfrac{R}{\tan G} \right)$$

IV. $\quad d \cdot l \tan G = \dfrac{d\pi \cos(\varphi - \pi)}{\sin(\varphi - \pi)}$, seu

$$d \cdot l \tan G = \dfrac{dt^2 \cos(\varphi - \pi)}{2x\, d\varphi} \left(\dfrac{ff}{xx} \sin(\varphi - \pi) + S \sin(\varphi - \pi) \right.$$
$$\left. + T \cos(\varphi - \pi) - \dfrac{R}{\tan G} \right);$$

unde latitudo ψ ita determinatur, ut sit

$$\tan \psi = \sin(\varphi - \pi) \tan G \ .$$

Hasque aequationes, quatenus termini litteras S, T et R involventes sunt minimi, ad institutum nostrum propius accommodari oportet.

22. Quo rationem parvitatis virium T et S facilius in calculum introducere queamus, contemplemur primum casum, quo istae vires penitus evanescunt; binaeque priores aequationes sequentem induent formam:

I. $\quad dt = -\dfrac{x\, dx}{\sqrt{(Bxx + ffx - A)}}$

II. $\quad d\varphi = \dfrac{dt \sqrt{A}}{xx} = -\dfrac{dx \sqrt{A}}{x\sqrt{(Bxx + ffx - A)}}\,;$

quarum evolutio ita est in promtu, ut introducendo quodam angulo v, qui anomalia vera vocari solet, si ponatur $x = \dfrac{b}{1 - k \cos v}$, constantes illae A et B per has novas b et k ita definiri queant, ut formula irrationalis $\sqrt{(Bxx + ffx - A)}$ evanescat, sive angulus v sit $= 0$ sive duobus rectis aequalis. Atque hinc oritur notissima motus elliptici ratio, pro quo littera b denotat semiparametrum ellipsis et k eius excentricitatem seu focorum distantiam per axem transversum divisam. Accedentibus autem viribus minimis T et S motus aliquantillum ab hac lege discrepabit.

23. Discrimen scilicet in hoc consistet, quod iam quantitates b et k non amplius futurae sunt constantes, sed variabilitatem a viribus T et S oriundam implicent. Quamobrem ponamus $x = \dfrac{p}{1 - q \cos v}$, sitque ut ante v eiusmodi angulus, quo, sive evanescente sive ad $180°$ increscente, distantia x fiat sive maxima sive minima: seu quod eodem redit, ut fiat $dx = 0$, si sit $\sin v = 0$. Cum igitur sit

$$dx = -\dfrac{dt}{x} \sqrt{\left(Bxx + ffx - A + \int Tx^3\, d\varphi - xx \left(\int Tx\, d\varphi + \int S\, dx \right) \right)}$$

formula irrationalis, posito $x = \frac{p}{1-q\cos v}$, factorem $\sin v$ involvere seu huiusmodi formam $W \sin v$ habere debebit: quod ut eveniat, ipsae quantitates variabiles p et q debito modo definiri conveniet. At posito praeterquam in formulis integralibus $x = \frac{p}{1-q\cos v}$, habebimus

$$dx = -\frac{dt}{p}\sqrt{\left(Bpp + ffp(1-q\cos v) - A(1-q\cos v)^2 + (1-q\cos v)^2\int Tx^3\, d\varphi - pp\left(\int Tx\, d\varphi + \int S\, dx\right)\right)}.$$

24. Evolvamus hanc formulam secundum $\cos v$ hoc modo:

$$dx = -\frac{dt}{p}\sqrt{\left(Bpp + ffp - A + \int Tx^3\, d\varphi - pp\left(\int Tx\, d\varphi + \int S\, dx\right)\right.}$$
$$- ffpq\cos v + 2Aq\cos v - 2q\cos v \int Tx^3\, d\varphi$$
$$\left. - Aqq\cos v^2 + qq\cos v^2 \int Tx^3\, d\varphi\right);$$

iam ut in signo radicali $\sin v^2$ seu $1-\cos v^2$ involvatur, reddamus terminos ipsum $\cos v$ continentes nihilo aequales, unde divisione per $2q\cos v$ instituta fit:

$$-\tfrac{1}{2}ffp + A - \int Tx^3\, d\varphi = 0 \quad \text{seu} \quad A - \int Tx^3\, d\varphi = \tfrac{1}{2}ffp,$$

hocque valore substituto orietur:

$$dx = -\frac{dt}{p}\sqrt{\left(Bpp + \tfrac{1}{2}ffp - pp\left(\int Tx\, d\varphi + \int S\, dx\right) - \tfrac{1}{2}ffpqq\cos v^2\right)}.$$

Fiat porro:

$$Bpp + \tfrac{1}{2}ffp - pp\left(\int Tx\, d\varphi + \int S\, dx\right) = \tfrac{1}{2}ffpqq$$

seu

$$\tfrac{1}{2}ffqq = Bp + \tfrac{1}{2}ff - p\left(\int Tx\, d\varphi + \int S\, dx\right),$$

quo facto habebitur:

$$dx = -\frac{dt}{p}\sqrt{\left(\tfrac{1}{2}ffpqq - \tfrac{1}{2}ffpqq\cos v^2\right)} = -\frac{fq\, dt\, \sin v}{\sqrt{2p}}.$$

25. Posito ergo $x = \dfrac{p}{1 - q\cos v}$, ut p exprimat semiparametrum et q excentricitatem ellipsis, utramque ob perturbationes variabilem, atque v anomaliam veram, hae quantitates ita per vires T et S determinari debent, ut sit

$$p = \frac{2A - 2\int Tx^3\,d\varphi}{ff}$$

et

$$qq = \frac{ff + 2Bp - 2p(\int Tx\,d\varphi + \int S\,dx)}{ff}.$$

Cum autem hae ipsae quantitates, evanescentibus viribus T et S, evadant constantes, sicque earum valores quasi medii prodire debeant, ponantur hi $p = b$ et $qq = kk$, hincque constantes A et B instituto convenienter ita definientur, ut sit

$$b = \frac{2A}{ff} \quad \text{seu} \quad A = \frac{1}{2}bff \quad \text{et} \quad kk = \frac{ff + 2Bb}{ff} \quad \text{seu} \quad B = -\frac{ff(1 - kk)}{2b}.$$

Hinc itaque habebimus:

$$p = b - \frac{2}{ff}\int Tx^3\,d\varphi$$

$$qq = 1 - \frac{(1 - kk)p}{b} - \frac{2p}{ff}\left(\int Tx\,d\varphi + \int S\,dx\right).$$

26. Valoribus igitur p et q ita stabilitis, ut earum variabilitas tantum a viribus T et S, quarum actio est valde parva, pendeat, obtinebimus inde:

$$\text{ipsam distantiam curtatam} \quad x = \frac{p}{1 - q\cos v},$$

$$\text{eiusque differentiale} \quad dx = -\frac{fq\,dt\sin v}{\sqrt{2p}}.$$

Tum vero erit, ut ante invenimus:

$$d\varphi = \frac{dt}{xx}\sqrt{\left(A - \int Tx^3\,d\varphi\right)} = \frac{dt}{xx}\sqrt{\left(\frac{1}{2}bff - \int Tx^3\,d\varphi\right)},$$

vel etiam[4]

$$d\varphi = \frac{f\,dt}{xx}\sqrt{\frac{1}{2}p} = \frac{f\,dt(1 - q\cos v)^2}{p\sqrt{2p}}.$$

Sicque commodius differentialia dx et $d\varphi$ per differentiale temporis dt habentur expressa. Hae autem formulae in locum binarum priorum aequationum (§21) inventarum sunt substituendae; quod vero ad binas posteriores attinet, quae ad

---

[4] Editio princeps: $\cos v$ loco $q\cos v$.

latitudinem spectant, eas deinceps seorsim considerabo, quia earum evolutio non tantis est subiecta difficultatibus. Hic igitur ita binis prioribus inhaerebo, quasi binae posteriores prorsus abessent.

27. Verum conditio, qua esse debet $dx = -\dfrac{fq\,dt\,\sin v}{\sqrt{2p}}$, existente $x = \dfrac{p}{1-q\cos v}$, novam determinationem continet, quae indolem anomaliae verae v et quemadmodum eius differentiale sit comparatum definiet. Cum enim sit $1 - q\cos v = \dfrac{p}{x}$, erit differentiando et pro dx valorem $-\dfrac{fq\,dt\,\sin v}{\sqrt{2p}}$ substituendo:

$$-dq\cos v + q\,dv\,\sin v = \frac{dp}{x} + \frac{fq\,dt\,\sin v}{xx}\sqrt{\frac{1}{2}p},$$

seu

$$q\,dv\,\sin v = \frac{dp}{x} + dq\,\cos v + \frac{fq\,dt\,\sin v}{xx}\sqrt{\frac{1}{2}p}.$$

Per valores autem pro p et q supra inventos, etiam harum quantitatum differentialia innotescunt: erit enim

$$dp = -\frac{2Tx^3\,d\varphi}{ff} = -\frac{Tx\,dt}{f}\sqrt{2p} \quad \text{ob} \quad d\varphi = \frac{f\,dt}{xx}\sqrt{\frac{1}{2}p}$$

et

$$d\cdot\frac{qq}{p} = -\frac{dp}{pp} - \frac{2Tx\,d\varphi}{ff} - \frac{2S\,dx}{ff} = \frac{Tx\,dt}{fpp}\sqrt{2p} - \frac{T\,dt}{fx}\sqrt{2p} + \frac{2Sq\,dt\,\sin v}{f\sqrt{2p}}$$

substitutis pro dp, $d\varphi$ et dx valoribus inventis. Qua formula porro evoluta oritur:

$$\frac{2q\,dq}{p} = -\frac{Tqqx\,dt}{fpp}\sqrt{2p} + \frac{Tx\,dt}{fpp}\sqrt{2p} - \frac{T\,dt}{fx}\sqrt{2p} + \frac{2Sq\,dt\,\sin v}{f\sqrt{2p}},$$

quae, ob $p = x(1 - q\cos v)$, reducitur ad hanc formam:

$$dq = \frac{Tx\,dt}{2fp}(2\cos v - q - q\cos v^2)\sqrt{2p} + \frac{Sp\,dt\,\sin v}{f\sqrt{2p}}.$$

28. Cum igitur sit

$$\frac{dp}{x} = -\frac{T\,dt}{f}\sqrt{2p} = -\frac{2Tx\,dt\,(1-q\cos v)}{2fp}\sqrt{2p},$$

erit

$$\frac{dp}{x} + dq\,\cos v = \frac{Tx\,dt}{2fp}\left(2\cos v^2 + q\cos v - q\cos v^3 - 2\right)\sqrt{2p} + \frac{Sp\,dt\,\sin v\cos v}{f\sqrt{2p}};$$

haec forma ob $1 - \cos v^2 = \sin v^2$ perducitur ad istam:

$$\frac{dp}{x} + dq \cos v = -\frac{Tx\,dt\,\sin v^2}{f\sqrt{2p}}(2 - q\cos v) + \frac{Sp\,dt\,\sin v \cos v}{f\sqrt{2p}},$$

quo valore in superiori expressione pro $q\,dv \sin v$ inventa substituto, divisione facta per $q \sin v$, habebitur:

$$dv = \frac{f\,dt}{xx}\sqrt{\frac{1}{2}p} - \frac{Tx\,dt\,\sin v}{fq\sqrt{2p}}(2 - q\cos v) + \frac{Sp\,dt\,\cos v}{fq\sqrt{2p}}.$$

Haec autem porro, ob $x(1 - q\cos v) = p$, transit in formas sequentes:

$$dv = \frac{f\,dt}{xx}\sqrt{\frac{1}{2}p} - \frac{T\,dt\,\sin v}{fq}\sqrt{2p} - \frac{Tx\,dt\,\sin v \cos v}{f\sqrt{2p}} + \frac{Sp\,dt\,\cos v}{fq\sqrt{2p}},$$

seu

$$dv = \frac{f\,dt}{xx}\sqrt{\frac{1}{2}p} - \frac{p\,dt(2T \sin v - S \cos v)}{fq\sqrt{2p}} - \frac{Tx\,dt\,\sin v \cos v}{f\sqrt{2p}},$$

vel etiam

$$dv = \frac{f\,dt}{xx}\sqrt{\frac{1}{2}p} + \frac{x\,dt\left(S\cos v \cdot (1 - q\cos v) - T\sin v \cdot (2 - q\cos v)\right)}{fq\sqrt{2p}}.$$

29. Quoniam porro est

$$d\varphi = \frac{f\,dt}{xx}\sqrt{\frac{1}{2}p} \quad \text{et} \quad dx = -\frac{fq\,dt\,\sin v}{\sqrt{2p}},$$

erit

$$\int Tx^3\,d\varphi = f\int Tx\,dt\sqrt{\frac{1}{2}p}, \quad \int Tx\,d\varphi = f\int \frac{T\,dt}{x}\sqrt{\frac{1}{2}p}$$

et

$$\int S\,dx = -f\int \frac{Sq\,dt\,\sin v}{\sqrt{2p}},$$

ideoque

$$\int Tx\,d\varphi + \int S\,dx = f\int \frac{dt}{\sqrt{2p}}\bigl(T(1 - q\cos v) - Sq\sin v\bigr).$$

His igitur valoribus substituendis non solum formulae integrales, quae etiamnunc in calculum ingrediuntur, ad differentiale temporis reducuntur, sed etiam omnium quantitatum variabilium, quibus iam erit utendum, differentialia per idem temporis differentiale dt erunt expressa. Neque vero adhuc ulla approximatione sumus usi, unde hae determinationes etiam locum habent, tametsi forte vires T et S non fuerint adeo exiguae. Interim tamen parum subsidii inde consequi licet, nisi istae vires valde fuerint parvae.

30. Hae autem formulae maxime videntur idoneae ad motus aberrationes a regulis KEPPLERIANIS definiendas; referuntur enim ad motum in ellipsi continuo variabili tam ratione eius parametri et excentricitatis quam situs lineae absidum. Quovis enim tempore minimo motus corporis ita considerari potest, quasi fieret in ellipsi secundum regulas KEPPLERI, ac, si pro quolibet tempore constet magnitudo istius ellipsis eiusque excentricitas una cum situ lineae absidum, ex formulis inventis verus corporis locus, quatenus ad planum assumtum refertur, assignari poterit. Assumo igitur ad tempus propositum t orbitae ad planum nostrum fixum relatae esse

I. Semiparametrum orbitae $= p$

II. Excentricitatem eius $= q$

III. Atque anomaliam veram corporis $= v$.

Unde, cum longitudo corporis posita sit $= \varphi$, longitudo absidis summae definietur angulo $= \varphi - v$.

31. Ex his igitur elementis ellipticis primo deducitur distantia curtata $CQ = x$ ope formulae $x = \dfrac{p}{1 - q \cos v}$; unde posito angulo $v = 0$ colligitur distantia absidis summae $= \dfrac{p}{1-q}$ et posito $v = 180°$ distantia absidis imae a puncto $C = \dfrac{p}{1+q}$, quarum summa $\dfrac{2p}{1-qq}$ praebet axem transversum orbitae ellipticae, cuius propterea semissis est $= \dfrac{p}{1-qq}$, et semissis distantiae focorum $= \dfrac{pq}{1-qq}$: tum vero semiaxis coniugatus erit $= \dfrac{p}{\sqrt{(1-qq)}}$. Deinde vero ipsa corporis longitudo seu angulus $ACQ = \varphi$ ita per haec elementa determinatur, ut sit

$$d\varphi = \frac{f\,dt}{xx}\sqrt{\frac{1}{2}p} \quad \text{seu} \quad d\varphi = \frac{f\,dt\,(1 - q \cos v)^2}{p\sqrt{2p}} \ ;$$

unde ea per integrationem elici poterit, dummodo lex constet, qua quantitates variabiles p, q et v cum tempore mutentur; hanc autem variabilitatis legem iam eruimus.

32. Si nullae adessent vires perturbantes T et S, tam parameter orbitae $2p$ quam excentricitas q essent quantitates constantes, atque anomalia vera v cum longitudine φ paria caperet incrementa; sicque, ob $d\varphi - dv = 0$, linea absidum immota maneret. Videamus igitur, quales mutationes hae quantitates subire debeant accedentibus istis viribus perturbatricibus T et S. Ac primo quidem, ob $Tx^3\,d\varphi = fTx\,dt\sqrt{\dfrac{1}{2}p}$, tempusculo dt semiparametri p incrementum inventum est

$$dp = -\frac{Tx\,dt}{f}\sqrt{2p} = -\frac{Tp\,dt\,\sqrt{2p}}{f(1 - q \cos v)},$$

quod ergo tantum a vi T pendet, nisi quatenus variabilitas quantitatum q et v simul alteram vim S involvit. Hinc igitur erit

$$\frac{dp}{p\sqrt{p}} = -\frac{T\,dt\,\sqrt{2}}{f(1-q\cos v)} \quad \text{et} \quad \frac{2}{\sqrt{p}} = \int \frac{T\,dt\,\sqrt{2}}{f(1-q\cos v)}$$

seu, cum medius valor ipsius p sit $= b$, erit

$$\frac{1}{\sqrt{p}} = \frac{1}{\sqrt{b}} + \frac{1}{f\sqrt{2}} \int \frac{T\,dt}{1-q\cos v}.$$

33. Secundo incrementum excentricitatis dq ita expressum invenimus pro tempusculo dt, ut sit

$$dq = \frac{Tx\,dt\,(2\cos v - q - q\cos v^2) + Sp\,dt\,\sin v}{f\sqrt{2p}},$$

quo substituto pro x valore $\frac{p}{1-q\cos v}$ abit in

$$dq = \frac{p\,dt}{f\sqrt{2p}} \left(\frac{T}{1-q\cos v}(2\cos v - q - q\cos v^2) + S\sin v \right),$$

seu

$$dq = \frac{dt}{f} \left(T\cos v + S\sin v + T \cdot \frac{\cos v - q}{1-q\cos v} \right) \sqrt{\frac{1}{2}p},$$

vel etiam

$$dq = \frac{dt}{f} \left(2T\cos v + S\sin v - \frac{Tq\sin v^2}{1-q\cos v} \right) \sqrt{\frac{1}{2}p};$$

in qua formula ultimus terminus prae binis praecedentibus erit valde parvus, si quidem excentricitas q non adeo fuerit notabilis. Cognitis igitur viribus T et S cum anomalia vera, hinc facile colligitur, quantum excentricitas intervallo minimi tempusculi dt immutetur, quemadmodum ex formula praecedente variatio semiparametri p innotescit.

34. Hinc etiam definiri potest variabilitas axis transversi ellipsis; cum enim eius semissis sit $= \frac{p}{1-qq}$, erit eius differentiale

$$d \cdot \frac{p}{1-qq} = \frac{(1-qq)\,dp + 2pq\,dq}{(1-qq)^2}.$$

Quod si iam valores pro dp et dq inventi substituantur, reperitur reductione rite facta:

$$d \cdot \frac{p}{1-qq} = -\frac{p\,dt\,\sqrt{2p}}{f(1-qq)^2}\bigl(T - q(T\cos v + S\sin v)\bigr).$$

Quare, si semiaxis transversus ponatur $= r$, ut sit $r = \frac{p}{1-qq}$, ob $\frac{p\sqrt{2p}}{(1-qq)^2} = rr\sqrt{\frac{2}{p}}$, fiet

seu
$$dr = -\frac{rr\,dt}{f\sqrt{\frac{1}{2}p}}\left(T - q(T\cos v + S\sin v)\right),$$

$$-\frac{dr}{rr} = d\cdot\frac{1}{r} = \frac{dt\left(T - q(T\cos v + S\sin v)\right)}{f\sqrt{\frac{1}{2}p}};$$

unde, si semiaxis transversus medius ponatur $= a$, fiet

$$\frac{1}{r} = \frac{1}{a} + \int \frac{dt}{f\sqrt{\frac{1}{2}p}}\left(T - q(T\cos v + S\sin v)\right).$$

35. Denique mutatio instantanea lineae absidum est indaganda, cuius longitudo cum sit $= \varphi - v$, erit eius incrementum tempusculo dt ortum $= d\varphi - dv$. Verum invenimus:

$$d\varphi = \frac{f\,dt}{xx}\sqrt{\frac{1}{2}p} = \frac{f\,dt\,(1 - q\cos v)^2}{p\sqrt{2p}}$$

et

$$dv = \frac{f\,dt}{xx}\sqrt{\frac{1}{2}p} + \frac{x\,dt\left(S\cos v(1 - q\cos v) - T\sin v(2 - q\cos v)\right)}{fq\sqrt{2p}},$$

seu

$$dv = d\varphi + \frac{dt}{fq}\left(S\cos v - \frac{T(2 - q\cos v)\sin v}{1 - q\cos v}\right)\sqrt{\frac{1}{2}p};$$

unde colligimus

$$d\varphi - dv = \frac{dt}{fq}\left(\frac{T(2 - q\cos v)\sin v}{1 - q\cos v} - S\cos v\right)\sqrt{\frac{1}{2}p}$$

$$= \frac{dt}{fq}\left(\frac{T\sin v}{1 - q\cos v} + T\sin v - S\cos v\right)\sqrt{\frac{1}{2}p},$$

sive

$$d\varphi - dv = \frac{dt}{fq}\left(2T\sin v - S\cos v + \frac{Tq\sin v\cos v}{1 - q\cos v}\right)\sqrt{\frac{1}{2}p}.$$

Hinc igitur patet motum lineae absidum eo fieri notabiliorem, quo minor fuerit excentricitas q; qua evanescente etiam in infinitum abire videtur. Verum notandum est, quo minor fuerit excentricitas, eo minus referre verum lineae absidum locum nosse.

36. Postremo ad eadem elementa reducere poterimus aequationum principalium (§21) binas posteriores; cum enim sit $d\varphi = \frac{f\,dt}{xx}\sqrt{\frac{1}{2}p}$, erit $\frac{dt^2}{2x\,d\varphi} = \frac{x\,dt}{f\sqrt{2p}}$;

mutationes momentaneae, quas cum linea nodorum tum inclinatio orbitae ad planum fixum subibunt, ita per tempusculum minimum dt erunt expressae:

$$d\pi = \frac{x\,dt\,\sin(\varphi - \pi)}{f\sqrt{2p}} \left(\frac{ff}{xx} \sin(\varphi - \pi) + S\sin(\varphi - \pi) + T\cos(\varphi - \pi) - \frac{R}{\tan G} \right)$$

$$d \cdot l \tan G$$
$$= \frac{x\,dt\,\cos(\varphi - \pi)}{f\sqrt{2p}} \left(\frac{ff}{xx} \sin(\varphi - \pi) + S\sin(\varphi - \pi) + T\cos(\varphi - \pi) - \frac{R}{\tan G} \right);$$

unde latitudo ψ ita definitur, ut sit $\tan\psi = \sin(\varphi - \pi)\tan G$. Hic quidem partes adsunt a viribus perturbatricibus non pendentes, verum hoc inde venit, quod vim quadratis distantiarum reciproce proportionalem in plano fixo assumsimus. Si enim ea, uti rei natura postulat, secundum distantiam veram RC assumatur, istae partes a vi $\dfrac{R}{\tan G}$ tollentur, id quod in applicatione fiet manifestum.

SECTIO III

Investigatio virium quibus motus Planetae principalis ab actione alius Planetae perturbatur

37. Cum perturbationes, quibus planetae principales se mutuo afficiunt, sint vehementer parvae, dum uniuscuiusque planetae perturbationes investigamus, motum reliquorum tanquam regulis KEPPLERI perfecte conformem spectare licebit: tantillus enim error, qui hac ratione in motu planetae perturbantis admittitur, in effectu multo minorem, hoc est evanescentem producere est censendus. Quoniam igitur quaestio ad planetas principales adstringitur, punctum fixum C in centro Solis assumi conveniet; et quia motus planetae perturbantis in plano fieri potest iudicari, hoc ipsum planum pro plano illo fixo, ad quod motum planetae turbati referre constituimus, commodissime assumemus. Cum enim invenerimus, quomodo motus istius planetae respectu huius plani immutetur, facile erit perturbationes ad quodvis aliud planum in coelo fixum traducere, sicque inconstantiam, cui planum orbitae planetae perturbantis est obnoxium, exuere.

38. Conveniat igitur (Fig. 2) planum tabulae cum plano orbitae planetae perturbantis, in quo C sit centrum Solis et CA recta inde ad fixum coeli punctum ducta, unde longitudines numerentur. Ad datum ergo tempus t planeta perturbans sit in huius plani puncto V, a quo ducta recta CV, ponatur:

  I. Distantia huius planetae a Sole $CV = y$
  II. Longitudo eius seu angulus $ACV = \theta$.

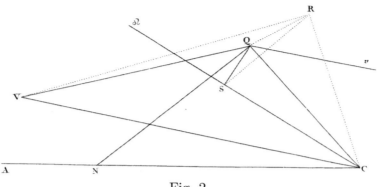

Fig. 2

Quodsi ergo vis, qua hic planeta in V ad Solem urgetur, sit $=\dfrac{ff}{yy}$, eiusque orbitae semilatus rectum seu semiparameter $= c$, eius excentricitas $= e$ et anomalia vera $= u$, erit per formulas supra inventas:

$$y = \frac{c}{1 - e \cos u} \quad \text{et} \quad d\theta = du = \frac{f\,dt}{yy}\sqrt{\frac{1}{2}c} = \frac{f\,dt\,(1 - e \cos u)^2}{c\sqrt{2c}},$$

unde fit

$$dy = -\frac{ce\,du\,\sin u}{(1 - e \cos u)^2} = -\frac{ef\,dt\,\sin u}{\sqrt{2c}};$$

sicque haec differentialia ad elementum temporis dt habemus reducta.

39. Alter iam planeta, cuius perturbationes motus indagamus, extra hoc planum reperiatur in R, unde ad id ducto perpendiculo RQ iunctisque rectis RC et QC sit ut ante:

    I.   Eius distantia a Sole curtata seu recta $CQ = x$

    II. Longitudo eius seu angulus $ACQ = \varphi$

    III. Latitudo eius seu angulus $QCR = \psi$,

unde fit eius distantia a Sole vera $= \dfrac{x}{\cos \psi}$.

Verum pro latitudine considerentur linea nodorum $C\mathbf{\Omega}$ et inclinatio orbitae ad planum orbitae prioris planetae, sitque

    IV. Longitudo nodi ascendentis seu angulus $AC\mathbf{\Omega} = \pi$

    V.   Inclinatio orbitae seu angulus $QSR = G$,

ex quibus elementis latitudo ita exprimitur, ut sit

$$\tan \psi = \sin(\varphi - \pi) \tan G.$$

Quodsi porro iungantur rectae QV et RV, erit

$$QV = \sqrt{(xx + yy - 2xy\cos(\varphi - \theta))}$$

et

$$VR = \sqrt{\left(\frac{xx}{\cos\psi^2} + yy - 2xy\cos(\varphi - \theta)\right)} = z\,;$$

ponamus enim brevitatis gratia hanc distantiam $VR = z$.

40. Cum iam planeta R tam ad Solem quam ad alterum planetam V attrahatur in ratione reciproca duplicata distantiarum, sit utraque vis ita comparata, ut ad distantiam d habeatur

$$\text{vis acceleratrix ad Solem tendens} = \frac{E}{dd},$$

$$\text{vis acceleratrix ad planetam tendens} = \frac{F}{dd}.$$

Hinc itaque planeta in R urgebitur

$$\text{primo ad Solem secundum } RC \text{ vi} = \frac{E\cos\psi^2}{xx},$$

$$\text{deinde ad planetam in } V \text{ secundum } RV \text{ vi} = \frac{F}{zz}.$$

Quoniam vero ipse Sol quoque ad planetam V sollicitatur secundum CV vi acceleratrice $= \frac{F}{yy}$, ut Solem in quiete retineamus, haec vis secundum directionem contrariam Qv in planetam R transferri debet, hincque iste praeterea sollicitabitur

$$\text{secundum directionem } Qv \text{ vi} = \frac{F}{yy}.$$

Quin etiam ipse planeta V omnino ad Solem urgeri censendus est secundum VC vi $= \frac{E+F}{yy}$, quam modo posueramus $= \frac{ff}{yy}$.

41. Nunc vero ante omnia vires planetam R sollicitantes revocari debent ad directiones QC, QN et RQ, ut inde valores virium assumtarum V, T et R obtineantur. Ac prima[5] quidem vis secundum $RC = \frac{E\cos\psi^2}{xx}$ praebet

$$\text{secundum directionem } QC \text{ vim} = \frac{E\cos\psi^3}{xx} \quad \text{pro vi } V,$$

$$\text{secundum directionem } RQ \text{ vim} = \frac{E\sin\psi\cos\psi^2}{xx} \quad \text{pro vi } R.$$

---

5 Editio princeps: primo.

Secunda vis secundum $RV = \dfrac{F}{zz}$, ob $QR = x\tan\psi$ et $VR = z$, praebet

$$\text{secundum directionem } RQ \text{ vim} = \frac{F\cdot QR}{z^3} = \frac{Fx\tan\psi}{z^3} \text{ pro [vi] } R\,;$$

tum vero secundum QV vim $= \dfrac{F\cdot QV}{z^3}$, quae, ob

$$QV\cos CQV = -y\cos(\varphi-\theta) + x$$

et

$$QV\sin CQV = y\sin(\varphi-\theta)\,,$$

reducitur ad binas sequentes:

$$\text{secundum } QC \text{ vim} = -\frac{F}{z^3}(y\cos(\varphi-\theta)-x) \quad \text{pro vi } V\,,$$
$$\text{secundum } QN \text{ vim} = \frac{Fy\sin(\varphi-\theta)}{z^3} \quad \text{pro vi } T\,.$$

Denique tertia vis secundum $Qv = \dfrac{F}{yy}$, ob $CQv = \varphi-\theta$, dat

$$\text{secundum } QC \text{ vim} = \frac{F\cos(\varphi-\theta)}{yy} \quad \text{pro vi } V\,,$$
$$\text{secundum } QN \text{ vim} = -\frac{F\sin(\varphi-\theta)}{yy} \quad \text{pro vi } T\,.$$

42. Colligamus singulas has vires ad directiones QC, QN et RQ reductas, atque habebimus

$$\text{vim } V = \frac{E\cos\psi^3}{xx} + \frac{Fx}{z^3} - Fy\left(\frac{1}{z^3}-\frac{1}{y^3}\right)\cos(\varphi-\theta)\,,$$
$$\text{vim } T = Fy\left(\frac{1}{z^3}-\frac{1}{y^3}\right)\sin(\varphi-\theta)\,,$$
$$\text{vim } R = \frac{E\sin\psi\cos\psi^2}{xx} + \frac{Fx\tan\psi}{z^3}\,;$$

nihilque superest, nisi ut hae expressiones in locum litterarum V, T et R substituantur. Quoniam vero angulus ψ semper est valde parvus, eius cosinus proxime ad unitatem accedet; unde cum posuerimus $V = \dfrac{ff}{xx} + S$, ita ut sit

$$S = -\frac{ff}{xx} + \frac{E\cos\psi^3}{xx} + \frac{Fx}{z^3} - Fy\left(\frac{1}{z^3}-\frac{1}{y^3}\right)\cos(\varphi-\theta)\,,$$

pro ff assumi poterit E; et quamquam ante inveneramus $ff = E + F$, tamen quantitas F prae E tam est exigua, ut nullus plane error sit metuendus, si ponamus $ff = E$; ita ut habeamus

$$S = -\frac{E(1-\cos\psi^3)}{xx} + \frac{Fx}{z^3} - Fy\left(\frac{1}{z^3} - \frac{1}{y^3}\right)\cos(\varphi-\theta).$$

43. Antequam autem huius reductionis rationem habeamus, substitutio virium V, T et R in aequationibus variationem lineae nodorum et inclinationis continentibus commode fieri poterit, quae eo magis est notatu digna, quod uti iam innuimus termini a vi perturbatrice non pendentes destruantur. Cum enim sit $\tan G = \frac{\tan\psi}{\sin(\varphi-\pi)}$ factoris $V\sin(\varphi-\pi) + T\cos(\varphi-\pi) - \frac{R}{\tan G}$, qui illas expressiones ingreditur, valor satis concinne definietur; habebitur namque:

$$V\sin(\varphi-\pi) = \frac{E\cos\psi^3}{xx}\sin(\varphi-\pi) + \frac{Fx}{z^3}\sin(\varphi-\pi)$$
$$- Fy\left(\frac{1}{z^3} - \frac{1}{y^3}\right)\cos(\varphi-\theta)\sin(\varphi-\pi),$$

$$T\cos(\varphi-\pi) = Fy\left(\frac{1}{z^3} - \frac{1}{y^3}\right)\sin(\varphi-\theta)\cos(\varphi-\pi),$$

$$-\frac{R}{\tan G} = -\frac{E\cos\psi^3}{xx}\sin(\varphi-\pi) - \frac{Fx}{z^3}\sin(\varphi-\pi).$$

Quare cum sit

$$-\cos(\varphi-\theta)\sin(\varphi-\pi) + \sin(\varphi-\theta)\cos(\varphi-\pi) = -\sin(\theta-\pi),$$

erit

$$V\sin(\varphi-\pi) + T\cos(\varphi-\pi) - \frac{R}{\tan G} = -Fy\left(\frac{1}{z^3} - \frac{1}{y^3}\right)\sin(\theta-\pi).$$

44. Perspicuum ergo est totam hanc expressionem, qua variatio in linea nodorum et inclinatione determinatur, unice a vi perturbante F pendere, ceterisque paribus sinui anguli $\theta - \pi$, qui oritur longitudinem nodi π a longitudine planetae turbantis θ subtrahendo, esse proportionalem. Quodsi ergo ut ante semiparametrum orbitae planetae R ponamus $= p$, ex §36, pro variatione tam lineae nodorum quam inclinationis sequentes nanciscemur aequationes:

$$d\pi = -\frac{Fxy\,dt\,\sin(\varphi-\pi)\sin(\theta-\pi)}{f\sqrt{2p}}\left(\frac{1}{z^3} - \frac{1}{y^3}\right),$$

$$d\cdot l\tan G = -\frac{Fxy\,dt\,\cos(\varphi-\pi)\sin(\theta-\pi)}{f\sqrt{2p}}\left(\frac{1}{z^3} - \frac{1}{y^3}\right),$$

ubi imprimis est memorabile has expressiones tanto simpliciores prodiisse. Quamvis autem eaedem facilius ex ipsa virium sollicitantium indole erui potuissent, tamen earum derivationem ex formulis generalibus petere convenientius est visum.

45. Progrediamur ergo ad reliquas perturbationes, et cum posuerimus pro orbita planetae R turbata semiparametrum $= p$, excentricitatem $= q$ et anomaliam veram $= v$, ita ut sit

$$x = \frac{p}{1 - q\cos v} \quad \text{et} \quad dx = -\frac{fq\,dt\,\sin v}{\sqrt{2p}},$$

primo variationem parametri ita invenimus expressam:

$$dp = -\frac{Tx\,dt}{f}\sqrt{2p} = -\frac{Tp\,dt\,\sqrt{2p}}{f(1 - q\cos v)},$$

quae ideoque hanc induet formam:

$$dp = -\frac{Fxy\,dt\,\sin(\varphi - \pi)}{f}\left(\frac{1}{z^3} - \frac{1}{y^3}\right)\sqrt{2p};$$

neque enim adhuc pro x, y et z valores supra designatos substitui conveniet, quia illi non solum iam sunt cogniti, sed etiam eorum differentialia per dt exhiberi possunt ob

$$y = \frac{c}{1 - e\cos u}, \quad d\theta = du = \frac{f\,dt}{yy}\sqrt{\frac{1}{2}c} \quad \text{et} \quad dy = -\frac{fe\,dt\,\sin u}{\sqrt{2c}}.$$

46. Secundo excentricitatis q variatio §33 est inventa

$$dq = \frac{dt}{f}\left(T\cos v + S\sin v + T\cdot\frac{\cos v - q}{1 - q\cos v}\right)\sqrt{\frac{1}{2}p},$$

seu

$$dq = \frac{dt}{f}\left(2T\cos v + S\sin v - \frac{Tq\sin v^2}{1 - q\cos v}\right)\sqrt{\frac{1}{2}p},$$

ubi recordari debemus esse:

$$S = -\frac{E(1 - \cos\psi^3)}{xx} + \frac{Fx}{z^3} - Fy\left(\frac{1}{z^3} - \frac{1}{y^3}\right)\cos(\varphi - \theta)$$

et

$$T = Fy\left(\frac{1}{z^3} - \frac{1}{y^3}\right)\sin(\varphi - \theta),$$

quorum valorum substitutionem fieri non est opus: quod cum etiam in reliquis commode fieri nequeat, eas apponamus uti invenimus §35.

Tertio scilicet pro motu lineae absidum obtinuimus

$$d\varphi - dv = \frac{dt}{fq}\left(2T\sin v - S\cos v + \frac{Tq\sin v \cos v}{1-q\cos v}\right)\sqrt{\frac{1}{2}p}\,;$$

et quia

$$d\varphi = \frac{f\,dt}{xx}\sqrt{\frac{1}{2}p} = \frac{f\,dt\,(1-q\cos v)^2}{p\cdot\sqrt{2p}}\,,$$

erit incrementum momentaneum anomaliae verae

$$dv = \frac{f\,dt}{xx}\sqrt{\frac{1}{2}p} - \frac{dt}{fq}\left(2T\sin v - S\cos v + \frac{Tq\sin v \cos v}{1-q\cos v}\right)\sqrt{\frac{1}{2}p}\,.$$

47. Nunc autem elementum temporis dt eliminari conveniet, cuius loco commodissime motus medius Solis sive Terrae introducitur. Ponamus ergo distantiam mediam Terrae a Sole esse $= a$ hocque motu medio absolvi tempusculo dt angulum $= d\omega$. Quoniam hoc casu excentricitas adest nulla, visque ad Solem tendens est $= \frac{ff}{aa} = \frac{E}{aa}$, erit ex principiis ante stabilitis

$$d\omega = \frac{f\,dt}{aa}\sqrt{\frac{1}{2}a} = \frac{f\,dt}{a\sqrt{2a}}$$

ideoque

$$f\,dt = a\,d\omega\,\sqrt{2a}$$

et

$$\frac{dt}{f} = \frac{a\,d\omega\,\sqrt{2a}}{ff} = \frac{a\,d\omega\,\sqrt{2a}}{E}\,.$$

Tempore ergo absoluto t eliminato eiusque loco angulo ω, quem Sol motu medio interea absolvit, [substituto], nostrae formulae differentiales omnes ad elementum istius motus medii $d\omega$ reduci poterunt. Ac si insuper ponatur $F = nE$, ubi n semper fractionem vehementer parvam denotabit, erit[6]

$$\frac{T}{E} = ny\left(\frac{1}{z^3} - \frac{1}{y^3}\right)\sin(\varphi-\theta)\,,$$

$$\frac{S}{E} = -\frac{(1-\cos\psi^3)}{xx} + \frac{nx}{z^3} - ny\left(\frac{1}{z^3} - \frac{1}{y^3}\right)\cos(\varphi-\theta)\,.$$

48. Substituto ergo pro dt isto valore, habebimus primo pro planeta perturbante:

$$d\theta = du = \frac{a\,d\omega}{yy}\sqrt{ac} \quad\text{et}\quad dy = -ae\,d\omega\,\sin u\,\sqrt{\frac{a}{c}}\,,$$

---

6 Editio princeps: $\cos\varphi^3$ loco $\cos\psi^3$.

at pro planeta perturbato:

$$d\varphi = \frac{a\,d\omega}{xx}\sqrt{ap} \quad \text{et} \quad dx = -aq\,d\omega\,\sin v\,\sqrt{\frac{a}{p}},$$

porroque

$$dp = -\frac{T}{E}\cdot 2ax\,d\omega\,\sqrt{ap} = -2naxy\,d\omega\left(\frac{1}{z^3} - \frac{1}{y^3}\right)\sin(\varphi - \theta)\cdot\sqrt{ap},$$

$$dq = a\,d\omega\left(\frac{2T}{E}\cos v + \frac{S}{E}\sin v - \frac{T}{E}\cdot\frac{q\sin v^2}{1 - q\cos v}\right)\cdot\sqrt{ap},$$

$$d\varphi - dv = \frac{a\,d\omega}{q}\left(\frac{2T}{E}\sin v - \frac{S}{E}\cos v + \frac{T}{E}\cdot\frac{q\sin v\cos v}{1 - q\cos v}\right)\cdot\sqrt{ap},$$

$$dv = \frac{a\,d\omega}{xx}\cdot\sqrt{ap} - \frac{a\,d\omega}{q}\left(\frac{2T}{E}\sin v - \frac{S}{E}\cos v + \frac{T}{E}\cdot\frac{q\sin v\cos v}{1 - q\cos v}\right)\cdot\sqrt{ap}.$$

Si ulterius semiaxis transversus $\frac{p}{1-qq}$ ponatur $= r$, erit

$$dr = -\frac{2arr\,d\omega\,\sqrt{a}}{\sqrt{p}}\left(\frac{T}{E} - \frac{T}{E}q\cos v - \frac{S}{E}q\sin v\right),$$

uti ex §34 colligere licet.

49. Simili modo et mutationes, quas linea nodorum et inclinatio orbitae tempusculo, quo Sol secundum medium motum per angulum $d\omega$ progreditur, subeunt, exprimi poterunt. Posito enim $F = nE$ et Solis distantia media a Terra $= a$, quoniam invenimus[7]

$$\frac{dt}{f} = \frac{a\,d\omega\,\sqrt{2a}}{E},$$

erit

$$\frac{F\,dt}{f} = na\,d\omega\,\sqrt{2a}$$

et

$$\frac{F\,dt}{f\sqrt{2p}} = na\,d\omega\,\sqrt{\frac{a}{p}};$$

formulae supra exhibitae abibunt in has[8]:

$$d\pi = -naxy\,d\omega\,\sin(\varphi - \pi)\sin(\theta - \pi)\left(\frac{1}{z^3} - \frac{1}{y^3}\right)\cdot\sqrt{\frac{a}{p}},$$

$$d\cdot l\tan G = -naxy\,d\omega\,\cos(\varphi - \pi)\sin(\theta - \pi)\left(\frac{1}{z^3} - \frac{1}{y^3}\right)\cdot\sqrt{\frac{a}{p}}.$$

---

7 Editio princeps: $na\,d\omega$ loco $a\,d\omega$.
8 Editio princeps: $\cos(\varphi - \pi)$ loco $\sin(\varphi - \pi)$.

Cum autem valor ipsius $d\pi$ iam fuerit inventus, erit succinctius

$$d \cdot l \tan G = \frac{d \cdot \tan G}{\tan G} = d\pi \, \frac{\cos(\varphi - \pi)}{\sin(\varphi - \pi)} \, .$$

Per has igitur formulas omnium quantitatum, quibus determinatio perturbationum continetur, incrementa, quae tempusculo per motum Solis medium $d\omega$ expresso capiunt, definiri poterunt, neque hactenus ulla approximatione sumus usi, nisi quatenus pro motu planetae perturbantis loco $E+F$ simpliciter E scripsimus, unde autem nulla aberratio a vero oriri potest.

50. At vero in calculi subsidium iam multo graviorem hypothesin assumsimus, dum motum planetae perturbantis, quem in V fingimus, tanquam regulis KEPPLERI perfecte consentaneum spectamus; si enim iste planeta esset Saturnus, cuius motum non mediocriter ab actione Jovis turbari novimus, nullum certe est dubium, quin eius perturbationes effectus, qui ab eius actione in motum reliquorum planetarum redundant, aliquantillum essent affecturae. Interim tamen pro certo statuere licet istas variationes incomparabiliter futuras esse minores neque effectum Saturni verum sensibiliter esse discrepaturum ab eo, quem regulas KEPPLERI exacte secutus esset producturus; imprimis cum constet universam perturbationem esse quam minimam, atque adeo nos contenti esse debeamus eam tantum vero proxime determinasse. Aeque parvi autem momenti sine ullo dubio aestimanda erit ea aberratio, quae dum pro $E + F$ tantum E seu 1 pro $1 + n$ semper est fractio quam minima.

51. Non parum paradoxon videri debet, quod, etiamsi vis planetae perturbantis seu fractio n penitus evanesceret, tamen pro altero planeta tam excentricitas q quam linea absidum mutationibus esset obnoxia: propterea quod evanescente fractione n quantitas $\dfrac{S}{E}$ non in nihilum abeat, sed valorem $= \dfrac{-1 + \cos\psi^3}{xx}$ retineat, quo utrumque differentiale dq et $d\varphi - dv$ afficitur. Verum perpendendum est, quod, dum orbitam planetae in aliud planum proicimus, proiectio quidem quoque futura sit ellipsis, sed cuius focus non amplius futurus sit in puncto C. Etiamsi ergo motus proiectus fiat in ellipsi, areaeque adeo circa punctum C descriptae temporibus sint proportionales, tamen, quia in C non est focus ellipsis, motus regulis KEPPLERI non erit conformis. Cum autem nihilominus fingi posset quovis momento ellipsis focum habens in C, cuius elementum cum illius ellipsis elemento congruat, mirum non est huius ellipsis fictae tam excentricitatem quam positionem lineae absidum continuo variari: notatu autem est dignum parametrum ellipsis semper invariatum relinqui.

52. Cum igitur casu $n = 0$ hoc incommodum penitus evitaremus, si motum planetae non in plano alieno sed proprio contemplaremur, idem quoque incommodum in genere evitabimus, si motum quovis tempore ad planum orbitae ipsum referamus, ita ut x distantiam veram CR et φ longitudinem planetae in proprio plano denotaret. Hinc quidem ob orbitae inconstantiam alia incommoda nascerentur, quae autem, dummodo inclinatio G sit valde parva, quemadmodum id

quidem semper usu venit, fere penitus removebuntur, propterea quod inde ipsis perturbationibus minima perturbatio inducetur. Quocirca totum negotium ita promtius expedietur, ut primo, dum variationes quantitatum p, q et $\varphi - v$ exquiruntur, a quibus locus planetae in propria orbita pendet, latitudo ψ prorsus negligatur ponendo $\psi = 0$; deinde vero seorsim ad quodvis tempus tam positio lineae nodorum quam inclinatio investigetur: et his denique inventis more apud Astronomos recepto ex loco planetae in propria orbita eiusque argumento latitudinis ipsa latitudo eliciatur cum reductione longitudinis.

53. Hanc ob causam quaestionem nostram commode bipartito pertractare licebit, dum seorsim primo motus planetae in propria orbita, quasi esset plana, deinde vero huius orbitae positio respectu orbitae planetae perturbantis investigatur. Primo igitur x denotabit distantiam veram planetae a Sole et φ eius longitudinem; tum posito

$$z = \sqrt{(xx + yy - 2xy \cos(\varphi - \theta))},$$

ob $\psi = 0$, si brevitatis gratia statuamus

$$M = y\left(\frac{1}{z^3} - \frac{1}{y^3}\right) \sin(\varphi - \theta),$$

$$N = \frac{x}{z^3} - y\left(\frac{1}{z^3} - \frac{1}{y^3}\right) \cos(\varphi - \theta),$$

habebimus:

$$y = \frac{c}{1 - e\cos u}; \quad dy = -ae\, d\omega \sin u \cdot \sqrt{\frac{a}{c}}; \quad d\theta = du = \frac{a\, d\omega}{yy}\sqrt{ac};$$

$$x = \frac{p}{1 - q\cos v}; \quad dx = -aq\, d\omega \sin v \cdot \sqrt{\frac{a}{p}}; \quad d\varphi = \frac{a\, d\omega}{xx}\sqrt{ap};$$

itemque

$$dp = -2nMax\, d\omega \cdot \sqrt{ap};$$

$$dq = na\, d\omega \left(2M\cos v + N\sin v - \frac{Mq\sin v^2}{1 - q\cos v}\right)\sqrt{ap}$$

et

$$d\varphi - dv = \frac{na\, d\omega}{q}\left(2M\sin v - N\cos v + \frac{Mq\sin v \cos v}{1 - q\cos v}\right)\sqrt{ap};$$

ubi est $n = \dfrac{F}{E}$, cuius valor pro singulis planetis ex observationibus, quantum quidem id fieri licet, concludi debet.

54. Cum deinceps ex his formulis locus planetae R in propria orbita cum eius distantia a Sole fuerit inventus, porro investigetur ad quodvis tempus propositum

positio huius orbitae respectu plani fixi assumti, in quo orbita planetae perturbantis versatur, linea scilicet nodorum cum inclinatione mutua, ope formularum in §49 exhibitarum; hincque facillime verus locus planetae in coelo assignabitur. In priori quidem investigatione neglectio partis $\frac{-1+\cos\psi^3}{xx}$ in valore N nullum errorem creat, quippe quae per reductionem ad propriam orbitam compensatur. Sed ob positionem $\psi = 0$ valor ipsius z aliquantillum immutatur, sed tam parum, nisi inclinatio sit enormis, ut error prae ipsa quantitate z sit vehementer exiguus. Quoniam igitur ipsa quantitas z aliter non intrat in calculum, nisi per fractionem minimam n multiplicat, errores illi denuo hinc diminuentur, ut tuto pro nihilo aestimari queant.

SECTIO IV
Considerationes necessariae ad resolutionem formularum inventarum expediendam

55. Ex his formulis primo sine integrationis adiumento variationes horariae, quas singula motus elementa capiunt intervallo unius horae, satis exacte colligi possunt; cum enim tantillo tempore omnes variationes sint quam minimae, error plane erit imperceptibilis, si ipsa differentialia tanquam variationes horarias spectemus. Cum igitur Sol secundum motum medium una hora angulum conficiat $= 2'28''$ seu accuratius $147\frac{5}{6}''$, si differentiali $d\omega$ hunc valorem tribuamus, ut sit $d\omega = 147\frac{5}{6}''$, seu in partibus radii, pro quo unitatem assumimus, $d\omega = 0{,}00071672$, reliqua differentialia dp, dq, $d\varphi - dv$, $d\varphi$, dx, $d\pi$, $d \cdot \tan G$, $d\theta = du$ et dy incrementa horaria istorum elementorum exhibebunt, quae igitur sine ulla integratione definire licebit, dummodo pro tempore proposito ipsa haec elementa fuerint cognita. Neque etiam error erit sensibilis, si hoc modo variationes diurnas tribuendo ipsi $d\omega$ valorem vicies quater maiorem definire vellemus, dummodo neutrius planetae motus tempore unius diei admodum sit notabilis.

56. Si quis hunc laborem suscipere vellet, totum negotium sine integratione expedire posset. Cum enim pro dato quopiam tempore t explorati fuerint valores elementorum singulorum, quibus determinatio motus continetur, inventis singulorum incrementis horariis, colligemus hinc eorundem elementorum valores ad tempus $t + 1$ hora; unde deinceps simili modo eadem elementa ad tempus $t + 2$ horis obtinebimus, sicque ad tempora quotcunque horis remota progredi licebit. Interim tamen, quia in singulis gradibus error quidam, etiamsi in se spectatus sit insensibilis, committitur, is per continuam repetitionem ita accumulabitur, ut tandem satis notabilis evadat. Neque etiam is minoribus hora intervallis assumendis, quo pacto quidem labor omnino insuperabilis redderetur, evitari posset,

etsi enim singuli errores fierent multo minores, tamen ob maiorem operationum numerum tandem quoque ad magnitudinem notabilem excrescere possent.

57. Nisi igitur integratio in subsidium vocetur, sperari omnino nequit, ut singulas motus perturbationes unquam exacte definire valeamus, vel saltem ut tempore quantumvis magno interiecto error non fiat notabilis. Huc quoque accedet, quod priori methodo utentes ad nullum tempus, unde calculum inchoare vellemus, per observationes singulorum elementorum veros valores assignare valeremus, ideoque etiam hi errores sequentes operationes plurimum contaminarent. Quando autem integrationes in genere perficere licuerit, tum per observationes plurimas diversis temporibus institutas, dum eae cum calculo generali conferentur, veri singulorum elementorum valores colligi poterunt, quibus semel definitis formulae integratae perpetuo usum desideratum praestabunt. Quocirca ad perfectam omnium perturbationum cognitionem absolute necessarium est, ut formulae differentiales inventae per integrationem ad determinationes finitas reducantur.

58. Ac per reductiones quidem hactenus factas iam eximium commodum sumus consecuti, quod formulas differentio-differentiales, ad quas principia Mechanica nos immediate perduxerant, ad formulas simpliciter differentiales revocaverimus, quae nullis amplius formulis integralibus sint involutae, quemadmodum usu venit in iis, quas primum (§21) elicueramus, quae partim ob irrationalitatem partim ob integrales vix tractari potuissent. Praecipuum autem commodum sine dubio in hoc consistere est censendum, quod omnes formulas ad similitudinem motus regularis seu notissimis KEPPLERI regulis conformis explicuerimus, quae reductio quoque ad usum Astronomicum maxime videtur accommodata. Neque etiam amplius premimur eiusmodi formulis irrationalibus, quarum valores ita sint vagi, ut modo in nihilum abire, modo etiam negativi fieri queant, uti in formulis §21 usu venerat.

59. Verum antequam integrationis negotium suscipiamus, nonnulla moneri est necesse, quibus operationes instituendae dirigantur. Cum enim integrationem absolutam ac perfectam nullo modo sperare queamus, ad approximationes confugere cogimur; in quo negotio cum multa arbitrio nostro relinquantur, prouti alias atque alias particulas negligere velimus, praecipua cura hoc erit collocanda, ut nihil negligamus, unde error sensibilis resultare posset. Ex circumstantiis igitur iudicari oportebit, quid ratione singulorum elementorum negligere liceat: ac primo quidem, cum n sit fractio tantopere exigua, quippe qua ratio massae planetae perturbantis ad massam Solis exprimitur, nullum est dubium, quin eiusmodi terminos, qui per quadratum huius fractionis altioremve potestatem essent multiplicati, sine haesitatione reicere queamus. Ex ipsa autem huius numeri n parvitate cognoscimus perturbationes esse quam minimas, quae adeo omnes evanescerent, si esset $n = 0$.

60. Deinde etiam si orbitas singulorum planetarum consideremus, earum excentricitates tam parvas deprehendimus, ut in determinatione perturbationum, si non ipsae, tamen earum quadrata altioresque potestates tuto negligi possint. De

Mercurio quidem et Marte hic dubium suboriri posset, quorum planetarum excentricitas est maxima, e contrario eorum massae tam sunt exiguae prae massa Solis, ut totae perturbationes inde oriundae fere contemni queant. Quamquam autem in reliquorum planetarum motu proprio determinando quadratum excentricitatis perperam negligeretur, unde plerumque effectus satis sensibilis oriri solet, tamen, si perturbationes, quae ab eius actione in alios planetas redundant, investigentur, quoniam effectus quadrati insuper per fractionem n multiplicatur, is plane omnino imperceptibilis reddetur. Hinc quantitates e et q huiusque quantitatem mediam k tamquam tam parvas assumemus, ut in perturbationum investigatione earum quadrata certe ac plerumque etiam eae ipsae tuto reici queant, quod dum evolutionem instituemus, clarius perspicietur.

61. Neque tamen pro planeta perturbato excentricitas q nimis parva concipi potest, sed saltem tam magna, ut mutationes, quas ipsi actio reliquorum planetarum inducere valet, prae tota eius magnitudine tanquam minimae spectari queant. Cum enim formula progressionem aphelii exprimens divisa sit per q, evidens est, si valor ipsius q nimis esset exiguus, ac fortasse interdum plane evanesceret, motum aphelii maximis difficultatibus impeditum iri, ita ut, si talis casus in mundo existeret, vix quicquam ex nostris formulis concludi liceret. Verum hic iterum ad insigne nostrum commodum usu venit, ut nullius planetae excentricitas tam sit exigua, ut inde quicquam nobis sit extimescendum. Cum enim Veneris excentricitas sit omnium minima, nullum tamen est dubium, quin mutationes, quas ea unquam ab actione reliquorum planetarum subit, prae eius valore medio quasi evanescant. Quare si valor medius excentricitatis q ponatur $= k$, differentia inter k et q prae k seu fractio $\frac{k-q}{k}$ semper tanquam minima tuto spectari poterit.

62. Maximam autem in hac investigatione molestiam nobis facessit valor quantitatis $z = \sqrt{(xx + yy - 2xy \cdot \cos(\varphi - \theta))}$, qui eo magis est variabilis, quo propius amborum planetarum orbitae ad se invicem accedunt. In calculo quidem hic valor, uti est irrationalis, relinqui non potest, quia integrationes instituendae nullo modo succederent. Cum enim calculum aliter tractare non liceat, nisi ut omnes perturbationes ad sinus cosinusve certorum angulorum revocentur, omnino necesse est, ut quantitates M et N, quae hanc quantitatem z involvunt, in eiusmodi series evolvant z, quae huiusmodi sinus vel cosinus simpliciter contineant. Hoc enim solo modo integratio suscipi posse videtur, neque etiam ulla via patet, quemadmodum calculus ita expediri possit, ut valores integrales adhuc quantitatem z aliasve independentes in se contemplectentur.

63. Insignem hic Analyseos, quatenus quidem etiamnunc est exculta, defectum agnoscere cogimur, quod aliter formularum inventarum integralia exhibere non valeamus, nisi per series, quarum singuli termini simplices sinus vel cosinus angulorum $\varphi - \theta$, u, v, $\varphi - \pi$, $\theta - \pi$ ex iisque compositorum contineant. Fieri certe posset, ut vera integralia vel quantitates ex his complexas neque in huius-

modi serie commode resolubiles continerent, vel etiam alios angulos veluti CVQ vel CQV, qui utique, si vis principalis ad planetam V tenderet numerusque n foret praegrandis, primarias partes in calculo essent obtenturi. Atque cum ab his angulis, si n esset numerus valde magnus, totus calculus maximam partem penderet, eo minus dubitare possumus, quin iidem etiam praesenti casu, si calculum accurate expedire liceret, sint ingressuri. Interim tamen plane non patet, quomodo isti anguli per integrationem in calculum invehi queant. Quodsi ergo ex hac parte fines Analyseos extendere unquam contigerit, tum demum maiores fructus pro Astronomia nobis polliceri poterimus.

64. Eo igitur sumus redacti, ut quantitatem surdam $z = \sqrt{(xx + yy - 2xy\cos(\varphi - \theta))}$ in seriem transformemus, ubi quidem eo potissimum est incumbendum, ut ista series quantum fieri potest reddatur convergens, atque secundum sinus vel cosinus certorum angulorum progrediatur. Et quoniam usus postulat convergentiam, sive x sit maius sive minus quam y, terminus tantum $2xy\cos(\varphi - \theta)$, qui modo affirmativus, modo in nihilum abire, modo negativus fieri potest, molestiam creat. Binomii ergo partem alteram constituo $xx + yy$, alteram vero $2xy\cos(\varphi - \theta)$, statuoque

$$xx + yy = rr \quad \text{et} \quad \frac{2xy}{xx + yy} = s,$$

ut sit

$$z = \sqrt{(rr - rrs\cos(\varphi - \theta))} = r\sqrt{(1 - s\cos(\varphi - \theta))};$$

atque hic perspicuum est s semper esse unitate minus, nisi sit $x = y$, et eo fieri minus, quo magis distantiae x et y fuerint inter se inaequales: hinc ergo multo magis pars $s\cos(\varphi - \theta)$ minor erit parte 1, prout seriei convergentia postulat.

65. Quoniam angulus $\varphi - \theta$ tum frequenter occurret, ponamus ad abbreviandum $\varphi - \theta = \eta$, et cum sit $r = \sqrt{(xx+yy)}$ et $s = \dfrac{2xy}{xx+yy}$, erit $z = r\sqrt{(1 - s\cos\eta)}$; ideoque $\dfrac{1}{z^3} = \dfrac{1}{r^3}(1 - s\cos\eta)^{-\frac{3}{2}}$, unde formulam irrationalem $(1 - s\cos\eta)^{-\frac{3}{2}}$ in seriem evolvi oportet. Modo ergo communi adhibito reperiemus[9]:

$(1 - s\cos\eta)^{-\frac{3}{2}}$
$= 1 + \dfrac{3}{2}s\cos\eta + \dfrac{3\cdot 5}{2\cdot 4}ss\cos\eta^2 + \dfrac{3\cdot 5\cdot 7}{2\cdot 4\cdot 6}s^3\cos\eta^3 + \dfrac{3\cdot 5\cdot 7\cdot 9}{2\cdot 4\cdot 6\cdot 8}s^4\cos\eta^4 + \text{etc.};$

quae series, dummodo $s\cos\eta$ fuerit unitate minus, uti quidem semper usu venit, certe convergit. Interim tamen, nisi $s\cos\eta$ sit valde parvum, nimis lente convergit, quam ut aliquot terminis colligendis eius summa satis exacte obtineri queat. Verum hic quoque commode accidit, ut dum haec series per sequentes integrationes tractatur, multo promtiorem convergentiam acquirat, quod nisi eveniret, non perspicerem, quomodo quaestioni propositae satisfieri posset; necessitas tunc

---

[9] Editio princeps: $(1 + s\cos\eta)^{-\frac{3}{2}}$ loco $(1 - s\cos\eta)^{-\frac{3}{2}}$.

cogeret investigationi mutationum horariarum unice adhaerescere illasque pro quantumvis magnis temporis intervallis in unam summam colligere.

66. Verum cum potestates ipsius $\cos\eta$ in differentiale $d\eta$ ductae integrari nequeant, nisi prius in cosinus angulorum multiplorum 2η, 3η etc. convertantur, quoniam differentiale $d\eta$ ad nostrum commune differentiale $d\omega$ reducere licet, eadem conditio postulat, ut huius $\cos\eta$ potestates in cosinus angulorum multiplorum resolvantur, id quod ope noti lemmatis

$$\cos\alpha\cos\beta = \frac{1}{2}\cos(\alpha+\beta) + \frac{1}{2}\cos(\alpha-\beta)$$

facile praestatur; reperietur enim:

$$\cos\eta = \cos\eta,$$
$$\cos\eta^2 = \frac{1}{2}\cos 2\eta + \frac{1}{2},$$
$$\cos\eta^3 = \frac{1}{4}\cos 3\eta + \frac{3}{4}\cos\eta,$$
$$\cos\eta^4 = \frac{1}{8}\cos 4\eta + \frac{4}{8}\cos 2\eta + \frac{3}{8},$$
$$\cos\eta^5 = \frac{1}{16}\cos 5\eta + \frac{5}{16}\cos 3\eta + \frac{10}{16}\cos\eta,$$
$$\cos\eta^6 = \frac{1}{32}\cos 6\eta + \frac{6}{32}\cos 4\eta + \frac{15}{32}\cos 2\eta + \frac{10}{32},$$
$$\cos\eta^7 = \frac{1}{64}\cos 7\eta + \frac{7}{64}\cos 5\eta + \frac{21}{64}\cos 3\eta + \frac{35}{64}\cos\eta,$$
$$\cos\eta^8 = \frac{1}{128}\cos 8\eta + \frac{8}{128}\cos 6\eta + \frac{28}{128}\cos 4\eta + \frac{56}{128}\cos 2\eta + \frac{35}{128}$$

etc.

67. Quodsi hi valores substituantur, obtinebitur

$$(1 - s\cos\eta)^{-\frac{3}{2}} = 1$$
$$+ \frac{3}{2}\cdot s\cos\eta + \frac{3\cdot 5}{2\cdot 4}\cdot\frac{1}{2}ss\cos 2\eta + \frac{3\cdot 5\cdot 7}{2\cdot 4\cdot 6}\cdot\frac{1}{4}s^3\cos 3\eta + \frac{3\cdot 5\cdot 7\cdot 9}{2\cdot 4\cdot 6\cdot 8}\cdot\frac{1}{8}s^4\cos 4\eta$$
$$+ \frac{3\cdot 5}{2\cdot 4}\cdot\frac{1}{2}ss + \frac{3\cdot 5\cdot 7}{2\cdot 4\cdot 6}\cdot\frac{3}{4}s^3\cos\eta + \frac{3\cdot 5\cdot 7\cdot 9}{2\cdot 4\cdot 6\cdot 8}\cdot\frac{4}{8}s^4\cos 2\eta$$
$$+ \frac{3\cdot 5\cdot 7\cdot 9}{2\cdot 4\cdot 6\cdot 8}\cdot\frac{3}{8}s^4 + \text{etc.},$$

unde, si ponamus

$$(1 - s\cos\eta)^{-\frac{3}{2}} = P + Qs\cos\eta + Rss\cos 2\eta + Ss^3\cos 3\eta + Ts^4\cos 4\eta + \text{etc.},$$

hi coëfficientes assumti ita definientur, ut sit:

$$P = 1 + \frac{3\cdot 5}{2\cdot 4}\cdot\frac{1}{2}ss + \frac{3\cdot 5\cdot 7\cdot 9}{2\cdot 4\cdot 6\cdot 8}\cdot\frac{3}{8}s^4 + \frac{3\cdot 5\cdot 7\cdot 9\cdot 11\cdot 13}{2\cdot 4\cdot 6\cdot 8\cdot 10\cdot 12}\cdot\frac{10}{32}s^6 + \text{etc.}$$

$$Q = \frac{3}{2}\left(1 + \frac{5\cdot 7}{4\cdot 6}\cdot\frac{3}{4}ss + \frac{5\cdot 7\cdot 9\cdot 11}{4\cdot 6\cdot 8\cdot 10}\cdot\frac{10}{16}s^4 + \frac{5\cdot 7\cdot 9\cdot 11\cdot 13\cdot 15}{4\cdot 6\cdot 8\cdot 10\cdot 12\cdot 14}\cdot\frac{35}{64}s^6 + \text{etc.}\right)$$

$$R = \frac{3\cdot 5}{2\cdot 4}\left(\frac{1}{2} + \frac{7\cdot 9}{6\cdot 8}\cdot\frac{4}{8}ss + \frac{7\cdot 9\cdot 11\cdot 13}{6\cdot 8\cdot 10\cdot 12}\cdot\frac{15}{32}s^4\right.$$

$$\left.+ \frac{7\cdot 9\cdot 11\cdot 13\cdot 15\cdot 17}{6\cdot 8\cdot 10\cdot 12\cdot 14\cdot 16}\cdot\frac{56}{128}s^6 + \text{etc.}\right)$$

$$S = \frac{3\cdot 5\cdot 7}{2\cdot 4\cdot 6}\left(\frac{1}{4} + \frac{9\cdot 11}{8\cdot 10}\cdot\frac{5}{16}ss + \frac{9\cdot 11\cdot 13\cdot 15}{8\cdot 10\cdot 12\cdot 14}\cdot\frac{21}{64}s^4 + \text{etc.}\right)$$

$$T = \frac{3\cdot 5\cdot 7\cdot 9}{2\cdot 4\cdot 6\cdot 8}\left(\frac{1}{8} + \frac{11\cdot 13}{10\cdot 12}\cdot\frac{6}{32}ss + \text{etc.}\right)$$

$$V = \frac{3\cdot 5\cdot 7\cdot 9\cdot 11}{2\cdot 4\cdot 6\cdot 8\cdot 10}\left(\frac{1}{16} + \text{etc.}\right).$$

68. Hinc igitur habebimus:

$$\frac{1}{z^3} = \frac{1}{r^3}\left(P + Qs\cos\eta + Rss\cos 2\eta + Ss^3\cos 3\eta + Ts^4\cos 4\eta + \text{etc.}\right),$$

atque series pro P, Q, R, S etc. inventae satis convergunt, ut hi valores per consuetas methodos approximando erui queant. Sequenti modo autem in alias formas transfundi possunt, quae aptiores videntur:

$$P = 1 + \frac{3\cdot 5}{4\cdot 4}ss + \frac{3\cdot 5\cdot 7\cdot 9}{4\cdot 4\cdot 8\cdot 8}s^4 + \frac{3\cdot 5\cdot 7\cdot 9\cdot 11\cdot 13}{4\cdot 4\cdot 8\cdot 8\cdot 12\cdot 12}s^6 + \text{etc.}$$

$$\frac{1}{2}Q = \frac{3}{4}\left(1 + \frac{5\cdot 7}{4\cdot 8}ss + \frac{5\cdot 7\cdot 9\cdot 11}{4\cdot 8\cdot 8\cdot 12}\cdot s^4 + \frac{5\cdot 7\cdot 9\cdot 11\cdot 13\cdot 15}{4\cdot 8\cdot 8\cdot 12\cdot 12\cdot 16}s^6 + \text{etc.}\right)$$

$$\frac{1}{2}R = \frac{3\cdot 5}{4\cdot 4}\left(\frac{1}{2} + \frac{7\cdot 9}{8\cdot 8}\cdot\frac{2}{3}ss + \frac{7\cdot 9\cdot 11\cdot 13}{8\cdot 8\cdot 12\cdot 12}\cdot\frac{3}{4}s^4\right.$$

$$\left.+ \frac{7\cdot 9\cdot 11\cdot 13\cdot 15\cdot 17}{8\cdot 8\cdot 12\cdot 12\cdot 16\cdot 16}\cdot\frac{4}{5}s^6 + \text{etc.}\right)$$

$$\frac{1}{2}S = \frac{3\cdot 5\cdot 7}{4\cdot 4\cdot 8}\left(\frac{1}{3} + \frac{9\cdot 11}{8\cdot 12}\cdot\frac{2}{4}ss + \frac{9\cdot 11\cdot 13\cdot 15}{8\cdot 12\cdot 12\cdot 16}\cdot\frac{3}{5}s^4\right.$$

$$\left.+ \frac{9\cdot 11\cdot 13\cdot 15\cdot 17\cdot 19}{8\cdot 12\cdot 12\cdot 16\cdot 16\cdot 20}\cdot\frac{4}{6}s^6 + \text{etc.}\right)$$

$$\frac{1}{2}T = \frac{3\cdot 5\cdot 7\cdot 9}{4\cdot 4\cdot 8\cdot 8}\left(\frac{1\cdot 2}{3\cdot 4} + \frac{11\cdot 13}{12\cdot 12}\cdot\frac{2\cdot 3}{4\cdot 5}ss + \frac{11\cdot 13\cdot 15\cdot 17}{12\cdot 12\cdot 16\cdot 16}\cdot\frac{3\cdot 4}{5\cdot 6}s^4\right.$$

$$\left.+ \frac{11\cdot 13\cdot 15\cdot 17\cdot 19\cdot 21}{12\cdot 12\cdot 16\cdot 16\cdot 20\cdot 20}\cdot\frac{4\cdot 5}{6\cdot 7}s^6 + \text{etc.}\right)$$

$$\frac{1}{2}V = \frac{3\cdot 5\cdot 7\cdot 9\cdot 11}{4\cdot 4\cdot 8\cdot 8\cdot 12}\left(\frac{1\cdot 2}{4\cdot 5} + \frac{13\cdot 15}{12\cdot 16}\cdot\frac{2\cdot 3}{5\cdot 6}ss + \frac{13\cdot 15\cdot 17\cdot 19}{12\cdot 16\cdot 16\cdot 20}\cdot\frac{3\cdot 4}{6\cdot 7}s^4 + \text{etc.}\right)$$

$$\frac{1}{2}X = \frac{3\cdot 5\cdot 7\cdot 9\cdot 11\cdot 13}{4\cdot 4\cdot 8\cdot 8\cdot 12\cdot 12}\left(\frac{1\cdot 2\cdot 3}{4\cdot 5\cdot 6} + \frac{15\cdot 17}{16\cdot 16}\cdot\frac{2\cdot 3\cdot 4}{5\cdot 6\cdot 7}ss\right.$$
$$\left. + \frac{15\cdot 17\cdot 19\cdot 21}{16\cdot 16\cdot 20\cdot 20}\cdot\frac{3\cdot 4\cdot 5}{6\cdot 7\cdot 8}s^4 + \text{etc.}\right).$$

69. Nunc perspicuum est singulas has series in infinitum continuatas fieri geometricas, denominatore existente ss; quare eae, si per $1 - ss$ multiplicentur, multo magis convergentes reddentur. Hoc modo consequemur:

$$P(1-ss) = 1 - \frac{1\cdot 1}{4\cdot 4}ss - \frac{1\cdot 1\cdot 3\cdot 5}{4\cdot 4\cdot 8\cdot 8}s^4 - \frac{1\cdot 1\cdot 3\cdot 5\cdot 7\cdot 9}{4\cdot 4\cdot 8\cdot 8\cdot 12\cdot 12}s^6 - \text{etc.}$$

$$\frac{1}{2}Q(1-ss) = \frac{3}{4}\left(1 + \frac{1\cdot 3}{4\cdot 8}ss + \frac{1\cdot 3\cdot 5\cdot 7}{4\cdot 8\cdot 8\cdot 12}\cdot s^4 + \frac{1\cdot 3\cdot 5\cdot 7\cdot 9\cdot 11}{4\cdot 8\cdot 8\cdot 12\cdot 12\cdot 16}s^6 + \text{etc.}\right)$$

$$\frac{1}{2}R(1-ss) = \frac{3\cdot 5}{4\cdot 4}\left(\frac{1}{2} + \frac{3\cdot 5}{8\cdot 8}\cdot\frac{2}{3}ss + \frac{3\cdot 5\cdot 7\cdot 9}{8\cdot 8\cdot 12\cdot 12}\cdot\frac{3}{4}s^4\right.$$
$$\left. + \frac{3\cdot 5\cdot 7\cdot 9\cdot 11\cdot 13}{8\cdot 8\cdot 12\cdot 12\cdot 16\cdot 16}\cdot\frac{4}{5}s^6 + \text{etc.}\right)$$

$$\frac{1}{2}S(1-ss) = \frac{3\cdot 5\cdot 7}{4\cdot 4\cdot 8}\left(\frac{1}{3} + \frac{5\cdot 7}{8\cdot 12}\cdot\frac{2}{4}ss + \frac{5\cdot 7\cdot 9\cdot 11}{8\cdot 12\cdot 12\cdot 16}\cdot\frac{3}{5}s^4\right.$$
$$\left. + \frac{5\cdot 7\cdot 9\cdot 11\cdot 13\cdot 15}{8\cdot 12\cdot 12\cdot 16\cdot 16\cdot 20}\cdot\frac{4}{6}s^6 + \text{etc.}\right)$$

$$\frac{1}{2}T(1-ss) = \frac{3\cdot 5\cdot 7\cdot 9}{4\cdot 4\cdot 8\cdot 8}\left(\frac{1\cdot 2}{3\cdot 4} + \frac{7\cdot 9}{12\cdot 12}\cdot\frac{2\cdot 3}{4\cdot 5}ss\right.$$
$$\left. + \frac{7\cdot 9\cdot 11\cdot 13}{12\cdot 12\cdot 16\cdot 16}\cdot\frac{3\cdot 4}{5\cdot 6}s^4 + \text{etc.}\right)$$

$$\frac{1}{2}V(1-ss) = \frac{3\cdot 5\cdot 7\cdot 9\cdot 11}{4\cdot 4\cdot 8\cdot 8\cdot 12}\left(\frac{1\cdot 2}{4\cdot 5} + \frac{9\cdot 11}{12\cdot 16}\cdot\frac{2\cdot 3}{5\cdot 6}ss\right.$$
$$\left. + \frac{9\cdot 11\cdot 13\cdot 15}{12\cdot 16\cdot 16\cdot 20}\cdot\frac{3\cdot 4}{6\cdot 7}s^4 + \text{etc.}\right)$$

$$\frac{1}{2}X(1-ss) = \frac{3\cdot 5\cdot 7\cdot 9\cdot 11\cdot 13}{4\cdot 4\cdot 8\cdot 8\cdot 12\cdot 12}\left(\frac{1\cdot 2\cdot 3}{4\cdot 5\cdot 6} + \frac{11\cdot 13}{16\cdot 16}\cdot\frac{2\cdot 3\cdot 4}{5\cdot 6\cdot 7}ss + \text{etc.}\right)$$

$$\frac{1}{2}Y(1-ss) = \frac{3\cdot 5\cdot 7\cdot 9\cdot 11\cdot 13\cdot 15}{4\cdot 4\cdot 8\cdot 8\cdot 12\cdot 12\cdot 16}\left(\frac{1\cdot 2\cdot 3}{5\cdot 6\cdot 7} + \frac{13\cdot 15}{16\cdot 20}\cdot\frac{2\cdot 3\cdot 4}{6\cdot 7\cdot 8}ss + \text{etc.}\right)$$

$$\frac{1}{2}Z(1-ss) = \frac{3\cdot 5\cdot 7\cdot 9\cdot 11\cdot 13\cdot 15\cdot 17}{4\cdot 4\cdot 8\cdot 8\cdot 12\cdot 12\cdot 16\cdot 16}\left(\frac{1\cdot 2\cdot 3\cdot 4}{5\cdot 6\cdot 7\cdot 8}\right.$$
$$\left. + \frac{15\cdot 17}{20\cdot 20}\cdot\frac{2\cdot 3\cdot 4\cdot 5}{6\cdot 7\cdot 8\cdot 9}ss + \text{etc.}\right)$$

etc.

70. At vero non opus est, ut singuli isti valores evolvantur; sufficit enim duos priores collegisse, ex quibus reliqui per sequentes formulas facile formari poterunt[10]:

$$R = \frac{4Q - 3 \cdot 2P}{ss}, \quad S = \frac{8R - 5Q}{3ss}, \quad T = \frac{12S - 7R}{5ss}, \quad V = \frac{16T - 9S}{7ss}, \quad \text{etc.}$$

Quin etiam ex prima derivari potest secunda, si integrationem in subsidium vocare velimus; est enim

$$Q = 2P - \frac{1}{ss} \int P s \, ds \,.$$

Sin autem quaeratur valor primae seriei, dico eum per integrationem inveniri posse, sumendo s constans et introducendo variabilem z, foreque:

$$P(1 - ss) = \frac{\int \frac{dz}{\sqrt{z}} \left(\frac{1 - zz}{ss - zz}\right)^{\frac{1}{4}}}{\int \frac{dz}{\sqrt{z}} \left(\frac{1}{ss - zz}\right)^{\frac{1}{4}}} \,.$$

Si post integrationem ponatur $z = s$, utrumque autem integrale ita capi sumo, ut evanescat posito $z = 0$; quo casu quidem sit denominator

$$\int \frac{dz}{\sqrt{z}} \left(\frac{1}{ss - zz}\right)^{\frac{1}{4}} = \frac{\pi}{\sqrt{2}} \,,$$

denotante hic π peripheriam, cuius diameter $= 1$.

71. Si ergo esset $s = 1$, quo casu hae series minime convergerent, foret ob numeratorem nostrae expressionis integralis $= \int \frac{dz}{\sqrt{z}} = 2\sqrt{z} = 2\sqrt{s} = 2$ prima series $P(1 - ss) = \frac{2\sqrt{2}}{\pi} = 0{,}9003163$, quae summa per consuetas approximandi methodos non difficulter erueretur, unde patet eius summam multo facilius obtineri, si valor ipsius s, uti semper evenit, sit unitate minor. In genere autem erit

$$P(1 - ss) = \frac{\sqrt{2}}{\pi} \int \frac{dz}{\sqrt{z}} \left(\frac{1 - zz}{ss - zz}\right)^{\frac{1}{4}}$$

posito post integrationem $z = s$: quae expressio eo magis est notatu digna, quod eius veritas investiganti non tam cito occurrit. Interim tamen expediet quovis casu, quo valor ipsius s datur, aliquot terminis harum serierum actu addendis earum summas prope veras colligere, quod negotium eo promtius succedet quo minor fuerit numerus s. Hoc igitur modo inventis quantitatibus P, Q, R, S etc. erit

$$\frac{1}{z^3} = \frac{1}{r^3}(P + Qs \cos \eta + Rss \cos 2\eta + Ss^3 \cos 3\eta + Ts^4 \cos 4\eta + \text{etc.}) \,,$$

---

10 Editio princeps: sQ loco $5Q$.

brevitatis gratia autem posuimus:

$$r = \sqrt{(xx + yy)} \quad \text{et} \quad s = \frac{2xy}{xx + yy}.$$

72. Pro faciliori autem quantitatum P, Q, R, S etc. computo conveniet serierum illarum coëfficientes in fractiones decimales transformari, unde obtinebitur subscriptis logarithmis:

$P(1 - ss)$	$\frac{1}{2}Q(1 - ss)$	$\frac{1}{2}R(1 - ss)$	$\frac{1}{2}S(1 - ss)$
$+1{,}000000$	$+0{,}750000$	$+0{,}468750$	$+0{,}273438$
$0{,}0000000$	$9{,}8750613$	$9{,}6709413$	$9{,}4368581$
$-0{,}062500 \cdot ss$	$+0{,}070312 \cdot ss$	$+0{,}146484 \cdot ss$	$+0{,}149536 \cdot ss$
$8{,}7958800$	$8{,}8470325$	$9{,}1657913$	$9{,}1747461$
$-0{,}014648 \cdot s^4$	$+0{,}025635 \cdot s^4$	$+0{,}072098 \cdot s^4$	$+0{,}092525 \cdot s^4$
$8{,}1657913$	$8{,}4088294$	$8{,}8579219$	$8{,}9662614$
$-0{,}006409 \cdot s^6$	$+0{,}013218 \cdot s^6$	$+0{,}042958 \cdot s^6$	$+0{,}062647 \cdot s^6$
$7{,}8067694$	$8{,}1211633$	$8{,}6330467$	$8{,}7969035$
$-0{,}003580 \cdot s^8$	$+0{,}008055 \cdot s^8$	$+0{,}028527 \cdot s^8$	$+0{,}045168 \cdot s^8$
$7{,}5538654$	$7{,}9060480$	$8{,}4552556$	$8{,}6548280$
$-0{,}002282 \cdot s^{10}$	$+0{,}005420 \cdot s^{10}$	$+0{,}020325 \cdot s^{10}$	$+0{,}034087 \cdot s^{10}$
$7{,}3583456$	$7{,}7340092$	$8{,}3080405$	$8{,}5325951$
$-0{,}001581 \cdot s^{12}$	$+0{,}003896 \cdot s^{12}$	$+0{,}015218 \cdot s^{12}$	$+0{,}026631 \cdot s^{12}$
$7{,}1988960$	$7{,}5905871$	$8{,}1823471$	$8{,}4253852$
$-0{,}001159 \cdot s^{14}$	$+0{,}002935 \cdot s^{14}$	$+0{,}011821 \cdot s^{14}$	
$7{,}0642478$	$7{,}4675829$	$8{,}0726484$	
$-0{,}000887 \cdot s^{16}$	$+0{,}002290 \cdot s^{16}$		
$6{,}9477096$	$7{,}3598901$		
$-0{,}000700 \cdot s^{18}$			
$6{,}8449803$			

SECTIO V
Evolutio formularum differentialium in series secundum sinus cosinusve angulorum simpliciter progredientes

73. Quoniam defectus Analyseos necessitatem nobis imponit omnia integralia, quibus opus est, per series secundum sinus cosinusve angulorum simpliciter progredientes exprimendi, similem formam singulis formulis differentialibus induci oportet. Cum igitur primum pro planeta perturbante sit[11] $y = \dfrac{c}{1 - e\cos u}$, erit terminos, qui quadratum excentricitatis e altioresque potestates involvunt, omittendo

$$y = c(1 + e\cos u) \quad \text{et} \quad \frac{1}{y^2} = \frac{1}{cc}(1 - 2e\cos u) \, .$$

Deinde cum sit $d\theta = du = \dfrac{a\,d\omega\sqrt{ac}}{yy}$, habebimus

$$d\theta = du = \frac{a\sqrt{a}}{c\sqrt{c}}\,d\omega\,(1 - 2e\cos u) \, .$$

Quia enim huius motus ratio tantum in perturbationes ingreditur, non opus est has formulas accuratius evolvere.

74. Simili modo cum pro planeta perturbato sit $x = \dfrac{p}{1 - q\cos v}$, erit

$$\frac{1}{xx} = \frac{1}{pp}\left(1 + \frac{1}{2}qq - 2q\cos v + \frac{1}{2}qq\cos 2v\right) ,$$

in qua nihil est neglectum. Hac igitur erit utendum, ubi non proprie quaestio circa perturbationes versatur; ex hac enim formula, etiamsi nulla contingeret perturbatio, motus planetae regularis deduci deberet. Id quod evenit in definiendo elemento motus veri $d\varphi$, quod partim sequitur leges KEPPLERIANAS, partim vero minimis inaequalitatibus perturbatur. Illo respectu verus eius valor capi debebit, qui erit

$$d\varphi = \frac{a\sqrt{a}}{p\sqrt{p}}\,d\omega\left(1 + \frac{1}{2}qq - 2q\cos v + \frac{1}{2}qq\cos 2v\right) \, .$$

Quatenus vero idem valor $d\varphi$ ad solas perturbationes investigandas adhibetur, sufficiet tam pro semiparametro p quam pro excentricitate q valores medios constantes b et k usurpare, atque adeo quadratum ipsius k reicere, ita ut pro hoc

---

[11] Editio princeps: *e loco c*.

usu habeamus:
$$d\varphi = \frac{a\sqrt{a}}{b\sqrt{b}} d\omega (1 - 2k \cos v).$$

75. Quia formulae $\frac{a\sqrt{a}}{b\sqrt{b}}$ et $\frac{a\sqrt{a}}{c\sqrt{c}}$ calculum maxime ingrediuntur, ponamus brevitatis gratia:
$$\frac{a\sqrt{a}}{b\sqrt{b}} = i \quad \text{et} \quad \frac{a\sqrt{a}}{c\sqrt{c}} = m;$$
sicque erit pro formulis perturbationes implicantibus:
$$d\theta = du = m\,d\omega(1 - 2e\cos u) \quad \text{et} \quad d\varphi = i\,d\omega(1 - 2k\cos v);$$
unde cum angulus $\varphi - \theta$ nonnisi in hoc negotio occurrat, quoniam posuimus $\varphi - \theta = \eta$, et differentiale anguli η hinc ad differentiale $d\omega$ revocatur. Fiet enim
$$d\eta = (i - m)\,d\omega - 2ik\,d\omega\,\cos v + 2me\,d\omega\,\cos u,$$
ubi notandum est esse:

$i : 1$ ut motus medius planetae perturbati ad motum medium Solis vel Terrae,

$m : 1$ ut motus medius planetae perturbantis ad motum medium Solis vel Terrae.

Quare si perturbationes in motu Terrae investigentur, erit $i = 1$. Verum pro toto motu planetae perturbati erit
$$d\varphi = \frac{b\sqrt{b}}{p\sqrt{p}} i\,d\omega \left(1 + \frac{1}{2}qq - 2q\cos v + \frac{1}{2}qq\cos 2v\right).$$

76. Nunc agrediamur valorem $\frac{1}{z^3}$, qui, quoniam tantum in perturbationibus inest, minores eius particulas negligere licebit. Quia igitur pro eo posuimus $\sqrt{(xx + yy)} = r$, erit
$$\frac{1}{r^3} = (xx + yy)^{-\frac{3}{2}} = \bigl(bb(1 + 2k\cos v) + cc(1 + 2e\cos u)\bigr)^{-\frac{3}{2}},$$
ideoque
$$\frac{1}{r^3} = \frac{1}{(bb + cc)^{\frac{3}{2}}} - \frac{3bbk\cos v - 3cce\cos u}{(bb + cc)^{\frac{5}{2}}}.$$
Ponamus brevitatis gratia $\sqrt{(bb + cc)} = f$, ut sit
$$\frac{1}{r^3} = \frac{1}{f^3} - \frac{3bbk\cos v}{f^5} - \frac{3cce\cos u}{f^5}.$$

Deinde cum itidem posuerimus $s = \dfrac{2xy}{xx+yy}$, fiet per easdem positiones:

$$s = \frac{2bc(1+k\cos v)(1+e\cos u)}{ff + 2bbk\cos v + 2cce\cos u},$$

quae expressio pari modo evoluta evadet:

$$s = \frac{2bc}{ff} + \frac{2bc(cc-bb)k\cos v}{f^4} - \frac{2bc(cc-bb)e\cos u}{f^4}.$$

77. Quo etiam hanc formulam commodiorem reddamus, statuamus:

$$\frac{2bc}{ff} = \frac{2bc}{bb+cc} = \mu \quad \text{et} \quad \frac{cc-bb}{ff} = \frac{cc-bb}{bb+cc} = \nu,$$

ut $\mu\mu + \nu\nu = 1$; erit

$$\frac{bb}{ff} = \frac{1-\nu}{2} \quad \text{et} \quad \frac{cc}{ff} = \frac{1+\nu}{2}.$$

His autem valoribus introductis, habebimus

$$\frac{1}{r^3} = \frac{1}{f^3}\left(1 - \frac{3}{2}(1-\nu)k\cos v - \frac{3}{2}(1+\nu)e\cos u\right)$$

et

$$s = \mu + \mu\nu k\cos v - \mu\nu e\cos u = \mu(1 + \nu k\cos v - \nu e\cos u),$$

unde pro litteris P, Q, R etc. fit

$$s^2 = \mu^2(1 + 2\nu k\cos v - 2\nu e\cos u),$$
$$s^3 = \mu^3(1 + 3\nu k\cos v - 3\nu e\cos u),$$
$$s^4 = \mu^4(1 + 4\nu k\cos v - 4\nu e\cos u),$$
$$s^5 = \mu^5(1 + 5\nu k\cos v - 5\nu e\cos u),$$
$$\text{etc.},$$

tum[12] vero porro:

$$1 - ss = \nu\nu - 2\mu^2\nu k\cos v + 2\mu^2\nu e\cos u,$$

hincque[13]

$$\frac{1}{1-ss} = \frac{1}{\nu\nu} + \frac{2\mu^2 k\cos v}{\nu^3} - \frac{2\mu^2 e\cos u}{\nu^3}.$$

---

12 Editio princeps: tam.
13 Editio princeps: $\cos u$ loco $\cos v$.

78. Si his valoribus adhibitis formulas §72 evolutas ad calculum revocemus et quantitates P, Q, R, S etc. investigemus, eae sequenti modo expressae reperientur:

$$\frac{P}{r^3} = \frac{1}{f^3}(g + hk\cos v + le\cos u),$$

$$\frac{Qs}{r^3} = \frac{1}{f^3}(g' + h'k\cos v + l'e\cos u),$$

$$\frac{Rss}{r^3} = \frac{1}{f^3}(g'' + h''k\cos v + l''e\cos u),$$

$$\frac{Ss^3}{r^3} = \frac{1}{f^3}(g''' + h'''k\cos v + l'''e\cos u),$$

etc.,

quovis enim casu valores idonei pro g, h, l, g', h', l' etc. per merum calculum numericum reperientur, quos ergo numeros tanquam cognitos spectare licebit. Hinc itaque elicimus

$$\frac{1}{z^3} = \frac{1}{f^3}\left\{\begin{array}{llll} +g & +g'\cos\eta & +g''\cos 2\eta & +g'''\cos 3\eta \\ +hk\cos v & +\frac{1}{2}h'k\cos(\eta - v) & +\frac{1}{2}h''k\cos(2\eta - v) & +\frac{1}{2}h'''k\cos(3\eta - v) \\ & +\frac{1}{2}h'k\cos(\eta + v) & +\frac{1}{2}h''k\cos(2\eta + v) & +\frac{1}{2}h'''k\cos(3\eta + v) \\ +le\cos u & +\frac{1}{2}l'e\cos(\eta - u) & +\frac{1}{2}l''e\cos(2\eta - u) & +\frac{1}{2}l'''e\cos(3\eta - u) \\ & +\frac{1}{2}l'e\cos(\eta + u) & +\frac{1}{2}l''e\cos(2\eta + u) & +\frac{1}{2}l'''e\cos(3\eta + u) \\ & & \text{etc.} & \end{array}\right\}.$$

79. Nunc paulatim ad valores litterarum M et N definiendos procedere possumus. Cum enim sit $M = \frac{y\sin\eta}{z^3} - \frac{\sin\eta}{yy}$, primo habebimus[14]

$$\frac{\sin\eta}{y^2} = \frac{1}{cc}\left(\sin\eta - e\sin(\eta - u) - e\sin(\eta + u)\right);$$

deinde, ob

$$y\sin\eta = c\left(\sin\eta + \frac{1}{2}e\sin(\eta - u) + \frac{1}{2}e\sin(\eta + u)\right),$$

---

14 Editio princeps: $\frac{y\sin\eta}{z^3}$ loco $\frac{\sin\eta}{y^2}$.

erit $\dfrac{y \sin \eta}{z^3} =$

$$\dfrac{c}{f^3}\left\{\begin{array}{llll}
+g\sin\eta & +\frac{1}{2}g'\sin 2\eta & +\frac{1}{2}g''\sin 3\eta & +\frac{1}{2}g'''\sin 4\eta \\
+\frac{1}{2}ge\sin(\eta-u) & +\frac{1}{4}g'e\sin(2\eta-u) & -\frac{1}{2}g''\sin\eta & -\frac{1}{2}g'''\sin 2\eta \\
+\frac{1}{2}ge\sin(\eta+u) & +\frac{1}{4}g'e\sin(2\eta+u) & -\frac{1}{4}g''e\sin(\eta+u) & -\frac{1}{4}g'''e\sin(2\eta+u) \\
+\frac{1}{2}hk\sin(\eta-v) & +\frac{1}{4}h'k\sin(2\eta-v) & +\frac{1}{4}g''e\sin(3\eta-u) & +\frac{1}{4}g'''e\sin(4\eta-u) \\
+\frac{1}{2}hk\sin(\eta+v) & +\frac{1}{4}h'k\sin(2\eta+v) & -\frac{1}{4}g''e\sin(\eta-u) & -\frac{1}{4}g'''e\sin(2\eta-u) \\
+\frac{1}{2}le\sin(\eta-u) & +\frac{1}{4}l'e\sin(2\eta-u) & +\frac{1}{4}g''e\sin(3\eta+u) & +\frac{1}{4}g'''e\sin(4\eta+u) \\
+\frac{1}{2}le\sin(\eta+u) & +\frac{1}{4}l'e\sin(2\eta+u) & -\frac{1}{4}h''k\sin(\eta-v) & -\frac{1}{4}h'''k\sin(2\eta-v) \\
 & & +\frac{1}{4}h''k\sin(3\eta-v) & +\frac{1}{4}h'''k\sin(4\eta-v) \\
 & & -\frac{1}{4}h''k\sin(\eta+v) & -\frac{1}{4}h'''k\sin(2\eta+v) \\
 & & +\frac{1}{4}h''k\sin(3\eta+v) & +\frac{1}{4}h'''k\sin(4\eta+v) \\
 & & -\frac{1}{4}l''e\sin(\eta-u) & -\frac{1}{4}l'''e\sin(2\eta-u) \\
 & & +\frac{1}{4}l''e\sin(3\eta-u) & +\frac{1}{4}l'''e\sin(4\eta-u) \\
 & & -\frac{1}{4}l''e\sin(\eta+u) & -\frac{1}{4}l'''e\sin(2\eta+u) \\
 & & +\frac{1}{4}l''e\sin(3\eta+u) & +\frac{1}{4}l'''e\sin(4\eta+u) \\
 & & \text{etc.} &
\end{array}\right\}.$$

80. Omittendis iam terminis, qui plus quam triplum anguli η involvunt, colligemus valorem ipsius $M =$

$$\dfrac{c}{f^3}\left\{\begin{array}{lll}
+(g-\frac{1}{2}g'')\sin\eta & +\frac{1}{2}(g'-g''')\sin 2\eta & +\frac{1}{2}(g''-g'''')\sin 3\eta \\
+\frac{1}{2}e(g-\frac{1}{2}g'')\sin(\eta-u) & +\frac{1}{2}e(l-\frac{1}{2}l'')\sin(\eta-u) & +\frac{1}{2}k(h-\frac{1}{2}h'')\sin(\eta-v) \\
+\frac{1}{2}e(g-\frac{1}{2}g'')\sin(\eta+u) & +\frac{1}{2}e(l-\frac{1}{2}l'')\sin(\eta+u) & +\frac{1}{2}k(h-\frac{1}{2}h'')\sin(\eta+v) \\
+\frac{1}{4}e(g'-g''')\sin(2\eta-u) & +\frac{1}{4}e(l'-l''')\sin(2\eta-u) & +\frac{1}{4}k(h'-h''')\sin(2\eta-v) \\
+\frac{1}{4}e(g'-g''')\sin(2\eta+u) & +\frac{1}{4}e(l'-l''')\sin(2\eta+u) & +\frac{1}{4}k(h'-h''')\sin(2\eta+v) \\
+\frac{1}{4}e(g''-g'''')\sin(3\eta-u) & +\frac{1}{4}e(l''-l'''')\sin(3\eta-u) & +\frac{1}{4}k(h''-h'''')\sin(3\eta-v) \\
+\frac{1}{4}e(g''-g'''')\sin(3\eta+u) & +\frac{1}{4}e(l''-l'''')\sin(3\eta+u) & +\frac{1}{4}k(h''-h'''')\sin(3\eta+v) \\
 & \text{etc.} &
\end{array}\right\}$$

$$-\dfrac{1}{cc}\Big(\sin\eta - e\sin(\eta-u) - e\sin(\eta+u)\Big).$$

In qua expressione lex est manifesta, cuius ope plures termini, si quis laborem suscipere velit, formari possunt. Si quidem numerus $\mu = \dfrac{2bc}{bb+cc}$ est valde parvus, quod evenit, si quantitates b et c multum a ratione aequalitatis recedunt, vix ultra litteras g, h, l una virgula notatas progredi est opus; etsi autem eae quantitates propius ad aequalitatem accedunt, tamen calculum vix ultra binas virgulas continuari est opus, quia per integrationem hae series admodum redduntur convergentes. Ob eandem causam multo magis terminos per ee, kk et ek affectos reicere licuerat, praeterquam quod excentricitatem utramque e et k valde parvam assumimus.

81. Deinde cum sit $N = \dfrac{x - y\cos\eta}{z^3} + \dfrac{\cos\eta}{yy}$, habebimus primo

$$\frac{\cos\eta}{yy} = \frac{1}{cc}\left(\cos\eta - e\cos(\eta - u) - e\cos(\eta + u)\right),$$

porro vero, ob $x = b(1 + k\cos v)$ et

$$y\cos\eta = c\left(\cos\eta + \tfrac{1}{2}e\cos(\eta - u) + \tfrac{1}{2}e\cos(\eta + u)\right),$$

erit valor ipsius[15]

$$N = \frac{1}{cc}(\cos\eta - e\cos(\eta - u) - e\cos(\eta + u))$$

$$+\frac{b}{f^3}\left\{\begin{array}{lll} +g & +g'\cos\eta & +g''\cos 2\eta \\ +k(g+h)\cos v & +\tfrac{1}{2}k(g'+h')\cos(\eta-v) & +\tfrac{1}{2}k(g''+h'')\cos(2\eta-v) \\ & +\tfrac{1}{2}k(g'+h')\cos(\eta+v) & +\tfrac{1}{2}k(g''+h'')\cos(2\eta+v) \\ +le\cos u & +\tfrac{1}{2}l'e\cos(\eta-u) & +\tfrac{1}{2}l''e\cos(2\eta-u) \\ & +\tfrac{1}{2}l'e\cos(\eta+u) & +\tfrac{1}{2}l''e\cos(2\eta+u) \end{array}\right\}$$

$$-\frac{c}{f^3}\left\{\begin{array}{lll} +\tfrac{1}{2}g' & +(g+\tfrac{1}{2}g'')\cos\eta & +\tfrac{1}{2}(g'+g''')\cos 2\eta \\ +\tfrac{1}{2}h'k\cos v & +\tfrac{1}{2}k(h+\tfrac{1}{2}h'')\cos(\eta-v) & +\tfrac{1}{4}k(h'+h''')\cos(2\eta-v) \\ & +\tfrac{1}{2}k(h+\tfrac{1}{2}h'')\cos(\eta+v) & +\tfrac{1}{4}k(h'+h''')\cos(2\eta+v) \\ & +\tfrac{1}{2}e(g+\tfrac{1}{2}g'')\cos(\eta-u) & +\tfrac{1}{4}e(g'+g''')\cos(2\eta-u) \\ & +\tfrac{1}{2}e(g+\tfrac{1}{2}g'')\cos(\eta+u) & +\tfrac{1}{4}e(g'+g''')\cos(2\eta+u) \\ +\tfrac{1}{2}e(g'+l')\cos u & +\tfrac{1}{2}e(l+\tfrac{1}{2}l'')\cos(\eta-u) & +\tfrac{1}{4}e(l'+l''')\cos(2\eta-u) \\ & +\tfrac{1}{2}e(l+\tfrac{1}{2}l'')\cos(\eta+u) & +\tfrac{1}{4}e(l'+l''')\cos(2\eta+u) \end{array}\right\}.$$

---

15 Ed. princ.: $\tfrac{1}{2}l''e\cos(\eta-u)$ loco $\tfrac{1}{2}l''e\cos(2\eta-u)$; $\tfrac{1}{2}l''e\cos(\eta+u)$ loco $\tfrac{1}{2}l''e\cos(2\eta+u)$. AV

82. Excentricitas planetae perturbantis e has formulas imprimis tantopere reddit prolixas, quae si evanesceret, hi valores commodius et succinctius ita exprimerentur

$$M = -\frac{1}{cc}\sin\eta$$
$$+\frac{c}{f^3}\left\{\begin{array}{l}+\left(g-\tfrac{1}{2}g''\right)\sin\eta + \tfrac{1}{2}k\left(h-\tfrac{1}{2}h''\right)\bigl(\sin(\eta-v)+\sin(\eta+v)\bigr)\\ +\tfrac{1}{2}\left(g'-g'''\right)\sin 2\eta + \tfrac{1}{4}k(h'-h''')\bigl(\sin(2\eta-v)+\sin(2\eta+v)\bigr)\end{array}\right\}.$$

Deinde vero est[16]:

$$N = \frac{1}{cc}\cos\eta$$
$$+\frac{b}{f^3}\left\{\begin{array}{ll}+g & +k(g+h)\cos v\\ +g'\cos\eta & +\tfrac{1}{2}k(g'+h')\bigl(\cos(\eta-v)+\cos(\eta+v)\bigr)\\ +g''\cos 2\eta & +\tfrac{1}{2}k(g''+h'')\bigl(\cos(2\eta-v)+\cos(2\eta+v)\bigr)\end{array}\right\}$$
$$-\frac{c}{f^3}\left\{\begin{array}{ll}+\tfrac{1}{2}g' & +\tfrac{1}{2}h'k\cos v\\ +\left(g+\tfrac{1}{2}g''\right)\cos\eta & +\tfrac{1}{2}k\left(h+\tfrac{1}{2}h''\right)\bigl(\cos(\eta-v)+\cos(\eta+v)\bigr)\\ +\tfrac{1}{2}\left(g'+g'''\right)\cos 2\eta & +\tfrac{1}{4}k(h'+h''')\bigl(\cos(2\eta-v)+\cos(2\eta+v)\bigr)\end{array}\right\}.$$

Attendenti autem mox patebit hanc excentricitatem e sine errore sensibili negligi posse, unde his postremis formulis utemur.

83. His iam valoribus pro M et N inventis ipsa differentialia, quibus perturbationes continentur, ad formam desideratam reducere poterimus. Quod igitur primum ad variabilitatem semiparametri p attinet, quoniam invenimus

$$dp = -2nMax\,d\omega\,\sqrt{ap}$$

in hac expressione ob n minima loco p eius valorem medium b et loco x valorem $b(1+k\cos v)$ scribere licebit, unde fit

$$dp = -2nab\,d\omega \cdot M(1+k\cos v)\sqrt{ab}$$

seu

$$\frac{dp}{b} = -2na\sqrt{ab}\cdot M(1+k\cos v)\,d\omega\,.$$

Cum autem posuerimus $a\sqrt{a} = ib\sqrt{b}$, erit $\frac{dp}{b} = -2nibbM\,d\omega(1+k\cos v)$, hincque

---

16 Editio princeps: $(g+g''')$ loco $(g'+g''')$.

pro M valorem inventum substituendo[17]

$$\frac{dp}{b} = +\frac{2nibb}{cc}d\omega\left(\sin\eta + \frac{1}{2}k\sin(\eta-v) + \frac{1}{2}k\sin(\eta+v)\right)$$

$$-\frac{2nibbc}{f^3}d\omega\left\{\begin{array}{l}+(g-\frac{1}{2}g'')\sin\eta + \frac{1}{2}(g'-g''')\sin 2\eta \\ +\frac{1}{2}k\left(g-\frac{1}{2}g''+h-\frac{1}{2}h''\right)\left(\sin(\eta-v)+\sin(\eta+v)\right) \\ +\frac{1}{4}k(g'-g'''+h'-h''')\left(\sin(2\eta-v)+\sin(2\eta+v)\right)\end{array}\right\},$$

ubi ex denominationibus factis est

$$\frac{bb}{cc} = \frac{m}{i}\sqrt[3]{\frac{m}{i}} = \frac{1-\nu}{1+\nu} \quad \text{et} \quad \frac{2bc}{ff} = \mu,$$

hincque ob $\dfrac{b}{f} = \sqrt{\dfrac{1-\nu}{2}}$ erit

$$\frac{2bbc}{f^3} = \mu\sqrt{\frac{1-\nu}{2}}.$$

Quare ex cognita ratione motuum mediorum habebitur:

$$\mu = \frac{2\sqrt[3]{iimm}}{\sqrt[3]{i^4}+\sqrt[3]{m^4}}; \quad \nu = \frac{\sqrt[3]{i^4}-\sqrt[3]{m^4}}{\sqrt[3]{i^4}+\sqrt[3]{m^4}}.$$

84. Pro variabilitate autem excentricitatis q, quia ea quoque est minima, in eius expressione ponamus itidem $p = b$ et $q = k$, et quoniam terminos, qui quadratum kk continerent, negligimus, erit, ob $a\sqrt{a} = ib\sqrt{b}$,

$$dq = nibb\,d\omega\left(M\left(2\cos v - \frac{1}{2}k + \frac{1}{2}k\cos 2v\right) + N\sin v\right),$$

unde pro M et N substitutis valoribus obtinebitur[18]:

$$dq = -\frac{nibb}{cc}d\omega\left(\frac{3}{2}\sin(\eta-v) + \frac{1}{2}\sin(\eta+v) - \frac{1}{2}k\sin\eta + \frac{1}{4}k\sin(\eta-2v) + \frac{1}{4}k\sin(\eta+2v)\right)$$

$$+\frac{nib^3}{f^3}d\omega\left\{\begin{array}{llll}+g\sin v & +\frac{1}{2}g'\sin(\eta+v) & +\frac{1}{2}g''\sin(2\eta+v) \\ & -\frac{1}{2}g'\sin(\eta-v) & -\frac{1}{2}g''\sin(2\eta-v) \\ +\frac{1}{2}k(g+h)\sin 2v & +\frac{1}{4}k(g'+h')\sin(\eta+2v) & +\frac{1}{4}k(g''+h'')\sin(2\eta+2v) \\ & -\frac{1}{4}k(g'+h')\sin(\eta-2v) & -\frac{1}{4}k(g''+h'')\sin(2\eta-2v)\end{array}\right\}$$

---

17 Editio princeps: $\left(g-\frac{3}{2}g''\right)$ loco $\left(g-\frac{1}{2}g''\right)$.   AV
18 Editio princeps: *nibc* loco *nibbc*.   AV

$$+\frac{nibbc}{f^3}d\omega\begin{cases}-\frac{1}{2}g'\sin v & -\frac{1}{4}h'k\sin 2v+\frac{1}{4}k(4h-2h''-2g+g'')\sin\eta\\+\left(\frac{3}{2}g-\frac{1}{4}g''\right)\sin(\eta-v) & +\frac{1}{8}k(6h-h''+2g-g'')\sin(\eta-2v)\\+\left(\frac{1}{2}g-\frac{3}{4}g''\right)\sin(\eta+v) & +\frac{1}{8}k(2h-3h''+2g-g'')\sin(\eta+2v)\\+\frac{1}{4}(3g'-g''')\sin(2\eta-v) & +\frac{1}{4}k(2h'-2h'''-g'+g''')\sin 2\eta\\+\frac{1}{4}(g'-3g''')\sin(2\eta+v) & +\frac{1}{8}k(3h'-h'''+g'-g''')\sin(2\eta-2v)\\ & +\frac{1}{8}k(h'-3h'''+g'-g''')\sin(2\eta+2v)\end{cases}.$$

85. Pro motu aphelii autem habebimus negligendis simili modo minimis terminis, et pro $a\sqrt{a}$ scribendo $ib\sqrt{b}$,

$$d\varphi - dv = \frac{nibb\, d\omega}{k}\left(M\left(2\sin v + \frac{1}{2}k\sin 2v\right) - N\cos v\right);$$

quae expressio[19], si loco M et N valores eruti substituantur, abibit in formam sequentem[20]:

$$\frac{d\varphi-dv}{d\omega}=-\frac{nibb}{cck}\left(\frac{3}{2}\cos(\eta-v)-\frac{1}{2}\cos(\eta+v)+\frac{1}{4}k\cos(\eta-2v)-\frac{1}{4}k\cos(\eta+2v)\right)$$

$$-\frac{nib^3}{f^3k}\begin{cases}+g\cos v & +\frac{1}{2}k(g'+h')\cos\eta\\+\frac{1}{2}g'\cos(\eta-v)+\frac{1}{2}k(g+h) & +\frac{1}{4}k(g'+h')\cos(\eta-2v)\\+\frac{1}{2}g'\cos(\eta+v) & +\frac{1}{4}k(g'+h')\cos(\eta+2v)\\+\frac{1}{2}g''\cos(2\eta-v)+\frac{1}{2}k(g+h)\cos 2v & +\frac{1}{2}k(g''+h'')\cos 2\eta\\+\frac{1}{2}g''\cos(2\eta+v) & +\frac{1}{4}k(g''+h'')\cos(2\eta-2v)\\ & +\frac{1}{4}k(g''+h'')\cos(2\eta+2v)\end{cases}$$

$$+\frac{nibbc}{f^3k}\begin{cases}+\frac{1}{2}g'\cos v & +\frac{1}{4}k(2h+h'')\cos\eta\\+\frac{1}{4}(6g-g'')\cos(\eta-v)+\frac{1}{4}h'k & +\frac{1}{8}k(6h-h''+2g-g'')\cos(\eta-2v)\\-\frac{1}{4}(2g-3g'')\cos(\eta+v) & -\frac{1}{8}k(2h-3h''+2g-g'')\cos(\eta+2v)\\+\frac{1}{4}(3g'-g''')\cos(2\eta-v)+\frac{1}{4}h'k\cos 2v+\frac{1}{4}k(h'+h''')\cos 2\eta\\-\frac{1}{4}(g'-3g''')\cos(2\eta+v) & +\frac{1}{8}k(3h'-h'''+g'-g''')\cos(2\eta-2v)\\ & -\frac{1}{8}k(h'-3h'''+g'-g''')\cos(2\eta+2v)\end{cases}.$$

86. Restat, ut simili modo variationes, quibus cum longitudo lineae nodorum π tum inclinatio G sunt obnoxiae, exprimamus: Ac neglecta quidem excentricitate

---

19 Editio princeps: $\frac{nibb\,d\omega}{f^3k}$ loco $\frac{nibb\,d\omega}{k}$. AV

20 Editio princeps: $+\frac{1}{4}(2g-3g'')\cos(\eta+v)$ loco $-\frac{1}{4}(2g-3g'')\cos(\eta+v)$;
$+\frac{1}{8}k(6h-h''-2g-g'')\cos(\eta-2v)$ loco $+\frac{1}{8}k(6h-h''+2g-g'')\cos(\eta-2v)$. AV

planetae perturbantis e, ut sit $y = c$ et $x = b(1 + k \cos v)$, erit

$$d\pi = -nibbc\, d\omega\, (1 + k \cos v) \left(\frac{1}{z^3} - \frac{1}{c^3}\right) \sin(\varphi - \pi) \sin(\theta - \pi),$$

$$d \cdot l \tan G = -nibbc\, d\omega\, (1 + k \cos v) \left(\frac{1}{z^3} - \frac{1}{c^3}\right) \cos(\varphi - \pi) \sin(\theta - \pi),$$

ubi valor ipsius $\frac{1}{z^3}$ debet substitui, qui est posito $e = 0$

$$\frac{1}{z^3} = \frac{1}{f^3} \left\{ \begin{array}{l} +g + hk \cos v \\ +g' \cos \eta + \frac{1}{2} h'k \cos(\eta - v) + \frac{1}{2} h''k \cos(2\eta - v) \\ +g'' \cos 2\eta + \frac{1}{2} h'k \cos(\eta + v) + \frac{1}{2} h''k \cos(2\eta + v) \end{array} \right\}.$$

Tum vero ob $\varphi - \theta = \eta$ est

$$\sin(\varphi - \pi) \sin(\theta - \pi) = \frac{1}{2} \cos \eta - \frac{1}{2} \cos(\varphi + \theta - 2\pi)$$

$$\cos(\varphi - \pi) \sin(\theta - \pi) = -\frac{1}{2} \sin \eta + \frac{1}{2} \sin(\varphi + \theta - 2\pi).$$

87. Introducamus ad has formulas aliquanto simpliciores reddendas argumentum latitudinis $\varphi - \pi$, ponamusque $\varphi - \pi = \sigma$, eritque

$$d\pi = -nibbc\, d\omega \left(\frac{1}{z^3} - \frac{1}{c^3}\right) \left\{ \begin{array}{l} \frac{1}{2} \cos \eta - \frac{1}{2} \cos(\eta - 2\sigma) \\ +\frac{1}{4} k \cos(\eta - v) - \frac{1}{4} k \cos(\eta - 2\sigma - v) \\ +\frac{1}{4} k \cos(\eta + v) - \frac{1}{4} k \cos(\eta - 2\sigma + v) \end{array} \right\}$$

et substituto pro $\frac{1}{z^3}$ valore:

$$d\pi = +\frac{nibb}{cc} d\omega \left\{ \begin{array}{l} \frac{1}{2} \cos \eta - \frac{1}{2} \cos(\eta - 2\sigma) \\ +\frac{1}{4} k \cos(\eta - v) - \frac{1}{4} k \cos(\eta - 2\sigma - v) \\ +\frac{1}{4} k \cos(\eta + v) - \frac{1}{4} k \cos(\eta - 2\sigma + v) \end{array} \right\}$$

$$-\frac{nibbc}{f^3}d\omega \left\{\begin{array}{ll} +\frac{1}{4}g' & +\frac{1}{8}k(2h+h''+2g+g'')\cos(\eta-v) \\ +\frac{1}{4}(2g+g'')\cos\eta & +\frac{1}{8}k(2h+h''+2g+g'')\cos(\eta+v) \\ +\frac{1}{4}(g'+g''')\cos 2\eta & +\frac{1}{4}k(h'+g')\cos v \\ -\frac{1}{2}g\cos(\eta-2\sigma) & +\frac{1}{8}k(h'+h'''+g'+g''')\cos(2\eta-v) \\ -\frac{1}{4}g'\cos 2\sigma & +\frac{1}{8}k(h'+h'''+g'+g''')\cos(2\eta+v) \\ -\frac{1}{4}g'\cos(2\eta-2\sigma) & -\frac{1}{8}k(2h+2g)\cos(\eta-2\sigma-v) \\ -\frac{1}{4}g''\cos(\eta+2\sigma) & -\frac{1}{8}k(2h+2g)\cos(\eta-2\sigma+v) \\ & -\frac{1}{8}k(h''+g'')\cos(\eta+2\sigma-v) \\ & -\frac{1}{8}k(h''+g'')\cos(\eta+2\sigma+v) \\ & -\frac{1}{8}k(h'+g')\cos(2\sigma-v) \\ & -\frac{1}{8}k(h'+g')\cos(2\sigma+v) \\ & -\frac{1}{8}k(h'+g')\cos(2\eta-2\sigma-v) \\ & -\frac{1}{8}k(h'+g')\cos(2\eta-2\sigma+v) \end{array}\right\}.$$

88. Simili vero modo aequatio differentialis pro inclinationis variatione erit

$$d \cdot l \tan G = nibbc\, d\omega \left(\frac{1}{z^3}-\frac{1}{c^3}\right)\left\{\begin{array}{l} \frac{1}{2}\sin\eta+\frac{1}{2}\sin(\eta-2\sigma) \\ +\frac{1}{4}k\sin(\eta-v)+\frac{1}{4}k\sin(\eta-2\sigma-v) \\ +\frac{1}{4}k\sin(\eta+v)+\frac{1}{4}k\sin(\eta-2\sigma+v) \end{array}\right\},$$

hincque ob $d \cdot l \tan G = \dfrac{d \cdot \tan G}{\tan G}$ obtinebitur

$$\frac{d \cdot \tan G}{\tan G} = -\frac{nibb\, d\omega}{cc}\left\{\begin{array}{l} \frac{1}{2}\sin\eta+\frac{1}{2}\sin(\eta-2\sigma) \\ +\frac{1}{4}k\sin(\eta-v)+\frac{1}{4}k\sin(\eta-2\sigma-v) \\ +\frac{1}{4}k\sin(\eta+v)+\frac{1}{4}k\sin(\eta-2\sigma+v) \end{array}\right\}$$

$$+\frac{nibbc}{f^3}d\omega \begin{Bmatrix} +\frac{1}{4}(2g-g'')\sin\eta & +\frac{1}{8}k(2g+2h-g''-h'')\sin(\eta-v) \\ +\frac{1}{4}(g'-g''')\sin 2\eta & +\frac{1}{8}k(2g+2h-g''-h'')\sin(\eta+v) \\ +\frac{1}{2}g\sin(\eta-2\sigma) & +\frac{1}{8}k(g'+h'-g'''-h''')\sin(2\eta-v) \\ -\frac{1}{4}g'\sin 2\sigma & +\frac{1}{8}k(g'+h'-g'''-h''')\sin(2\eta+v) \\ +\frac{1}{4}g'\sin(2\eta-2\sigma) & +\frac{1}{4}k(g+h)\sin(\eta-2\sigma-v) \\ -\frac{1}{4}g''\sin(\eta+2\sigma) & +\frac{1}{4}k(g+h)\sin(\eta-2\sigma+v) \\ & -\frac{1}{8}k(g'+h')\sin(2\sigma-v) \\ & -\frac{1}{8}k(g'+h')\sin(2\sigma+v) \\ & +\frac{1}{8}k(g'+h')\sin(2\eta-2\sigma-v) \\ & +\frac{1}{8}k(g'+h')\sin(2\eta-2\sigma+v) \\ & -\frac{1}{8}k(g''+h'')\sin(\eta+2\sigma-v) \\ & -\frac{1}{8}k(g''+h'')\sin(\eta+2\sigma+v) \end{Bmatrix}.$$

Si quis vellet has formulas ad plures terminos continuare, lex est perspicua, secundum quam hoc opus, quousque libuerit, perfici posset; verum pro nostro instituto ne his quidem terminis exhibitis omnibus indigebimus.

SECTIO VI
Investigatio inaequalitatum quibus ipsa orbita cuiusque Planetae ab actione reliquorum Planetarum perturbatur

89. Quamvis igitur motus cuiusque Planetae ab actione reliquorum perturbetur, is nihilo minus secundum ellipsin, in cuius alterutro foco Sol versetur, fieri concipi potest, dummodo haec ellipsis tanquam variabilis tam ratione magnitudinis et speciei quam ratione situs lineae absidum consideretur. Atque ista perturbationum repraesentatio Astronomorum instituto maxime conveniens videtur, qui, dum calculo elliptico iam sunt assueti, huic curvae inhaerere malunt, quam alias curvas magis perplexas in calculum Astronomicum admittere. Quod propositum cum adeo in Luna sequi soleant, etiamsi eius aberrationes a motu elliptico sint enormes, id multo magis in motu planetarum principalium retinebitur, quemadmodum etiam Astronomi eorum orbitas iam mobiles assumserunt contra indolem motus proprii KEPPLERIANI.

90. Ac primo quidem vidimus parametrum orbitae cuiusque planetae ab actione reliquorum continuo immutari. Notari scilicet debet eius valor quidam

medius, a quo verus mox in excessu mox in defectu discrepet; ita valorem medium semiparametri orbitae planetae, de quo quaeritur, hic littera b designamus, dum littera p pro quovis tempore eius valorem verum denotat. Quantum igitur p ob actionem certi alicuius planetae ab b discrepet, ex aequatione differentiali supra §83 evoluta per integrationem definiri poterit; ac si isti effectus, quatenus ab unoquoque planeta in parametrum propositi redundant, seorsim computentur, atque in unam summam colligantur, cognoscetur inversa perturbatio, quae parametro illi ab actione omnium reliquorum planetarum inducitur, cuius collectionis fundamentum in eo est situm, quod singulae perturbationes sint quam minimae.

91. Totum autem integrationis formulae §83 datae negotium huc reducitur, ut sequentium formularum simplicium: $d\omega \sin \eta$, $d\omega \sin 2\eta$, $d\omega \sin 3\eta$, $d\omega \sin(\eta \mp v)$, $d\omega \sin(2\eta \mp v)$ etc. integralia definiantur, quae hac methodo investigo: Primo quia hic excentricitatem planetae perturbantis negligimus, et motus anomaliae verae v quam minime a motu longitudinis φ differt, si quidem motus aphelii certe est tardissimus, habebimus ex §75:

$$d\eta = (i - m)\,d\omega - 2ik\,d\omega \cos v$$

et

$$dv = i\,d\omega - 2ik\,d\omega \cos v\,.$$

Iam pro prima formula $d\omega \sin \eta$ differentiale $d\omega$ ita ad $d\eta$ revoco, ut sit

$$d\omega = \frac{d\eta}{i - m} + \frac{2ik\,d\omega}{i - m} \cos v\,,$$

unde conficitur:

$$d\omega \sin \eta = \frac{d\eta \sin \eta}{i - m} + \frac{ik\,d\omega}{i - m} \sin(\eta - v) + \frac{ik\,d\omega}{i - m} \sin(\eta + v)\,,$$

quo pacto primum membrum iam redditum est integrabile.

92. Si idem valor pro $d\omega$ etiam in formulis $d\omega \sin 2\eta$ et $d\omega \sin 3\eta$ substituatur, erit simili modo:

$$d\omega \sin 2\eta = \frac{d\eta \sin 2\eta}{i - m} + \frac{ik\,d\omega}{i - m} \sin(2\eta - v) + \frac{ik\,d\omega}{i - m} \sin(2\eta + v)\,,$$

$$d\omega \sin 3\eta = \frac{d\eta \sin 3\eta}{i - m} + \frac{ik\,d\omega}{i - m} \sin(3\eta - v) + \frac{ik\,d\omega}{i - m} \sin(3\eta + v)\,.$$

Integratis ergo partibus prioribus habebimus:

$$\int d\omega \sin \eta = -\frac{\cos \eta}{i - m} + \frac{ik}{i - m} \int d\omega \sin(\eta - v) + \frac{ik}{i - m} \int d\omega \sin(\eta + v)\,,$$

$$\int d\omega \sin 2\eta = -\frac{\cos 2\eta}{2(i - m)} + \frac{ik}{i - m} \int d\omega \sin(2\eta - v) + \frac{ik}{i - m} \int d\omega \sin(2\eta + v)\,,$$

$$\int d\omega \sin 3\eta = -\frac{\cos 3\eta}{3(i - m)} + \frac{ik}{i - m} \int d\omega \sin(3\eta - v) + \frac{ik}{i - m} \int d\omega \sin(3\eta + v)\,.$$

Sicque integrandae restant reliquae formulae, quas nostra expressio pro dp inventa combinet; hae autem formulae, quia per excentricitatem k sunt multiplicatae, multo minores sunt prioribus partibus iam integratis, ideoque, nisi precisio ultra necessitatem urgeri debeat, satis tuto omitti possent, siquidem iam ob similem causam excentricitatem e negleximus.

93. Interim tamen, quo clarius perspiciatur integrationem ex hac parte non impediri atque pari facilitate perfici posse, etiamsi nullos terminos reiecissemus, etiam horum integralia definiam: Pro $\int d\omega \sin(\eta - v)$ igitur quaero primum $d\eta - dv = -m\, d\omega$, ut sit $d\omega = -\dfrac{(d\eta - dv)}{m}$; sicque erit

$$\int d\omega\, \sin(\eta - v) = +\frac{\cos(\eta - v)}{m}.$$

Deinde pro $\int d\omega \sin(\eta + v)$ colligo

$$d\eta + dv = (2i - m)\, d\omega - 4ik\, d\omega \cos v,$$

unde erit

$$d\omega = \frac{d\eta + dv}{2i - m} + \frac{4ik\, d\omega \cos v}{2i - m},$$

ideoque

$$\int d\omega\, \sin(\eta + v) = -\frac{\cos(\eta + v)}{2i - m} + \frac{4ik}{2i - m} \int d\omega\, \cos v \sin(\eta + v).$$

Sed quia in nostra formula $\int d\omega \sin(\eta + v)$ iam per k est multiplicatum, posterius membrum, quod adhuc integrari deberet, omittimus, qui produceret quantitatem per kk affectam. Hac omissione pariter facta pro reliquis formulis, habebimus etiamnunc in differentialibus:

$$2\, d\eta - dv = (i - 2m)\, d\omega \quad \text{et} \quad 2\, d\eta + dv = (3i - 2m)\, d\omega,$$

ideoque

$$d\omega = \frac{2\, d\eta - dv}{i - 2m} \quad \text{et} \quad d\omega = \frac{2\, d\eta + dv}{3i - 2m}.$$

94. His igitur valoribus adhibitis adipiscemur facile formulas integrales sequentes:

$$\int d\omega\, \sin(\eta - v) = +\frac{\cos(\eta - v)}{m}, \quad \int d\omega\, \sin(\eta + v) = -\frac{\cos(\eta + v)}{2i - m},$$

$$\int d\omega\, \sin(2\eta - v) = -\frac{\cos(2\eta - v)}{i - 2m}, \quad \int d\omega\, \sin(2\eta + v) = -\frac{\cos(2\eta + v)}{3i - 2m},$$

atque ex his iam priora integralia completa reddentur:

$$\int d\omega \sin \eta = -\frac{\cos \eta}{i-m} + \frac{ik\cos(\eta-v)}{(i-m)m} - \frac{ik\cos(\eta+v)}{(i-m)(2i-m)},$$

$$\int d\omega \sin 2\eta = -\frac{\cos 2\eta}{2(i-m)} - \frac{ik\cos(2\eta-v)}{(i-m)(i-2m)} - \frac{ik\cos(2\eta+v)}{(i-m)(3i-2m)},$$

$$\int d\omega \sin 3\eta = -\frac{\cos 3\eta}{3(i-m)} - \frac{ik\cos(3\eta-v)}{(i-m)(2i-3m)} - \frac{ik\cos(3\eta+v)}{(i-m)(4i-3m)}, \text{ etc.}$$

Quae integralia non solum ad valorem integralem ipsius p, sed etiam ipsius q inveniendum inserviunt.

95. Cum nimirum valor medius ipsius p debeat esse $= b$, in integratione circa adiectionem constantis nullum erit dubium; singulis igitur partibus integratis reperietur[21]:

$$\frac{p}{b} = 1 - \frac{2nibb}{cc}\left(\frac{\cos\eta}{i-m} - \frac{(3i-m)k\cos(\eta-v)}{2(i-m)m} + \frac{(3i-m)k\cos(\eta+v)}{2(i-m)(2i-m)}\right)$$

$$+ \frac{2nibbc}{f^3}\left\{\begin{array}{l}+\dfrac{(2g-g'')\cos\eta}{2(i-m)} - \dfrac{ik(2g-g'')\cos(\eta-v)}{2(i-m)m} \\ +\dfrac{(g'-g''')\cos 2\eta}{4(i-m)} - \dfrac{k(2g-g''+2h-h'')\cos(\eta-v)}{4m} \\ +\dfrac{(g''-g'''')\cos 3\eta}{6(i-m)} + \dfrac{ik(g'-g''')\cos(2\eta-v)}{2(i-m)(i-2m)} \\ +\dfrac{k(g'-g'''+h'-h''')\cos(2\eta-v)}{4(i-2m)} \\ +\dfrac{ik(2g-g'')\cos(\eta+v)}{2(i-m)(2i-m)} \\ +\dfrac{k(2g-g''+2h-h'')\cos(\eta+v)}{4(2i-m)} \\ +\dfrac{ik(g'-g''')\cos(2\eta+v)}{2(i-m)(3i-2m)} \\ +\dfrac{k(g'-g'''+h'-h''')\cos(2\eta+v)}{4(3i-2m)}\end{array}\right\}.$$

Ac si terminos per excentricitatem k affectos, utpote prae reliquis valde parvos, negligamus, erit succinctius:

$$\frac{p}{b} = 1 - \frac{2nibb\cos\eta}{(i-m)cc}$$

$$+ \frac{nibbc}{(i-m)f^3}\left((2g-g'')\cos\eta + \frac{1}{2}(g'-g''')\cos 2\eta + \frac{1}{3}(g''-g'''')\cos 3\eta + \text{etc.}\right),$$

ubi notandum esse $\dfrac{b}{c} = \sqrt[3]{\dfrac{mm}{ii}}$, et $ff = bb + cc$.

---

[21] Ed. princ.: Signa terminorum tertii membri summae per k affectorum inversa sunt. AV

96. Ope earundem formularum simplicium integralium etiam vera excentricitas orbitae q per integrationem differentialis (§84) evoluti assignari poterit; modo adiciatur $\int d\omega \sin v = \int \frac{dv}{i} \sin v = -\frac{\cos v}{i}$, si quidem porro ex his expressionibus minimis terminos excentricitatem k involventes negligere pergamus. Hinc igitur posita excentricitate media $= k$, erit excentricitas vera[22]

$$\begin{aligned} q = k &- \frac{nibb}{cc}\left(\frac{3\cos(\eta-v)}{2m} - \frac{\cos(\eta+v)}{2(2i-m)}\right) \\ &- \frac{nib^3}{f^3}\left\{\begin{array}{l}\dfrac{g\cos v}{i} + \dfrac{g'\cos(\eta-v)}{2m} + \dfrac{g'\cos(\eta+v)}{2(2i-m)} \\ \quad - \dfrac{g''\cos(2\eta-v)}{2(i-2m)} + \dfrac{g''\cos(2\eta+v)}{2(3i-2m)} + \text{etc.}\end{array}\right\} \\ &+ \frac{nibbc}{f^3}\left\{\begin{array}{l}\dfrac{g'\cos v}{2i} + \dfrac{(6g-g'')\cos(\eta-v)}{4m} - \dfrac{(2g-3g'')\cos(\eta+v)}{4(2i-m)} \\ \quad - \dfrac{(3g'-g''')\cos(2\eta-v)}{4(i-2m)} - \dfrac{(g'-3g''')\cos(2\eta+v)}{4(3i-2m)} + \text{etc.}\end{array}\right\}\end{aligned}$$

Ubi quidem assumimus excentricitatem mediam k tantam esse, ut eius respectu istae inaequalitates longe sint minimae; patet autem has inaequalitates non ab ipsa magnitudine media excentricitatis k pendere, sed easdem prodire sive k sit maior sive minor. Quod secus accidit in variationibus lateris recti, quae sunt proportionales ipsi magnitudini mediae parametri.

97. Cognito iam semiparametro p et excentricitate q, semiaxis transversus orbitae facile definietur, cum sit $= \frac{p}{1-qq}$. Erit igitur variabilis tam ob variabilitatem ipsius p quam ipsius q, sed haec posterior tantum terminos producit per k affectos, unde his neglectis variatio axis transversi potissimum pendebit a variatione parametri, hincque ergo erit semiaxis transversus

$$\begin{aligned} &= \frac{b}{1-kk} - \frac{2nibb}{(i-m)c^2} \cdot b\cos\eta \\ &+ \frac{nibbc}{(i-m)f^3} \cdot b\left((2g-g'')\cos\eta + \tfrac{1}{2}(g'-g''')\cos 2\eta + \tfrac{1}{3}(g''-g'''')\cos 3\eta + \text{etc.}\right).\end{aligned}$$

Quare tam parameter et axis transversus quam excentricitas variationes tantum subeunt periodicas, quae post certa temporis intervalla ad statum pristinum revertantur, neque perpetua sive incrementa sive decrementa capiunt; sed quantum certis temporibus fuerint aucta, tandundem aliis temporibus diminuentur. Ceterum ex hac applicatione ad axem transversum patet valorem inventum pro q, etsi terminos tantum primi ordinis continet, tamen aeque longe productum esse

---

[22] Editio princeps: $-\frac{g'\cos(\eta+v)}{2(2i-m)}$ loco $+\frac{g'\cos(\eta+v)}{2(2i-m)}$; $(g'-2g''')$ loco $(g'-3g''')$.   AV

aestimandum atque valorem ipsius p, in quo terminos primi et secundi ordinis evolvimus.

98. Denique definiendus occurrit motus aphelii, in quo praecipuus effectus actionis mutuae planetarum, quem quidem observationes evidenter manifestarint, cernitur; is autem per integrationem formulae (§84) datae determinabitur. Aliae autem hic adsunt formulae simplices integrandae, quarum integrationem quoque ad secundum ordinem continuari oportet, uti circa parametrum fecimus, non quo termini secundi ordinis prae primo minus negligi queant, sed quia secundus ordo continet partes omnino constantes, unde per integrationem huiusmodi termini $\alpha\omega$ nascuntur, qui, quantumvis coëfficiens α fuerit parvus, tamen cum tempore continuo crescunt. Quia enim angulus ω est tempori proportionalis, hi termini motum medium aphelii declarabunt; in quorum idcirco investigatione vel minima particula perperam negligitur. At terminis huius formae exceptis, reliqui ad secundum ordinem pertinentes, quia periodicas inaequalitates continent et prae primo ordine valde sunt parvi, sine errore omitti poterunt, cum etiam levis error in loco aphelii commissus nullius sit momenti.

99. Simili igitur modo integrationem instituendo, ante omnia sequentes formulas expendere oportet:

$$dv = i\,d\omega - 2ik\,d\omega\cos v,$$
$$d\eta - dv = -m\,d\omega - 0,$$
$$d\eta + dv = (2i - m)\,d\omega - 4ik\,d\omega\cos v,$$
$$2\,d\eta - dv = (i - 2m)\,d\omega - 2ik\,d\omega\cos v,$$
$$2\,d\eta + dv = (3i - 2m)\,d\omega - 6ik\,d\omega\cos v,$$
$$d\omega = \frac{dv}{i} + 2k\,d\omega\cos v,$$
$$d\omega = -\frac{(d\eta - dv)}{m},$$
$$d\omega = \frac{d\eta + dv}{2i - m} + \frac{4ik\,d\omega\cos v}{2i - m},$$
$$d\omega = \frac{2d\eta - dv}{i - 2m} + \frac{2ik\,d\omega\cos v}{i - 2m},$$
$$d\omega = \frac{2d\eta + dv}{3i - 2m} + \frac{6ik\,d\omega\cos v}{3i - 2m},$$

tum pro terminis secundi ordinis:

$$d\omega = \frac{dv}{i} = \frac{d\eta}{i - m} = -\frac{(d\eta - 2\,dv)}{i + m} = \frac{d\eta + 2\,dv}{3i - m}$$
$$= -\frac{(2\,d\eta - 2\,dv)}{2m} = \frac{2\,d\eta + 2\,dv}{2(2i - m)}.$$

Hinc omittendis terminis secundi ordinis, qui non sunt formae $\alpha\omega$, fiet

$$\int d\omega \cos v = \frac{\sin v}{i} + k \int d\omega\, (1 + \cos 2v)$$

$$= \frac{\sin v}{i} + k\omega ,$$

$$\int d\omega \cos(\eta - v) = -\frac{\sin(\eta - v)}{m} ,$$

$$\int d\omega \cos(2\eta - v) = +\frac{\sin(2\eta - v)}{i - 2m} ,$$

$$\int d\omega \cos(\eta + v) = +\frac{\sin(\eta + v)}{2i - m} ,$$

$$\int d\omega \cos(2\eta + v) = +\frac{\sin(2\eta + v)}{3i - 2m} ,$$

quae formulae ad motum aphelii definiendum sufficiunt.

100. Ex his igitur differentiale (§85) integratum praebebit motum aphelii sequenti modo expressum:

$$\varphi - v = \text{Const.} + \frac{nibb}{cck}\left\{\frac{3\sin(\eta - v)}{2m} + \frac{\sin(\eta + v)}{2(2i - m)}\right\}$$

$$- \frac{nib^3}{f^3}\left\{\begin{array}{lll} +\dfrac{g\sin v}{i} & -\dfrac{g'\sin(\eta - v)}{2m} & +\dfrac{g'\sin(\eta + v)}{2(2i - m)} \\ +\dfrac{1}{2}k(3g + h)\omega & +\dfrac{g''\sin(2\eta - v)}{2(i - 2m)} & +\dfrac{g''\sin(2\eta + v)}{2(3i - 2m)} \end{array}\right\}$$

$$+ \frac{nibbc}{f^3k}\left\{\begin{array}{lll} +\dfrac{g'\sin v}{2i} & -\dfrac{(6g - g'')\sin(\eta - v)}{4m} & +\dfrac{(3g' - g''')\sin(2\eta - v)}{4(i - 2m)} \\ +\dfrac{1}{4}k(2g' + h')\omega & -\dfrac{(2g - 3g'')\sin(\eta + v)}{4(2i - m)} & -\dfrac{(g' - 3g''')\sin(2\eta + v)}{4(3i - 2m)} \end{array}\right\} .$$

Huius expressionis pars praecipua formae $\alpha\omega$ motum medium aphelii praebet, qui ergo uti perspicuum est non a quantitate excentricitatis pendet. Tempore scilicet, quo Sol secundum motum medium percurrit angulum $= \omega$, aphelium planetae proferetur per angulum

$$\frac{nibbc}{4f^3}(2g' + h')\omega - \frac{nib^3}{2f^3}(3g + h)\omega ;$$

reliqui vero termini inaequalitates periodicas aphelii complectuntur, quae eo evadunt maiores quo minor fuerit excentricitas orbitae.

101. Praeter hunc autem motum uniformem, quo aphelium profertur, eius locus ad quodvis tempus corrigi debet per inaequalitates periodicas, quae sinibus angulorum v, $\eta \mp v$, $2\eta \mp v$ etc. sunt proportionales; atque in hunc finem longitudo

aphelii ita exprimetur[23]:

$$\varphi - v = \text{Const.} + \frac{nibbc}{4f^3}(2g' + h')\omega - \frac{nib^3}{2f^3}(3g + h)\omega$$

$$+ \frac{nibb}{2cck}\left\{\frac{3\sin(\eta - v)}{m} + \frac{\sin(\eta + v)}{2i - m}\right\}$$

$$- \frac{nib^3}{2f^3k}\left\{\begin{array}{l}\dfrac{2g\sin v}{i} - \dfrac{g'\sin(\eta - v)}{m} + \dfrac{g'\sin(\eta + v)}{2i - m} \\ \phantom{\dfrac{2g\sin v}{i}} + \dfrac{g''\sin(2\eta - v)}{i - 2m} + \dfrac{g''\sin(2\eta + v)}{3i - 2m}\end{array}\right\}$$

$$+ \frac{nibbc}{4f^3k}\left\{\begin{array}{l}\dfrac{2g'\sin v}{i} - \dfrac{(6g - g'')\sin(\eta - v)}{m} - \dfrac{(2g - 3g'')\sin(\eta + v)}{2i - m} \\ \phantom{\dfrac{2g'\sin v}{i}} + \dfrac{(3g' - g''')\sin(2\eta - v)}{i - 2m} - \dfrac{(g' - 3g''')\sin(2\eta + v)}{3i - 2m}\end{array}\right\}.$$

Cuius expressionis pars prima exhibet longitudinem mediam aphelii ad quodvis tempus, cui porro, si applicentur inaequalitates reliqua parte contentae, impetrabitur locus aphelii verus. Quodsi ponatur $\omega = 360°$, ex prima parte innotescet motus aphelii annuus respectu stellarum fixarum.

102. Quia in motu Lunae investigatio motus eius apogei tantam diligentiam ac sagacitatem totque calculos intricatos exigebat, dubium hic oriri potest, an hoc modo verus motus apheliorum eliciatur? Quodsi enim idem calculus ad Lunam transferetur, formula inventa semissem tantum veri motus apogei prope modum esset ostensura. Verum in hac applicatione ad Lunam numerus n seu potius termini hunc numerum continentes incomparabiliter prodeunt maiores quam nostro casu, atque termini quadratum numeri n involventes demum veram motus apogei quantitatem complent. Hic autem ob valores terminorum numero n affectorum minimos nullum est dubium, quin terminos, qui eius quadratum complecterentur, sine ullius erroris sensibilis metu praetermittere queamus. Deinde etiam ex formulis generalioribus evidens est excentricitatem planetae perturbantis e nihil ad motum aphelii conferre.

SECTIO VII
Investigatio anomaliae verae, quatenus ea ad quodvis tempus ab actione Planetarum mutua perturbatur

103. In superiori sectione formulas eruimus, quibus ad quodvis tempus veri valores cum parametri et excentricitatis orbitae tum etiam vera longitudo aphelii definiuntur; in has autem formulas praeter angulum η potissimum ingreditur

---

[23] Editio princeps: $-\frac{nib^3}{4f^3k}$ loco $-\frac{nib^3}{2f^3k}$.

angulus v, qui planetae anomaliam veram designat. Praecipuum opus igitur adhuc perficiendum in hoc consistit, ut methodum tradamus ad quodvis tempus anomaliam veram inveniendi; quae cum, si nullae adsint perturbationes, ex anomalia media colligi soleat, hic quoque anomaliam planetae mediam in computum introduci conveniet, quae, quoniam uniformiter cum tempore crescit, ad quodvis tempus expedite assignatur; sive quod eodem redit, anomalia media reperitur, si a planetae longitudine media aphelii locus medius subtrahatur. Quaestio ergo hac sectione enodanda determinationem anomaliae verae v ex data anomalia media postulat.

104. Si nullae adessent vires turbantes, foret $d\varphi = dv$, atque anomalia vera v ex hac aequatione

$$d\varphi = dv = \frac{a\, d\omega \sqrt{ap}}{xx} \quad \text{seu} \quad d\omega = \frac{p\sqrt{p}}{a\sqrt{a}} \cdot \frac{dv}{(1 - q\cos v)^2}$$

definiri deberet; essent enim p et q quantitates constantes et $d\omega$ incremento anomaliae mediae proportionale. In nostro autem casu neque quantitates p et q sunt constantes neque $d\varphi = dv$, unde manifestum est relationem inter anomalias mediam et veram quoque ab actione planetarum mutua perturbari. Interim tamen haec relatio erit petenda ex aequatione $d\varphi = \frac{a\, d\omega \sqrt{ap}}{xx}$, seu haec $d\omega = \frac{p\sqrt{p}}{a\sqrt{a}} \cdot \frac{d\varphi}{(1 - q\cos v)^2}$ substituendo pro $d\varphi$ valorem, qui ipsi ex aequatione differentiali motus aphelii convenit; haecque aequatio in §85 habetur evoluta, vi cuius cum non sit $d\varphi - dv = 0$, ponamus brevitatis gratia loco huius aequationis differentialis $d\varphi - dv = nV\, d\omega$, eritque

$$d\omega = \frac{p\sqrt{p}}{a\sqrt{a}} \cdot \frac{dv}{(1 - q\cos v)^2} + \frac{p\sqrt{p}}{a\sqrt{a}} \cdot \frac{nV\, d\omega}{(1 - q\cos v)^2}.$$

105. Cum iam p et q non sint quantitates constantes, eorumque valores in superiori sectione sint definiti, ponamus quoque brevitatis gratia

$$p = b(1 + nP) \quad \text{et} \quad q = k + nQ,$$

ita ut nP, nQ et nV sint effectus perturbationis, eritque ob numerum n minimum $p\sqrt{p} = b^{\frac{3}{2}}\left(1 + \frac{3}{2}nP\right)$, et quia posuimus $\frac{a\sqrt{a}}{b\sqrt{b}} = i$, habebimus

$$\frac{p\sqrt{p}}{a\sqrt{a}} = \frac{1}{i}\left(1 + \frac{3}{2}nP\right).$$

Deinde fractio $\frac{1}{(1 - q\cos v)^2}$ in seriem conversa dat proxime

$$(1 - qq)^{-\frac{3}{2}}\left(1 + 2q\cos v + \frac{3}{2}qq\cos 2v + q^3\cos 3v + \text{etc.}\right),$$

quae ponendo $k + nQ$ loco q et negligendo terminos per nn et nkk affectos abit in hanc:

$$(1-kk)^{-\frac{3}{2}}\left(1+2k\cos v+\frac{3}{2}kk\cos 2v+k^3\cos 3v\right)+2nQ\cos v+3nkQ\cos 2v+3nkQ.$$

Hincque erit

$$\frac{p\sqrt{p}}{a\sqrt{a}}\cdot\frac{dv}{(1-q\cos v)^2}=\frac{dv\left(1+2k\cos v+\frac{3}{2}kk\cos 2v+k^3\cos 3v\right)}{i(1-kk)\sqrt{(1-kk)}}$$
$$+\frac{ndv}{i}\left(2Q\cos v+\frac{3}{2}P+3kP\cos v+3kQ+3kQ\cos 2v\right).$$

106. In parte altera autem formulae integrandae tam p quam q pro constantibus haberi possunt, eritque ergo ea pari

$$\frac{n}{i}d\omega\left(V+2kV\cos v\right),$$

et quia in his particulis minimis est $dv = i\,d\omega\,(1-2k\cos v)$, obtinebimus aequationem sequentem:

$$d\omega=\frac{dv\left(1+2k\cos v+\frac{3}{2}kk\cos 2v+k^3\cos 3v\right)}{i(1-kk)\sqrt{(1-kk)}}$$
$$+n\,d\omega\left(2Q\cos v+kQ+kQ\cos 2v+\frac{3}{2}P\right)$$
$$+\frac{n\,d\omega}{i}(V+2kV\cos v),$$

cuius pars principalis integrata deducet ad hanc aequationem integralem:

$$\omega=\frac{v+2k\sin v+\frac{3}{4}kk\sin 2v+\frac{1}{3}k^3\sin 3v}{i(1-kk)\sqrt{(1-kk)}}$$
$$+n\int d\omega\left(\frac{3}{2}P+2Q\cos v+kQ+kQ\cos 2v+\frac{1}{i}V+\frac{2}{i}kV\cos v\right),$$

cuius postremae partis non amplius erit difficile integrale eruere.

107. Pro integratione huius postremae formulae notandum est partem $n\int V\,d\omega$ exprimere motum aphelii, cuius ergo integrale iam supra §101 est inventum. Reliquas partes tantisper indicemus signo summatorio, ac pro anomalia vera quaesita sequentem nanciscemur aequationem:

$$v=i(1-kk)^{\frac{3}{2}}\omega-2k\sin v-\frac{3}{4}kk\sin 2v-\frac{1}{3}k^3\sin 3v$$
$$-n\int V\,d\omega-in\int d\omega\left(\frac{3}{2}P+2Q\cos v+\frac{2}{i}kV\cos v\right);$$

in hac enim ultima parte perspicuum est terminos kQ et $kQ\cos v$ prae P et Q posse reici, at vero $kV\cos v$ iisdem esse quasi homogeneum, unde tantum opus est valores supra pro P, Q et V inventos substituere. Hic autem primo observo terminum $i(1-kk)^{\frac{3}{2}}\omega$ cum partibus formae $\alpha\,d\omega$, quas posteriora membra integralia forte continent, designare anomaliam mediam, quae ad quodvis tempus facile colligitur. Si ergo anomaliam mediam ponamus $=\zeta$, habemus hic aequationem inter ζ et v, per cuius resolutionem non difficulter pro quavis anomalia media eius respondens anomalia vera elicietur.

108. Statuamus ad abbreviandum:

$$\frac{3}{2}P + 2Q\cos v + \frac{2}{i}kV\cos v = A + B\cos 2v + C\cos\eta + D\cos 2\eta \\ + E\cos(\eta - 2v) + F\cos(\eta + 2v) \\ + G\cos(2\eta - 2v) + H\cos(2\eta + 2v),$$

atque horum coëfficientium valores ex superioribus formulis colliguntur:

$$A = \frac{bbc}{f^3}\cdot g' - \frac{2b^3}{f^3}g, \qquad B = \frac{bbc}{f^3}\cdot g' - \frac{2b^3}{f^3}g,$$

$$C = -\frac{ibb}{cc}\left(\frac{3}{i-m} + \frac{3}{2m} - \frac{1}{2(2i-m)} + \frac{1}{i}\right) - \frac{ib^3}{2f^3}\left(\frac{2g'}{i} + \frac{g'}{m} + \frac{g'}{2i-m}\right)$$
$$+ \frac{ibbc}{4f^3}\left(\frac{6(2g-g'')}{i-m} + \frac{(6g-g'')}{m} + \frac{(6g-g'')}{i} - \frac{(2g-3g'')}{2i-m} - \frac{(2g-3g'')}{i}\right)$$

$$D = -\frac{ib^3}{2f^3}\left(-\frac{g''}{i-2m} + \frac{2g''}{i} + \frac{g''}{3i-2m}\right)$$
$$+ \frac{ibbc}{4f^3}\left(\frac{3(g'-g''')}{i-m} - \frac{(3g'-g''')}{i-2m} + \frac{(3g'-g''')}{i} - \frac{(g'-3g''')}{3i-2m} - \frac{(g'-3g''')}{i}\right)$$

$$E = -\frac{ibb}{2cc}\left(\frac{3}{m} + \frac{3}{i}\right) - \frac{ib^3}{2f^3}\left(\frac{g'}{m} + \frac{g'}{i}\right) + \frac{ibbc}{4f^3}\left(\frac{6g-g''}{m} + \frac{6g-g''}{i}\right)$$

$$F = -\frac{ibb}{2cc}\left(-\frac{1}{2i-m} - \frac{1}{i}\right) - \frac{ib^3}{2f^3}\left(\frac{g'}{2i-m} + \frac{g'}{i}\right)$$
$$+ \frac{ibbc}{4f^3}\left(-\frac{(2g-3g'')}{2i-m} - \frac{(2g-3g'')}{i}\right)$$

$$G = -\frac{ib^3}{2f^3}\left(-\frac{g''}{i-2m} + \frac{g''}{i}\right) + \frac{ibbc}{4f^3}\left(-\frac{(3g'-g''')}{i-2m} + \frac{(3g'-g''')}{i}\right)$$

$$H = -\frac{ib^3}{2f^3}\left(+\frac{g''}{3i-2m} + \frac{g''}{i}\right) + \frac{ibbc}{4f^3}\left(-\frac{(g'-3g''')}{3i-2m} - \frac{(g'-3g''')}{i}\right).$$

109. Valoribus autem horum coëfficientium definitis facile erit singulorum terminorum integralia exhibere, quia ultra ordinem primum ea deducere non est

opus; erit itaque

$$\int d\omega \left(\frac{3}{2}P + 2Q\cos v + \frac{2}{i}kV\cos v\right)$$
$$= A\omega + \frac{B}{2i}\sin 2v + \frac{C}{i-m}\sin\eta + \frac{D}{2(i-m)}\sin 2\eta - \frac{E}{i+m}\sin(\eta - 2v)$$
$$+ \frac{F}{3i-m}\sin(\eta + 2v) - \frac{G}{2m}\sin(2\eta - 2v) + \frac{H}{2(2i-m)}\sin(2\eta + 2v).$$

Deinde si ponamus simili modo ad abbreviandum

$$\int V\,d\omega = \Delta\omega + \frac{\alpha}{k}\sin v + \frac{\beta}{k}\sin(\eta - v) + \frac{\gamma}{k}\sin(\eta + v)$$
$$+ \frac{\delta}{k}\sin(2\eta - v) + \frac{\varepsilon}{k}\sin(2\eta + v),$$

erunt hi coëfficientes ex §101

$$\Delta = \frac{ibbc}{4f^3}(2g' + h') - \frac{ib^3}{2f^3}(3g + h),$$

$$\alpha = \frac{bbc}{2f^3}\cdot g' - \frac{b^3}{f^3}\cdot g,$$

$$\beta = \frac{bb}{cc}\cdot\frac{3i}{2m} + \frac{b^3}{2f^3}\cdot\frac{ig'}{m} - \frac{bbc}{4f^3}\cdot\frac{(6g - g'')i}{m},$$

$$\gamma = \frac{bb}{2cc}\cdot\frac{i}{2i - m} - \frac{b^3}{2f^3}\cdot\frac{ig'}{2i - m} - \frac{bbc}{4f^3}\cdot\frac{(2g - 3g'')i}{2i - m},$$

$$\delta = -\frac{b^3}{2f^3}\cdot\frac{ig''}{i - 2m} + \frac{bbc}{4f^3}\cdot\frac{(3g' - g''')i}{i - 2m},$$

$$\varepsilon = -\frac{b^3}{2f^3}\cdot\frac{ig''}{3i - 2m} - \frac{bbc}{4f^3}\cdot\frac{(g' - 3g''')i}{3i - 2m}.$$

110. Si iam hos valores determinaverimus, habebimus primo anomaliam mediam

$$\text{☿} = i(1 - kk)^{\frac{3}{2}}\omega - n\Delta\omega - inA\omega;$$

qua cognita anomalia vera v ita debet definiri, ut sit

$$v = \text{☿} - 2k\sin v - \frac{3}{4}kk\sin 2v - \frac{1}{3}k^3\sin 3v$$
$$- \frac{n}{k}(\alpha\sin v + \beta\sin(\eta - v) + \gamma\sin(\eta + v) + \delta\sin(2\eta - v) + \varepsilon\sin(2\eta + v))$$
$$- n\left(\frac{1}{2}B\sin 2v + \frac{Ci}{i - m}\sin\eta + \frac{Di}{2(i - m)}\sin 2\eta - \frac{Ei}{i + m}\sin(\eta - 2v)\right.$$
$$\left. + \frac{Fi}{3i - m}\sin(\eta + 2v) - \frac{Gi}{2m}\sin(2\eta - 2v) + \frac{Hi}{2(2i - m)}\sin(2\eta + 2v)\right).$$

Si esset $n = 0$, nota est operatio, qua ex data anomalia media ♉ elicitur vera v; cum igitur sit n fractio valde parva, per eandem operationem omittendis primum terminis per n affectis quaeratur anomalia vera v mediae ♉ conveniens, eaque deinceps per terminos fractione n affectos corrigatur. Tum si eam accuratius definire velimus, valorem pro v modo inventum in expressione illa pro v reperta substituamus, ex eoque denuo v determinemus.

111. Facilius autem per consuetas tabulas anomaliarum totum hoc negotium expediri potest. Cum enim perturbationes sunt minimae, sufficiet pro iis anomaliam veram v proxime saltem nosse, eiusque ergo loco anomalia media ipsa ♉ uti licebit, namque errores, qui hoc modo committentur, ad sequentem terminorum, quos negligimus, ordinem pertinerent. Tum valor horum terminorum minimorum ad anomaliam mediam ♉ referatur, seu ex data anomalia media ♉ quaeratur anomalia media correcta ♉′, ut sit

$$♉' = ♉ - \frac{n}{k}\left(\alpha \sin ♉ + \beta \sin(\eta - ♉) + \gamma \sin(\eta + ♉) + \delta \sin(2\eta - ♉) + \varepsilon \sin(2\eta + ♉)\right);$$

ubi quidem partem posteriorem, utpote prae hac valde parvam, omitto, atque iam pro data excentricitate k ex tabulis consuetis quaeratur anomalia vera, quae huic anomaliae mediae correctae respondeat, hocque modo obtinebitur ipsa illa anomalia vera v, qua pro evolutione omnium formularum hactenus inventarum indigemus, erit scilicet

$$v = ♉' - 2k \sin v - \frac{3}{4} kk \sin 2v - \frac{1}{3} k^3 \sin 3v.$$

112. In Tabulis autem Astronomicis pro data quavis anomalia media non tam ei respondens anomalia vera quam differentia, quae prostaphaeresis seu aequatio centri vocatur, exhiberi solet, neque etiam pro nostro scopo quicquam in hoc instituto immutari est opus. Ad manus igitur sit tabula more solito adornata, quae pro excentricitate k cuique anomaliae mediae respondentem aequationem centri exhibeat. Antequam autem hac tabula utamur, anomalia media planetae ♉ ad datum tempus collecta per inaequalitates supra expositas et tam ab ea ipsa quam ab angulo η, cuius valorem quoque ex motu medio utriusque planetae collegisse sufficit, pendentes corrigatur, ut obtineatur anomalia media correcta ♉′. Tum in dicta Tabula quaeratur aequatio isti anomaliae mediae ♉′ conveniens, quae sit $= \pm Æ$, qua inventa statim habebitur anomalia vera quaesita $v = ♉' \pm Æ$, qua in determinatione et evolutione omnium formularum supra inventarum uti oportebit. Simul vero haec aequatio $\pm Æ$ ex tabula desumta verum valorem formulae $-2k \sin v - \frac{3}{4} kk \sin 2v - \frac{1}{3} k^3 \sin 3v$ exhibebit, id quod pro sequenti calculo probe notasse conducet.

113. Ad anomaliam mediam autem pro dato tempore colligendam motum aphelii medium duntaxat nosse oportet, qui membro primo formulae §101 erutae

continetur, ex quo habemus:

$$\text{Longitudinem aphelii mediam} = \text{Const.} + \frac{nibbc}{4f^3}(2g' + h')\omega - \frac{nib^3}{2f^3}(3g + h)\omega,$$

seu abbreviationem ante introductum adhibendo erit:

$$\text{Longitudo aphelii media} = \text{Const.} + n\Delta\omega.$$

Quoniam autem omnes planetae ad motum medium aphelii aliquid conferunt, singulorum effectus exquiri debet, ut inde ad quodvis tempus propositum longitudo aphelii media rite obtineatur. Vel cum ex collatione recentiorum observationum cum antiquis motus medius aphelii cuiusque planetae satis accurate iam sit exploratus, eo potius uti conveniet. Quare cum hinc ad tempus propositum longitudo media aphelii sit definita, ea a longitudine media ipsius planetae subtracta praebebit eius anomaliam mediam ☌ pro eodem tempore proposito, quae etiam in nonnullis tabulis immediate exprimi solet.

114. Deinde si perturbationes, quae ab actione certi cuiusdam planetae proficiscuntur, indagare velimus, primum ex collatione semiparametri eius orbitae c cum semiparametro b planetae examinandi ope formularum §72 et §78 datarum computentur valores litterarum g, g', g'' etc., ex hisque porro per rationem mediorum motuum i et m valores litterarum α, β, γ, δ, ε, itemque A, B, C, D, E, F, G, H, qui omnes in meris numeris expressi prodibunt. Tum etiam massa Planetae per massam Solis divisa dabit fractionem n. Quibus inventis ad tempus propositum colligatur longitudo media planetae perturbati et perturbantis, quia posteriori a priori ablata remanebit angulus, quo loco η uti licebit in indagatione correctionum anomaliae mediae (§111). Vel quod expediet, utriusque planetae longitudo per tabulas ordinarias definiatur, ac differentia pro angulo η assumatur, quandoquidem hic valor a vero nonnisi in minutiis discrepabit.

SECTIO VIII
Expositio universi calculi quo verus Planetae locus in orbita ob actionem reliquorum Planetarum perturbatus assignatur

115. Prima operatio in hoc consistet, ut pro quolibet planeta, a cuius actione motus planetae propositi perturbatur, ope formularum §72 et §78 expositarum primo valores litterarum g, g', g'' etc. (litteris enim reliquis h, h', l, l' etc. ibidem adhibitis carere possumus), tum vero ex his porro valores litterarum A, B, C, D etc. ex §108, et litterarum quoque Δ, α, β, γ, δ etc. ex §109 per calculum evolvantur: pro quo calculo recordari debemus fractionem n obtineri, si massa planetae perturbantis per massam Solis dividatur; deinde si motus diurnus medius Solis unitate exponatur, exprimet littera i motum diurnum medium planetae

perturbati et m planetae perturbantis. Calculus quidem pro valoribus illarum litterarum instituendus admodum est molestus, verumtamen per subsidia indicata satis exacte absolvi poterit.

116. Statim autem ex valore Δ cognoscetur, quantum aphelium ab actione cuiusdam planetae promoveatur; si enim pro angulo ω ponamus $360°$, terminus $n\,\Delta\omega$ dabit motum aphelii annuum, ac si hunc valorem ab actione cuiuslibet planetae deducamus, omnes coniunctim ostendent verum motum annuum planetae respectu stellarum fixarum, qui vix quicquam ab eo, quem per observationes cognovimus, discrepare deprehendetur. Cognito autem tam aphelii quam ipsius planetae motu medio ad quodvis tempus propositum, tam huius planetae longitudo media quam anomalia media facile assignabitur. Statuamus ergo eius longitudinem mediam $= \zeta$ et anomaliam mediam $= \text{♉}$, tum vero excentricitas media sit $= k$.

117. Deinde haec anomalia media ♉ ex tabulis mediorum motuum desumta corrigi debet per formulam §111 allatam, ut obtineatur anomalia media correcta $\text{♉}'$. Vel si tabulae mediorum motuum loco anomliae mediae exhibeant locum aphelii medium, eaedem correctiones signis versis ad aphelium applicari debebunt: hoc autem modo reperietur ipsa longitudo aphelii vera, unde haec correctio magis est naturalis priori anomaliae illata. Quare ex longitudine aphelii media quaeratur longitudo eius vera per hanc formulam:

Longitudo aphelii vera $=$ Longitudini aphelii mediae
$$+ \frac{n}{k}\left(\alpha \sin \text{♉} + \beta \sin(\eta - \text{♉}) + \gamma \sin(\eta + \text{♉}) + \delta \sin(2\eta - \text{♉}) + \varepsilon \sin(2\eta + \text{♉})\right) ;$$

quae correctio, quia per excentricitatem k est divisa, satis notabilis esse potest. Tum ista longitudo aphelii vera subtrahatur a longitudine planetae media ζ, ut obtineatur anomalia media eius correcta $\text{♉}'$.

118. Tertio in promtu esto tabula aequationum centri more solito ad excentricitatem k computata, ex qua pro anomalia media $\text{♉}'$ excerpatur aequatio centri respondens, quae sit $\pm \mathbb{E}$, atque hinc reperietur anomalia vera $= \text{♉}' \pm \mathbb{E}$, quae ob duplicem causam ab anomalia vera, quae more solito ex tabulis aequationum colligitur nullo respectu ad perturbationes habito discrepat; primo enim, etsi ex eadem tabula desumta est, tamen alii anomaliae mediae ac vulgo respondet, ideoque tantumdem discrepat; deinde quia alii anomaliae mediae respondet, etiam aequatio $\pm\mathbb{E}$ erit diversa. Manifestum autem est hoc posterius discrimen multo fore minus priore; cum hoc adeo eo maius evadat, quo minor fuerit excentricitas k, tum vero aequatio $\pm\mathbb{E}$ diminuatur. Etsi ergo in calculo perturbationum non adeo accurate nosse opus est anomaliam veram v, tamen correctio anomaliae mediae seu loci aphelii neutiquam negligi potest.

119. Definita hoc modo anomalia vera v statim locum planetae in orbita assignare poterimus, ita ut non opus habeamus ante variationem parametri et excentricitatis exquirere: quantum enim hae variationes ad locum planetae in

orbita perturbandum conferunt, id iam sumus complexi in expressione pro loco aphelii vero supra §101 inventa. Nam quia iam valorem ipsius v exacte expressum habemus, erit longitudo vera

$$\varphi = v + n \int V \, d\omega + \text{Const.}$$

Si ergo pro $\int V d\omega$ valorem §109 positum et pro v valorem §110 assignatum substituamus, consequemur:

$$\varphi = \text{Const.} + i(1-kk)^{\frac{3}{2}}\omega - inA\omega - 2k\sin v - \frac{3}{4}kk\sin 2v - \frac{1}{3}k^3\sin 3v$$
$$- \frac{nB}{2}\sin 2v - \frac{nCi}{i-m}\sin\eta - \frac{nDi}{2(i-m)}\sin 2\eta + \frac{nEi}{i+m}\sin(\eta-2v)$$
$$- \frac{nFi}{3i-m}\sin(\eta+2v) + \frac{nGi}{2m}\sin(2\eta-2v) - \frac{nHi}{2(2i-m)}\sin(2\eta+2v) \, ,$$

neque igitur hic amplius inaequalitates illae maiores in forma $n \int V d\omega$ contentae aliter ingrediuntur, nisi quatenus illis ipsa anomalia vera v iam est immutata.

120. Prima portio huius expressionis $i\omega((1-kk)^{\frac{3}{2}} - nA)$ motum medium huius planetae exponit, quem ergo etiam ab actione planetarum aliquantillum perturbari manifestum est; hinc si longitudo planetae media ponatur $= \zeta$, erit

$$\zeta = \text{Const.} + i(1-kk)^{\frac{3}{2}}\omega - inA\omega \, .$$

Deinde vidimus portionem $-2k\sin v - \frac{3}{4}kk\sin 2v - \frac{1}{3}k^3\sin 3v$ designare aequationem centri $\pm Æ$, quae in tabulis ordinariis anomaliae mediae correctae ☿′ respondet, dummodo hae tabulae excentricitati k sint iusto calculo superstructae. Cum igitur tam longitudo media ζ quam ista aequatio $\pm Æ$ constet, habebitur longitudo vera planetae in sua orbita:

$$\varphi = \zeta \pm Æ - \frac{nB}{2}\sin 2v - \frac{nCi}{i-m}\sin\eta - \frac{nDi}{2(i-m)}\sin 2\eta$$
$$+ \frac{nEi}{i+m}\sin(\eta-2v) - \frac{nFi}{3i-m}\sin(\eta+2v)$$
$$+ \frac{nGi}{2m}\sin(2\eta-2v) - \frac{nHi}{2(2i-m)}\sin(2\eta+2v) \, ,$$

ubi portio $\zeta \pm Æ$ exhibet longitudinem modo ordinario inventam, nisi quatenus anomalia media hic est correcta; tum vero reliqui termini continent ceteras inaequalitates ab actione planetae perturbantis profectas, quarum quidem portio quaedam iam in ipsa aequatione centri $\pm Æ$ ob anomaliam mediam correctam comprehenditur.

121. Actionem ergo planetae perturbantis ad duplicem effectum perduximus, dum altero longitudo aphelii seu anomalia media, altero vero ipsa longitudo perturbatur. Quia vero et priori effectus valde est parvus, uterque commode ad unum revocari poterit. Cum enim anomalia vera tantumdem immutetur quantum anomalia media, si v denotet eam ipsam anomaliam veram, quae anomaliae mediae non correctae seu naturali ♉ respondet, in expressione pro vero planetae loco inventa loco v scribi oportet

$$v - \frac{n}{k}\bigl(\alpha \sin v + \beta \sin(\eta - v) + \gamma \sin(\eta + v) + \delta \sin(2\eta - v) + \varepsilon \sin(2\eta + v)\bigr),$$

quae mutatio quidem in terminis minimis nullam variationem sensibilem gignit. At si iam $\pm\!\!\text{Æ}$ denotet aequationem centri ipsi anomaliae mediae ♉ convenientem, quia est

$$\pm\!\!\text{Æ} = -2k \sin v - \frac{3}{4} kk \sin 2v - \frac{1}{3} k^3 \sin 3v,$$

in primo termino mutatio sensibilis orietur, ideoque loco $\pm\!\!\text{Æ}$ scribi debebit

$$\pm\!\!\text{Æ} + n\bigl(\alpha \sin 2v + (\beta + \gamma) \sin \eta + (\delta + \varepsilon) \sin 2\eta$$
$$+ \beta \sin(\eta - 2v) + \gamma \sin(\eta + 2v) + \delta \sin(2\eta - 2v) + \varepsilon \sin(2\eta + 2v)\bigr);$$

sicque iam $\pm\!\!\text{Æ}$ denotabit aequationem centri anomaliae mediae naturali ♉ respondentem, et anomalia vera v erit etiam ea, quae more solito sumitur, scilicet $v = ♉ \pm \text{Æ}$.

122. Hinc igitur faciliorem modum adipiscimur effectum perturbationis in loco planetae determinandi. More scilicet solito ad datum tempus colligatur anomalia media ♉, eique ex tabula ordinaria capiatur respondens aequatio centri $\pm\!\!\text{Æ}$, indeque formetur anomalia vera $v = ♉ \pm \text{Æ}$. Qua stabilita, si longitudo planetae media fuerit $= \zeta$ et η designet angulum, qui relinquitur, si a longitudine planetae perturbati longitudo planetae perturbantis subtrahatur, habebitur longitudo planetae perturbati vera[24]:

$$\varphi = \zeta \pm \text{Æ} + n\Biggl(\left(\alpha - \frac{B}{2}\right)\sin 2v$$
$$+ \left(\beta + \gamma - \frac{Ci}{i-m}\right)\sin\eta + \left(\delta + \varepsilon - \frac{Di}{2(i-m)}\right)\sin 2\eta$$
$$+ \left(\beta + \frac{Ei}{i+m}\right)\sin(\eta - 2v) + \left(\gamma - \frac{Fi}{3i-m}\right)\sin(\eta + 2v)$$
$$+ \left(\delta + \frac{Gi}{2m}\right)\sin(2\eta - 2v) + \left(\varepsilon - \frac{Hi}{2(2i-m)}\right)\sin(2\eta + 2v)\Biggr),$$

ubi $\zeta \pm \text{Æ}$ exprimit longitudinem planetae, quam tabulae ordinariae praebent, totaque perturbatio iam in terminis annexis continetur.

---

24 Editio princeps: $\bigl(\delta + \varepsilon - \frac{Di}{2(i-m)}\bigr)\sin 2\eta + n + \bigl(\beta + \frac{Ei}{i+m}\bigr)\sin(\eta - 2v) + \bigl(\gamma - \frac{Fi}{3i-m}\bigr)\sin(\eta + 2v)$
loco $\bigl(\delta + \varepsilon - \frac{Di}{2(i-m)}\bigr)\sin 2\eta + \bigl(\beta + \frac{Ei}{i+m}\bigr)\sin(\eta - 2v) + \bigl(\gamma - \frac{Fi}{3i-m}\bigr)\sin(\eta + 2v)$.   AV

123. Hic statim observo fieri $\alpha - \dfrac{B}{2} = 0$, unde, si ad reliquos terminos contrahendos ponatur:

$$\varphi = \zeta \pm \text{Æ} + nB'\sin\eta + nC'\sin 2\eta + nD'\sin(\eta - 2v) + nE'\sin(\eta + 2v)$$
$$+ nF'\sin(2\eta - 2v) + nG'\sin(2\eta + 2v) + \text{etc.},$$

per valores supra exhibitos reperiemus:

$$B' = \frac{bb}{cc}\left(\frac{3i^3}{m(i-m)^2} - \frac{ii}{(i-m)(2i-m)}\right) + \frac{b^3}{f^3} \cdot \frac{2i^3 g'}{m(i-m)(2i-m)}$$
$$- \frac{bbc}{2f^3}\left(\frac{3(2g-g'')ii}{(i-m)^2} + \frac{(6g-g'')ii}{m(i-m)} - \frac{(2g-3g'')ii}{(i-m)(2i-m)}\right),$$

$$C' = -\frac{b^3}{f^3} \cdot \frac{i^3 g''}{(i-m)(i-2m)(3i-2m)}$$
$$- \frac{bbc}{4f^3}\left(\frac{3(g'-g''')ii}{2(i-m)^2} - \frac{(3g'-g''')ii}{(i-m)(i-2m)} - \frac{(g'-3g''')ii}{(i-m)(3i-2m)}\right),$$

$$D' = 0, \quad E' = 0, \quad F' = 0, \quad G' = 0.$$

Hanc ob rem tota correctio ita contrahitur, ut tantum duobus terminis constet, sitque $\varphi = \zeta \pm \text{Æ} + nB'\sin\eta + nC'\sin 2\eta$, siquidem in perturbationibus excentricitatem k reicimus.

124. Distantia vera planetae a Sole x nunc quoque facile definiri poterit; cum enim sit $x = \dfrac{p}{1 - q\cos v}$, si ponamus ut supra $p = b(1 + nP)$ et $q = k + nQ$, erit ob nP et nQ minima:

$$x = \frac{b}{1 - k\cos v} + nb(P + Q\cos v).$$

Supra autem iam valores quantitatum P et Q assignavimus, hic vero pro v capi debet ea anomalia vera, quae anomaliae mediae correctae ♂' respondet: sin autem anomalia vera tabulari uti velimus, eamque littera v indicemus, pro v in ista formula scribere debemus:

$$v - \frac{n}{k}\bigl(\alpha\sin v + \beta\sin(\eta - v) + \gamma\sin(\eta + v) + \delta\sin(2\eta - v) + \varepsilon\sin(2\eta + v)\bigr);$$

ideoque pro $k\cos v$ scribi oportebit[25]:

$$k\cos v + \frac{n}{2}\bigl(\alpha - \alpha\cos 2v - (\beta - \gamma)\cos\eta + \beta\cos(\eta - 2v) - \gamma\cos(\eta + 2v)$$
$$- (\delta - \varepsilon)\cos 2\eta + \delta\cos(2\eta - 2v) - \varepsilon\cos(2\eta + 2v)\bigr).$$

---

25 Editio princeps: $+\gamma\cos(\eta + 2v)$ loco $-\gamma\cos(\eta + 2v)$.

Hinc, si ponamus $k\cos v = k\cos v + nR$, erit

$$x = \frac{b}{1 - k\cos v} + nb(P + Q\cos v + R),$$

ubi $\frac{b}{1-k\cos v}$ distantiam ex tabulis more solito erutam exprimit; neque vero plerumque operae est pretium pro distantia hanc correctionem adhibere.

SECTIO IX
Evolutio inaequalitatum quibus cum linea nodorum tum inclinatio ab actione Planetarum afficitur

125. Supra in §87 et 88 formulas exhibuimus differentiales, quibus mutatio momentanea tam in situ lineae nodorum quam in inclinatione orbitae planetae perturbati ad orbitam perturbantis, quam tanquam fixam considero, exprimitur. Productae autem sunt istae formulae usque ad terminos excentricitate simplici k affectos, omissis iis, qui vel per quadratum altioremve potestatem eiusdem excentricitatis k, vel per excentricitatem orbitae planetae perturbantis e sunt multiplicati; quos autem, si quis laborem suscipere velit, eidem methodo insistendo non esset difficile insuper adicere: neque etiam tum istarum formularum integratio maiori premeretur difficultate. Verum quia actio planetarum est minima, hic adeo terminos excentricitatem k involventes reicere licebit, sicque expressiones integrales et facilius invenientur et multo fient simpliciores.

126. Quod igitur primum ad longitudinem nodi attinet, quam respectu stellarum fixarum littera π indicavimus, in eius differentiale ingreditur angulus σ, qui denotat argumentum latitudinis $\varphi - \pi$. Cum ergo hoc calculo negligamus, et differentiale ipsius $d\pi$ prae $d\varphi$ sit minimum, tuto assumere licet $d\sigma = d\varphi = i\,d\omega$, et quia porro est $d\eta = (i-m)\,d\omega$, integrando obtinebimus pro longitudine lineae nodorum:

$$\pi = \text{Const.} - \frac{nbbc}{4f^3} \cdot g'i\omega + \frac{nibb}{cc}\left(\frac{\sin\eta}{2(i-m)} + \frac{\sin(\eta - 2\sigma)}{2(i+m)}\right)$$
$$- \frac{nibbc}{4f^3}\left(\frac{(2g+g'')\sin\eta}{i-m} + \frac{(g'+g''')\sin 2\eta}{2(i-m)} + \frac{2g\sin(\eta-2\sigma)}{i+m}\right.$$
$$\left. - \frac{g'\sin 2\sigma}{2i} + \frac{g'\sin(2\eta-2\sigma)}{2m} - \frac{g''\sin(\eta+2\sigma)}{3i-m}\right).$$

Hinc ergo erit longitudo media nodi $= \text{Const.} - \frac{nbbc}{4f^3}\cdot g'i\omega$, et quia g' semper est quantitas positiva, patet lineam nodorum semper regredi, et quidem singulis annis per angulum $= \frac{90°nbbc}{f^3}\cdot ig'$ graduum, ponendo $[\omega] = 360°$.

127. Formulam pro differentiali $\frac{d \cdot \tan G}{\tan G}$ inventam, quia etiam est valde parva, loco $\tan G$ poterimus per tangentem inclinationis mediae multiplicare; sit igitur inclinatio media $= \lambda$, denotante G inclinationem veram, atque integrando obtinebimus[26]:

$$\frac{\tan G}{\tan \lambda} = 1 + \frac{nibb}{2cc}\left(\frac{\cos \eta}{i-m} - \frac{\cos(\eta - 2\sigma)}{i+m}\right)$$
$$- \frac{nibbc}{4f^3}\left(\frac{(2g-g'')\cos\eta}{i-m} + \frac{(g'-g''')\cos 2\eta}{2(i-m)} - \frac{2g\cos(\eta - 2\sigma)}{i+m}\right.$$
$$\left. - \frac{g'\cos 2\sigma}{2i} - \frac{g'\cos(2\eta - 2\sigma)}{2m} - \frac{g''\cos(\eta + 2\sigma)}{3i-m}\right).$$

Cum igitur inclinatio vera G minime discrepet a media λ, ponamus $G = \lambda + d\lambda$, eritque

$$\tan G = \tan \lambda + \frac{d\lambda}{\cos \lambda^2} \quad \text{et} \quad \frac{\tan G}{\tan \lambda} = 1 + \frac{d\lambda}{\sin \lambda \cos \lambda} = 1 + \frac{2\,d\lambda}{\sin 2\lambda} \ ;$$

qua formula cum illa expressione collata eliciemus valorem ipsius $d\lambda$, quo substituto reperietur:

$$G = \lambda + \frac{nibb \sin 2\lambda}{4cc}\left(\frac{\cos \eta}{i-m} - \frac{\cos(\eta - 2\sigma)}{i+m}\right)$$
$$- \frac{nibbc \sin 2\lambda}{8f^3}\left(\frac{(2g-g'')\cos\eta}{i-m} - \frac{2g\cos(\eta - 2\sigma)}{i+m} - \frac{g'\cos(2\eta - 2\sigma)}{2m}\right.$$
$$\left. + \frac{(g'-g''')\cos 2\eta}{2(i-m)} - \frac{g'\cos 2\sigma}{2i} - \frac{g''\cos(\eta + 2\sigma)}{3i-m}\right).$$

128. Inaequalitates igitur istae non solum ob fractionem minimam n, sed etiam ob $\sin 2\lambda$ erunt tam exiguae, ut nullo modo observari queant: atque etiam inaequalitates periodicae in linea nodorum vix unquam in sensus occurrant, unde in usu astronomico tuto negligi poterunt. Tantum ergo notasse sufficiet motum lineae nodorum medium, qui continetur hac formula:

$$\pi = \text{Const.} - \frac{nbbc}{4f^3}g'i\omega \ ;$$

unde constat lineam nodorum motu uniformi contra signorum seriem recedere. Etsi enim hic motus singulis annis sit tardissimus, ut percipi nequeat, tamen successione plurium annorum, quia continuo accumulatur, maxime sensibilis evadere

---

26 Editio princeps: $+\frac{g'\cos 2\sigma}{2i}$ loco $-\frac{g'\cos 2\sigma}{2i}$.

potest. Effectus autem, qui inde in phaenomena Astronomica redundat, in hoc potissimum cernetur, quod, si pro planeta perturbato Terra accipiatur, latitudo stellarum fixarum aliquantillum immutetur, qui effectus propterea imprimis meretur, ut accuratius evolvatur.

129. Ista autem latitudinis mutatio pendebit a longitudine cuiusque stellae fixae ratione nodorum: posita enim longitudine nodi ascendentis Terrae super orbita planetae perturbantis $= \pi$, quae convenit cum longitudine nodi descendentis eiusdem planetae super ecliptica, si longitudo cuiuspiam stellae fixae fuerit $= \pi$, eius latitudo, si fuerit borealis, post tempus, quo Sol arcum ω absolvit, diminuetur particula $= \frac{nbbc}{4f^3} g' i \omega \sin \lambda$, sin autem latitudo fuerit australis, tantumdem augebitur. Contrarium eveniet, si longitudo stellae fuerit $180° + \pi$, tum enim eodem tempore, cui Solis motus ω respondet, eius latitudo, si fuerit borealis, augebitur particula $\frac{nbbc}{4f^3} g' i \omega \sin \lambda$, sin autem sit australis, tantumdem diminuetur. At si longitudo stellae $90°$ distet a nodis, tum eius latitudo nullam patietur mutationem. In genere autem, si longitudo stellae fixae fuerit $= \xi$, eodem tempore eius latitudo, si fuerit borealis, diminuetur particula $= \frac{nbbc}{4f^3} g' i \omega \sin \lambda \cos(\xi - \pi)$, sin autem latitudo sit australis, tantumdem augebitur.

130. Maxime igitur notabiles effectus, qui ab actione planetarum in Terram exercentur, sunt primo ista exigua mutatio in latitudine stellarum fixarum, quae autem, cum observationibus vetustis circa latitudinem stellarum fixarum institutis minus fidere liceat, utrum veritati sit conformis? non tam facile explorari potest. Interim tamen studiosa collatio veterum observationum cum recentioribus vix dubitare sinit, quin in quibus stellis fixis latitudo parumper sit immutata, quod phaenomenum sine dubio actioni planetarum est tribuendum. Deinde maxime conspicuus effectus cernitur in motu aphelii, cuius consensus cum veritate facillime explorari potest, quandoquidem ex observationibus certum est aphelium Terrae quotannis per spatiolum $11''$ circiter promoveri; similique modo motus apheliorum in reliquis planetis ab eorum actione mutua oriundus cum observationibus comparari poterit. Reliqui effectus in plerisque planetis minus perceptibiles consistunt in mutatione excentricitatis, in inaequalitatibus periodicis loci apheliorum, unde anomalia media afficitur, ac denique in variatione parametri orbitarum; quibus cognitis loca planetarum per praecepta vulgaria Astronomica facile assignari poterunt.

PARS ALTERA

Continens applicationem theoriae ad motum Terrae eiusque perturbationes ab actione reliquorum Planetarum oriundas

1. In parte superiori theoriam actionis planetarum mutuae ita in genere constitui, ut ex ea inaequalitates cuiusque planetae, quae eius motui ab actione reliquorum planetarum inducuntur, definiri atque assignari queant. Quas inaequalitates ita ad commodum calculi astronomici traduxi, ut pateat, quantum primo latus rectum seu parameter orbitae, tum vero excentricitas, tertio locus aphelii et quarto positio plani, quod orbita in coelo occupat, quovis tempore immutetur. Cognitis enim his variationibus, manifesto apparebit, quantum motus planetae quovis tempore a regulis KEPPLERIANIS recedere et quales correctiones Tabulis consuetis adhiberi debeant, ut ad quodvis tempus verus planetae locus in coelo assignari queat.

2. Labor autem foret nimis operosus, limitesque huic dissertationi praefixos longe excederet, si hanc theoriam ad singulos planetas accommodare vellem. Ipsa quoque Illustrissima Academia Regia tam prolixum opus non requirit, dum postquam theoria perturbationum solide fuerit stabilita, eius applicationem tantum ad motum Terrae exigit: cuius praecepto morem gesturus cunctas perturbationes, quibus Terra in motu suo ob actionem reliquorum planetarum est obnoxia, data opera determinabo. Ex hac autem applicatione facile perspicietur, quomodo per eandem theoriam et reliquorum planetarum omnium perturbationes, quas sibi mutuo induunt, definiri oporteat.

3. Ad motum autem Terrae perturbandum reliqui planetae omnes concurrunt, singulorumque effectus secundum praecepta superiora seorsim investigari conveniet, quod opus pro singulis simili calculo absolvetur. Quoniam igitur Terram in locum planetae perturbati constituimus, littera i perpetuo unitatem denotabit, atque ex tabulis solaribus pro eius excentricitate media assumemus $k = 0{,}0168$. Quanquam enim cunctis inaequalitatibus rite determinatis demum verum valorem excentricitatis mediae k definire licet, tamen in ipsa harum inaequalitatum investigatione valore ipsius k proxime vero tuto uti poterimus, quandoquidem hic minimas aberrationes merito negligimus. Interim valor $k = 0{,}0168$ tam prope ad veritatem accedere videtur, ut error nullius certe sit momenti. Habebimus igitur constanter $i = 1$ et $k = 0{,}0168$, neque quicquam praeterea ex Terrae theoria repeti est necesse, propterea quod non tam quantitas absoluta eius parametri quam eius ratio ad parametrum cuiusque alterius planetae in computum ingreditur.

4. Quicunque planetarum pro perturbante assumitur, eius primum vim absolutam, seu rationem eius massae ad massam Solis nosse oportet, quam rationem littera n indicavimus. Ex phaenomenis quidem Satellitum NEWTONUS conclu-

sit[27], si Saturnus sit planeta perturbans, fore $n = \frac{1}{3021}$, sin autem sit Jupiter, esse $n = \frac{1}{1067}$; pro reliquis autem planetis, quoniam Satellitibus destituuntur, valor fractionis n ex phaenomenis determinari nequit. Etsi autem Mars et Venus ratione voluminis Terrae sunt minores, fortasse ob maiorem densitatem ratione massae non multum discrepant, foretque ergo pro illis $n = \frac{1}{170000}$; pro Marte tamen hanc fractionem ob celeberrimi MONNIERII observationes notabiliter imminuere vellem[28], ut esset quasi $n = \frac{1}{2000000}$, nullumque est dubium, quin pro Mercurio haec fractio multo minor sit accipienda forsitan $n = \frac{1}{10000000}$. Verum ex ipsa quantitate effectuum forte haec accuratius definire licebit.

5. Porro pro quovis planeta nosse oportet motum medium seu rationem anguli dato tempore circa Solem descripti ad motum medium Solis pro eodem tempore. Hanc rationem littera m indicavimus, unde tabulas astronomicas consulentes reperiemus

$$\text{pro Saturno} \quad m = \frac{2}{59} = 0{,}0339$$

$$\text{pro Jove} \quad m = \frac{7}{83} = 0{,}0843$$

$$\text{pro Marte} \quad m = \frac{42}{79} = 0{,}5316$$

$$\text{pro Venere} \quad m = \frac{13}{8} = 1{,}6250$$

$$\text{pro Mercurio} \quad m = \frac{137}{33} = 4{,}1515 \ .$$

Excentricitate horum planetarum littera e indicata non erit opus, siquidem vidimus perturbationes inde pendentes tam prodire exiguas, ut prae reliquis facile reici queant. Saltem in hac applicatione eius rationem non habebimus, etiamsi in theoria non sit neglecta; propterea quod ad motum apogei medium nihil plane confert.

6. Cum igitur sit $m = \frac{a\sqrt{a}}{c\sqrt{c}} = \frac{b\sqrt{b}}{c\sqrt{c}}$ ob $a = b$, hinc reliquas expressiones, quae in calculum ingrediuntur, determinare poterimus. Sic erit

$$\frac{bb}{cc} = \sqrt[3]{m^4} \ ; \quad \frac{bb}{ff} = \frac{\sqrt[3]{m^4}}{1 + \sqrt[3]{m^4}} \ ; \quad \frac{cc}{ff} = \frac{1}{1 + \sqrt[3]{m^4}} \ ;$$

hincque

$$\frac{b^3}{f^3} = \frac{mm}{\left(1 + \sqrt[3]{m^4}\right)^{\frac{3}{2}}} \ ; \quad \frac{bbc}{f^3} = \frac{\sqrt[3]{m^4}}{\left(1 + \sqrt[3]{m^4}\right)^{\frac{3}{2}}} \ .$$

---

27 Cf. [Newton 1687], Lib. III, Prop. VIII, Theor. VIII, Corol. 1–2.
28 Cf. [Lemonnier 1746], Chap. XVI, pp. 279–320.

Tum etiam hinc elicientur valores numerorum μ et ν supra (§77) introductorum, eritque

$$\mu = \frac{2bc}{ff} = \frac{2\sqrt[3]{mm}}{1+\sqrt[3]{m^4}} \quad \text{et} \quad \nu = \frac{cc-bb}{ff} = \frac{1-\sqrt[3]{m^4}}{1+\sqrt[3]{m^4}}.$$

Ex his autem neglecta excentricitate e habemus:

$$\frac{1}{r^3} = \frac{1}{f^3}\left(1 - \frac{3}{2}(1-\nu)k\cos v\right) = \frac{1}{f^3}\left(1 - \frac{3\sqrt[3]{m^4}}{1+\sqrt[3]{m^4}}k\cos v\right)$$

$$s = \mu(1+\nu k\cos v), \quad ss = \mu^2(1+2\nu k\cos v), \quad s^3 = \mu^3(1+3\nu k\cos v) \quad \text{etc.}$$

atque

$$1 - ss = \nu\nu - 2\mu\mu\nu k\cos v \quad \text{et} \quad \frac{1}{1-ss} = \frac{1}{\nu^2} + \frac{2\mu\mu k\cos v}{\nu^3}.$$

7. Iam praecipuus labor in computo litterarum g, h, g', h' etc. consistet, pro quibus primum ex §72 valores expressionum

$$P(1-ss), \quad \frac{1}{2}Q(1-ss), \quad \frac{1}{2}R(1-ss), \quad \frac{1}{2}S(1-ss), \quad \text{etc.,}$$

hincque ipsae hae litterae P, Q, R, S etc. colligi debent. Quae singulae cum habiturae sint formam $A + Bk\cos v$, erit porro

$$g + hk\cos v = P\left(1 - \frac{3}{2}(1-v)k\cos v\right)$$

$$g' + h'k\cos v = Qs\left(1 - \frac{3}{2}(1-v)k\cos v\right)$$

$$g'' + h''k\cos v = Rs^2\left(1 - \frac{3}{2}(1-v)k\cos v\right)$$

$$g''' + h'''k\cos v = Ss^3\left(1 - \frac{3}{2}(1-v)k\cos v\right) \quad \text{etc.,}$$

quoniam excentricitatem e ac proinde numeros inde pendentes l, l', l'' etc. negligimus. Negligimus vero etiam terminos quadratum k^2 eiusque altiores potestates involventes, unde calculus in numeris satis expedite absolvi poterit. Atque hoc modo omnia elementa, quae ad perturbationes motus in orbita inveniendas spectant, erunt cognita.

8. Denique vero quod ad variationem plani orbitae attinet id pro quovis planeta perturbante ad planum eius orbitae, quae saltem ad tempus ut fixa spectatur, est relatum. Ex tabulis autem Astronomicis colligimus pro Anno 1750:

Si orbita Terrae referatur ad	Esse longitudinem nodi ascendentis	Inclinationem orbitae
Orbitam Saturni	$9^s\ 21°\ 20'\ \ 6''$	$2°\ 30'\ 10''$
Orbitam Jovis	$9^s\ \ 8°\ 15'\ 50''$	$1°\ 19'\ 10''$
Orbitam Martis	$7^s\ 17°\ 56'\ 22''$	$1°\ 51'\ \ 0''$
Orbitam Veneris	$8^s\ 14°\ 23'\ 43''$	$3°\ 23'\ 20''$
Orbitam Mercurii	$7^s\ 18°\ 29'\ \ 0''$	$6°\ 59'\ 20''$

His igitur notatis perturbationes, quas quilibet planeta in motu Terrae producit, per calculum numericum investigemus, unde, quantum theoria cum veritate consentiat, facile erit iudicare.

I

Investigatio inaequalitatum motus Terrae ab actione Saturni oriundarum

9. Primum igitur Saturnus locum teneat planetae perturbantis, atque ut vidimus pro eo habemus

$$n = \frac{1}{3021} \quad \text{et} \quad m = 0{,}0339\,,$$

et quantitates hinc derivatas cum suis logarithmis:

$$\frac{bb}{cc} = 0{,}01097 \qquad l\,\frac{bb}{cc} = 8{,}040237$$

$$\frac{b^3}{f^3} = 0{,}00113 \qquad l\,\frac{b^3}{f^3} = 7{,}053248$$

$$\frac{bbc}{f^3} = 0{,}01079 \qquad l\,\frac{bbc}{f^3} = 8{,}033129$$

$$\begin{array}{lll}
\mu = 0{,}2072 & l\,\mu = 9{,}316410 & \mu\nu = 0{,}2027 \\
\mu^2 = 0{,}0429 & l\,\mu^2 = 8{,}632820 & \mu^2\nu = 0{,}0420 \\
\mu^3 = 0{,}0089 & l\,\mu^3 = 7{,}949230 & \mu^3\nu = 0{,}0087 \\
\mu^4 = 0{,}0018 & l\,\mu^4 = 7{,}265640 & \mu^4\nu = 0{,}0018 \\
\nu = 0{,}9783 & l\,\nu = 9{,}990471 & 1 - \nu = 0{,}0217 \\
\dfrac{1}{\nu\nu} = 1{,}0449 & l\,\dfrac{1}{\nu\nu} = 0{,}019070 & \dfrac{\mu\mu}{\nu^3} = 0{,}0459
\end{array}$$

10. Ex his valoribus formabimus sequentes:

$$\frac{f^3}{r^3} = 1 - \frac{3}{2}(1-\nu)k\cos v = 1 - 0{,}0326\,k\cos v$$

$$s = 0{,}2072 + 0{,}2027\,k\cos v$$

$$s^2 = 0{,}0429 + 0{,}0840\,k\cos v$$
$$s^3 = 0{,}0089 + 0{,}0261\,k\cos v$$
$$s^4 = 0{,}0018 + 0{,}0072\,k\cos v$$
$$s^5 = 0{,}0004 + 0{,}0019\,k\cos v$$
$$s^6 = 0{,}0001 + 0{,}0005\,k\cos v\,.$$

Tum vero $\dfrac{1}{1-ss} = 1{,}0449 + 0{,}0917\,k\cos v$, unde valores $P(1-ss)$, $\dfrac{1}{2}Q(1-ss)$, $\dfrac{1}{2}R(1-ss)$ etc. colliguntur:

$$P(1-ss) = 0{,}99729 - 0{,}00536\,k\cos v$$
$$\tfrac{1}{2}Q(1-ss) = 0{,}75307 + 0{,}00610\,k\cos v$$
$$\tfrac{1}{2}R(1-ss) = 0{,}47518 + 0{,}01285\,k\cos v$$
$$\tfrac{1}{2}S(1-ss) = 0{,}28003 + 0{,}01326\,k\cos v\,.$$

11. Ex his deducitur:

$$P = 1{,}0420 + 0{,}0859\,k\cos v$$
$$Q = 1{,}5737 + 0{,}1509\,k\cos v\,, \quad \text{hinc} \quad Qs = 0{,}3261 + 0{,}3503\,k\cos v$$
$$R = 0{,}9930 + 0{,}1140\,k\cos v\,, \qquad\qquad Rs^2 = 0{,}0426 + 0{,}0883\,k\cos v$$
$$S = 0{,}5852 + 0{,}0791\,k\cos v\,, \qquad\qquad Ss^3 = 0{,}0052 + 0{,}0160\,k\cos v\,;$$

multiplicentur iam hae formulae per $1 - 0{,}0326\,k\cos v$, indeque pro litteris g, h, g', h', g'', h'' etc. sequentes obtinebuntur valores:

$$\begin{aligned}
g &= 1{,}0420 & h &= 0{,}0519 \\
g' &= 0{,}3261 & h' &= 0{,}3397 \\
g'' &= 0{,}0426 & h'' &= 0{,}0869 \\
g''' &= 0{,}0052 & h''' &= 0{,}0158\,, \quad \text{etc.,}
\end{aligned}$$

qui per se tantopere decrescunt, ut circa convergentiam seriei, in quam supra terminum $\dfrac{1}{z^3}$ transformavimus, nullum dubium superesse possit.

12. His valoribus inventis inquiramus primo in motum aphelii Terrae, quatenus ab actione Saturni afficitur, et quoniam per §101 tempore, quo Sol motu medio conficit angulum ω, aphelium Terrae respectu stellarum fixarum promovetur per spatiolum

$$\frac{nbbc}{4f^3}(2g' + h')\omega - \frac{nb^3}{2f^3}(3g + h)\omega\,;$$

ob
$$\frac{bbc}{4f^3} = 0{,}002698\,, \quad 2g' + h' = 0{,}9918\,,$$

erit
$$\frac{bbc}{4f^3}(2g' + h') = 0{,}002676\,, \quad \frac{b^3}{2f^3} = 0{,}000565\,, \quad 3g + h = 3{,}1780\,,$$

erit
$$\frac{b^3}{2f^3}(3g + h) = 0{,}001796\,.$$

Hinc isto tempore aphelium proferetur per spatium
$$0{,}000880\, n\omega = \frac{0{,}000880\,\omega}{3021}\,, \quad \text{ob} \quad n = \frac{1}{3021}\,.$$

Tempore ergo unius anni, quo $\omega = 360° = 1296000''$, aphelium Terrae a Saturno propellitur per spatium[29] $= 0{,}377'' = 23'''$, ideoque tempore 100 annorum per spatium $= 38''$; si ergo Terra tantum a Saturno perturbaretur, aphelium respectu stellarum fixarum promoveretur:

Tempore unius anni per spatium $23'''$,
Tempore 100 annorum per spatium $38''$.

13.   Hinc ad quodvis tempus longitudo media aphelii Terrae innotescit, quae autem porro per inaequalitates periodicas corrigi debet. Pendent autem eae a duobus angulis η et v, quorum ille η habetur, si longitudo Saturni θ a longitudine Terrae φ subtrahatur, hic vero v denotat anomaliam Terrae veram. Cum igitur sit
$$\frac{bb}{2cc} = 0{,}005485 \quad \text{et} \quad m = 0{,}0339\,,$$

hinc
$$2i - m = 1{,}9661$$
$$i - 2m = 0{,}9322$$
$$3i - 2m = 2{,}9322\,,$$

ob $n = \frac{1}{3021}$ et $k = 0{,}0168$, formula pro motu aphelii (§101) inventa ad angulos reducta dabit:

Longitudo aphelii vera $=$ Longitudini aphelii mediae
$$+ 1973''\sin(\eta - v) + 11''\sin(\eta + v)$$
$$- 5''\sin v + 22''\sin(\eta - v) - \frac{1''}{2}\sin(\eta + v)$$
$$+ 7''\sin v - 2009''\sin(\eta - v) - 11''\sin(\eta + v)$$
$$+ 11''\sin(2\eta - v) - 1''\sin(2\eta + v)\;;$$

---

[29] Editio princeps: $0{,}370''$ loco $0{,}377''$; $22'''$ loco $23'''$; $37''$ loco $38''$.

unde patet has inaequalitates tantum non se mutuo destruere, dum eae reducuntur ad

$$2'' \sin v - 14'' \sin(\eta - v) + 11'' \sin(2\eta - v),$$

quare, dum nunquam ad dimidium minutum assurgunt, tuto negligi possunt, ita ut sufficiat effectum in motu aphelii medio notasse.

14. Variationes, quae ab actione Saturni excentricitati et parametro inducuntur, tam sunt exiguae, ut omnino sentiri nequeant. Neque vero etiam has inaequalitates evolvisse est opus, cum, quoniam sunt minimae, supra (§123) effectum inde in locum Terrae redundantem expresserimus, sumta scilicet aequatione, quae secundum tabulas ordinarias anomaliae mediae convenit, quae sit $= \pm \text{Æ}$, et posita longitudine Terrae media $= \zeta$, vidimus fore longitudinem eius veram

$$\varphi = \zeta \pm \text{Æ} + nB' \sin \eta + nC' \sin 2\eta.$$

Ibidem autem valores litterarum B' et C' dedimus, ex quibus hos coëfficientes in minutis secundis colligimus[30]:

$$nB' = -\frac{1''}{2} \quad \text{et} \quad nC' = 0;$$

unde patet longitudinem Terrae regulis ordinariis computatam nullam sensibilem alterationem ab actione Saturni pati, cum ea vix dimidio minuto secundo mutari possit. Pro orbita igitur Terrae nil aliud relinquitur, nisi exigua illa aphelii Terrae promotio, cuius effectus post integrum seculum demum ad $38''$ exsurgit.

15. Tantum ergo superest, ut in mutationem plani, in quo orbita Terrae versatur, inquiramus; a Saturno autem linea nodorum, seu intersectio orbitarum Terrae et Saturni contra signorum ordinem removebitur tempore, quo Sol motu medio angulum ω absolvit, per spatiolum $= \frac{nbbc}{4f^3} \cdot g'\omega = \frac{\omega}{3433591}$. Hinc ergo singulis annis linea nodorum super orbita Saturni regredietur per $0{,}377''$ seu $23'''$, seculo autem elapso hic motus erit quasi $38''$. Inaequalitates periodicas, quibus locus nodi afficitur, quia nullius plane sunt momenti, hic non evolvo, multoque minus eas, quibus in genere inclinatio turbari est inventa: illae enim nunquam ad minutum secundum, hae vero ne ad tertium quidem assurgere reperientur. Si ergo Terra a solo Saturno perturbatur, linea nodorum Terrae super orbita Saturni retromoveretur:

Tempore unius anni per spatium $\quad 23'''$,
Tempore unius seculi per spatium $\quad 38''$,

qui ergo motus motui aphelii proxime[31] est aequalis.

---

30 Recte: $nB' = -0{,}487''$ et $nC' = +0{,}123''$.   AV
31 Vide notam 29.   AV

16. Phaenomena, quae hinc in latitudinem stellarum fixarum fluunt, ita se habebunt. Cum sit inclinatio orbitae Terrae ad orbitam Saturni $\lambda = 2°30'10''$, erit pro tempore unius anni

$$\frac{nbbc}{4f^3}g' \cdot \omega \sin \lambda = 0{,}0165''\ .$$

Hinc stellarum fixarum, quarum longitudo est $9^s\,21°$, vel $3^s\,21°$, latitudo tempore unius anni mutabitur fere uno minuto tertio. Seculo autem elapso, mutatio latitudinis ita se habebit:

Si longitudo stellae sit $9^s\,21°$ circiter,

eius latitudo $\begin{Bmatrix} \text{decrescit} \\ \text{crescit} \end{Bmatrix}$ $1''39'''$, si latitudo fuerit $\begin{Bmatrix} \text{borealis} \\ \text{australis} \end{Bmatrix}$.

At si longitudo stellae sit $3^s\,21°$ circiter,

eius latitudo $\begin{Bmatrix} \text{crescit} \\ \text{decrescit} \end{Bmatrix}$ $1''39'''$, si latitudo fuerit $\begin{Bmatrix} \text{borealis} \\ \text{australis} \end{Bmatrix}$.

Huiusmodi ergo stellarum fixarum latitudo intervallo decem seculorum mutari potuit $16''24'''$, idque ob solam actionem Saturni.

II
Investigatio inaequalitatum motus Terrae ab actione Jovis oriundarum

17. Collocato iam Jove in locum planetae perturbantis habebimus

$$n = \frac{1}{1067} \quad \text{et} \quad m = 0{,}0843\ ;$$

indeque quantitates derivatas cum logarithmis subscriptis:

$$\frac{bb}{cc} = 0{,}036985 \qquad \frac{b^3}{f^3} = 0{,}006736 \qquad \frac{bbc}{f^3} = 0{,}035024$$
$$8{,}568027 \qquad\qquad 7{,}828381 \qquad\qquad 8{,}544368\ .$$

Porro erit $\mu = 0{,}37091$ et $\nu = 0{,}92867$, hincque

$$s \quad = 0{,}37091 \quad + 0{,}34445\,k\cos v$$
$$9{,}569271 \quad\ \ 9{,}537131$$

$$s^2 \quad = 0{,}13758 \quad + 0{,}12776\,k\cos v$$
$$9{,}138542 \quad\ \ 9{,}106402$$

$$s^3 \quad = 0{,}05103 \quad + 0{,}04739\,k\cos v$$
$$8{,}707812 \quad\ \ 8{,}675673$$

$$s^4 \quad = 0{,}01893 \quad + 0{,}01758\,k\cos v$$
$$8{,}277083 \quad\ \ 8{,}244944$$

$$s^5 \quad = 0{,}00702 \quad + 0{,}00652\,k\cos v$$
$$7{,}846354 \quad\ \ 7{,}814214$$

$$s^6 \quad = 0{,}00260 \quad + 0{,}00242\,k\cos v$$
$$7{,}415625 \quad\ \ 7{,}383485$$

$$s^7 \quad = 0{,}00097 \quad + 0{,}00090\,k\cos v$$
$$6{,}984896 \quad\ \ 6{,}952756$$

$$s^8 \quad = 0{,}00036 \quad + 0{,}00033\,k\cos v$$
$$6{,}554166 \quad\ \ 6{,}522027$$

$$s^9 \quad = 0{,}00013 \quad + 0{,}00012\,k\cos v$$
$$6{,}123437 \quad\ \ 6{,}091298$$

$$s^{10} \quad = 0{,}00005 \quad + 0{,}00005\,k\cos v$$
$$\phantom{s^{10} \quad =\ }5{,}692708 \quad\ \ 5{,}660568$$

$$\frac{1}{1-ss} = 1{,}15952 \quad + 0{,}34355\,k\cos v$$
$$\phantom{\frac{1}{1-ss} =\ }0{,}064279 \quad\ \ 9{,}535990$$

$$\frac{f^3}{r^3} = 1 \quad\quad\ \ - 0{,}10700\,k\cos v$$
$$\phantom{\frac{f^3}{r^3} = 1\quad\ \ }9{,}029375\ .$$

18. Ex his iam calculo secundum §72 subducto invenitur:

$$P(1-ss) = 0{,}991106 \,-\, 0{,}017104\,k\cos v$$
$$9{,}996120 \quad\ \ 8{,}233094$$

$$Qs(1-ss) = 0{,}563932 \,+\, 0{,}538531\,k\cos v$$
$$9{,}751226 \quad\ \ 9{,}731210$$

$$Rs^2(1-ss) = 0{,}134932 \,+\, 0{,}262502\,k\cos v$$
$$9{,}130114 \quad\ \ 9{,}419133$$

$$Ss^3(1-ss) = 0{,}030203 \,+\, 0{,}088816\,k\cos v$$
$$8{,}480050 \quad\ \ 8{,}948491\ ,$$

hasque formulas primum per $\frac{1}{1-ss}$, deinde per $\frac{f^3}{r^3}$ multiplicari oportet, hoc est coniunctim per

$$1{,}15952 \quad + \quad 0{,}21948\, k\cos v$$
$$0{,}064279 \qquad 9{,}341402\, ,$$

unde prodeant formae $g + hk\cos v$. Facta igitur multiplicatione reperietur:

$$g = 1{,}14921 \quad h = 0{,}19770$$
$$g' = 0{,}65389 \quad h' = 0{,}74821$$
$$g'' = 0{,}15646 \quad h'' = 0{,}33399$$
$$g''' = 0{,}03502 \quad h''' = 0{,}10961\,.$$

19. Hinc pro motu aphelii Terrae medio erit

$$2g' + h' = 2{,}05599\,, \qquad 3g + h = 3{,}64533$$
$$\frac{bbc}{4f^3}(2g' + h') = 0{,}018002\,, \quad \frac{b^3}{2f^3}(3g + h) = 0{,}012277\,;$$

unde tempore, quo Sol motu medio angulum ω conficit, aphelium Terrae promovetur per spatium

$$0{,}005726\, n\omega = \frac{\omega}{186359}\,, \quad \text{ob}\quad n = \frac{1}{1067}\,.$$

Ponamus iam $\omega = 360° = 1296000''$, ut obtineamus aphelii motum annuum, qui prodibit $= 6{,}95'' = 6''\,57'''$, et motus secularis $= 695'' = 11'\,35''$. Quare, si Terra tantum a Jove perturbaretur, aphelium eius respectu stellarum fixarum promoveretur:

Tempore unius anni per spatium $\qquad 6''\,57'''$,
Tempore centum annorum per spatium $\quad 11'\,35''$.

Saturnus igitur et Jupiter coniunctim imprimunt aphelio Terrae motum annuum $7''\,20'''$. Revera autem quotannis promoveri observatur per spatium $11''$ circiter.

20. Omissis mutationibus, quae excentricitatem et parametrum afficiunt, quaeramus statim correctionem, quam locus Terrae in orbita exigit, ac pro coëfficientibus B' et C' (§123) obtinemus valores sequentes:

$$B' = -0{,}03652\,;\quad C' = +0{,}01383\,.$$

Quare, si η iam denotet angulum, qui oritur, si longitudo Jovis a longitudine Terrae subtrahatur, longitudo Terrae per tabulas solito more computatas sequentem correctionem recipere debet:

$$-7{,}06''\sin\eta + 2{,}67''\sin 2\eta\,;$$

quae ergo nunquam ad decem minuta secunda exsugere potest. Verumtamen hae correctiones maximi sunt momenti, quandoquidem theoria motus Solis iam ad tantam perfectionem est perducta, ut in calculo vix unum minutum secundum negligere fas sit. Deinde, cum Luna fore tantumdem motum Terrae perturbare sit inventa, neuter effectus per observationes rite comprobari potest, nisi utriusque vera quantitas per theoriam sit explorata.

21. Motus lineae nodorum motui aphelii tam exacte aequalis deprehenditur, ut differentia vix ad partes millionesimas ascendat; discrimen autem in hoc versatur, quod aphelium secundum signorum ordinem progreditur, dum nodi motum retrogradum tenent. Motus igitur huius lineae nodorum ita est comparatus, ut retrogrediatur:

$$\text{Tempore unius anni per spatium} \quad 6''\,57''',$$
$$\text{Tempore 100 annorum per spatium} \quad 11'\,35''.$$

Vicissim ergo linea nodorum orbitae Jovis ad eclipticam relatae tanto motu retrogredietur, quatenus ipsa Terra actioni Jovis est subiecta: qui effectus probe distingui debet ab eo, quem reliqui planetae actione sua immediate in Jovem exerunt, unde peculiaris lineae nodorum Jovis motus oritur non pendens a mobilitate plani eclipticae. Ex quo intelligitur motum observatum nodorum cuiusque planetae esse effectum mixtum partim ex mobilitate eius propriae orbitae partim vero ex mobilitate ipsius eclipticae oriundum, qui propterea modo magis rationalis definietur, si orbitae planetarum non cum plano eclipticae, utpote mobili, verum cum plano respectu stellarum fixo, veluti forsitan cum plano aequatoris Solis comparentur.

22. Seorsim autem haec mobilitas orbitae Terrae ab actione Jovis profecta sentiri debet in latitudine stellarum fixarum, quae inde variabilis reddetur. Maximam vero mutationem subibunt eae stellae fixae, quarum longitudo in nodos orbitae Jovis incidit, et quae est vel $9^s\,8°$ vel $3^s\,8°$; haecque maxima mutatio ob inclinationem orbitae Jovis $= 1°\,19'\,10''$ singulis annis valebit $0{,}16'' = 10'''$, singulisque seculis $16''$; quae propterea elapso quovis seculo ita se habebit:

Si longitudo stellae sit $9^s\,8°$,

$$\text{eius latitudo} \left\{ \begin{array}{c} \text{decrescit} \\ \text{crescit} \end{array} \right\} 16'', \text{ si latitudo fuerit } \left\{ \begin{array}{c} \text{borealis} \\ \text{australis} \end{array} \right\}.$$

At si longitudo stellae sit $3^s\,8°$,

$$\text{eius latitudo} \left\{ \begin{array}{c} \text{crescit} \\ \text{decrescit} \end{array} \right\} 16'', \text{ si latitudo fuerit } \left\{ \begin{array}{c} \text{borealis} \\ \text{australis} \end{array} \right\}.$$

Pro reliquis stellis fixis haec mutatio secularis in latitudine diminui debet in ratione sinus totius ad cosinum differentiae longitudinis stellae ab his duobus limitibus.

III

Investigatio inaequalitatum motus Terrae ab actione Martis oriundarum

23. Si massa Martis aequalis esset massae Terrae, haberemus $n = \frac{1}{170000}$; cum autem secundum celeberrimi MONNIERII observationes volumen Martis sit quasi quadragies minus volumine Terrae[32], si massa in eadem ratione esset minuenda, haberemus $n = \frac{1}{6800000}$; nihil autem impedit quominus statuamus $n = \frac{1}{2000000}$; si enim aliunde constiterit hanc fractionem n esse sive maiorem sive minorem, inaequalitates, quas reperiemus, in eadem ratione erunt sive augendae sive diminuendae. Ob hunc autem tantillum valorem ipsius n facile intelligitur inaequalitates ab actione Martis oriundas multo fore minores, quam quae ab actione Jovis oriri sunt inventae, neque hanc parvitatem ab vicinitate compensari posse; statuamus ergo pro his inaequalitatibus inveniendis:

$$n = \frac{1}{2000000} \quad \text{et} \quad m = 0{,}5316.$$

24. Ex valore ipsius m deducuntur sequentes valores:

$$\frac{bb}{cc} = 0{,}43069 \qquad \frac{b^3}{f^3} = 0{,}16517 \qquad \frac{bbc}{f^3} = 0{,}25168$$
$$9{,}634163 \qquad\qquad 9{,}217927 \qquad\qquad 9{,}400846.$$

Deinde est:

$$\mu = 0{,}91742 \qquad \nu = 0{,}39793$$
$$9{,}962567 \qquad\qquad 9{,}599805,$$

unde porro colligitur fore:

$$s = 0{,}91742 \ + 0{,}36507\, k \cos v$$
$$9{,}962567 \quad\ 9{,}562372$$

$$s^2 = 0{,}84165 \ + 0{,}66984\, k \cos v$$
$$9{,}925133 \quad\ 9{,}825968$$

$$s^3 = 0{,}77215 \ + 0{,}92178\, k \cos v$$
$$9{,}887699 \quad\ 9{,}964626$$

$$s^4 = 0{,}70838 \ + 1{,}12754\, k \cos v$$
$$9{,}850266 \quad\ 0{,}052131$$

$$s^5 = 0{,}64988 \ + 1{,}29303\, k \cos v$$
$$9{,}812832 \quad\ 0{,}111608$$

---

[32] Cf. [Lemonnier 1746], p. 558.

$$s^6 = 0{,}59621 + 1{,}42349\,k\cos v$$
$$9{,}775399 \quad 0{,}153355$$

$$s^7 = 0{,}54697 + 1{,}52359\,k\cos v$$
$$9{,}737965 \quad 0{,}182869$$

$$s^8 = 0{,}50180 + 1{,}59745\,k\cos v$$
$$9{,}700532 \quad 0{,}203427$$

$$s^9 = 0{,}46036 + 1{,}64872\,k\cos v$$
$$9{,}663098 \quad 0{,}217146$$

$$s^{10} = 0{,}42234 + 1{,}68062\,k\cos v$$
$$\phantom{s^{10} = }9{,}625665 \quad 0{,}225470$$

$$s^{11} = 0{,}38746 + 1{,}69601\,k\cos v$$
$$\phantom{s^{11} = }9{,}588231 \quad 0{,}229429$$

$$s^{12} = 0{,}35547 + 1{,}69740\,k\cos v$$
$$\phantom{s^{12} = }9{,}550798 \quad 0{,}229784$$

$$s^{13} = 0{,}32611 + 1{,}68699\,k\cos v$$
$$\phantom{s^{13} = }9{,}513364 \quad 0{,}227113$$

$$s^{14} = 0{,}29918 + 1{,}66673\,k\cos v$$
$$\phantom{s^{14} = }9{,}475931 \quad 0{,}221864$$

$$s^{15} = 0{,}27447 + 1{,}63830\,k\cos v$$
$$\phantom{s^{15} = }9{,}438497 \quad 0{,}214394$$

$$s^{16} = 0{,}25180 + 1{,}60320\,k\cos v$$
$$\phantom{s^{16} = }9{,}401064 \quad 0{,}204989\,.$$

25. Potestates has ipsius s ulterius continuare opus erat quam pro Saturno seu Jove, quoniam series pro litteris P, Q, R etc. multo minus convergunt: cuius rei ratio est, quod orbitae Martis et Terrae longe minus a se invicem magnitudine discrepant. Quamobrem illarum serierum pro P, Q, R etc. inventarum plures terminos actu colligi oportet, antequam de illarum veris valoribus certi esse queamus. Praeterea vero ex valoribus μ et ν habebimus:

$$\frac{1}{1-ss} = 6{,}31524 + 26{,}71451\,k\cos v$$
$$\phantom{\frac{1}{1-ss} = }0{,}800390 \quad 1{,}426747$$

et

$$\frac{f^3}{r^3} = 1 - 0{,}90311\,k\cos v$$
$$\phantom{\frac{f^3}{r^3} = 1 - }9{,}955739\,.$$

Quoniam igitur deinceps per harum duarum quantitatum productum est multiplicandum, istud productum reperitur:

$$\frac{f^3}{r^3} \cdot \frac{1}{1-ss} = 6{,}31524 + 21{,}01118\, k\cos v$$

$$0{,}800390 \quad 1{,}322450\,.$$

26. Seriebus igitur illis summatis, quae §72 sunt exhibitae, primum valores $P(1-ss)$, $Qs(1-ss)$, $Rs^2(1-ss)$ etc. reperientur, tum vero ex iis, dum per $\frac{f^3}{r^3} \cdot \frac{1}{1-ss}$ multiplicantur, litterae g, h, g', h' etc. eliciuntur, ut sequuntur:

$$P(1-ss) = 0{,}92916 \quad - 0{,}08416\,k\cos v\,; \qquad g = 5{,}86785$$
$$ 9{,}968090 \quad 8{,}925094 \qquad\qquad h = 18{,}99124$$
$$Qs(1-ss) = 1{,}54931 \quad + 0{,}85866\,k\cos v\,; \qquad g' = 9{,}78427$$
$$ 0{,}190139 \quad 9{,}933820 \qquad\qquad h' = 37{,}97551$$
$$Rs^2(1-ss) = 1{,}17927 \quad + 1{,}55433\,k\cos v\,; \qquad g'' = 7{,}44738$$
$$ 0{,}071614 \quad 0{,}191543 \qquad\qquad h'' = 34{,}59384$$
$$Ss^3(1-ss) = 0{,}84738 \quad + 1{,}73480\,k\cos v\,; \qquad g''' = 5{,}35140$$
$$ 9{,}928078 \quad 0{,}239250 \qquad\qquad h''' = 28{,}76014$$

Ex his valoribus statim elicitur

$$\frac{bbc}{4f^3}(2g'+h') - \frac{b^3}{2f^3}(3g+h) = 0{,}59849\,,$$

unde, si $n = \frac{1}{2000000}$, tempore unius anni, quo $\omega = 1296000''$, erit

$$n\omega = \frac{1296''}{2000} = 0{,}648''\,.$$

Hinc ergo aphelium Terrae a Marte quotannis promovebitur per spatium $0{,}388'' = 23{,}3'''$. At si massam Martis massae Terrae aequalem posuissem, iste motus annuus proditurus fuisset $= \frac{200}{17} \cdot 23{,}3''' = 4''\,34'''$.

27. Quaeramus simili modo correctiones longitudinis Terrae ab actione Martis oriundas, atque ex valoribus numericis inventis obtinebimus coëfficientes B' et C' ita expressos:

$$B' = -4{,}05721 \quad \text{et} \quad C' = -31{,}86122\,.$$

Hinc, si statuamus $n = \frac{1}{2000000}$, correctio loci Terrae ex tabulis ordinariis computati erit in minutis secundis

$$-0{,}418''\sin\eta - 3{,}286''\sin 2\eta$$

sin autem statueremus $n = \dfrac{1}{170000}$, foret ista correctio

$$-4{,}923'' \sin \eta - 38{,}658'' \sin 2\eta \ ;$$

ubi η prodit, si longitudo Martis a longitudine Terrae subtrahatur. Hinc statim apparet massam Martis certe esse minorem massa Terrae, propterea quod tantae inaequalitates in motu Terrae non deprehenduntur; atque etiam motus aphelii a tribus planetis superioribus genitus iam veritatem excederet.

28. Motus nodorum super orbita Martis iterum praecise aequalis deprehenditur motui aphelii, quod quidem, quoties n est fractio minima, semper evenire debet. Nodi ergo hi posita $n = \dfrac{1}{2000000}$ quotannis regredientur per spatium $23'''$ at vero per spatium $4'' 34'''$, si poneremus $n = \dfrac{1}{170000}$. In hac ultima hypothesi, qua massa Martis massae telluris aequalis sumitur, erit motus secularis $= 456''$, hincque ob inclinationem $1° 51'$ maxima mutatio secularis in stellarum fixarum latitudine prodit $14{,}7''$, quam eae stellae fixae patiuntur, quarum longitudo est vel $7^s 17°$ vel $1^s 17°$; illae scilicet tantum a polo eclipticae boreali removebuntur, hae vero tantumdem eo admovebuntur quovis seculo elapso. At hic effectus toties est minor, quoties massa Martis minor fuerit massa telluris. Antequam autem effectum a Venere oriundum definiverimus, nihil certi hic statuere licebit; actionem autem Mercurii cum ob parvitatem tum ob Solis vicinitatem tuto negligere poterimus.

IV
Investigatio inaequalitatum motus Terrae ab actione Veneris oriundarum

29. Ante celeberrimum MONNIERIUM Venus Tellure maior est credita, nunc autem eius volumen quasi triplo esse minus certum est[33]; eius tamen massa pro ratione fortasse est maior, quoniam NEWTONUS observavit, quo quisque planeta Soli fuerit propior, eius densitatem esse maiorem[34]. Haud multum ergo fallemur, si massam Veneris massae terrestri aequalem assumamus, quoniam deinceps conferendis phaenomenis cum calculo certius iudicium circa massam tam Veneris quam Martis ferre licebit. Habemus itaque pro calculo nostro ad actionem Veneris traducendo

$$n = \dfrac{1}{170000} \quad \text{et} \quad m = 1{,}6250 \ ;$$

unde cum m sit unitate maius, calculus multo aliter se habebit ac pro planetis superioribus, interim tamen ex iisdem formulis erit petendus.

---

33 Cf. [Lemonnier 1746], p. 558.   AV
34 Cf. [Newton 1726], Lib. III, Prop. VIII, Theor. VIII, Corol. 3 et 4.   AV

30. Ex hoc valore ipsius m primo deducuntur sequentes valores:

$$\frac{bb}{cc} = 1{,}91046 \qquad \frac{b^3}{f^3} = 0{,}53182 \qquad \frac{bbc}{f^3} = 0{,}38477$$
$$\phantom{\frac{bb}{cc} =} 0{,}281138 \phantom{\frac{b^3}{f^3} =} 9{,}725764 \phantom{\frac{bbc}{f^3} =} 9{,}585196$$

$$\mu = 0{,}94981 \qquad \nu = -0{,}31282$$
$$ 9{,}977637 9{,}495299 \, ,$$

unde colligitur fore:

$$s = 0{,}94981 \quad - 0{,}29712\, k \cos v$$
$$ 9{,}977637 \quad 9{,}472936$$

$$s^2 = 0{,}90214 \quad - 0{,}56442\, k \cos v$$
$$ 9{,}955275 \quad 9{,}751604$$

$$s^3 = 0{,}85686 \quad - 0{,}80414\, k \cos v$$
$$ 9{,}932912 \quad 9{,}905332$$

$$s^4 = 0{,}81386 \quad - 1{,}01838\, k \cos v$$
$$ 9{,}910549 \quad 0{,}007909$$

$$s^5 = 0{,}77301 \quad - 1{,}20908\, k \cos v$$
$$ 9{,}888187 \quad 0{,}082456$$

$$s^6 = 0{,}73422 \quad - 1{,}37808\, k \cos v$$
$$ 9{,}865824 \quad 0{,}139274$$

$$s^7 = 0{,}69737 \quad - 1{,}52707\, k \cos v$$
$$ 9{,}843462 \quad 0{,}183859$$

$$s^8 = 0{,}66237 \quad - 1{,}65763\, k \cos v$$
$$ 9{,}821099 \quad 0{,}219488$$

$$s^9 = 0{,}62912 \quad - 1{,}77124\, k \cos v$$
$$ 9{,}798736 \quad 0{,}248278$$

$$s^{10} = 0{,}59755 \quad - 1{,}86927\, k \cos v$$
$$\phantom{s^{10} =} 9{,}776374 \quad 0{,}271673$$

$$s^{11} = 0{,}56756 \quad - 1{,}95300\, k \cos v$$
$$\phantom{s^{11} =} 9{,}754011 \quad 0{,}290703$$

$$s^{12} = 0{,}53907 \quad - 2{,}02362\, k \cos v$$
$$\phantom{s^{12} =} 9{,}731648 \quad 0{,}306129$$

$$s^{13} = 0{,}51202 \quad - 2{,}08223\, k \cos v$$
$$\phantom{s^{13} =} 9{,}709286 \quad 0{,}318528$$

$$s^{14} = 0{,}48632 \; - 2{,}12986 \, k \cos v$$
$$9{,}686923 \quad 0{,}328350$$
$$s^{15} = 0{,}46191 \; - 2{,}16746 \, k \cos v$$
$$9{,}664560 \quad 0{,}335951$$
$$s^{16} = 0{,}43873 \; - 2{,}19592 \, k \cos v$$
$$9{,}642198 \quad 0{,}341617$$
$$s^{17} = 0{,}41671 \; - 2{,}21607 \, k \cos v$$
$$9{,}619835 \quad 0{,}345583$$
$$s^{18} = 0{,}39580 \; - 2{,}22866 \, k \cos v$$
$$9{,}597472 \quad 0{,}348044 \, .$$

31. Quoniam hic valor ipsius μ propius ad unitatem accedit quam pro Marte, series pro inveniendis litteris P, Q, R etc. minus convergunt, unde plures terminos actu addere est opus, insuperque necesse est regulas passim expositas pro summandis seriebus minus convergentibus in subsidium vocare. Hae scilicet series comparentur cum progressionibus geometricis, et cum exponentes continuo varientur, medius quidam, cum iam plures termini actu fuerint summati, eligatur, quo pacto istae summae facile proxime saltem obtinebuntur. Tum vero ex valoribus pro μ et ν inventis eliciemus:

$$\frac{1}{1 - ss} = 10{,}21855 - 58{,}93965 \, k \cos v$$
$$1{,}009402 \quad 1{,}770408$$

et

$$\frac{f^3}{r^3} = 1 - 1{,}96923 \, k \cos v \, ;$$

quarum duarum formularum productum est

$$\frac{f^3}{r^3} \cdot \frac{1}{1 - ss} = 10{,}21885 - 79{,}06296 \, k \cos v$$
$$1{,}009402 \quad 1{,}897973 \, .$$

32. Colligamus igitur summas serierum, quae supra §72 sunt propositae, et cum invenerimus valores pro $P(1 - ss)$, $Qs(1 - ss)$, $Rs^2(1 - ss)$, $Ss^3(1 - ss)$, eos statim per $\frac{f^3}{r^3} \cdot \frac{1}{1 - ss}$ multiplicemus, ut eadem opera valores g, h, g', h' etc. nanciscamur:

$$P(1 - ss) = 0{,}92117 \; + 0{,}07840 \, k \cos v \, ; \quad g = \quad 9{,}41332$$
$$9{,}964341 \quad 8{,}894320 \quad\quad\quad h = \; -72{,}02943$$

$$Qs(1-ss) = 1{,}62818 \quad -0{,}74993\,k\cos v\,; \qquad g' = 16{,}63810$$
$$0{,}211702 \quad 9{,}875019 \qquad h' = -136{,}39194$$
$$Rs^2(1-ss) = 1{,}32815 \quad -1{,}47428\,k\cos v\,; \qquad g'' = 13{,}57218$$
$$0{,}123248 \quad 0{,}168579 \qquad h'' = -120{,}07307$$
$$Ss^3(1-ss) = 1{,}01844 \quad -1{,}73970\,k\cos v\,; \qquad g''' = 10{,}40727$$
$$0{,}007935 \quad 0{,}240476 \qquad h''' = {-}98{,}29855$$

Ex his valoribus statim pro motu aphelii invenitur

$$\frac{bbc}{4f^3}(2g'+h') - \frac{b^3}{2f^3}(3g+h) = 1{,}7252\,.$$

Cum autem in praegrandibus illis numeris error facile irrepserit, qui, etsi ipsos parum afficit, tamen in differentiis notabilis evadit, et aliunde constet hunc valorem convenire cum $\frac{bbc}{4f^3}g'$. Huius valor est $1{,}6004$, quo si utamur posito $n = \frac{1}{170000}$ tempore unius anni aphelium promovebitur per spatium $13{,}15''$, seu $13''\,9'''$.

33. Si ergo massa Veneris aequalis esset massae Terrae, ab eius actione aphelium Terrae singulis annis promoveretur per spatium $13''\,9'''$, et quidem respectu stellarum fixarum, cum tamen constet totum eius motum annuum vix $13''$ superare. Quare, cum certum sit actionem Saturni et Jovis iam ipsi imprimere motum $7''\,20'''$ quotannis, qui a Marte aliquantillum augetur, evidens est pro Venere vix $5''$ relinqui. Multo igitur minor sit Veneris massa quam massa telluris necesse est, et quia eius volumen iam triplo minus est, massa quoque in eadem ratione diminui debet; unde, si pro Venere ponamus $n = \frac{1}{510000}$, eius effectus in aphelio Terrae promovendo erit quotannis $4''\,23'''$. Verumtamen si ordinem, quo planetae Soli propiores simul densiores observantur, secuti densitatem Veneris aliquantum augeamus, effectus aliquantillum maior prodibit. Pro Marte autem, cuius volumen fere quadragies minus est Terra, ob densitatem minorem eius massa plusquam quadragies minor massa Terrae statui deberet. Unde, cum Marti parem cum Terra massam tribuentes eius effectum annuum in motu aphelii invenerimus $4''\,34'''$, hic effectus revera minor erit quam $7'''$, ideoque penitus reici poterit.

34. Si coniecturis aliquid tribuere licet: quia NEWTONUS statuit[35] densitates Saturni, Jovis et Terrae ut 67, 95 et 400, videntur eae proportionales esse radici quadratae motuum mediorum, quos littera m indicavimus. Hanc igitur regulam si simul ad reliquos planetas transferamus, eorumque volumina secundum celeberrimum MONNIERIUM coniungamus[36], poterimus eorum massas colligere ut

---

35 Cf. [Newton 1726], Lib. III, Prop. VIII, Theor. VIII, Corol. 3. AV
36 [Lemonnier 1746]. AV

sequitur:

	Volumen	Densitas	Massa
Saturnus	132	0,184	24,288
Jupiter	270	0,292	78,840
Mars	$\frac{1}{42}$	0,730	0,017
Terra	1	1,000	1,000
Venus	$\frac{1}{3}$	1,27	0,423
Mercurius	$\frac{1}{50}$	2,04	0,041

Massam vero Terrae ad Massam Solis statuit NEWTONUS ut 1 ad 170000 circiter[37], quae ratio parallaxi Solis $10''$ nititur, quae, si esset maior minorve, fractio $\frac{1}{170000}$ in ratione duplicata parallaxeos deberet augeri minuive.

35. Quia ergo Martis effectus in motu aphelii est nullus et Veneris effectus ex hypothesi $n = \frac{1}{170000}$ inventus est $= 13'' 9'''$, hic per 0,42 multiplicari debet, ut prodeat verus effectus annuus, qui ergo erit $= 5'' 31'''$. Cum ergo ab actione Saturni et Jovis coniunctim sit $7'' 20'''$, ob actionem omnium planetarum aphelium Terrae respectu stellarum fixarum quotannis promovebitur per spatium $12'' 51'''$ et si ob Martem addamus circiter $7'''$, habebimus $12'' 58'''$, id quod satis convenit cum observationibus; cum enim praecessio media aequinoctiorum sit singulis annis $50'' 18'''$, erit respectu aequinoctii motus aphelii annuus[38] $63'' 16'''$, quae determinatio tantum tertio[39] maior est quam motus $63''$, qui aphelio in novissimis tabulis assignatur. Videtur ergo determinatio massae Veneris veritati maxime conformis, ac proinde pro Venere erit valor $n = \frac{0,42}{170000} = \frac{1}{404762}$, qui cum rationi maxime sit conformis, nescio an gravius argumentum proferri possit pro evincenda planetarum actione mutua, quandoquidem motus aphelii Terrae exactissime inde deducitur.

36. Cognito itaque vero valore ipsius $n = \frac{1}{404762}$ qualitates in loco Terrae inde oriundae certius definiri poterunt: colliguntur autem valores:

$$B' = -10{,}9532\,, \quad C' = +11{,}9539\,.$$

Quodsi iam longitudo Veneris a longitudine Terrae subtrahatur et angulus residuus vocetur $= \eta$, tum longitudinis Terrae more consueto computatae correctio ab actione Veneris profecta erit

$$-5{,}58'' \sin\eta + 6{,}09'' \sin 2\eta\,,$$

---

37 Cf. [Newton 1726], Lib. III, Prop. VIII, Theor. VIII, Corol. 1–2.   AV
38 Editio princeps: $63''$ et unum$'''$ (id est $63'' 1'''$).   TS
39 Vide notam praecedentem.   TS

quae correctio, quando fit maxima, usque ad 10,3″ minuta secunda increscere potest, id quod evenit, quando angulus η est

$$\text{vel} \quad \eta = 4^s\, 7° \quad \text{vel} \quad \eta = 10^s\, 7° \, ;$$

illo casu 10,3″ a longitudine Terrae subtrahi hoc vero addi debent. A Marte autem talis correctio vix sensibilis oritur, quoniam enim ea, quae ex hypothesi $n = \dfrac{1}{170000}$ est inventa, plusquam quadragies minor accipi debet; ea semper infra minutum secundum subsistet, ideoque, nisi summa precisio desideretur, sine errore negligi poterit.

37. Motui aphelii aequalis est motus nodi retrogradus, unde linea nodorum orbitae Terrae super orbita Veneris quotannis per spatium 5″ 31‴ regredietur; quae praecessio integro seculo valebit 552 minuta secunda. Cum igitur inclinatio orbitarum harum sit 3° 23′ 20″, maxima mutatio secularis, quae hinc in latitudinem stellarum fixarum redundat, erit 32,7″, qui effectus certe notabilis post plura secula esse debet. Quoniam longitudo lineae nodorum Terrae super orbita Veneris cadit in $8^s\, 14°$, erit latitudinis variatio secularis ut sequitur:

Pro stellis, quarum longitudo est $8^s\, 14°$,

$$\text{latitudo} \left\{ \begin{array}{c} \text{diminuitur} \\ \text{augetur} \end{array} \right\} 32,7″,\ \text{si latitudo fuerit} \left\{ \begin{array}{c} \text{borealis} \\ \text{australis} \end{array} \right\}.$$

At pro stellis, quarum longitudo est $2^s\, 14°$,

$$\text{latitudo} \left\{ \begin{array}{c} \text{augetur} \\ \text{diminuitur} \end{array} \right\} 32,7″,\ \text{si latitudo fuerit} \left\{ \begin{array}{c} \text{borealis} \\ \text{australis} \end{array} \right\}.$$

CONCLUSIO

Continens distinctam expositionem omnium inaequalitatum, quibus motus telluris ab actione omnium Planetarum coniunctim perturbatur

Ex iis, quae hactenus singulatim circa effectum cuiuslibet Planetae in motum Terrae per calculum sunt eruta, perspicuum est omnes perturbationes, quibus motus Terrae afficitur, ad tria genera reduci posse. Primum scilicet genus spectat ad promotionem aphelii Terrae, sive apogei orbitae Solis, prouti in Tabulis exhiberi solet. Ad secundum genus refero correctiones, quibus locus Terrae sive Solis secundum consueta Tabularum Astronomicarum praecepta computatus ad veritatem perduci debet. Tertium vero genus respicit latitudinem stellarum fixarum, quae, quia ab actione planetarum planum eclipticae paulatim immutatur, variabilis est deprehensa. Hos igitur ternos actionis planetarum effectus in motum Telluris exertos hic breviter complexurus distincte proponam: quo tam eximius theoriae cum veritate consensus clarius perspiciatur, quam ipsa theoria motus Solis ad maiorem perfectionis gradum evehatur.

I
De effectu Planetarum in aphelio Terrae seu apogeo Solis promovendo

Quilibet Planeta aliquid ad aphelium Terrae respectu stellarum fixarum promovendum confert. Ac Saturni quidem et Jovis effectus nulli dubio est subiectus, quoniam horum duorum planetarum massa seu vis absoluta ex motu satellitum satis exacte concludi potest. Si enim massam Solis unitate designemus, ex temporibus periodicis Satellitum novimus esse massam Saturni $= \frac{1}{3021}$ et Jovis $= \frac{1}{1067}$. Hinc igitur inveni ab actione Saturni aphelium Terrae singulis annis promoveri debere per spatium $0''\,23'''$, ab actione Jovis autem per spatium $6''\,57'''$, ideoque ab ambobus coniunctim per spatium $7''\,20'''$. Pro Marte secutus sum recentissimas conclusiones celeberrimi MONNIERII, qui eius volumen 42 vicibus minus statuit quam volumen Terrae,[40] unde, cum eius massa ob minorem densitatem ad minimum quinquagies minor sit putanda, eius effectus in motu aphelii Terrae promovendo per annum $7'''$ superare nequit. Eidem auctoritati innixus volumen Veneris triplo minus assumsi volumine Terrae et quia eius densitas probabiliter aliquanto est maior, eius massam sumsi $\frac{42}{100}$ massae Terrae, unde pro Venere prodierat valor ipsius $n = \frac{1}{404762}$, hinc vero pro aphelio telluris adeptus sum motum

---

40 Cf. [Lemonnier 1746].

annuum $5''31'''$. Mercurii plane nullam habui rationem, cum ob summam eius parvitatem, tum quod ingens discrimen inter eius orbitam et orbitam Terrae effectum diminuit, unde calculo subducto aphelium Terrae vix per $1'''$ quotannis promoveri reperitur.

Ex his igitur effectibus particularibus colligendis adipiscemur universum aphelii Terrae motum annuum, ut sequitur:

Promotio annua aphelii Terrae

a vi Saturni	$0''\,23'''$
a vi Jovis	$6''\,57'''$
a vi Martis	$0''\ \ 7'''$
a vi Veneris	$5''\,31'''$
a vi Mercurii	$0''\ \ 1'''$
Motus totalis annuus	$12''\,59'''$

Per tantum ergo spatium aphelium Terrae seu apogeum Solis quotannis respectu stellarum fixarum promoveri debet, respectu aequinoctiorum autem, quorum praecessio media annua statuitur ab Astronomis $50''\,18'''$, haec aphelii Terrae promotio erit $63''\,17'''$.

Convenit autem haec determinatio tam accurate cum veritate, ut certe ne uno quidem minuto secundo discrepet. Atque hic quidem primo pulcherrimus consensus theoriae, qua cuncta corpora coelestia se mutuo in ratione reciproca duplicata distantiarum attrahere assumuntur, cum veritate luculentissime agnoscitur, ita ut nefas esset istam theoriam amplius in dubium vocare. Deinde vero imprimis notari velim me in constituendis massis Martis et Veneris exquisitissimas celebeberrimi MONNIERII determinationes esse secutum,[41] quae propterea et theoriam confirmant et ab ea vicissim confirmantur. Quodsi enim vulgarem Astronomorum opinionem essem secutus, qui Martem tantillum minorem Terra, Venerem vero adeo maiorem sunt arbitrati, ab his solis duobus planetis aphelium Terrae quotannis per spatium fere $17''$ promotum fuisset, sicque ab omnibus planetis coniunctim tota progressio annua ad $24''$ ascendisset, qui enormis error hanc opinionem sufficienter refutat. Cum igitur iam satis audacter affirmare possimus, posita massa Solis $= 1$, esse massas Saturni $= \frac{1}{3021}$, Jovis $= \frac{1}{1067}$, Martis $= \frac{1}{6800000}$, Veneris $= \frac{1}{404762}$, quandoquidem his valoribus verus motus aphelii Terrae obtinetur; ipsius Terrae massa hic plane non concurrit, etsi eam cum NEWTONO assumseram $= \frac{1}{170000}$; haec enim a parallaxi horizontali Solis, quam $10''$ posuit, pendet, atque ea mutata in ratione cuborum immutari debet, manentibus illis reliquorum planetarum massis. Si ergo Solis parallaxis horizontalis esset $12\frac{1}{2}''$, ista massa assumta per $\left(\frac{12,5}{10}\right)^3 = 1{,}95$ multiplicari deberet, sicque

---

41 Cf. [Lemonnier 1746].

prodiret $= \frac{1}{87040}$. Hinc igitur massa Veneris foret $4\frac{2}{3}$ vicibus minor massa Terrae; et quia volumen tantum triplo est minus, densitas multo minor esset statuenda; quod, etsi nullo iure inficiari possumus, tamen prior hypothesis NEWTONI $10''$ elegantius cum ordine, quo densitas planetarum ad Solem accedendo crescere videtur, consisteret. Verum cum haec coniectura nimis debili nitatur fundamento, hinc minime argumentum contra parallaxin $12\frac{1}{2}''$ petendum esse censeo.

II
De effectu Planetarum in longitudine Terrae vel Solis alteranda

Supra vidimus effectum Saturni nimis esse parvum, quam ut in loco Terrae Solisve perceptibilem mutationem generare valeat, quod idem de Marte et Mercurio est tenendum; omnis ergo perturbatio, quae quidem ab actione planetarum in locum Terrae redundare potest, tantum a Jove et Venere oritur, qua fit, ut, etsi locus Solis secundum tabulas ordinarias veris elementis rite instructas fuerit computatus, is tamen ad plura minuta secunda a veritate discrepare possit. Requirit itaque accurata loci Terrae Solisve determinatio duplicem correctionem, alteram a loco Jovis, alteram a loco Veneris oriundam, quae utraque adhiberi debebit ad locum ex tabulis ordinariis supputatum, quas quidem tam ratione motuum mediorum quam excentricitatis recte constitutas esse postulo.

Primum igitur ad tempus propositum quaeratur longitudo Jovis heliocentrica, eaque a longitudine Terrae (quae a longitudine Solis 6 signis distat) subtrahatur, ac residuo per η indicato erit correctio a Jove orta:

$$-7'' \sin\eta + 2\frac{2}{3}'' \sin 2\eta .$$

Deinde simili modo ad tempus propositum colligatur longitudo Veneris heliocentrica, quae a longitudine Terrae subtracta relinquat angulum littera η indicandum, ex quo habebitur correctio a Venere:

$$-5\frac{3}{5}'' \sin\eta + 6'' \sin 2\eta .$$

Atque hac duplici correctione adhibita verus locus Terrae vel Solis obtinebitur, quatenus is quidem ab actione planetarum principalium turbatur. Nam satis certum videtur locum Terrae etiam ab actione Lunae aliquantillum alterari, qui effectus ad $10''$ usque exsurgere posse videtur; et si adhuc non satis distincte est animadversus, ignoratis illarum duarum inaequalitatum Jovialis et Venereae in causa fuisse est credenda.

Nullum autem est dubium, quin adhibendis his correctionibus locus Solis exactissime definiri possit, dum eae ex iisdem fontibus promanant, unde illa egregia motus aphelii determinatio est deducta. Astronomi quidem etiamnunc conqueri solent loca Solis ex optimis tabulis deducta quandoque ultra semiminutum primum ab observationibus dissentire, etiam si eaedem tabulae pluribus aliis observationibus exacte respondeant: nunc autem facile perspicimus inaequalitates a Jove et Venere profectas, si lunarem adiciamus, interdum fere ad $30''$ assurgere posse. Verum tabularum summa cura instructarum error etiam maior evadere potest, propterea quod his correctionibus ignoratis neque excentricitas neque aphelium neque loca media exactissime constitui potuerint. Quando autem plures accuratissimae Solis observationes praesto fuerint, ex quibus eius longitudo ad aliquot minuta secunda vere definiri possit, non solum consensus harum correctionum cum veritate facile explorabitur, sed etiam vulgaria elementa, quibus tabulae sunt superstructae, exactissime emendari poterunt.

III
De effectu Planetarum in latitudine stellarum fixarum mutanda

Quatenus planetae vi sua planum eclipticae de situ pellunt, eatenus nobis stellae fixae latitudinem mutare videntur. Hic quidem effectus a Marte et Mercurio oriundus reici potest, cum a priori integro seculo variatio nodi $\frac{1''}{4}$ assurgat; qui autem a Saturno oritur, quia lineae nodorum Saturni et Jovis tantum $13°$ differunt, eius effectus utpote valde parvus sine errore cum effectu Jovis coniungi atque ad lineam nodorum Jovis referri poterit, quorsum est exiguum effectum Martis conicere licebit. Variatio igitur secularis maxima, quae a Saturno, Jove et Marte simul in latitudine stellarum fixarum generatur, ita se habebit:

Pro stellis fixis, quarum longitudo est $9^s\,8°$ (Anno 1750),

$$\text{latitudo} \begin{Bmatrix} \text{decrescit} \\ \text{crescit} \end{Bmatrix} 17\tfrac{5}{6}'', \text{ si latitudo fuerit } \begin{Bmatrix} \text{borealis} \\ \text{australis} \end{Bmatrix}.$$

Pro stellis fixis, quarum longitudo est $3^s\,8°$,

$$\text{latitudo} \begin{Bmatrix} \text{crescit} \\ \text{decrescit} \end{Bmatrix} 17\tfrac{5}{6}'', \text{ si latitudo fuerit } \begin{Bmatrix} \text{borealis} \\ \text{australis} \end{Bmatrix}.$$

Maior autem effectus a Venere editur, quia eius orbita magis ad eclipticam est inclinata: atque variatio secularis ita se habere inventa est:

Pro stellis quarum longitudo est $8^s\,14°$ (Anno 1750),

$$\text{latitudo} \begin{Bmatrix} \text{decrescit} \\ \text{crescit} \end{Bmatrix} 32\tfrac{2}{3}'', \text{ si latitudo fuerit } \begin{Bmatrix} \text{borealis} \\ \text{australis} \end{Bmatrix}.$$

Pro stellis quarum longitudo est $2^s\,14°$,

$$\text{latitudo} \begin{Bmatrix} \text{crescit} \\ \text{decrescit} \end{Bmatrix} 32\tfrac{2}{3}'', \text{ si latitudo fuerit } \begin{Bmatrix} \text{borealis} \\ \text{australis} \end{Bmatrix}.$$

Haec scilicet valent pro stellis, quarum longitudo nunc est vel $8^s\,14°$ vel $2^s\,14°$. Etsi enim labentibus seculis longitudo stellarum fixarum notabiliter mutetur, tamen earum distantia a nodis planetarum multo minorem mutationem patitur, unde, quarum stellarum longitudo nunc est $8^s\,14°$ vel $2^s\,14°$, eae etiam ante plura secula nodis Veneris tam fuerunt propinquae, ut in variatione seculari nulla sensibilis mutatio oriri queat. Atque ob hanc causam istae expositae variationes ad plura secula retro et in posterum sine sensibili errore extendi poterunt.

Quantum autem haec cum experientia conveniant, tam facile non patet, dum plures Astronomi omnino negant latitudinem stellarum fixarum ulli variationi esse obnoxiam; quae sententia, si veritati esset consentanea, certe ingens detrimentum pateretur. Verum eius falsitas argumento maxime obvio luculenter ostendi potest. Qui enim statuere velit latitudinem stellarum fixarum esse invariabilem, quia orbitae planetarum situm suum respectu eclipticae continuo mutant, is concedere cogitur distantias stellarum fixarum ab orbitis planetarum esse variabiles, eorumque incolas mutationem quandam in stellarum latitudine ipsis visa percipere debere. Cum igitur omnium planetarum incolae variationem in latitudine stellarum fixarum observent, ridiculum foret hoc de incolis Terrae negare velle.

Verum non dico omnes stellas in latitudine parem variationem pati, quin potius dantur stellae, quippe quarum longitudo vel intra hos limites $0^s\,8°$ et $11^s\,14°$, vel intra hos $6^s\,8°$ et $5^s\,14°$ continetur, quae nullum fere mutationem in latitudine subeunt. Ac fortasse tales stellae fixae Astronomos seduxerunt, ut crederent latitudinem nulli mutationi esse obnoxiam. Ad hoc accedit, quod veteres observationes plerumque nimis sunt crassae, quam ut ulla mutatio ex earum cum hodiernis comparatione tuto concludi queat, praecipue si eiusmodi stellae fixae examini subiciantur, in quibus non satis notabilis variatio latitudinis evenire debuit. Verum si examinaretur stella, cuius longitudo hodie est circiter vel 3^s vel 9^s, eius latitudo tempore PTOLEMAEI ad $13'$ diversa esse debuit ab ea, quae hodie observatur.

Interim tamen in catalogo PTOLEMAEI plerumque multo maius discrimen latitudinis deprehenditur,[42] quam theoria postulat, et quam hic errori observationum haud parum est tribuendum; tamen inde istam variationem satis manifestam reddi posse mihi quidem videtur, praecipue si ad stellas principaliores respiciamus. Ita a LANDSBERGIO[43] ad initium Aerae Christianae assignatur.

Oculi Tauri latitudo[44] $5°\,44'\,A$,   quae hodie est $5°\,30'\,A$;
Cordis Scorpii latitudo $4°\,12'\,A$,   quae hodie est $4°\,31\tfrac{1}{2}'\,A$.

At hodie oculi Tauri longitudo est $2^s\,5°\,52'$ et Cordis Scorpii $8^s\,5°\,19'$.

---

42 Cf. [Ptolemäus 1537]; [Flamsteed 1725].   AV
43 Cf. [Lansberg 1663].   AV
44 A denotat angulum.   AV

Secundum nostram ergo theoriam latitudo oculi Tauri ab Anno 0 ad Annum 1750 decrescere debet $17\frac{1}{2} \times 48'' = 14'$, id quod exactissime cum decremento a $5°\,44'$ ad $5°\,30'$ convenit. Deinde latitudo Cordis Scorpii ab Anno 0 ad Annum 1750, quia est australis et longitudo fere $8^s\,14°$, crescere debuit incremento $17\frac{1}{2} \times 48'' = 14'$; cum ergo nunc latitudo sit $4°\,31\frac{1}{2}'$, tempore Anno 0 erat $4°\,17'$, quae a LANDSBERGIO assignatur $4°\,12'$, ubi error $5'$ incuriae observationum adscribi debet. Quae duo exempla mihi quidem ad variationem per theoriam stabilitam confirmandam sufficere videntur, neque dubito, quin indidem plura huiusmodi argumenta peti queant.

Quo autem clarius appareat, quomodo cuiusque stellae fixae variatio latitudinis secularis definiri queat, ponamus stellae fixae longitudinem Anno 1750 esse $= l$, atque eius latitudo, si fuerit borealis, labente quoque seculo crescet particula

$$17\frac{5''}{6}\cos(l - 3^s\,8°) + 32\frac{2''}{3}\cos(l - 2^s\,14°),$$

sin autem latitudo fuerit australis, ea singulis seculis tantumdem decrescet.

Haec autem formula simplicius ita exhiberi potest, ut sit

$$49{,}1'' \sin l + 6{,}5'' \cos l,$$

unde sequens tabula pro variatione seculari stellarum fixarum est supputata.

Tabula indicans quantum latitudo cuiusque stellae fixae,
si fuerit borealis, elapso quoque seculo varietur

Argumentum. Longitudo stellae ad Annum 1750 sumta

Grad.	♈ 0 S	♉ I S	♊ II S	♋ III S	♌ IV S	♍ V S
0	+ 6,5″	+30,2″	+45,8″	+49,1″	+39,3″	+18,9″
5	+10,8″	+33,5″	+47,2″	+48,3″	+36,5″	+14,9″
10	+14,9″	+36,5″	+48,4″	+47,2″	+33,4″	+10,7″
15	+19,0″	+39,3″	+49,1″	+45,7″	+30,1″	+ 6,4″
20	+22,9″	+41,8″	+49,5″	+43,9″	+26,6″	+ 2,1″
25	+26,6″	+43,9″	+49,5″	+41,8″	+22,8″	− 2,2″
30	+30,2″	+45,8″	+49,1″	+39,3″	+18,9″	− 6,5″

Grad.	♎︎ VI S	♏︎ VII S	♐︎ VIII S	♑︎ IX S	♒︎ X S	♓︎ XI S
0	− 6,5″	−30,2″	−45,8″	−49,1″	−39,3″	−18,9″
5	−10,8″	−33,5″	−47,2″	−48,3″	−36,5″	−14,9″
10	−14,9″	−36,5″	−48,4″	−47,2″	−33,4″	−10,7″
15	−19,0″	−39,3″	−49,1″	−45,7″	−30,1″	− 6,4″
20	−22,9″	−41,8″	−49,5″	−43,9″	−26,6″	− 2,1″
25	−26,6″	−43,9″	−49,5″	−41,8″	−22,8″	+ 2,2″
30	−30,2″	−45,8″	−49,1″	−39,3″	−18,9″	+ 6,5″

Si stellae latitudo fuerit australis, tum
signa haec versa sunt intelligenda.

Veluti si quaeratur latitudo Sirii tempore Ptolemaei seu Anno 150, quae nunc est $39°\,32'\,8''$ A, quia eius longitudo nunc est $3^s\,10°\,14'$, eius latitudo singulis seculis labentibus minuitur $47,2''$, ergo Anno 150 maior fuerit quam nunc $16 \times 47,2''$, hoc est $12'\,35''$; erat ergo latitudo Sirii Anno 150, $39°\,19'\,27''$ A.

Similique modo ope huius tabulae latitudo omnium stellarum fixarum ad quodvis tempus definiri poterit.

Quodsi Catalogos Fixarum Ptolemaei et Tychonis, quos Flamstedius cum suo proprio edidit,[45] consulamus, manifesto inde sequentes quatuor observationes colligemus:

I. Quod fixarum borealium, quarum longitudo est ♊︎ vel ♋︎, latitudo olim fuerit minor, quam nunc.

II. Quod fixarum australium, quarum longitudo est ♊︎ vel ♋︎, latitudo olim fuerit maior, quam nunc.

III. Quod fixarum borealium, quarum longitudo est ♐︎ vel ♑︎, latitudo olim fuerit maior, quam nunc.

IV. Quod fixarum australium, quarum longitudo est ♐︎ vel ♑︎, latitudo olim fuerit minor, quam nunc.

Etsi enim ex comparatione horum catalogorum ob notabiles errores in antiquis observationibus commissos de vera differentia nihil certe statuere valeamus, tamen insignis consensus nullum dubium circa veritatem harum 4 regularum relinquit. Hac igitur ratione nostra theoria, quae iam ex motu aphelii orbitae Terrae egregie est confirmata, novum firmamentum acquirit, simulque quaestionem maximi momenti de variabilitate latitudinis stellarum fixarum, circa quam omnes Astronomi adhuc ancipiter haesere, ita dilucide decidit, ut etiam cuiusque stellae fixae ad quodvis tempus veram latitudinem assignare valeamus.

---

45 Cf. [Flamsteed 1725].

IV

De effectu Planetarum in obliquitate eclipticae immutanda

Tametsi iam satis constat ab actione planetarum nullum effectum in axem Terrae redundare posse, unde eius situs immutetur, tamen, quoniam positio plani eclipticae variatur, dum planum aequatoris neuticam afficitur, manifestum est hinc mutationem in horum duorum planorum mutua inclinatione oriri debere. Ad quam dilucide definiendum, ne effectus a mutatione axis Terrae oriundos, qui in praecessione aequinoctiorum et mutatione quadam periodica obliquitatis eclipticae consumuntur, cum hoc effectu actioni planetarum debito confundamus, quia uterque est valde parvus, alterum sine altero in hoc negotio considerare licebit: animum ergo prorsus a nutatione axis Terrae abstrahamus, ita ut neque aequinoctiorum praecessio, neque mutabilitas illa in obliquitate eclipticae locum habeat, et quoniam planum aequatoris respectu spatii absoluti nulli mutationi esset obnoxium, omnium stellarum fixarum declinatio esset immutabilis.

Consideremus ergo stellam fixam, cuius ascensio recta sit $90°$, eiusque propterea longitudo in initio cancri[46], cuius declinatio sit $= d$ constantis magnitudinis; latitudo vero praesenti tempore sit $= l$, eaque borealis; atque nunc quidem erit obliquitas eclipticae $= d - l$. Verum postquam seculum fuerit elapsum, declinatio etiamnunc erit eadem $= d$, latitudo vero tum ex nostra tabula erit $= l + 49,1''$, ideoque post seculum obliquitas eclipticae erit $d - l - 49,1''$, hincque fere $49''$ minor quam nunc. Quod ratiocinium cum ad plurima secula elapsa accommodari queat, evidens est obliquitatem eclipticae singulis seculis $49''$ diminui. Cum igitur hic idem effectus ad phaenomena ab axis Terrae nutatione oriunda accedat, per theoriam certum est, mediam obliquitatem eclipticae singulis seculis $49''$ minorem fieri; quare, cum nunc ea observetur $23° 28' 30''$, ea ante seculum seu Anno 1650 fuerit $23° 29' 19''$ necesse est, at Anno 1550, $23° 30' 8''$; tempore autem Ptolemaei seu Anno 150, obliquitas eclipticae fuit $23° 41' 34''$.

Verum si veteres observationes examinemus, nullum plane dubium relinquitur, quin, quo magis regrediamur, obliquitas eclipticae maior fuerit quam hodie, unde denuo quaestio maximi momenti in Astronomia deciditur et, quod adhuc in summa dubitatione erat constitutum, ad insignem lucem revocatur; quo ipso veritas theoriae hic expositae ad summum certitudinis gradum evehitur.

---

46 Editio princeps: caniri loco cancri.

DE PERTURBATIONE MOTUS TERRAE AB ACTIONE VENERIS ORIUNDA

Commentatio 425 indicis ENESTROEMIANI
Novi commentarii academiae scientiarum Petropolitanae 16 (1771), 1772, p. 426–467
Summarium ibidem, p. 33–35

SUMMARIUM

Quum ex doctrina gravitatis NEWTONIANA sequatur omnia corpora coelestia mutua et reciproca inter se affici actione, inde quoque intelligitur Planetam quemcunque primarium, qui, si sola vi versus Solem attrahente ageretur, ellipsem circa Solem describeret, accedente actione reliquorum Planetarum, ab hoc motu regulari et elliptico multum deturbari. Res igitur est in Astronomia maximi momenti has perturbationes et inaequalitates in motibus Planetarum ex actione eorum mutua oriundas perspicue definire et explicare, quamobrem etiam summi nostri aevi Geometrae CLAIRALTIUS, D'ALEMBERTUS et imprimis Illustrissimus huius dissertationis Auctor in perturbationibus his definiendis insignem collocarunt operam. Quod autem imprimis motum Telluris nostrae attinet, notum est eum praeter vim principalem, qua versus Solem agitatur, actionibus Iovis, Veneris et Lunae admodum sensibiliter adfici. In praesenti igitur Dissertatione Illustrissimus EULERUS perturbationem motus Terrae ab actione Veneris oriundam examini subiicere operae pretium duxit, idque eo maiori cum iure, quod in hac inaequalitate definienda secundum consuetas in huiusmodi operationibus Methodos procedere non liceat. Scilicet in formulis istis, quae pro actione Veneris in Terram inveniuntur, quum duplicis generis occurrant termini, alii quos distantia Veneris a Sole ingreditur, alii vero in quibus distantia Veneris a Terra reperitur, utraque horum terminorum species singularem meretur considerationem. Prior enim, quam Illustrissimus Auctor partem actionis Veneris Solarem nominavit, ita comparata est, ut sive tantum ad motum medium Veneris respiciatur seu etiam excentricitatis ratio habeatur, satis commode per seriem convergentem exprimi queat. Cum posteriori autem, quae heic pars terrestris actionis Veneris dicitur, res longe aliter se habet, scilicet quum formulam irrationalem, quam distantia Veneris a Terra ingreditur, nullo modo in seriem convergentem resolvere liceat, omnia integralia, in quibus expressio huius distantiae reperitur, mechanice tantum definienda sunt, quod etiam heic pro singulis 5 gradibus elongationis mediae Veneris a Terra praestitum est. Valoribus autem horum integralium definitis, si parti terrestri actionis Veneris addatur pars Solaris, facile tota perturbatio ab actione Veneris orta definitur, quam igitur Illustrissimus Auctor in Tabella ad finem dissertationis subnexa repraesentat. Si haec Tabula conferatur cum ea, quam adfert Celeberrimus DE LA CAILLE in Tabulis suis Solaribus, insignis inter eas reperietur discrepantia, in Tabula scilicet Domini DE LA CAILLE a 0 Sig. usque ad II Sig. 3° expressio pro actione Veneris est negativa, et maximum eius reperitur circa I Sig. 1°, ubi est[1] $= -5,6''$; a II Sig. 3° vero usque ad VI Sig.

---

1 Editio princeps: $-5,6$ loco $-5,6''$.

perturbatio haec positiva statuitur, et maximum adipiscitur valorem circa IV Sig. 3°, scilicet $+15{,}2''$. In Tabula praesenti per sex signa praecedentia perturbatio est negativa et maximum induit valorem circa II Sig. 10°, ubi est $= -22{,}3''$. Liquet igitur hinc maximum discrimen, quod inter hanc Tabulam et eam Domini DE LA CAILLE oritur, usque ad $30''$ assurgere, quae differentia in loco Solis definiendo certe pro insigni habenda est.

---

1. Quamquam orbita Veneris a plano eclipticae declinat, tamen in praesenti investigatione ab hac declinatione mentem abstrahamus, quandoquidem perturbatio, qua terra a plano eclipticae dimoveretur, quam minima esset futura; quamobrem Venerem in ipso plano eclipticae motum suum absolvere assumamus, sicque tota nostra investigatio ad binas coordinatas reducetur.

2. Reperiantur ergo certo quodam tempore centra Solis, Terrae et Veneris in punctis ☉, ☿ et ♀ in plano eclipticae, in quo recta ☉♈ dirigatur ad punctum aequinoctiale vernum, massae autem horum trium corporum iisdem signis ☉,

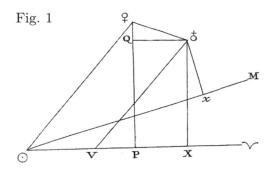

Fig. 1

☿, ♀ indicentur. Pro loco terrae autem vocentur coordinatae (Fig. 1) $\odot X = x$ et $X\,☿ = y$, ipsa vero a Sole distantia dicatur $\odot\,☿ = u$, Veneris vero a Sole distantia $\odot\,♀ = v$, eiusque a terra distantia $♀\,☿ = w$; tum vero vocentur anguli Longitudinem exhibentes $♈\odot\,☿ = \theta$ et $♈\odot\,♀ = \phi$, ac manifestum est fore $x = u\cos\theta$ et $y = u\sin\theta$, ideoque $uu = xx + yy$, tum vero erit $ww = uu + vv - 2uv\cos(\phi - \theta)$.

3. Iam ob actionem Solis terra urgetur in directione ☿☉ vi $= \dfrac{\odot}{uu}$, ob actionem Veneris autem terra urgetur in directione ☿♀ vi $= \dfrac{♀}{ww}$; praeterea vero, quia Solem in quiete spectamus, vires, quibus ipse Sol sollicitatur, contrario modo in terram transferri oportet, a terra autem Sol urgetur in directione ☉☿ vi $= \dfrac{☿}{uu}$, ex quo eadem vis ipsi terrae in directione ☿☉ applicata est censenda. Deinde, quia Sol a Venere urgetur secundum ☉♀ vi $= \dfrac{♀}{vv}$, ducta recta ☿V ipsi ♀☉ parallela, terra quoque censenda est urgeri in directione ☿V vi $\dfrac{♀}{vv}$, quocirca terra omnino

his tribus viribus sollicitari est concipienda: *Primo* in directione ☿☉ adest vis $= \frac{☉+☿}{uu}$; *secunda* vis agit in directione ☿V estque $= \frac{♀}{vv}$; *tertia* vero vis agit in directione ☿♀, quae est $= \frac{♀}{ww}$.

4. Quo iam has vires secundum directiones coordinatarum nostrarum resolvamus, demittatur ex ♀ in ☉♈ perpendiculum ♀P, ad quod ex ☿ rectae ☉♈ parallela agatur ☿Q, eritque ☉$P = v\cos\phi$ et[2] $P♀ = v\sin\phi$, unde colligitur ☿$Q = x - v\cos\phi$ et ♀$Q = v\sin\phi - y$, atque hinc pro directione abscissae X☉ resultant istae vires:

$$\frac{☉+☿}{uu}\cdot\frac{x}{u} + \frac{♀}{vv}\cos\phi + \frac{♀}{ww}\cdot\frac{x-v\cos\phi}{w} = \frac{(☉+☿)x}{u^3} + \frac{♀\cos\phi}{vv} + \frac{♀(x-v\cos\phi)}{w^3}.$$

Tum vero pro directione applicatae ☿X, colliguntur hae vires:

$$\frac{☉+☿}{uu}\cdot\frac{y}{u} + \frac{♀}{vv}\sin\phi - \frac{♀(v\sin\phi - y)}{w^3}.$$

Denotet nunc $d\tau$ elementum temporis pro constante habendum sitque α quantitas constans naturae huius temporis conveniens, ac principia motus nobis binas sequentes suppeditant aequationes:

I. $\quad \dfrac{ddx}{\alpha\, d\tau^2} + \dfrac{(☉+☿)x}{u^3} + \dfrac{♀\cos\phi}{vv} + \dfrac{♀(x-v\cos\phi)}{w^3} = 0$

II. $\quad \dfrac{ddy}{\alpha\, d\tau^2} + \dfrac{(☉+☿)y}{u^3} + \dfrac{♀\sin\phi}{vv} + \dfrac{♀(y-v\sin\phi)}{w^3} = 0$.

5. Calculum autem ab his coordinatis ad alias traduci convenit, quae ad longitudinem terrae mediam referantur. Ducatur ergo recta ☉M longitudinem terrae mediam repraesentans, ad quam ex terra demittatur perpendicularis ☿x, ut habeantur novae coordinatae ☉$x = X$ et x☿ $= Y$; tum vero vocetur angulus ♈☉$M = t$, qui ipsam longitudinem terrae mediam exprimit, cuius differentiale dt utique illi elemento temporis $d\tau$ est proportionale, ideoque eius loco usurpari poterit, uti mox videbimus; hinc autem coordinatae praecedentes ita determinantur, ut sit

$$x = X\cos t - Y\sin t, \quad y = Y\cos t + X\sin t,$$

manebit autem ut ante

$$uu = X^2 + Y^2 \quad \text{et} \quad ww = uu + vv - 2uv\cos(\phi - \theta).$$

---

2 Editio princeps: $V\sin\phi$ loco $v\sin\phi$.

AV

6. Per differentiationem igitur elicimus:

$$dx = dX \cos t - dY \sin t - dt\,(X \sin t + Y \cos t)$$
$$= dX \cos t - dY \sin t - y\,dt$$

et

$$dy = dY \cos t + dX \sin t + dt\,(X \cos t - Y \sin t)$$
$$= dX \sin t + dY \cos t + x\,dt\,,$$

denuoque differentiando

$$ddx = ddX \cos t - ddY \sin t - dX\,dt \sin t - dY\,dt \cos t - dy\,dt$$
$$= ddX \cos t - ddY \sin t - 2\,dt\,(dX \sin t + dY \cos t) - dt^2\,(X \cos t - Y \sin t)$$
$$ddy = ddX \sin t + ddY \cos t + 2\,dt\,(dX \cos t - dY \sin t) - dt^2\,(X \sin t + Y \cos t),$$

unde aequationes nostrae ita erunt comparatae:

I. $\dfrac{ddX \cos t - ddY \sin t - 2\,dt\,(dX \sin t + dY \cos t) - dt^2\,(X \cos t - Y \sin t)}{\alpha\,d\tau^2}$
$+ \dfrac{(\odot + ☾)(X \cos t - Y \sin t)}{u^3} + \dfrac{♀ \cos \phi}{vv} + \dfrac{♀(X \cos t - Y \sin t - v \cos \phi)}{w^3} = 0$

II. $\dfrac{ddX \sin t + ddY \cos t + 2\,dt\,(dX \cos t - dY \sin t) - dt^2\,(X \sin t + Y \cos t)}{\alpha\,d\tau^2}$
$+ \dfrac{(\odot + ☾)(X \sin t + Y \cos t)}{u^3} + \dfrac{♀ \sin \phi}{vv} + \dfrac{♀(X \sin t + Y \cos t - v \sin \phi)}{w^3} = 0\,.$

7. Quo autem hinc formas simpliciores eruamus, duplici combinatione utemur, prima scilicet combinatio I $\cdot \cos t +$ II $\cdot \sin t$ suppeditat:

$$\dfrac{ddX - 2\,dt\,dY - X\,dt^2}{\alpha\,d\tau^2} + \dfrac{(\odot + ☾)X}{u^3} + \dfrac{♀ \cos(\phi - t)}{vv} + \dfrac{♀(X - v \cos(\phi - t))}{w^3} = 0\,,$$

altera vero combinatio esto I $\cdot - \sin t +$ II $\cdot \cos t$, quae praebet:

$$\dfrac{ddY + 2\,dt\,dX - Y\,dt^2}{\alpha\,d\tau^2} + \dfrac{(\odot + ☾)Y}{u^3} + \dfrac{♀ \sin(\phi - t)}{vv} + \dfrac{♀(Y - v \sin(\phi - t))}{w^3} = 0\,.$$

Quo has aequationes adhuc tractabiliores reddamus, mentem primo abstrahamus ab actione Veneris seu ponamus $♀ = 0$, ut habeamus istas aequationes:

$$\dfrac{ddX - 2\,dt\,dY - X\,dt^2}{\alpha\,d\tau^2} + \dfrac{(\odot + ☾)X}{u^3} = 0$$

$$\dfrac{ddY + 2\,dt\,dX - Y\,dt^2}{\alpha\,d\tau^2} + \dfrac{(\odot + ☾)Y}{u^3} = 0\,,$$

nunc autem terram secundum ipsum motum medium ferri assumamus, ita ut posita distantia media terrae a Sole $= a$ pro hoc casu habituri simus $X = a$, $Y = 0$ et $u = a$, qui valores in nostris aequationibus producunt

$$-\frac{dt^2}{\alpha\, d\tau^2} + \frac{\odot + \venus}{a^3} = 0\,,$$

altera vero sponte evanescit, unde intelligimus loco elementi $d\tau$ differentiale motus medii dt introductum iri, si modo loco $\alpha\, d\tau^2$ scribatur $\dfrac{a^3\, dt^2}{\odot + \venus}$, hacque adeo substitutione in genere uti licebit, quo pacto non solum formula indefinita $\alpha\, d\tau^2$, sed etiam notio massarum $\odot + \venus$ e calculo evanescit. Multiplicemus scilicet nostras aequationes per $\dfrac{a^3}{\odot + \venus}$, tum vero ponatur fractio $\dfrac{\venus}{\odot + \venus} = \lambda$, atque nostrae expressiones ita satis concinnae expressae prodibunt:

I. $\dfrac{ddX}{dt^2} - \dfrac{2\,dY}{dt} - X + \dfrac{a^3 X}{u^3} + \dfrac{\lambda a^3 \cos(\phi - t)}{vv} + \dfrac{\lambda a^3 (X - v\cos(\phi - t))}{w^3} = 0$

II. $\dfrac{ddY}{dt^2} + \dfrac{2\,dX}{dt} - Y + \dfrac{a^3 Y}{u^3} + \dfrac{\lambda a^3 \sin(\phi - t)}{vv} + \dfrac{\lambda a^3 (Y - v\cdot\sin(\phi - t))}{w^3} = 0\,.$

8. Postremam nunc transformationem adhibeamus inde deductam, quod ob excentricitatem terrae satis parvam locus $\venus$ a puncto x nunquam admodum sit discrepaturus; hunc in finem statuamus $X = a(1 + x)$ et $Y = ay$, unde fit $u = a\sqrt{((1 + x)^2 + yy)}$ et aequationes nostrae per a divisae evadent:

I. $\dfrac{ddx}{dt^2} - \dfrac{2\,dy}{dt} - (1 + x) + \dfrac{(1 + x)}{\left((1 + x)^2 + yy\right)^{3:2}}$
$\quad + \dfrac{\lambda aa}{vv}\cos(\phi - t) + \dfrac{\lambda a^3 \left(1 + x - \frac{v}{a}\cos(\phi - t)\right)}{w^3} = 0$

II. $\dfrac{ddy}{dt^2} + \dfrac{2\,dx}{dt} - y + \dfrac{y}{\left((1 + x)^2 + yy\right)^{3:2}}$
$\quad + \dfrac{\lambda aa}{vv}\sin(\phi - t) + \dfrac{\lambda aa}{w^3}\left(ay - v\sin(\phi - t)\right) = 0\,,$

ubi notandum ambas has novas coordinatas x et y prae unitate semper fore satis exiguas, quam ob caussam formulam u^3 facile in seriem valde convergentem evolvere licet. Est autem Benevolus Lector monendus, ne has litteras x et y confundat cum superioribus, quas iam penitus oblivisci oportet.

Evolutio harum formularum remota actione Veneris

9. Antequam Veneris rationem habeamus, utique necesse est pro binis nostris incognitis x et y eos valores investigari, qui ex sola actione Solis et Terrae oriuntur; hanc ob rem nobis istae duae aequationes sint propositae:

I. $\quad \dfrac{ddx}{dt^2} - \dfrac{2\,dy}{dt} - (1+x) + \dfrac{(1+x)}{\left((1+x)^2 + yy\right)^{3:2}} \,[= 0]$

II. $\quad \dfrac{ddy}{dt^2} + \dfrac{2\,dx}{dt} - y + \dfrac{y}{\left((1+x)^2 + yy\right)^{3:2}} \,[= 0]\,,$

ex quibus valores utriusque incognitae x et y definiri oportet. Hunc in finem formulam irrationalem $\left((1+x)^2 + yy\right)^{-\frac{3}{2}}$ in seriem convergentem resolvamus, quae est

$$\frac{1}{(1+x)^3} - \frac{3 \cdot yy}{2(1+x)^5} + \frac{15 \cdot y^4}{8(1+x)^7} - \text{etc.}$$

et quum porro sit

$$\frac{1}{(1+x)^n} = 1 - nx + \frac{n(n+1)}{1 \cdot 2} x^2 - \frac{n(n+1)(n+2)}{1 \cdot 2 \cdot 3} x^3 + \frac{n(n+1)(n+2)(n+3)}{1 \cdot 2 \cdot 3 \cdot 4} x^4 - \text{etc.},$$

facta evolutione binae nostrae aequationes sequentes induent formas:

I. $\quad \dfrac{ddx}{dt^2} - \dfrac{2\,dy}{dt} - 3x + 3xx - \dfrac{3}{2} y^2 + 6xy^2 - 4x^3 + 5x^4 - 15xxyy + \dfrac{15}{8} y^4 = 0$

II. $\quad \dfrac{ddy}{dt^2} + \dfrac{2\,dx}{dt} - 3xy + 6xxy - \dfrac{3}{2} y^3 - 10x^3 y + \dfrac{15}{2} xy^3 = 0\,,$

quae series, quum x et y sint fractiones satis parvae, vehementer convergunt; quod quo clarius appareat, has aequationes in membra dispescuimus secundum dimensionum numerum, quas binae litterae x et y adimplent. Ac prima quidem membra vocabimus principalia, sequentia vero annexa.

10. Facile hic perspicere licet quantitatem x per certam seriem cosinuum exprimi debere, alteram vero y per similem seriem sinuum; hinc in subsidium solutionis observasse iuvabit, si membra annexa prioris aequationis contineant $\mathfrak{M} \cos \mu t$, posterioris vero aequationis hunc terminum $M \sin \mu t$, tum in ipsis seriebus ipsarum x et y similes terminos occurrere debere. Pro x igitur occurrere sumamus terminum $\mathfrak{N} \cos \mu t$, pro y vero $N \sin \mu t$, qui valores in partes principales inducti praebent[3]:

$$\mathfrak{M} = \mu^2 \cdot \mathfrak{N} + 2\mu N + 3\mathfrak{N} = \mathfrak{N}(\mu^2 + 3) + 2\mu N$$
$$M = \mu^2 \cdot N + 2\mu \mathfrak{N}\,,$$

---

3 Recte: $-\mathfrak{M} = \mu^2 \cdot \mathfrak{N} + 2\mu N + 3\mathfrak{N} = \mathfrak{N}(\mu^2 + 3) + 2\mu N$; $-M = \mu^2 \cdot N + 2\mu \mathfrak{N}$.

unde colligimus

$$\mathfrak{N} = \frac{\mu \mathfrak{M} - 2M}{\mu(\mu\mu - 1)}, \quad N = \frac{(\mu^2 + 3)M - 2\mu\mathfrak{M}}{\mu\mu(\mu\mu - 1)}$$

sive, quatenus $\mathfrak{N}$ iam est inventum, erit

$$N = \frac{M}{\mu\mu} - \frac{2\mathfrak{N}}{\mu}.$$

Hinc notari convenit casu, quo $\mu = 0$, fore $\mathfrak{M} = 3\mathfrak{N}$, $\mathfrak{N} = \frac{1}{3}\mathfrak{M}$ siquidem fuerit $M = 0$, id quod semper eveniet; tum vero casu, quo $\mu = 1$, necessario fiet $\mathfrak{M} = 2M$, tum vero valor $\mathfrak{N}$ manet indefinitus, ex eoque prodibit $N = M - 2\mathfrak{N}$.

11. Quoniam iam vidimus pro motu terrae medio sive circulari fieri tam $x = 0$ quam $y = 0$, unde eatenus tantum quantitates x et y certos sortientur valores, quatenus orbita terrae excentricitate est praedita; denotet igitur K excentricitatem orbitae terrestris, et pro utraque quantitate x et y sequentes ordines constitui conveniet:

$$x = K\mathfrak{P} + K^2 \mathfrak{Q} + K^3 \mathfrak{R} + K^4 \mathfrak{S},$$
$$y = KP + K^2 Q + K^3 R + K^4 S,$$

quos singulos ordines successive evolvi necesse est.

Pro *primo* igitur *ordine*, qui excentricitate simplici K est affectus, habebimus has duas aequationes:

$$\left. \begin{array}{l} \text{I.} \ \dfrac{dd\mathfrak{P}}{dt^2} - \dfrac{2\,dP}{dt} - 3\mathfrak{P} = 0 \\[2pt] \text{II.} \ \dfrac{ddP}{dt^2} + \dfrac{2\,d\mathfrak{P}}{dt} = 0 \end{array} \right\} \quad \text{I.}$$

Pro *secundo ordine*, qui quadrato KK est affectus:

$$\left. \begin{array}{l} \text{I.} \ \dfrac{dd\mathfrak{Q}}{dt^2} - \dfrac{2\,dQ}{dt} - 3\mathfrak{Q} + 3\mathfrak{P}^2 - \dfrac{3}{2}P^2 = 0 \\[2pt] \text{II.} \ \dfrac{ddQ}{dt^2} + \dfrac{2\,d\mathfrak{Q}}{dt} \quad\quad -3\mathfrak{P}P = 0 \end{array} \right\} \quad \text{II.}$$

Pro *tertio ordine*, qui cubo K^3 est affectus, aequationes nostrae erunt:

$$\left. \begin{array}{l} \text{I.} \ \dfrac{dd\mathfrak{R}}{dt^2} - \dfrac{2\,dR}{dt} - 3\mathfrak{R} + 6\mathfrak{P}\mathfrak{Q} - 3PQ + 6\mathfrak{P}P^2 - 4\mathfrak{P}^3 = 0 \\[2pt] \text{II.} \ \dfrac{ddR}{dt^2} + \dfrac{2\,d\mathfrak{R}}{dt} \quad\quad -3\mathfrak{P}Q - 3P\mathfrak{Q} + 6\mathfrak{P}^2 P - \dfrac{3}{2}P^3 = 0 \end{array} \right\} \quad \text{III.}$$

Pro *quarto* denique *ordine* biquadrato K^4 affecto, aequationes erunt:

$$\left.\begin{aligned}
\text{I.} \quad & \frac{dd\mathfrak{S}}{dt^2} - \frac{2\,dS}{dt} - 3\mathfrak{S} \quad +6\mathfrak{P}\mathfrak{R} \quad -3PR \quad +3\mathfrak{Q}^2 \quad -\frac{3}{2}Q^2 \\
& +6\mathfrak{Q}P^2 +12\mathfrak{P}PQ -12\mathfrak{P}^2\mathfrak{Q} +5\mathfrak{P}^4 \quad -15\mathfrak{P}^2 P^2 +\frac{15}{8}P^4 = 0 \\
\text{II.} \quad & \frac{ddS}{dt^2} + \frac{2\,d\mathfrak{S}}{dt} - 3\mathfrak{P}R \quad -3P\mathfrak{R} \quad -3\mathfrak{Q}Q \quad +6\mathfrak{P}^2 Q \quad +12P\mathfrak{P}\mathfrak{Q} \\
& \qquad -\frac{9}{2}P^2 Q -10\mathfrak{P}^3 P +\frac{15}{2}\mathfrak{P}P^3 = 0
\end{aligned}\right\} \text{IV.}$$

12. Evolutio primi ordinis omnino est facillima, quia membra annexa desunt, quare pro angulo quocunque μt semper erit $\mathfrak{M} = 0$ et $M = 0$, unde etiam $\mathfrak{N}$ et N evanescerent, solo excepto casu $\mu = 1$, quo casu littera $\mathfrak{N}$ manet indeterminata, pro qua igitur unitatem scribere licet, quia iam habet indefinitum coefficientem K, inde autem colligitur $N = -2$. Quocirca pro primo ordine hanc habemus solutionem: $\mathfrak{P} = \cos t$, $P = -2\sin t$. Hic evidens est angulum t simul anomaliam mediam terrae designare, quae utique pari passu cum longitudine procederet, si terra a sola vi Solari sollicitaretur, quemadmodum hic assumimus; hac scilicet hypothesi aphelium quiesceret, quippe quod nonnisi ob perturbationes motum adipiscitur. Supra quidem hunc angulum t ab initio arietis computavimus et hanc ob rem hic isti angulo t constantem adiici oportebat, quae quum facile subintelligatur, eam brevitatis caussa omisimus.

13. Progrediamur ergo ad ordinem secundum litteris $\mathfrak{Q}$ et Q contentum; ac pro priore aequatione membrum annexum

$$3\mathfrak{P}^2 - \frac{3}{2}P^2 \quad \text{praebet} \quad -\frac{3}{2} + \frac{9}{2}\cos 2t,$$

pro altera vero aequatione membrum annexum

$$-3\mathfrak{P}P \quad \text{praebet} \quad +3\sin 2t.$$

Hic ergo pro parte constante seu angulo $\mu t = 0$ est $\mathfrak{M} = -\frac{3}{2}$ et $M = 0$, unde definitur $\mathfrak{N} = -\frac{1}{2}$, tum vero $N = 0$, pro angulo autem $2t$, ubi $\mu = 2$, habemus $\mathfrak{M} = +\frac{9}{2}$ et $M = +3$, unde colligimus $\mathfrak{N} = \frac{1}{2}$, $N = \frac{1}{4}$; pro ordine ergo secundo nacti sumus:

$$\mathfrak{Q} = -\frac{1}{2} + \frac{1}{2}\cos 2t \,; \quad Q = +\frac{1}{4}\sin 2t\,.$$

14. Hinc pro ordine tertio membra annexa prioris aequationis praebent, ut sequitur:

$$+6\mathfrak{P}\mathfrak{Q} = -\tfrac{3}{2}\cos t + \tfrac{3}{2}\cos 3t$$
$$-3PQ = +\tfrac{3}{4}\cos t - \tfrac{3}{4}\cos 3t$$
$$+6\mathfrak{P}P^2 = +6\cos t - 6\cos 3t$$
$$-4\mathfrak{P}^3 = -3\cos t - 1\cos 3t$$
$$\text{pro } \mathfrak{M} \quad \overline{\tfrac{9}{4}\cos t - \tfrac{25}{4}\cos 3t}\,.$$

Simili modo ex altera aequatione huius ordinis colligimus:

$$-3\mathfrak{P}Q = -\tfrac{3}{8}\sin t - \tfrac{3}{8}\sin 3t$$
$$-3P\mathfrak{Q} = -\tfrac{9}{2}\sin t + \tfrac{3}{2}\sin 3t$$
$$+6\mathfrak{P}^2 P = -3\sin t - 3\sin 3t$$
$$-\tfrac{3}{2}P^3 = +9\sin t - 3\sin 3t$$
$$\text{ergo pro } M \quad \overline{+\tfrac{9}{8}\sin t - \tfrac{39}{8}\sin 3t}\,.$$

Hinc igitur pro priore angulo t est $\mu = 1$, $\mathfrak{M} = \dfrac{9}{4}$ et $M = \dfrac{9}{8}$, unde fit

$$\mathfrak{N} = \frac{\tfrac{9}{4} - \tfrac{2\cdot 9}{8}}{0} = \frac{0}{0}$$

sicque hic valor foret indefinitus; quia autem iam supra termino $\cos t$ debitus coefficiens est tributus, hic poni oportet $\mathfrak{N} = 0$, ex quo fit $N = +\dfrac{9}{8}$. Pro altero autem angulo $3t$ seu $\mu = 3$ habemus $\mathfrak{M} = -\dfrac{25}{4}$ et $M = -\dfrac{39}{8}$, unde deducimus $\mathfrak{N} = -\dfrac{3}{8}$ et $N = -\dfrac{7}{24}$, quocirca pro tertio ordine eruimus:

$$\mathfrak{R} = +0\cos t - \tfrac{3}{8}\cos 3t\,;\quad R = +\tfrac{9}{8}\sin t - \tfrac{7}{24}\sin 3t\,.$$

15. Ordini quarto hic non immoramur, quoniam hanc investigationem iam alibi[4] fusius docuimus atque ad praesens institutum sufficit motum regularem proxime tantum novisse, cui quidem instituto solus primus ordo abunde sufficeret; collectis autem his tribus ordinibus, binae coordinatae nostrae x et y pro motu regulari ita sunt expressae:

$$x = -\frac{1}{2}K^2 + K\cos t + \frac{1}{2}K^2\cos 2t - \frac{3}{8}K^3\cos 3t,$$
$$y = -\left(2K - \frac{9}{8}K^3\right)\sin t + \frac{1}{4}K^2\sin 2t - \frac{7}{24}K^3\sin 3t\,.$$

---

4 Cf. [E 414], pars altera, sectio IV.

Evolutio nostrarum formularum accedente actione Veneris

16. Propter actionem Veneris valores isti pro x et y inventi exigua quaedam incrementa accipient coefficiente minimo λ affecta; quo igitur haec incrementa inveniamus, veros valores coordinatarum x et y sequenti modo repraesentemus:

$$x = X + \lambda X' \quad \text{et} \quad y = Y + \lambda Y' \; ;$$

ipsae autem coordinatae pro loco terrae erunt

$$\odot x = a(1+x) = a(1 + X + \lambda X')$$

et

$$\text{☿} x = ay = aY + a\lambda Y' \; ,$$

ubi X et Y denotant valores modo ante inventos, scilicet

$$X = -\frac{1}{2} K^2 + K \cos t + \frac{1}{2} K^2 \cos 2t - \frac{3}{8} K^3 \cos 3t$$

$$Y = -\left(2K - \frac{9}{8} K^3\right) \sin t + \frac{1}{4} K^2 \sin 2t - \frac{7}{24} K^3 \sin 3t \; ;$$

partes autem annexae $\lambda X'$ et $\lambda Y'$ sunt eae ipsae quantitates, quas investigari oportet, et quas manifestum est fore quam minimas, ita ut prae X et Y quasi pro evanescentibus haberi queant. Ceterum hic monendum has litteras X et Y non esse confundendas cum iis, quibus supra sumus usi.

17. Binae autem aequationes, ex quibus hae determinationes elici debent, ita sunt expressae:

I. $\dfrac{ddx}{dt^2} - \dfrac{2\,dy}{dt} - 3x + 3xx - \dfrac{3}{2} yy + \dfrac{\lambda aa}{vv} \cos(\phi - t) + \dfrac{\lambda a^3 \left(1 + x - \frac{v}{a} \cos(\phi - t)\right)}{w^3} = 0$

II. $\dfrac{ddy}{dt^2} + \dfrac{2\,dx}{dt} \quad\ -3xy \quad\ + \dfrac{\lambda aa}{vv} \sin(\phi - t) + \dfrac{\lambda aa}{w^3} (ay - v\sin(\phi - t)) = 0 \; ,$

ubi ultimi termini littera λ affecti prae reliquis manifesto sunt quam minimi; deinde vero etiam membra, quae supra annexa vocavimus, prae membris principalibus etiam pro valde parvis sunt habenda, quandoquidem ipsae quantitates x et y prae unitate sunt satis exiguae; hanc ob caussam, si hic velimus loco x et y valores modo indicatos $X + \lambda X'$ et $Y + \lambda Y'$ substituere, in membris annexis atque multo magis in postremis sufficiet tantum partes principales X et Y adhibere, unde, quum per hypothesin membra annexa destruantur a valoribus X et Y loco x et y substitutis, aequationes, quas adhuc resolvi oportet, divisione per λ facta ita erunt comparatae:

I. $\dfrac{ddX'}{dt^2} - \dfrac{2\,dY'}{dt} - 3X' + \dfrac{aa}{vv} \cos(\phi - t) + \dfrac{aa}{w^3} (a(1+X) - v\cos(\phi - t)) = 0$

II. $\dfrac{ddY'}{dt^2} + \dfrac{2\,dX'}{dt} \quad\ + \dfrac{aa}{vv} \sin(\phi - t) + \dfrac{aa}{w^3} (aY - v\sin(\phi - t)) \quad\ = 0 \; .$

18. Quia hic termini postremi solas quantitates cognitas complectuntur, quas ad quodvis tempus facile assignare licet, statuamus brevitatis gratia:

$$U = \frac{aa}{vv}\cos(\phi - t) + \frac{aa}{w^3}\left(a(1+X) - v\cos(\phi - t)\right)$$

et

$$V = \frac{aa}{vv}\sin(\phi - t) + \frac{aa}{w^3}\left(aY - v\sin(\phi - t)\right),$$

et posterior aequatio ducta in dt et integrata statim praebet:

$$\frac{dY'}{dt} + 2X' + \int V\,dt = 0,$$

unde fit

$$\frac{dY'}{dt} = -2X' - \int V\,dt,$$

qui valor in priori substitutus dat:

$$\frac{ddX'}{dt^2} + X' + 2\int V\,dt + U = 0,$$

quam igitur integrari oportet.

19. Evadet autem haec aequatio integrabilis, multiplicando eam per $dt\cos t$, quippe integrale reperitur:

$$\frac{dX'}{dt}\cos t + X'\sin t + 2\int dt\cos t\int V\,dt + \int U\,dt\cos t = 0,$$

quae expressio facile reducitur ad hanc:

$$\frac{dX'}{dt}\cos t + X'\sin t + 2\sin t\int V\,dt - 2\int V\,dt\sin t + \int U\,dt\cos t = 0,$$

quae divisa per $\cos t^2$ denuo redditur integrabilis. Sed multo facilius scopum attingemus, si ipsam aequationem differentialem secundi gradus in $dt\sin t$ ducamus; tum enim integrale deprehenditur fore

$$\frac{dX'}{dt}\sin t - X'\cos t + 2\int dt\sin t\int V\,dt + \int U\,dt\sin t = 0,$$

quae pari modo reducitur ad hanc formam:

$$\frac{dX'}{dt}\sin t - X'\cos t - 2\cos t\int V\,dt + 2\int V\,dt\cos t + \int U\,dt\sin t = 0.$$

20. Ex his duabus aequationibus differentialibus primi gradus elidamus differentiale dX', quod fit, dum prima in $\sin t$, altera vero in $-\cos t$ ducitur, tum enim prodit:

$$X' + 2\int V\,dt - 2\sin t \int V\,dt\sin t + \sin t \int U\,dt\cos t$$
$$- 2\cos t \int V\,dt\cos t - \cos t \int U\,dt\sin t = 0$$

sicque hinc impetramus

$$X' = -2\int V\,dt + 2\sin t \int V\,dt\sin t - \sin t \int U\,dt\cos t$$
$$+ 2\cos t \int V\,dt\cos t + \cos t \int U\,dt\sin t.$$

Quo autem hinc facilius etiam alteram coordinatam y eruamus, utamur formula iam supra inventa

$$dY' = -2X'\,dt - dt \int V\,dt,$$

hoc est

$$dY' = +3\,dt \int V\,dt - 4\,dt\sin t \int V\,dt\sin t + 2\,dt\sin t \int U\,dt\cos t$$
$$- 4\,dt\cos t \int V\,dt\cos t - 2\,dt\cos t \int U\,dt\sin t;$$

quas singulas partes sequenti modo integramus:

$$\int dt \int V\,dt = t\int V\,dt - \int Vt\,dt,$$

quae reductio autem [non] nihil iuvat:

$$\int dt\sin t \int V\,dt\sin t = -\cos t \int V\,dt\sin t + \int V\,dt\sin t\cos t$$
$$\int dt\cos t \int V\,dt\cos t = +\sin t \int V\,dt\cos t - \int V\,dt\sin t\cos t$$
$$\int dt\sin t \int U\,dt\cos t = -\cos t \int U\,dt\cos t + \int U\,dt\cos t^2$$
$$\int dt\cos t \int U\,dt\sin t = +\sin t \int U\,dt\sin t - \int U\,dt\sin t^2,$$

unde colligimus sequentem valorem:

$$Y' = +3\int dt \int V\,dt + 4\cos t \int V\,dt\sin t - 2\cos t \int U\,dt\cos t + 2\int U\,dt$$
$$- 4\sin t \int V\,dt\cos t - 2\sin t \int U\,dt\sin t.$$

21. Ad quodvis ergo tempus valores utriusque quantitatis X' et Y' elicuimus, quos concinnius adhuc sequenti modo repraesentare licet:

$$X' = -2 \int V\,dt + \cos t \left(\int dt\,(2V\cos t + U\sin t) \right)$$

$$+ \sin t \left(\int dt\,(2V\sin t - U\cos t) \right)$$

$$Y' = +3 \int dt \int V\,dt + 2 \int U\,dt + 2\cos t \left(\int dt\,(2V\sin t - U\cos t) \right)$$

$$- 2\sin t \left(\int dt\,(2V\cos t + U\sin t) \right).$$

Quemadmodum autem quovis casu has formulas tractari conveniat, in sequentibus fusius sumus explicaturi.

22. Quod autem ad constantes attinet, quae his integrationibus invehuntur, eas his quatuor formis complecti licet:

$$\text{I}°.\ \ A\,;\quad \text{II}°.\ \ Bt\,;\quad \text{III}^{\text{io}}.\ \ C\cos t\quad \text{et}\quad \text{IV}°.\ \ D\sin t\,,$$

quarum prima locum medium respicit, secunda ad ipsum motum medium pertinet, duae autem postremae formulae ad locum aphelii reducuntur. Quare si iam supra haec elementa rite constituta esse assumimus, has quoque constantes in sequentibus praetermittere poterimus. Verum quo melius has formulas expedire queamus, imprimis attendi oportet actionem Veneris duabus contineri partibus, quarum prior denominatorem habet vv, posterior vero w^3; illam, quoniam ad Solem refertur, partem Solarem vocemus, alteram vero, qua Venus immediate in terram agit, partem terrestrem, atque omnino conveniet has duas partes a se invicem distingui.

23. Denique circa formulas $\cos t$ et $\sin t$, quae in haec integralia sunt ingressae, observandum est angulum t eatenus tantum esse introductum, quatenus eius differentiale est dt, neque idcirco terminum, a quo istum angulum computari oportet, esse praescriptum, siquidem eadem integralia prodire deberent, si loco t scriberetur $t + \alpha$; scilicet ista constans α in ipsa evolutione iterum ex calculo elidetur, quemadmodum mox clarius apparebit. Hoc ideo monendum duximus, ne quis putet hunc angulum t perinde atque illum, qui supra est introductus, a loco aphelii esse computandum.

De parte priore actionis Veneris Solari dicta

24. Hic igitur littera U denotabit formulam

$$\frac{aa}{vv} \cos(\phi - t)$$

pro priori aequatione, littera autem

$$V = \frac{aa}{vv} \sin(\phi - t)$$

pro aequatione posteriori. Hasque formulas iterum subdividere licet, quatenus vel ad solum motum medium spectamus, vel etiam excentricitatis Veneris rationem habere velimus, quod posterius superfluum videri potest, quum orbita Veneris minimam habeat excentricitatem, unde vix ullus effectus in perturbationem Terrae oriri potest.

25. Denotet igitur b distantiam mediam Veneris a Sole, et quia excentricitatem negligimus, habebimus $v = b$, tum vero angulus ϕ longitudinem Veneris mediam designabit, ideoque angulus $\phi - t$ elongationem mediam Veneris a Terra e Sole spectatam. Designemus igitur hanc elongationem angulo $= p$; qui quum tempori sit proportionalis, ponamus $\frac{dp}{dt} = m$; hinc igitur erit

$$U = \frac{aa}{bb} \cos p \quad \text{et} \quad V = \frac{aa}{bb} \sin p,$$

unde colligimus

$$2V \cos t + U \sin t = \frac{aa}{bb} \left(\frac{1}{2} \sin(p - t) + \frac{3}{2} \sin(p + t) \right)$$

$$2V \sin t - U \cos t = \frac{aa}{bb} \left(\frac{1}{2} \cos(p - t) - \frac{3}{2} \cos(p + t) \right).$$

26. His igitur notatis singulae formulae integrales, quae valores X' et Y' constituunt, sequenti modo se habebunt:

$$\int V \, dt = \frac{aa}{bb} \int \sin p \, dt = -\frac{aa}{bb} \frac{\cos p}{m}$$

$$\int dt \, (2V \cos t + U \sin t) = \frac{aa}{bb} \int dt \left(\frac{1}{2} \sin(p - t) + \frac{3}{2} \sin(p + t) \right)$$

$$= -\frac{aa}{bb} \left(\frac{\cos(p - t)}{2(m - 1)} + \frac{3 \cos(p + t)}{2(m + 1)} \right)$$

$$\int dt\,(2V\sin t - U\cos t) = \frac{aa}{bb}\int dt\left(\frac{1}{2}\cos(p-t) - \frac{3}{2}\cos(p+t)\right)$$
$$= \frac{aa}{bb}\left(\frac{\sin(p-t)}{2(m-1)} - \frac{3\sin(p+t)}{2(m+1)}\right)$$
$$\int dt\int V\,dt = -\frac{aa}{bb}\cdot\frac{\sin p}{mm}$$
$$\int U\,dt = \frac{aa}{bb}\cdot\frac{\sin p}{m},$$

unde colligimus ipsas quantitates X' et Y' [5]

$$X' = \frac{aa}{bb}\left(\frac{2\cos p}{m} - \frac{\cos p}{2(m-1)} - \frac{3\cos p}{2(m+1)}\right) = \frac{aa}{bb}\left(\frac{(m-2)\cos p}{m(mm-1)}\right)$$
$$Y' = \frac{aa}{bb}\left(-\frac{3\sin p}{mm} + \frac{2\sin p}{m} + \frac{\sin p}{(m-1)} - \frac{3\sin p}{m+1}\right) = \frac{aa}{bb}\left(\frac{(m^2-2m+3)\sin p}{mm(m^2-1)}\right).$$

27. Omnino hic insigne dubium occurrit, quod casu $m = 1$ utraque haec quantitas abeat in infinitum, quod utique maxime esset absurdum; verum perpendendum est hoc casu angulum p abire in t, et quia iam supra vidimus ob constantes integrationum ingredi talem formam indefinitam $A + Bt + C\cos t + D\sin t$, manifestum est illud infinitum constantibus C vel D tolli posse. Ceterum hic ipse casus $m = 1$ peculiarem meretur resolutionem, tum enim erit angulus $p - t$ constans, qui sit α, unde integrando erit

$$\int dt\,(2V\cos t + U\sin t) = \frac{aa}{bb}\left(\frac{1}{2}t\sin\alpha - \frac{3}{4}\cos(p+t)\right)$$
$$\int dt\,(2V\sin t - U\cos t) = \frac{aa}{bb}\left(\frac{1}{2}t\cos\alpha - \frac{3}{4}\sin(p+t)\right),$$

quamobrem hoc casu consequimur:

$$X' = \frac{aa}{bb}\left(2\cos p + \frac{1}{2}t\sin(t+\alpha) - \frac{3}{4}\cos p\right) = \frac{aa}{bb}\left(\frac{5}{4}\cos p + \frac{1}{2}t\sin(t+\alpha)\right)$$
$$Y' = \frac{aa}{bb}\left(-\sin p + t\cos(t+\alpha) - \frac{3}{2}\sin p\right) = \frac{aa}{bb}\left(-\frac{5}{2}\sin p + t\cos(t+\alpha)\right).$$

Ubi notandum his formulis

$$\frac{1}{2}t\sin(t+\alpha) \quad \text{et} \quad t\cos(t+\alpha)$$

motum aphelii terrae innui.

---

[5] Editio princeps: $\frac{m-2\cdot\cos p}{m(mm-1)}$ loco $\frac{(m-2)\cos p}{m(mm-1)}$.

28. Hactenus tantum ad motum medium Veneris respeximus neglecta excentricitate, interim tamen operae pretium est etiam huius rationem habere; sit igitur κ ista excentricitas et angulus q anomalia media Veneris fiatque $dq = n\,dt$, quo posito habebimus, uti constat,

$$v = b(1 + \kappa \cos q) \quad \text{et} \quad \phi = \zeta - 2\kappa \sin q \,,$$

denotante ζ longitudinem mediam, ita ut sit $\zeta - t = p$, quum ergo iam sit

$$\phi - t = p - 2\kappa \sin q \,,$$

erit

$$\sin(\phi - t) = \sin p - 2\kappa \sin q \cos p \quad \text{et} \quad \cos(\phi - t) = \cos p + 2\kappa \sin p \sin q \,.$$

Ergo quia

$$\frac{1}{vv} = \frac{1}{bb}(1 - 2\kappa \cos q) \,,$$

hinc colligemus:

$$U = \frac{aa}{bb}(\cos p - 2\kappa \cos(p+q)) \quad \text{et} \quad V = \frac{aa}{bb}(\sin p - 2\kappa \sin(p+q)) \,.$$

29. Quoniam autem ea, quae a partibus potioribus oriuntur, iam expedivimus, sumamus tantum

$$U = \frac{\kappa aa}{bb}\bigl(-2\cos(p+q)\bigr) \quad \text{et} \quad V = \frac{\kappa aa}{bb}\bigl(-2\sin(p+q)\bigr)$$

hincque porro

$$2V \cos t + U \sin t = \frac{\kappa aa}{bb}\bigl(-\sin(p+q-t) - 3\sin(p+q+t)\bigr)$$
$$2V \sin t - U \cos t = \frac{\kappa aa}{bb}\bigl(-\cos(p+q-t) + 3\cos(p+q+t)\bigr)$$

atque hinc deducimus integralia nostra

$$\int V\,dt = \frac{\kappa aa}{bb}\left(\frac{2\cos(p+q)}{m+n}\right)$$
$$\int dt\,(2V \cos t + U \sin t) = \frac{\kappa aa}{bb}\left(+\frac{\cos(p+q-t)}{m+n-1} + \frac{3\cos(p+q+t)}{m+n+1}\right)$$
$$\int dt\,(2V \sin t - U \cos t) = \frac{\kappa aa}{bb}\left(-\frac{\sin(p+q-t)}{m+n-1} + \frac{3\sin(p+q+t)}{m+n+1}\right)$$
$$\int dt \int V\,dt = \frac{\kappa aa}{bb}\left(\frac{2\sin(p+q)}{(m+n)^2}\right)$$
$$\int U\,dt = \frac{\kappa aa}{bb}\left(-\frac{2\sin(p+q)}{m+n}\right) \,.$$

30. Ex his itaque colligimus quaesitos valores pro X' et Y', uti sequuntur[6]:

$$X' = \frac{\kappa aa}{bb}\left(-\frac{4\cos(p+q)}{m+n} + \frac{\cos(p+q)}{m+n-1} + \frac{3\cos(p+q)}{m+n+1}\right)$$

$$= \frac{\kappa aa}{bb}\left(-\frac{2(m+n-2)}{(m+n)((m+n)^2-1)}\right)\cos(p+q)$$

$$Y' = \frac{\kappa aa}{bb}\left(+\frac{6\sin(p+q)}{(m+n)^2} - \frac{4\sin(p+q)}{m+n} - \frac{2\sin(p+q)}{m+n-1} + \frac{6\sin(p+q)}{m+n+1}\right)$$

$$= -\frac{2\kappa aa}{bb}\frac{((m+n)^2-2(m+n)+3)}{(m+n)^2((m+n)^2-1)}\sin(p+q).$$

Omnino igitur ex parte Solari actionis Veneris oriuntur sequentes valores pro nostris X' et Y':

$$X' = \frac{aa}{bb}\cdot\frac{m-2}{m(m^2-1)}\cos p - \frac{2\kappa aa}{bb}\left(\frac{m+n-2}{(m+n)((m+n)^2-1)}\right)\cos(p+q)$$

$$Y' = \frac{aa}{bb}\cdot\frac{(m^2-2m+3)}{mm(m^2-1)}\sin p - \frac{2\kappa aa}{bb}\left(\frac{(m+n)^2-2(m+n)+3}{(m+n)^2((m+n)^2-1)}\right)\sin(p+q),$$

quas formulas quum in genere evolvere licuerit, manifestum est easdem etiam ad actionem cuiusvis alius Planetae in terram agentis accommodari posse, quin etiam loco Terrae quemlibet alium Planetam primarium substituere licebit, ita ut ea, quae hactenus sunt tradita, ad motum cuiusvis Planetae ab alio quocunque perturbatum transferri queant.

De parte altera terrestri actionis Veneris

31. Hic igitur habemus:

$$U = \frac{aa}{w^3}\bigl(a(1+X) - v\cos(\phi-t)\bigr) \quad \text{et} \quad V = \frac{aa}{w^3}\bigl(aY - v\sin(\phi-t)\bigr),$$

quas formulas gemino modo tractari conveniet; primo scilicet tam pro terra quam pro Venere ad solum motum medium respiciemus, quae tractatio tamquam fundamentum constituet perturbationis totalis, quandoquidem perturbatio hinc enata neque ab excentricitate terrae neque Veneris pendebit, sed pro omnibus revolutionibus easdem inaequalitates exhibebit a sola elongatione Veneris a terra pendentes, dum contra, si excentricitatis ratio habeatur, quaelibet revolutio peculiarem evolutionem requireret, prouti scilicet rectae ☉☿ et ☉♀ respectu utriusque lineae absidum fuerint dispositae.

---

[6] Editio princeps: $\frac{2\kappa aa}{bb}\frac{((m+n)^2-2(m+n)+3)}{(m+n)^2((m+n)^2-1)}\sin(p+q)$ loco $-\frac{2\kappa aa}{bb}\frac{((m+n)^2-2(m+n)+3)}{(m+n)^2((m+n)^2-1)}\sin(p+q)$.

32. Primum igitur ad motum medium tantum attendentes, habebimus I°. $X = 0$ et $Y = 0$, tum vero erit $v = b$ et angulus $\phi - t = p$, cui respondet numerus $m = \frac{dp}{dt}$; hinc autem deducitur distantia

$$♀ ☿ = w = \sqrt{(aa - 2ab\cos p + bb)}$$

atque hinc pro nostris formulis integrandis fiet

$$U = \frac{a^2(a - b\cos p)}{(aa - 2ab\cos p + bb)^{3:2}} \quad \text{et} \quad V = -\frac{aa}{w^3}b\sin p,$$

unde porro deducimus

$$2V\cos t + U\sin t = \frac{aa}{w^3}\left(a\sin t - \frac{1}{2}b\sin(p - t) - \frac{3}{2}b\sin(p + t)\right)$$

$$2V\sin t - U\cos t = \frac{aa}{w^3}\left(-a\cos t - \frac{1}{2}b\cos(p - t) + \frac{3}{2}b\cos(p + t)\right),$$

ubi in subsidium calculi notasse iuvabit fore

$$w^2 = (a - b\cos p)^2 + bb\sin p^2.$$

33. Tabulas autem Astronomicas motuum terrae et Veneris consulentes, sumta distantia terrae media $= 1$, reperimus distantiam mediam Veneris $b = 0{,}72340$, deinde, quum motus medius Solis per 30 dies $29° 34' 10'' = 106450''$, Veneris autem per idem intervallum $48° 3' 54'' = 173034''$, erit motus Veneris a terra $= 18° 29' 44'' = 66584''$ hincque definitur numerus noster $m = \frac{dp}{dt} = \frac{66584}{106450} = 0{,}62550$, sicque angulo $t = 10°$ respondet angulus $p = 6° 15' 18''$, ideoque angulo $t = 5°$ respondebit $p = 3° 7' 39''$.

34. Hic autem statim maxima difficultas occurrit in formula irrationali

$$w = \sqrt{(aa - 2ab\cos p + bb)},$$

quam nullo modo in seriem convergentem resolvere licet, id quod integratio more praecedente instituenda requireret, quam ob caussam integralia nostra mechanice tantum definire cogimur, id quod sequenti modo praestari poterit. Incipiamus (Fig. 2) ab eiusmodi situ, quo terra et Venus erant in coniunctione veluti terra in T et Venus in V, a quo situ motum utrinque per exigua intervalla usque ad coniunctionem sequentem prosequamur. Haec autem intervalla aequalia faciamus, quibus angulus $p = 5°$ respondeat, ita ut integra revolutio in 72 momenta dividatur, pro singulis autem fiet angulus $t = \frac{1}{m} \cdot 5° = 7° 59' 37''$, pro quo commode $8°$ usurpare liceret.

Fig. 2

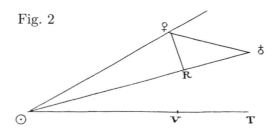

Pro ipso ergo hoc initio ob $a = 1$ et $b = 0{,}72340$ et $p = 0$ reperitur $w = a - b = 0{,}27660$, hincque

$$U = 13{,}07060 \quad \text{et} \quad V = 0,$$

hinc, ob $t = 0$,

$$2V \cos t + U \sin t = 0 \quad \text{et} \quad 2V \sin t - U \cos t = -13{,}07060.$$

Pro sequentibus momentis calculus ita commodissime instituetur: sumtis valoribus $a - b \cos p$ et $b \sin p$, quaeratur angulus A, ut sit $\tan A = \dfrac{b \sin p}{a - b \cos p}$, scilicet erit $A = \odot \mathring{\mathrm{o}} \,\female$, unde statim deducitur:

$$\female \mathring{\mathrm{o}} = \frac{b \sin p}{\sin A} = (a - b \cos p) \sec A.$$

Deinde inventis U et V quaeratur angulus B, ut sit[7] $\tan B = \dfrac{2V}{U}$, tum enim reperietur[8]:

$$2V \cos t + U \sin t = \frac{U \sin(B+t)}{\cos B} = U \sin(B+t) \sec B$$
$$2V \sin t - U \cos t = -U \sec B \cos(B+t).$$

Quare secundum haec praecepta singula illa momenta evolvantur.

35. Secundum haec praecepta computata est sequens tabula, quae pro singulis momentis exhibet valores quantitatum

p, t, $\log w$, $\log U$, $\log V$, $\log(2V \cos t + U \sin t)$, $\log(2V \sin t - U \cos t)$.

---

[7] Recte: $\tan B = -\dfrac{2V}{U}$.   AV

[8] Recte: $2V \cos t + U \sin t = -\dfrac{U \sin(B-t)}{\cos B} = -U \sin(B-t) \sec B$
$2V \sin t - U \cos t = -U \sec B \cos(B-t).$ AV

p	t			$\log w$	$\log U$	$\log V$	$\log \text{pars I}$[9]	$\log \text{pars II}$[10]
0	0			9,4418522	1,1162956	$-\infty$	$-\infty$	$-1,1162956$
5	7°	59′	37″	9,4569415	1,0753283	0,4288499	$+0,8432758$	1,0426477
10	15	59		9,4966910	0,9687009	0,6089757	1,0160619	0,8264650
15	23	59		9,5498508	0,8293736	0,6228223	1,0175025	0,4405388
20	31	58		9,6071043	0,6841442	0,5721173	0,9490483	$-9,1612140$
25	39	58		9,6632309	0,5473415	0,4956342	0,8490469	$+0,1203552$
30	47	58		9,7159568	0,4244403	0,4104782	0,7339805	0,3102440
35	55	57		9,7645601	0,3163679	0,3242896	0,6105881	0,3686306
40	63	57		9,8090211	0,2221189	0,2403826	0,4808671	0,3789160
45	71	57		9,8496003	0,1400451	0,1600627	0,3441429	0,3656719
50	79	56		9,8866454	0,0684237	0,0836963	0,1976618	0,3390969
55	87	56		9,9205098	0,0056819	0,0112136	0,0360811	0,3041420
60	95	55		9,9515199	9,9504651	9,9423494	9,8492258	0,2634245
65	103	55		9,9799649	9,9016387	9,8767595	9,6146023	0,2183904
70	111	55		0,0060964	9,8582650	9,8140751	9,2624611	0,1698455
75	119	54		0,0301313	9,8195739	9,7539283	$+7,8023356$	0,1182210
80	127	54		0,0522561	9,7849334	9,6959617	$-9,1109744$	0,0637132
85	135	54		0,0726309	9,7538243	9,6398299	9,3650433	0,0063596
90	143	53		0,0913938	9,7258186	9,5851971	9,4887936	9,9460788
95	151	53		0,1086636	9,7005623	9,5317320	9,5605676	9,8826884
100	159	52		0,1245431	9,6777613	9,4791006	9,6043175	9,8159053
105	167	52		0,1391214	9,6571704	9,4269580	9,6305909	9,7453317
110	175	52		0,1524759	9,6385841	9,3749366	9,6449914	9,6704221
115	183	51		0,1646737	9,6218297	9,3226332	9,6508796	9,5904227
120	191	51		0,1757733	9,6067616	9,2695893	9,6504616	9,5042659
125	199	51		0,1858255	9,5932569	9,2152664	9,6452968	9,4103822
130	207	50		0,1948747	9,5812114	9,1590084	9,6365617	9,3063441
135	215	50		0,2029590	9,5705371	9,0999864	9,6251957	9,1881409
140	223	49		0,2101116	9,5611598	9,0371111	9,6119861	9,0485095
145	231	49		0,2163610	9,5530169	8,9688870	9,5976166	8,8723414
150	239	49		0,2217311	9,5460562	8,8931552	9,5826931	8,6195357
155	247	48		0,2262423	9,5402344	8,8065997	9,5677531	$+8,0945857$
160	255	48		0,2299114	9,5355166	8,7036960	9,5532638	$-8,1400101$
165	263	47		0,2327516	9,5318749	8,5741200	9,5396121	8,5771235
170	271	47		0,2347731	9,5292884	8,3947294	9,5270880	8,7791792
175	279	47		0,2359832	9,5277422	8,0917249	9,5158669	8,9116547
180	287	46		0,2363861	9,5272278	$-\infty$	$-9,5059923$	$-9,0118511$

9 Intellegimus $\log(2V\cos t + U\sin t)$. AV
10 Intellegimus $\log(2V\sin t - U\cos t)$. AV

36. Repraesententur (Fig. 3) haec momenta more Geometrico super axe AO per intervalla aequalia AB, BC, CD etc., et in his singulis punctis applicatae erigantur Aa, Bb, Cc etc. referentes eas quantitates U vel V vel $2V\cos t + U\sin t$

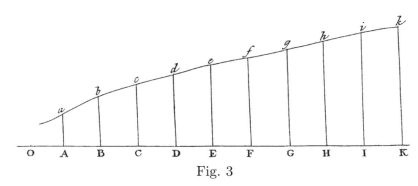

Fig. 3

vel $2V\sin t - U\cos t$, quas integrari oportet, ita ut areae huius lineae curvae exhibeant integralia quaesita, atque iam manifestum est, si inventa fuerit area $AakK$, sequentem $AalL$ facile inveniri, si ad illam addatur trapezium $KklL$, cuius area proxime est $\frac{1}{2}KL(Kk+Ll)$, verum quia hoc intervallum KL, quasi esset $=dt$, est $=7°\,59'\,37''$, eius valor in partibus radii expressus erit $0{,}1395148$, cuius logarithmus est $9{,}1446204$, singula autem integralia ita capiamus, ut ipso initio A evanescant, hos igitur calculos sequens Tabula exhibebit:

p	$\int U\,dt$	$\int V\,dt$	$\int dt \int V\,dt$	$\int dt\,(2V\cos t + U\sin t)$	$\int dt\,(2V\sin t - U\cos t)$
0	+ 0	+ 0	+ 0	+ 0	− 0
Incr.	1,7415	0,1873	0,0261	0,4863	− 1,6813
5	1,7415	0,1873	0,0261	0,4863	− 1,6813
Incr.	1,4788	0,4708	0,0918	1,2101	− 1,2374
10	3,2203	0,6580	0,1179	1,6964	− 2,9187
Incr.	1,1200	0,5762	0,1722	1,4501	− 0,6602
15	4,3403	1,2342	0,2901	3,1465	− 3,5789
Incr.	1,8080	0,5531	0,2494	1,3466	− 0,2025
20	5,1483	1,7874	0,5395	4,4931	− 3,7813
Incr.	0,5831	0,4788	0,3162	1,1131	+ 0,0819
25	5,7314	2,2662	0,8557	5,6063	− 3,6994
Incr.	0,4314	0,3979	0,3717	0,8708	+ 0,2345
30	6,1627	2,6641	1,2273	6,4771	− 3,4649
Incr.	0,3299	0,3267	0,4173	0,6626	+ 0,3055
35	6,4926	2,9908	1,6446	7,1397	− 3,1593
Incr.	0,2609	0,2685	0,4547	0,4957	+ 0,3299
40	6,7535	3,2593	2,0993	7,6354	− 2,8294
Incr.	0,2126	0,2222	0,4857	0,3652	+ 0,3288
45	6,9661	3,4815	2,5851	8,0005	− 2,5006
Incr.	0,1780	0,1854	0,5116	0,2640	+ 0,3142
50	7,1441	3,6669	3,0966	8,2646	− 2,1864
Incr.	0,1523	0,1562	0,5334	0,1858	+ 0,2928
55	7,2964	3,8231	3,6300	8,4503	− 1,8936
Incr.	0,1329	0,1327	0,5519	0,1251	+ 0,2685
60	7,4294	3,9558	4,1819	8,5754	− 1,6251
Incr.	0,1179	0,1136	0,5677	0,0780	+ 0,2433
65	7,5472	4,0694	4,7497	8,6535	− 1,3818
Incr.	0,1060	0,0980	0,5814	0,0415	+ 0,2185
70	7,6532	4,1673	5,3311	8,6949	− 1,1633
Incr.	0,0964	0,0850	0,5933	0,0132	+ 0,1947
75	7,7496	4,2524	5,9243	8,7082	− 0,9686
Incr.	0,0886	0,0742	0,6036	− 0,0086	+ 0,1724
80	7,8381	4,3266	6,5280	8,6996	− 0,7962
Incr.	0,0821	0,0651	0,6127	− 0,0252	+ 0,1516
85	7,9202	4,3917	7,1407	8,6744	− 0,6447
Incr.	0,0767	0,0573	0,6207	− 0,0377	+ 0,1324
90	+ 7,9969	+ 4,4490	+ 7,7614	+ 8,6368	− 0,5123

p	$\int U\,dt$	$\int V\,dt$	$\int dt \int V\,dt$	$\int dt\,(2V\cos t + U\sin t)$	$\int dt\,(2V\sin t - U\cos t)$
90	+ 7,9969	+ 4,4490	+ 7,7614	+ 8,6368	− 0,5123
Incr.	0,0721	0,0506	0,6278	− 0,0469	+ 0,1149
95	8,0690	4,4995	8,3891	+ 8,5899	− 0,3974
Incr.	0,0682	0,0448	0,6340	− 0,0534	+ 0,0989
100	8,1372	4,5443	9,0231	+ 8,5365	− 0,2985
Incr.	0,0649	0,0397	0,6395	− 0,0578	+ 0,0845
105	8,2021	4,5840	9,6627	+ 8,4786	− 0,2141
Incr.	0,0620	0,0352	0,6444	− 0,0606	+ 0,0715
110	8,2641	4,6192	10,3071	+ 8,4180	− 0,1426
Incr.	0,0596	0,0312	0,6488	− 0,0620	+ 0,0598
115	8,3237	4,6504	10,9559	+ 8,3560	− 0,0828
Incr.	0,0574	0,0276	0,6527	− 0,0624	+ 0,0494
120	8,3811	4,6780	11,6086	+ 8,2936	− 0,0333
Incr.	0,0556	0,0244	0,6561	− 0,0620	+ 0,0402
125	8,4366	4,7024	12,2646	+ 8,2316	+ 0,0069
Incr.	0,0539	0,0215	0,6591	− 0,0610	+ 0,0321
130	8,4906	4,7239	12,9237	+ 8,1705	+ 0,0390
Incr.	0,0525	0,0188	0,6617	− 0,0596	+ 0,0249
135	8,5431	4,7428	13,5854	+ 8,1109	+ 0,0639
Incr.	0,0513	0,0164	0,6640	− 0,0580	+ 0,0186
140	8,5945	4,7592	14,2494	+ 8,0529	+ 0,0824
Incr.	0,0503	0,0141	0,6659	− 0,0562	+ 0,0130
145	8,6448	4,7732	14,9153	+ 7,9968	+ 0,0954
Incr.	0,0495	0,0119	0,6676	− 0,0543	+ 0,0081
150	8,6942	4,7852	15,5829	+ 7,9425	+ 0,1035
Incr.	0,0487	0,0099	0,6690	− 0,0525	+ 0,0038
155	8,7430	4,7951	16,2519	+ 7,8900	+ 0,1073
Incr.	0,0481	0,0080	0,6701	− 0,0507	− 0,0001
160	8,7911	4,8031	16,9220	+ 7,8393	+ 0,1072
Incr.	0,0477	0,0061	0,6710	− 0,0491	− 0,0036
165	8,8388	4,8093	17,5930	+ 7,7902	+ 0,1036
Incr.	0,0473	0,0043	0,6716	− 0,0476	− 0,0068
170	8,8861	4,8136	18,2646	+ 7,7425	+ 0,0968
Incr.	0,0471	0,0026	0,6719	− 0,0464	− 0,0099
175	8,9332	4,8162	18,9365	+ 7,6962	+ 0,0869
Incr.	0,0470	0,0009	0,6721	− 0,0452	− 0,0129
180	+ 8,9802	+ 4,8171	+ 19,6086	+ 7,6509	+ 0,0740

37. Hinc iam facile colligentur valores tam ipsius X' quam Y' ope formularum traditarum §21, quos in sequente Tabula exhibebimus, iis autem insuper adiungemus perturbationis priores illas partes ex actione Solari oriundas, neglecta scilicet excentricitate Veneris, invenimus autem supra[11] istam partem priorem pro angulo p

$$X' = \frac{aa}{bb} \cdot \frac{m-2}{m(m^2-1)} \cos p = +6{,}8980 \cos p\,,$$

coefficientis Logarithmo existente $+0{,}8387222$,

$$Y' = \frac{aa}{bb} \cdot \frac{m^2 - 2m + 3}{mm(mm-1)} \sin p = -17{,}17185 \sin p\,,$$

coefficientis Logarithmo existente $= -1{,}2348170$.

---

11 Vide §30.

Tabula pro X' et Y'

	pro X'			pro Y'		
p	pars I	pars II	totum	pars I	pars II	totum
0	+ 6,8980	0	+ 6,8980	0	0	0
5	+ 6,8717	− 0,1268	+ 6,7449	− 1,4966	+ 0,0961	− 1,4005
10	+ 6,7932	− 0,4892	+ 6,3040	− 2,9819	+ 0,2482	− 2,7336
15	+ 6,6629	− 1,0481	+ 5,6148	− 4,4444	+ 0,4534	− 3,9910
20	+ 6,4820	− 1,7657	+ 4,7163	− 5,8731	+ 0,7412	− 5,1320
25	+ 6,2517	− 2,6121	+ 3,6396	− 7,2571	+ 1,1568	− 6,1004
30	+ 5,9738	− 3,5643	+ 2,4095	− 8,5859	+ 1,7461	− 6,8398
35	+ 5,6505	− 4,6024	+ 1,0481	− 9,8494	+ 2,5497	− 7,2997
40	+ 5,2842	− 5,7074	− 0,4232	− 11,0379	+ 3,6005	− 7,4373
45	+ 4,8776	− 6,8605	− 1,9829	− 12,1423	+ 4,9243	− 7,2181
50	+ 4,4339	− 8,0424	− 3,6085	− 13,1544	+ 6,5392	− 6,6152
55	+ 3,9565	− 9,2333	− 5,2768	− 14,0664	+ 8,4565	− 5,6098
60	+ 3,4490	− 10,4130	− 6,9640	− 14,8713	+ 10,6806	− 4,1906
65	+ 2,9152	− 11,5614	− 8,6461	− 15,5630	+ 13,2093	− 2,3537
70	+ 2,3592	− 12,6587	− 10,2994	− 16,1363	+ 16,0341	− 0,1022
75	+ 1,7853	− 13,6860	− 11,9007	− 16,5867	+ 19,1406	+ 2,5538
80	+ 1,1978	− 14,6254	− 13,4276	− 16,9110	+ 22,5087	+ 5,5977
85	+ 0,6012	− 15,4606	− 14,8594	− 17,1065	+ 26,1133	+ 9,0068
90	+ 0,0000	− 16,1770	− 16,1770	− 17,1718	+ 29,9247	+ 12,7528
95	− 0,6012	− 16,7623	− 17,3519	− 17,1065	+ 33,9091	+ 16,8026
100	− 1,1978	− 17,2065	− 18,4043	− 16,9110	+ 38,0297	+ 21,1187
105	− 1,7853	− 17,5022	− 19,2875	− 16,5867	+ 42,2467	+ 25,6599
110	− 2,3592	− 17,6447	− 20,0039	− 16,1363	+ 46,5188	+ 30,3825
115	− 2,9152	− 17,6323	− 20,5475	− 15,5630	+ 50,8036	+ 35,2407
120	− 3,4490	− 17,4661	− 20,9151	− 14,8713	+ 55,0587	+ 40,1875
125	− 3,9565	− 17,1501	− 21,1066	− 14,0664	+ 59,2422	+ 45,1758
130	− 4,4339	− 16,6912	− 21,1252	− 13,1544	+ 63,3135	+ 50,1591
135	− 4,8776	− 16,0990	− 20,9766	− 12,1423	+ 67,2346	+ 55,0923
140	− 5,2842	− 15,3855	− 20,6696	− 11,0379	+ 70,9703	+ 59,9324
145	− 5,6505	− 14,5650	− 20,2155	− 9,8494	+ 74,4890	+ 64,6396
150	− 5,9738	− 13,6539	− 19,6277	− 8,5859	+ 77,7635	+ 69,1775
155	− 6,2517	− 12,6703	− 18,9220	− 7,2571	+ 80,7712	+ 73,5141
160	− 6,4820	− 11,6335	− 18,1155	− 5,8731	+ 83,4950	+ 77,6219
165	− 6,6629	− 10,5641	− 17,2270	− 4,4444	+ 85,9231	+ 81,4787
170	− 6,7932	− 9,4828	− 16,2760	− 2,9819	+ 88,0495	+ 85,0676
175	− 6,8717	− 8,4109	− 15,2827	− 1,4966	+ 89,8742	+ 88,3776
180	− 6,8980	− 7,3693	− 14,2673	− 0	+ 91,4030	+ 91,4030

38. Quo autem facilius has determinationes ad usum Astronomicum accommodemus, notandum est totum negotium ad valorem litterae Y' redire, ex quo facile statim effectum perturbationis cognoscere licet, quippe qui angulo perexiguo constat, quem ad locum terrae ex Tabulis solitis desumtum sive addere sive inde auferre oportet. Quum enim definiri debeat angulus $M\odot\mathord{\text{☌}}$ ad longitudinem terrae mediam addendus, eius tangens est

$$\frac{y}{1+x} = \frac{Y + \lambda Y'}{1 + X + \lambda X'},$$

quem ergo angulum hic in duas partes distribui convenit, quarum altera principalis ex solo motu regulari est petenda, cuius ergo tangens est[12] $\frac{Y}{1+X}$, quem angulum Tabulae Solares consuetae exhibent, quem littera η indicemus, altera vero pars ipsam perturbationem continens notetur littera ω, ita ut ad locum Terrae medium addi oporteat angulum $\eta + \omega$.

39. Quum igitur habeamus

$$\tan(\eta + \omega) = \frac{Y + \lambda Y'}{1 + X + \lambda X'} = \tan \eta + \frac{\omega}{\cos \eta^2},$$

quoniam angulus ω prae η est vehementer parvus, tum vero sit $\tan \eta = \frac{Y}{1+X}$, hinc colligimus $\frac{\omega}{\cos \eta^2} = \frac{\lambda Y'}{(1+X)^2}$, propterea quod quantitates $\lambda X'$ et $\lambda X'^2$ sunt quasi evanescentes. Praeterea vero, quia angulus η est valde parvus eiusque cosinus vix ab unitate differt, tum vero etiam loco $1 + X$ tuto scribere licet 1, habebimus simpliciter $\omega = \lambda Y'$. Interim si etiam harum postremarum conditionum rationem habere velimus, reperitur $\omega = \frac{\lambda Y'}{(1+X)^2 + YY'}$, quae expressio a praecedente vix particula sensibili discrepabit.

40. Quoniam igitur tota perturbatio ω, quam hic quaerimus, per solam quantitatem Y' determinatur, cuius valores modo ante usque ad 180° exhibuimus, nunc accuratius nobis ostendere incumbit, quemadmodum hi valores ad praxin accommodari queant. Supra autem iam innuimus constantes per integrationes ingressas ita capi debere, ut post singulas revolutiones hae perturbationes iterum evanescant, quod etiam de dimidiis revolutionibus est tenendum. Quare quum pro 180° valor ipsius Y' prodierit $+91{,}4030$, ob constantes illas memoratas a quolibet valore ipsius Y' pro angulo $♀\odot\mathord{\text{☌}}$ subtrahi debet numerus proportionalis, scilicet

$$\frac{♀\odot\mathord{\text{☌}}}{180} \cdot 91{,}4030 = ♀\odot\mathord{\text{☌}} \cdot 0{,}50779,$$

unde facile erit has correctiones in Tabulam superiorem introducere.

---

[12] Editio princeps: $X\frac{Y}{1+X}$ loco $\frac{Y}{1+X}$.

41. Denique superest, ut valorem litterae λ consideremus, qui a ratione massae Veneris ad massam solarem pendet, quae autem ratio adhuc plane est ignota. Satis probabile autem videtur Veneris massam vix a massa terrae discrepare, propterea quod eius magnitudo non multum a terrae deficit, densitas vero aliquanto maior censetur, quandoquidem planetae quo Soli sunt propiores eo etiam densiores aestimantur. Statuamus ergo Veneris massam ipsi massae terrae aequalem, quam ex novissimis parallaxis Solis observationibus colligimus $= \frac{3}{1000000}$; dum massa Solis unitate referatur, hinc igitur habebimus $\lambda = \frac{3}{1000000}$ atque ex hoc valore singulos angulos ω, qui perturbationem continent, supputemus: Si forte massa Veneris aliquanto maior vel minor esset, quantitates in sequenti Tabula occurrentes in eadem ratione sunt augendae vel minuendae. Praeterea notandum est argumentum p aequari angulo $\phi - t$ seu designare elongationem mediam Veneris a Terra e Sole spectatam.

Tabula ostendens perturbationes motus terrae
ab actione Veneris ortas

p	0. Sig. −	I. Sig. −	II. Sig. −	III. Sig. −	IV. Sig. −	V. Sig. −	p
0	0,0	14,0	21,8	20,7	13,0	4,4	30
1	0,5	14,4	21,9	20,5	12,7	4,2	29
2	1,0	14,8	22,0	20,4	12,4	3,9	28
3	1,5	15,1	22,1	20,2	12,1	3,7	27
4	2,0	15,5	22,2	20,0	11,8	3,5	26
5	2,5	15,9	22,3	19,8	11,5	3,3	25
6	3,0	16,2	22,3	19,6	11,2	3,1	24
7	3,5	16,6	22,4	19,3	10,9	2,9	23
8	4,0	16,9	22,4	19,1	10,6	2,7	22
9	4,5	17,2	22,4	18,9	10,3	2,5	21
10	4,9	17,5	22,4	18,6	10,0	2,3	20
11	5,4	17,8	22,4	18,4	9,7	2,1	19
12	5,9	18,1	22,4	18,2	9,4	1,9	18
13	6,4	18,4	22,4	17,9	9,1	1,8	17
14	6,9	18,7	22,4	17,6	8,8	1,6	16
15	7,4	19,0	22,4	17,4	8,5	1,5	15
16	7,8	19,2	22,3	17,1	8,2	1,3	14
17	8,3	19,5	22,3	16,8	7,9	1,2	13
18	8,8	19,7	22,2	16,6	7,6	1,0	12
19	9,2	20,0	22,1	16,3	7,3	0,9	11
20	9,7	20,2	22,0	16,0	7,0	0,8	10
21	10,1	20,4	21,9	15,7	6,7	0,7	9
22	10,6	20,6	21,8	15,4	6,5	0,6	8
23	11,0	20,8	21,7	15,1	6,2	0,5	7
24	11,5	21,0	21,6	14,8	5,9	0,4	6
25	11,9	21,1	21,5	14,6	5,7	0,3	5
26	12,3	21,3	21,3	14,3	5,4	0,2	4
27	12,8	21,5	21,2	14,0	5,1	0,2	3
28	13,2	21,6	21,0	13,6	4,9	0,1	2
29	13,6	21,7	20,9	13,3	4,6	0,0	1
30	14,0	21,8	20,7	13,0	4,4	0,0	0
p	+ XI. Sig.	+ X. Sig.	+ IX. Sig.	+ VIII. Sig.	+ VII. Sig.	+ VI. Sig.	p

ABKÜRZUNGEN

Acta Petrop.	Acta Academiae Scientiarum Imperialis Petropolitanae
Comm. Gotting.	Commentarii Societatis Regiae Scientiarum Gottingensis
Comm. Petrop.	Commentarii Academiae Scientiarum Imperialis Petropolitanae
Mém. Berlin	Histoire de l'Académie Royale des Sciences et Belles Lettres de Berlin. Avec les Mémoires pour la même Année, tirez des Registres de cette Académie [wechselnder Titel]
Mém. Paris	Histoire de l'Académie Royale des Sciences. Avec les Mémoires de Mathématique et de Physique pour la même Année. Tirés des Registres de cette Académie
N. Acta Petrop.	Nova Acta Academiae Scientiarum Imperialis Petropolitanae
N. Comm. Petrop.	Novi Commentarii Academiae Scientiarum Imperialis Petropolitanae
Opera omnia	Leonhardi Euleri Opera omnia
Phil. Trans.	Philosophical Transactions [of the Royal Society of London]
PV	Procès-verbaux de l'Académie Royale des Sciences [de Paris]
Recueil des pièces	Recueil des Pièces qui ont remporté les Prix de l'Académie Royale des Sciences [de Paris]
A xyz	Nummer xyz des Verzeichnisses der Schriften J. A. Eulers in [Eneström 1910/13]
E xyz	Nummer xyz des Verzeichnisses der Schriften Eulers in [Eneström 1910/13]
R xyz	Regestennummer nach [Juškevič et al. 1975]

IN DIESEM BAND ZITIERTE ABHANDLUNGEN EULERS

[E 97] De attractione corporum sphaeroidico-ellipticorum. *Comm. Petrop.* 10 (1738), 1747, 102–115; *Opera omnia* II 6, pp. 175–188.

[E 120] Recherches sur la question des inégalités du mouvement de Saturne et de Jupiter, *Pièce qui a remporté le prix de l'Académie Royale des Sciences en 1748*. Paris, 1749; *Opera omnia* II 25, pp. 45–157.

[E 171] Recherches sur la précession des équinoxes, et sur la nutation de l'axe de la terre. *Mém. Berlin* 5 (1749), 1751, 289–325; *Opera omnia* II 29, pp. 92–123.

[E 223] De la variation de la latitude des étoiles fixes et de l'obliquité de l'écliptique. *Mém. Berlin* 10 (1754), 1756, 296–336; *Opera omnia* II 29, pp. 125–159.

[E 265] De aequationibus differentialibus secundi gradus. *N. Comm. Petrop.* 7 (1758/59), 1761, 163–202; *Opera omnia* I 22, pp. 295–333.

[E 269] De integratione aequationum differentialium. *N. Comm. Petrop.* 8 (1760/1), 1763, 3–63; *Opera omnia* I 22, pp. 334–394.

[E 289] *Theoria motus corporum solidorum seu rigidorum ex primis nostrae cognitionis principiis stabilita et ad omnes motus, qui in huiusmodi corpora cadere possunt, accomodata.* Rostochii et Gryphiswaldiae, 1765; *Opera omnia* II 3, II 4.

[E 291] Recherches sur la connoissance mécanique des corps. *Mém. Berlin* 14 (1758), 1765, 131–153; *Opera omnia* II 8, pp. 178–199.

[E 292] Du mouvement de rotation des corps solides autour d'un axe variable. *Mém. Berlin* 14 (1758), 1765, 154–193; *Opera omnia* II 8, 200–235.

[E 293] Remarques générales sur le mouvement diurne des planètes. *Mém. Berlin* 14 (1758), 1765, 194–218; *Opera omnia* II 29, pp. 199–219.

[E 308] Recherches sur le mouvement de rotation des corps célestes. *Mém. Berlin* 15 (1759), 1766, 265–309; *Opera omnia* II 29, pp. 220–256.

[E 336] Du mouvement d'un corps solide quelconque lorsqu'il tourne autour d'un axe mobile. *Mém. Berlin* 16 (1760), 1767, 176–227; *Opera omnia* II 8, pp. 313–356.

[E 342] *Institutionum calculi integralis volumen primum in quo methodus integrandi a primis principiis usque ad integrationem aequationum differentialium primi gradus pertractatur.* Petropoli, 1768; *Opera omnia* I 11.

[E 366] *Institutionum calculi integralis volumen secundum in quo methodus inveniendi funtiones unius variabilis ex data relatione differentialium secundi altiorisve gradus pertractatur.* Petropoli, 1769; *Opera omnia* I 12.

[E 372] Annotatio quarundam cautelarum in investigatione inaequalitatum quibus corpora coelestia in motu perturbantur observandarum. *N. Comm. Petrop.* 13 (1768), 159–201; *Opera omnia* II 26, pp. 1–34.

[E 384] Recherches sur les inégalités de Jupiter et de Saturne, in: *Recueil des pièces* 7. Paris, 1769, pp. 1–84; *Opera omnia* II 26, pp. 65–121.

[E 398] Nouvelle méthode de déterminer les dérangemens dans le mouvement des corps célestes, causés par leur action mutuelle. *Mém. Berlin* 19 (1763), 1770, 141–179; *Opera omnia* II 26, pp. 123–152.

[E 414] Investigatio perturbationum quibus planetarum motus ob actionem eorum mutuam afficiuntur, in: *Recueil des pièces* 8. Paris, 1771; *Opera omnia* II 26, pp. 200–300.

[E 511] Réflexions sur les inégalités dans le mouvement de la terre, causées par l'action de Venus. *Acta Petrop.* (1778:I) 1780, 297–307; *Opera omnia* II 27.

[E 512] Investigatio perturbationum, quae in motu terrae ab actione Veneris producuntur. *Acta Petrop.* (1778:I) 1780, 308–316; *Opera omnia* II 27.

[E 548] De variis motuum generibus, qui in satellitibus planetarum locum habere possunt. *Acta Petrop.* (1780:I) 1783, 255–279; *Opera omnia* II 27.

[E 549] De motibus maxime irregularibus, qui in systemate mundano locum habere possunt, una cum methodo huiusmodi motus per temporis spatium quantumvis magnum prosequendi. *Acta Petrop.* (1780:I) 1783, 280–302; *Opera omnia* II 27.

[A 6] *Ioh. Alberti Euleri Meditationes de motu vertiginis planetarum.* Petropoli, 1760; *Opera omnia* II 29, pp. 160–198.

[A 18] Recherches des forces, dont les corps célestes sont sollicités en tant qu'ils ne sont pas sphériques. *Mém. Berlin* 21 (1765), 1767, 414–432; *Opera omnia* II 25, pp. 290–304.

BIBLIOGRAPHIE

[d'Alembert 1749] d'Alembert, J.: *Recherches sur la précession des equinoxes, et sur la nutation de l'axe de la terre, dans le système newtonien.* Paris, 1749.

[Bailly 1766] Bailly, J.-S.: Sur la Théorie des Satellites de Jupiter. *Mém. Paris* 65 (1763), 1766, 121–136, 172–189, 377–384.

[Bernoulli 1741] Bernoulli, D.: Traité sur le flux et reflux de la mer. *Pièces qui ont remporté le Prix de l'Académie Royale des Sciences en 1740.* Paris, 1741, pp. 53–191; *Die Werke von Daniel Bernoulli*, Band 3. Basel 1987, pp. 327–438.

[Beutler 2005a] Beutler, G.: *Methods of Celestial Mechanics.* Volume I: Physical, Mathematical, and Numerical Principles. In Cooperation with Prof. Leos Mervart and Dr. Andreas Verdun. (Astronomy and Astrophysics Library). Berlin etc., 2005.

[Beutler 2005b] Beutler, G.: *Methods of Celestial Mechanics.* Volume II: Application to Planetary System, Geodynamics and Satellite Geodesy. In Cooperation with Prof. Leos Mervart and Dr. Andreas Verdun. (Astronomy and Astrophysics Library). Berlin etc., 2005.

[Bopp 1924] Bopp, K.: *Leonhard Eulers und Johann Heinrich Lamberts Briefwechsel.* (Abhandlungen der Preussischen Akademie der Wissenschaften, Physikalisch-Mathematische Klasse, Nr. 2). Berlin, 1924.

[Cassini 1740a] Cassini, J.: *Elemens d'Astronomie.* Paris, 1740.

[Cassini 1740b] Cassini, J.: *Tables astronomiques du Soleil, de la Lune, des planetes, des etoiles fixes, et des satellites de Jupiter et de Saturne.* Paris, 1740.

[Cassini 1746] Cassini, J.: De la conjonction de Mars avec Saturne et Jupiter. *Mém. Paris* 45 (1743), 1746, 318–334.

[Cassini 1751] Cassini, J.: Des deux conjonctions de Mars avec Saturne, qui sont arrivées en 1745, avec quelques conjectures sur la cause des inégalités que l'on a remarquées dans les mouvemens de Saturne et de Jupiter. *Mém. Paris* 48 (1746), 1751, 465–482.

[Clairaut 1743] Clairaut, A. C.: *Théorie de la Figure de la Terre, tirée des Principes de l'Hydrostatique.* Paris, 1743.

[Clairaut 1749a] Clairaut, A. C.: Avertissement de M. Clairaut, au sujet des Mémoires qu'il a donnez en 1747 et 1748, sur le système du Monde, dans les principes de l'Attraction. *Mém. Paris* 47 (1745), 1749, 577–578.

[Clairaut 1752a] Clairaut, A. C.: De l'orbite de la Lune, en ne négligeant pas les quarrés des quantités de même ordre que les forces perturbatrices. *Mém. Paris* 50 (1748), 1752, 421–434.

[Clairaut 1752b] Clairaut, A. C.: Démonstration de la proposition fondamentale de ma théorie de la Lune. *Mém. Paris* 50 (1748), 1752, pp. 434–440.

[Clairaut 1752c] Clairaut, A. C.: Théorie de la Lune, deduite du seul Principe de l'Attraction reciproquement proportionelle aux Quarrés des Distances. *Pièce qui a remportée le Prix de l'Academie imperiale des Sciences de St. Pétersbourg proposé en 1750*. St. Pétersbourg, 1752.

[Clairaut 1759a] Clairaut, A. C.: Mémoire sur l'orbite apparente du Soleil Autour de la Terre, en ayant égard aux perturbations produites par les actions de la Lune et des Planètes principales. *Mém. Paris* 56 (1754), 1759, 521–564.

[Clairaut 1759b] Clairaut, A. C.: Mémoire sur la Comète de 1682. *Le Journal des Sçavans* (1759), 38–45.

[Clairaut 1760] Clairaut, A. C.: *Théorie du Mouvement des Comètes, dans laquelle on a égard aux altérations que leurs orbites éprouvent par l'action des Planètes*. Paris, 1760.

[Clairaut 1762] Clairaut, A. C.: *Recherches sur la Comète des Années 1531, 1607, 1682 et 1759*. St. Pétersbourg, 1762.

[Clairaut 1765a] Clairaut, A. C.: Mémoire sur la Comète de 1759. *Mém. Paris* 61 (1759), 1765, 115–120.

[Eneström 1910/13] Eneström, G.: *Verzeichnis der Schriften Leonhard Eulers*. (Jahresbericht der Deutschen Mathematiker-Vereinigung, Ergänzungsband 4). Leipzig, 1910/13.

[Flamsteed 1725] Flamsteed, J.: *Historiae coelestis britannicae volumen tertium*. Londini, 1725.

[Fuss 1843] Fuss, P. H.: *Correspondance mathématique et physique de quelques géomètres du XVIIIème siècle*. St. Pétersbourg, 1843.

[Gautier 1817] Gautier, A.: *Essai historique sur le problème des trois corps, ou dissertation sur la théorie des mouvemens de la Lune et des planètes, abstraction faite de leur figure*. Paris, 1817.

[Halleux et al. 2001] Halleux, R., Mc Clellan, J., Berariu, D., Xhayet, G.: *Les Publications de l'Académie Royale des Sciences de Paris (1666–1793)*. 2 Vols. (De diversis artibus, Tome 52). Turnhout, 2001.

[Halley 1749] Halley, E.: *Edmundi Halleii astronomi dum viveret regii tabulae astronomicae*. Londini, 1749.

[Halley 1754] Halley, E.: *Tables astronomiques de M. Hallei*. Premiere partie. Seconde édition. Par M. l'Abbé de Chappe d'Auteroche. Paris, 1754.

[Halley 1759] Halley, E.: *Tables astronomiques de M. Halley, pour les planetes et les cometes, réduites au nouveau Stile et au Méridien de Paris*. Par M. Delalande, Paris, 1759.

[Houzeau 1882] Houzeau, J. C.: *Vade-Mecum de l'Astronome*. (Annales de l'Observatoire Royal de Bruxelles). Bruxelles, 1882.

[Juškevič et al. 1959] Juškevič, A. P., Winter, E.: *Die Berliner und die Petersburger Akademie der Wissenschaften im Briefwechsel Leonhard Eulers*. Teil

1: Der Briefwechsel L. Eulers mit G. F. Müller 1735–1767. (Quellen und Studien zur Geschichte Osteuropas, Band III/1). Berlin, 1959.

[Juškevič et al. 1961] Juškevič, A. P., Winter, E.: *Die Berliner und die Petersburger Akademie der Wissenschaften im Briefwechsel Leonhard Eulers*. Teil 2: Der Briefwechsel L. Eulers mit Nartov, Razumovskij, Schumacher, Teplov und der Petersburger Akademie 1730–1763. (Quellen und Studien zur Geschichte Osteuropas, Band III/2). Berlin, 1961.

[Juškevič et al. 1975] Juškevič, A. P., Smirnov, V. I., Habicht, W.: *Leonhardi Euleri commercium epistolicum*. Vol. 1: Descriptio commercii epistolici. (*Opera omnia* IV A 1). Basel, 1975.

[Juškevič et al. 1976] Juškevič, A. P., Winter, E.: *Die Berliner und die Petersburger Akademie der Wissenschaften im Briefwechsel Leonhard Eulers*. Teil 3: Wissenschaftliche und wissenschaftsorganisatorische Korrespondenzen 1726–1774. (Quellen und Studien zur Geschichte Osteuropas, Band III/3). Berlin, 1976.

[Kopelevič 1959] Kopelevič, J. C.: Perepiska Leonarda Ejlera i Tobiasa Majera. *Istoriko-Astronomičeskie Issledovanija* 5 (1959), 271–444.

[Kopelevič et al. 1962] Kopelevič, J. C., Krutikova, M. V., Mikhailov, G. K., Raskin, N. M.: *Rukopisnye materialy L. Ejlera v Archive Akademii Nauk SSSR*, Tom I (Manuscripta Euleriana Archivi Academiae Scientiarum URSS, Tomus I). Moskva, Leningrad, 1962.

[Lacaille 1758] Lacaille, N. L. de: *Tabulae solares*. Parisiis, 1758.

[Lacaille 1762] Lacaille, N. L. de: Mémoire sur la théorie du Soleil. *Mém. Paris* 59 (1757), 1762, 108–144.

[Lacaille 1763] Lacaille, N. L. de: *Tabulae solares ad meridianum Parisinum*. Vindobonae, 1763.

[Lalande 1762b] Lalande, J. de: Mémoire sur les équations séculaires. *Mém. Paris*, 59 (1757), 1762, 411–470.

[Lalande 1803] Lalande, J. de: *Bibliographie Astronomique, avec l'Histoire de l'Astronomie depuis 1781 jusqu'à 1802*. Paris, 1803.

[Lamontagne 1966] Lamontagne, R.: Lettres de Bouguer à Euler. *Revue d'histoire des sciences et de leurs applications*, 19 (1966), 225–246.

[Lansberg 1663] Lansberg, P.: *Philippi Lansbergii, astronomi celeberrimi, Opera omnia*. Middelburgi Zelandiae, 1663.

[Laplace 1825] Laplace, P. S. de: *Traité de Mécanique Céleste*. Tome V. Paris, 1825.

[Leadbetter 1742] Leadbetter, C.: *A compleat system of Astronomy*. In Two Volumes. The Second Edition, with Additions. London, 1742.

[Lemonnier 1746] Lemonnier, P. C.: *Institutions astronomiques, ou leçons élémentaires d'astronomie*. Paris, 1746.

[Lexell 1783] Lexell, A. I.: De perturbatione in motu telluris ab actione Veneris. *Acta Petrop.* (1779:II), 1783, 359–392.

[Matheu 1966] Matheu, G.: Introduction à la publication des lettres de Bouguer à Euler. *Revue d'histoire des sciences et de leurs applications*, 19 (1966), 206–224.

[Mayer 1753] Mayer, T.: Novae tabulae motuum Solis et Lunae. *Comm. Gotting.* 2 (1752), 1753, 383–430.

[Mayer 1754] Mayer, T.: Tabularum lunarium in Comment[ariis] S[ocietatis] R[egiae] Tom. II. Contentarum usus in investiganda longitudine maris. *Comm. Gotting.* 3 (1753), 1754, 375–396.

[Mayer 2004] Mayer, T.: *Schriften zur Astronomie, Kartographie, Mathematik und Farbenlehre*. Band II: Göttinger Arbeiten; Briefwechsel mit Leonhard Euler und Joseph-Nicolas Delisle. Mit einer Einleitung herausgegeben von Erhard Anthes. Hildesheim, 2004.

[Newcomb 1898] Newcomb, S.: *Astronomical Papers prepared for the use of the American Ephemeris and Nautical Almanac*. Vol. VI: Tables of the four inner Planets. Washington, 1898.

[Newton 1687] Newton, I.: *Philosophiae naturalis principia mathematica*. Londini, 1687.

[Newton 1713] Newton, I.: *Philosophiae naturalis principia mathematica*. Editio secunda, auctior et emendatior. Cantabrigiae, 1713.

[Newton 1726] Newton, I.: *Philosophiae naturalis principia mathematica*. Editio tertia aucta et emendata. Londini, 1726.

[Oeschger 1960] Oeschger, J.: *Briefe von und nach Basel aus fünf Jahrhunderten*. Ausgewählt, übertragen und erläutert von Johannes Oeschger. Zum fünfhundertjährigen Bestehen der Universität Basel überreicht von J. R. Geigy A.G., Basel. Basel, 1960.

[Ptolemäus 1537] Ptolemäus, C.: *Cl. Ptolemaei Pheludiensis Phaenomena stellarum MXXII fixarum ad hanc aetatem reducta*. Adiecta est isagoge Joannis Noviomagi ad stellarum inerrantium longitudines ac latitudines, cui etiam accessere imagines sphaerae barbaricae duodequinquaginta Alberti Dureri. Coloniae Agrippinae, 1537.

[Streete 1661] Streete, T.: *Astronomia Carolina: A new theorie of the coelestial motions*. London, 1661.

[Streete 1705] Streete, T.: *Astronomia Carolina, nova theoria motuum coelestium*. Noribergae, 1705.

[Verdun 2015] Verdun, A.: *Leonhard Eulers Arbeiten zur Himmelsmechanik*. 2 Vols. (Mathematik im Kontext). Berlin etc., 2015.

[Walmesley 1759] Walmesley, C.: Of the Irregularities in the Motion of a Satellite arising from the spheroidical Figure of its Primary Planet. *Phil. Trans.* 50 (1758), 1759, 809–835.

[Wilson 1980] Wilson, C.: Perturbations and Solar Tables from Lacaille to Delambre: the Rapprochement of Observation and Theory. *Archive for History of Exact Sciences* 22 (1980), 53–304.

[Wilson 1985] Wilson, C.: The Great Inequality of Jupiter and Saturn: from Kepler to Laplace. *Archive for History of Exact Sciences* 33 (1985), 15–290.

[Wilson 1995b] Wilson, C.: The problem of perturbations analytically treated: Euler, Clairaut, d'Alembert, in: Taton, R., Wilson, C. (eds.): *Planetary astronomy from the Renaissance to the rise of astrophysics.* Part B: The eighteenth and nineteenth centuries. (The General History of Astronomy, Vol. 2). Cambridge, 1995, pp. 89–107.

INDEX NOMINUM

d'Alembert, Jean-Baptiste le Rond (1717–1783), XXV, 36, 301
Bailly, Jean-Sylvain (1736–1793), XXIII
Bernoulli, Daniel (1700–1782), 61
Bouguer, Pierre (1698–1758), XXIV–XXVI
Brahe, Tycho (1546–1601), 299
Camus, Charles Étienne Louis (1699–1768), XXV
Cassini, Jacques (1677–1756), 93, 103, 110, 112, 114
Clairaut, Alexis Claude (1713–1765), XXIII–XXV, XXVII, XXVIII, 68, 125, 202, 301
Eneström, Gustaf Hjalmar (1852–1923), X
Euler, Johann Albrecht (1734–1800), XXII
Euler, Leonhard (1707–1783), IX–XXX, 111, 120, 125, 301
Flamsteed, John (1646–1719), 299
Galilei, Galileo (1564–1642), 153
Gautier, Jean Alfred (1793–1881), XXVI
Halley, Edmond (1656–1742), 202
Kepler, Johannes (1571–1630), 1, 3, 6, 7, 11, 36, 41, 67, 75, 82, 107–109, 115, 117, 118, 123, 124, 153, 175, 201, 213, 219, 222, 230, 233, 241, 252, 273
Lacaille, Nicolas-Louis de (1713–1762), XXVII, XXVIII, XXXI, 301, 302
Lagrange, Joseph Louis (1736–1813), XXVI
Lalande, Joseph Jérôme Lefrançais de (1732–1807), 125, 132
Lambert, Johann Heinrich (1728–1777), XVIII
Lansberg, Johan Philip (1561–1632), 297, 298
Laplace, Pierre Simon de (1749–1827), XXVI
Leadbetter, Charles (1681–1744), 114
Le Monnier, Pierre Charles (1715–1799), XXV, 274, 284, 287, 290, 293, 294
Lexell, Anders Johan (1740–1784), XXX, XXXI
Maraldi, Giovanni Domenico (1709–1788), XXII
Mayer, Tobias (1723–1762), XXV, 124, 132
Müller, Gerhard Friedrich (1705–1783), XXVI
Newcomb, Simon (1835–1909), XXVI
Newton, Isaac (1643–1727), 1–3, 35, 36, 61, 67, 68, 110, 121, 153, 171, 180, 273, 287, 290, 291, 294, 295, 301
Ptolemäus, Claudius (ca. 100–160), 297, 299, 300
Schumacher, Johann Daniel (1690–1761), XXV
Schürer, Max (1910–1997), IX
Street, Thomas (1621–1689), 201
Walmesley, Charles (1722–1797), XXII
Wettstein, Johann Caspar (1695–1760), XXVI
Wilson, Curtis Alan (1921–2012), XXVI